新世纪工程地质学丛书

# 青藏高原高位远程地质灾害

殷跃平　朱赛楠　李　滨等　著

科　学　出　版　社

北　京

## 内 容 简 介

本书对青藏高原高位远程地质灾害进行了系统研究，包括高位远程地质灾害特征类型与易滑结构、早期识别与监测预警、链动过程与成灾机理、应急处置与综合防治等关键科学技术问题。全书共四个部分11章，第1部分（绪论和第1章）介绍了青藏高原高位远程地质灾害的典型易滑地质结构特征，提出了基于高差、滑程和速度的运动特征分类方法，讨论了高位崩滑、势动转化、动力侵蚀和流滑堆积四阶段链动机理和动力分区综合防控措施；第2部分（第2~5章）论述了藏东三江流域、雅鲁藏布江下游、喜马拉雅山中段典型高位远程地质灾害特征、动力学过程和风险防控对策措施；第3部分（第6~10章）总结了青藏高原中高山区、高山区和极高山区特大高位地质灾害的光学遥感和InSAR耦合早期识别与动态监测技术，以及智能识别模型研究进展；第4部分（第11章）探讨了青藏高原高山深谷区高位滑坡防治工程现有技术适配性及其存在的问题，提出了青藏高原复杂艰险山区强震地质灾害和流域性重大地质灾害链防抗救备综合减灾对策。

本书可供从事地质灾害防治、地震地质、工程地质、岩土工程、重大工程与城镇建设等领域的科研和工程技术人员参考，也可供有关院校教师和研究生参考使用。

审图号：GS（2021）5087号

**图书在版编目(CIP)数据**

青藏高原高位远程地质灾害／殷跃平等著. —北京：科学出版社，2021.9

（新世纪工程地质学丛书）

ISBN 978-7-03-069662-5

Ⅰ.①青… Ⅱ.①殷… Ⅲ.①青藏高原–地质灾害–研究 Ⅳ.①P694

中国版本图书馆CIP数据核字（2021）第172633号

责任编辑：韦 沁 韩 鹏／责任校对：张小霞
责任印制：吴兆东／封面设计：北京图阅盛世

**斜 学 出 版 社** 出版

北京东黄城根北街16号
邮政编码：100717
http://www.sciencep.com

**北京捷迅佳彩印刷有限公司** 印刷

科学出版社发行 各地新华书店经销

*

2021年9月第 一 版 开本：787×1092 1/16
2023年3月第二次印刷 印张：31
字数：735 000

**定价：418.00元**

（如有印装质量问题，我社负责调换）

# 作 者 名 单

殷跃平　朱赛楠　李　滨　苏鹏程　杨成生
王　猛　朱　茂　杜博文　张　楠　吴　杨
张　勤　黄　坚　王文沛　贺　凯　高　杨

# 主要参研人员（按姓氏笔画排序）

万佳威　卫童瑶　马　春　王　军　王大伟
王玉梅　王全才　王松松　王晨辉　韦方强
冯　飞　邢爱国　成余粮　刘　威　刘　彬
刘　健　刘晓杰　孙磊磊　杨龙伟　杨丽叶
李　壮　李　军　李　昊　李　鑫　李占鲁
李吉平　李伍平　李红梅　李宗亮　李德华
李慧生　李慧敏　余天彬　汪　洋　宋　班
张　继　张　静　张本浩　张田田　张仕林
张彦锋　陈　乔　陈　芳　周海兵　郑先昌
赵　慧　赵志男　赵松江　赵超英　贺模红
班　勇　贾雪婷　钱江澎　郭　凯　高浩源
高敬轩　黄细超　崔　茹　韩东建　韩柄权
葛春青　董继红　覃浩坤　黎志恒　魏昌利

# 第一作者简介

殷跃平，我国地质灾害防治著名专家，现任中国地质环境监测院（自然资源部地质灾害防治技术指导中心）首席科学家。任中国岩石力学与工程学会副理事长兼滑坡与边坡分会理事长、中国地质学会地质灾害防治分会主任、中国地质学会工程地质专业委员会副主任委员，曾当选国际滑坡协会主席；被聘为汶川地震国家专家委员会成员（2008年5～10月）、国务院三峡枢纽工程质量专家组地质灾害专家（2010年11月—2021年5月）、川藏铁路国家咨询专家委员会成员（2019年至今）、国家减灾委专家委员会委员（2020年至今）。2019年被中国地质调查局授予"李四光学者"（卓越科技人才）称号。

他自1994年开始，先后开展了四川雅江和木里，云南德钦，西藏聂拉木、樟木，甘肃舟曲等藏区城镇特大地质灾害防治理论与技术研究。2000年4月，西藏波密易贡藏布发生了21世纪以来规模最大、损失最重的高位远程滑坡，他参加了国务院专家组赴西藏波密指导易贡滑坡的应急处置。2020年，他担任首席科学家主持开展了"川藏铁路（雅—林段）地质安全风险评价研究"；2021年，担任首席科学家主持开展了"西藏雅鲁藏布江下游水电开发地质安全风险评价研究"。这些成果为保障青藏高原重大工程规划建设及时提供了科学参考。

他主编了国家标准《滑坡防治工程勘查规范》《滑坡防治设计规范》和《地质灾害危险性评估规范》3部，获国家发明专利31项，发表学术论文200余篇，出版专著6部。获国家科技进步二等奖2项，省部级科技进步一等奖5项。荣获我国地质科技界最高奖项"李四光地质科学奖（科研奖）"（2013年）；中国工程界最高奖项"光华工程科技奖"（2020年）；被国家天文台聘为南仁东教授主持的FAST观测台址建设地质总工程师，荣获了2017年度中国科学院杰出科技成就奖（集体）。

# 序

2021 年春节，我和殷总互道祝福，谈论到 2 月 7 日印度查莫利发生的冰川崩裂引发山洪冲垮两座水电站大坝的灾难，认为我国青藏高原地区城镇、国防和重大工程建设应高度重视这种流域性灾难和应对措施的研究。殷总告诉我，这起链式灾难是冰岩山崩堵溃引发流域性洪水所致，他正在研究青藏高原高位远程地质灾害的系列问题，并将出版《青藏高原高位远程地质灾害》专著。他邀我为此书作序，我欣然答应。

青藏高原是全球高位远程地质灾害最严重的地区。这种特殊的复合型地质灾害体积可达数亿立方米，规模巨大；启动高差可达数千米，形成高势能高速运动；成灾范围可达数百千米，引发流域性灾害链。高位远程山崩堵溃山洪灾害链是青藏高原高山峡谷区十分特殊的地质作用，从本质上深刻反映了现今全球构造最活跃地带的孕灾动力学机制、全球地表隆升最快地区的成灾动力学机制、全球气候变化最敏感地区的链灾动力学机制和全球地形地貌差异最大地区的工程灾变动力学机制，因此，具有极为重要的地球动力学与灾害动力学研究意义。随着川藏铁路、川藏公路、雅鲁藏布江下游水电开发等重大工程兴建与"治边稳藏"战略的实施，亟待从防灾减灾实践中凝炼形成"高位远程地质灾害"研究命题，提出工程防控对策措施，以保障青藏高原重大工程和国土空间地质安全。正是在这一背景下，殷总领衔的研究团队服务于国家重大需求，瞄准国际灾害前沿重大科学问题，开展了青藏高原高位远程地质灾害成因与防控研究，并撰就这一宏篇巨著，开创了高位远程灾害研究的先河，无疑具有重要的理论价值和实际工程意义。

高水平的科学研究成果一般应体现五个"新"，即新发现——发现了新的现象，新认识——认知了新的规律，新理论——揭示了新的机理，新技术——开发应用了新的技术，新贡献——服务国家作出新的贡献。该专著无疑很好地体现了这五个新：在新发现方面，从青藏高原板块构造入手，研究了青藏高原三大造山系高位远程地质灾害孕育规律，揭示了特大高位远程地质灾害链的构造、地层和地貌的易滑地质结构特征；在新认识方面，突破传统的滑坡—碎屑流—泥石流狭义地质灾害链模式，研究了因冰川跃动、雪崩、冰湖溃决形成的山洪泥石流，以及冰岩山崩—碎屑流—泥石流—堰塞坝—堰塞湖溃决山洪—侧蚀次生滑坡等广义地质灾害链模式；在新理论方面，创新发展了高位远程地质灾害形成演化和链动成灾过程的易滑地质结构控制理论和分析方法，建立了构造结合带内蛇绿软岩形成的"白格型滑坡"、构造结合带影响带内花岗岩楔型硬岩形成的"易贡型滑坡"和构造结合带间的片麻岩块状楔形体形成的"查莫利型滑坡"等三种典型易滑地质结构类型，将高位远程地质灾害链动力过程概化为高位启动区、势动转化区、动力侵蚀区和液（流）滑堆积区等四个区段；在新技术方面，提出了基于易滑地质结构控制理论和空间遥感技术相结合的中山、高山和极高山区地质灾害早期识别和监测预警 InSAR 技术方法，发展了基于全灾害链的固源降险技术、刚韧消能技术、抗蚀护底技术和排导冗余技术的综合防治工程设计技术体系；在新贡献方面，把论文写在祖国大地上，结合边疆城镇、国防工程，以及中尼交通网络、川藏交通廊道和大江大河流域水电开发，开展了卓有成效的研究，及时将创新的关键技术推广应用，为保障青藏高原重大工程和国土空间的地质安全作出了新的重要贡献。

科学探索是深入未知之境的旅行，高位远程滑坡的机制与过程又相当复杂，所以，该领域的研究有着无穷无尽的奥秘。由于青藏高原高位远程灾害体的类型多样、规模巨大、成因多解、演化过程复杂，其孕灾背景、启动机制、运动规律、链生放大效应等关键科学难点还有待进一步深入探索研究。2019 年下半年，我参与策划了国家自然科学基金委川藏铁路重大专项，注意到板块构造动力、高原隆升动力、气候变化动力、人类工程营力等多动力的跨尺度耦合作用控制着青藏高原地区工程地质体的稳定性和重大灾害的孕育、形成与链生演化。进而，提出板块构造动力形成构造变形圈，制约廊道区域地质体稳定性，控制灾害的孕育；高原隆升动力形成岩体松动圈，制约廊道工程地质体稳定性，控制灾害的形成；气候变化动力形成地表冻融圈，制约廊道工程岩土体稳定性，控制灾害链的演化；人类工程营力形成工程扰动圈，制约廊道工程结构体稳定性，控制工程灾变发生的学术见解，这或许是现代板块挤压活动区工程地质与地质灾害研究的一个重要学术思路。十分欣慰的是，该专著已明确提出强烈地震、冰雪消融和极端暴雨等三大动力因素控制着高位远程地质灾害链的区域分布，并作了系统地论述，已然拉开了青藏高原地质灾害多动力耦合成因研究的序幕。

2021 年 4 月上旬，我和工程地质同行们沿川藏铁路雅（安）—林（芝）段作短途考察时，在高山峡谷中，隐隐约约地看到不同高程的峡谷中和山坡上，悬挂着不同规模的高位灾害体，它们或是巨型滑坡，或是长大泥石流体，或是冰湖溃决堰塞体，这些具有明显的垂直分带性的灾害体若复活运移，就是灾难性极大的高位远程灾害体。在考察中我还注意到，山峰上的雪线、冰线、雨线和台原地貌线等"四线"错落有致地分布在不同高程之上，而那些悬挂在不同高程上的灾害体似乎与这"四线"有着某种内在联系，这也就是殷总在该专著中强调的冰雪消融和极端暴雨等气候动力因素控制着高位远程地质灾害链的区域与空间分布规律所在吧。考虑到这个问题的复杂性和高山峡谷区调查观测工作的局限性，期盼同行专家们尤其是青年工程地质和灾害地质学家们，高度关注"四线"与高位远程灾害体的垂直分带配置关系，以便进一步查明青藏高原地区高位远程灾害体的时空分布规律，揭示多种动力协同作用驱动高位远程灾害体形成演化的动力学机制与过程。

殷总是我国工程地质与地质灾害防治领域的主要学术带头人之一，是国际知名滑坡学专家，曾当选国际滑坡协会主席。他自 20 世纪 80 年代初师从我国著名工程地质学家胡海涛院士，从事广东大亚湾核电站等重大工程的区域地壳稳定性研究，为他后来从事地质灾害研究奠定了坚实的野外地质基础、广阔的科学认知视野、敏锐的科学思维习性和宽厚的科学情怀格局。近 40 年来，他根植于长江三峡库区、云贵山区和青藏高原，开展了卓有成效的地质灾害与防治研究，取得了大量原创性、系统性的科研成果，解决了多项工程技术关键难题，并长期领导和引领着全国地质灾害的区域调查、监测预警、风险评价、应急处置和工程防治工作，成为中国工程地质与灾害地质领域的标杆性领军人物之一。我和殷总相识已 30 年，而且是从一场旷世学术争论中开始的。那是 1991 年，当时黄河上游最后一段未开发利用的黑山峡河段水电开发被提到议事日程上来，宁夏回族自治区和水利部主张在黑山峡出口段的大柳树建高坝搞一级开发，甘肃省和当时的能源部则主张在大柳树和小观音两处建低坝搞二级开发。中国工程地质界当时也不期然地被卷入这场争论中，以胡海涛教授、罗国煜教授为代表的一批学者论证大柳树高坝的可行性和优势，以张咸恭、韩文峰教授为代表的一批学者论证大柳树高坝的不可行性与问题。刚过而立之年的殷跃平博士是胡海涛团队的核心骨干，我是韩文峰、杜东菊团队里的核心骨干。这场学术争论逼着我们把大柳树坝址的活动断裂、松动山体和高边坡等重大工程地质问题都作了深化研究，不仅提升了中国工程地质学术研究的整体水平，而且还培养了一批重要的工程地质学术带头人。"不打不成交"，从那时开始，我们对对方有了初步了解，并从心底认可对方的学术水平，同行亦是缘分。1996 年 8 月，第三十届国际地质大会在北京召开，殷总作为专题召集人，邀请我做了岩石圈动力学与区域地壳稳定性的学术报告，因我俩的博士论文都是研究重大工程区域地壳稳定问题，志同必定相惜。21 世纪初，殷总出任中国地质调查局副总工程师和局水文地质环境地质部主任，他独具慧眼地意识到查明汾渭地裂缝问题对重大工程和城市建设的重要性和迫切性，及时布局了汾渭盆地地裂缝地面沉降调查、监测、成因与减灾综合研究计划项目。围绕汾渭盆地和华北平原地裂缝这个重大主题，我先后主持承担了国土资源大调查项目十余项。正是得益于这些持续且系统的部署，我们才得以在汾渭和华北大地上开展地裂缝研究，并获得了一批学术成果。在我的学术生涯中，正是像殷总这样一批学术知音和好朋友的支持、帮助才成就了我，我会永远铭记和感恩他们！

地质科学研究需要优质的研究基地、宽松的研究环境和志同道合的研究团队。我欣喜地发现，经过多年坚持，殷总身边已培养和聚集了一批优秀青年科技精英，尽管他们散布在不同的单位，但他高尚的人格魅力和学术向心力把大家紧紧联系在一起，我们长安大学引以为傲的张勤教授团队也成为这个集体的重要组成部分，为破解青藏高原高位远程灾害成因之谜而协同攻关着。

该专著是青藏高原高位远程地质灾害研究新领域的一部宏篇巨著，是殷总系列学术成果的一个新台阶，一个新标志。经过近半年的构思，不知不觉中为这部专著作了文字偏多但饱含真情的长序。再次祝贺该专著成功出版，祝愿殷总再创辉煌！

中国科学院院士 彭建兵

2021 年 7 月于西安大雁塔下

# 前　言

高速远程滑坡是国际地质灾害研究的焦点之一。作者长期从事该领域的研究，并取得了系列成果。随着我国青藏高原地区川藏铁路、川藏公路、雅鲁藏布江下游水电开发等重大工程兴建与"治边稳藏"战略的实施，仅从理论上研究滑坡的运动速度已经很难保障青藏高原重大工程和国土空间地质安全了，这样，从防灾减灾实践中逐渐凝炼形成了"高位远程地质灾害"的研究命题。这一命题突破了原先围于滑坡单一灾种和运动学与动力学的研究范畴，强调了多灾种复合转化的成灾模式和高势能的链动过程研究。现代空－天－地一体化探测技术的融合发展，为高山、极高山区地质灾害源的早期识别提供了先进高效的技术手段，实现了"关口前移"，从高位源头上来进行这种灾害失稳机理、成灾模式和风险防控的全链条研究。

2018 年 7 月 21 日，自然资源部部长陆昊同志到中国地质环境监测院调研地质灾害防灾减灾工作，并听取了作者的汇报。当了解到高位远程地质灾害是近年来国内外造成群死群伤的主要灾害类型时，当即指示要加强地质灾害隐患在哪里，如何进行监测预警，易滑地质结构如何控灾等科学技术问题的研究。随后，中国地质调查局设立了重点科研项目"高位远程地质灾害防治技术集成应用"，由作者牵头负责，并组织了数十名专家、学者开展联合攻关，项目研究总结了国内外高位远程地质灾害失稳结构特征，远程动力学与运动学特征，集成创新了高位远程地质灾害新型防灾减灾方法技术。2019 年，作者参加了由周福霖院士和任辉启院士主持的中国工程院重点战略咨询项目"我国西藏地区及中尼交通网络重大地质灾害防治战略研究"，从战略高度深入思考了西藏地区重大工程建设和国土空间安全的地质灾害理论、技术和对策。作者在这些研究成果基础上，撰著成《青藏高原高位远程地质灾害》一书。

本书的出版得到了作者所在单位的大力支持与帮助。感谢中国地质调查局、中国地质环境监测院、中国地质科学院地质力学研究所、中国科学院·水利部成都山地灾害与环境研究所、长安大学、广州大学、北京航空航天大学、四川省地质调查院等单位。

感谢自然资源部陆昊部长、凌月明副部长、于海峰司长，中国地质调查局钟自然局长、牛之俊副局长、邢丽霞主任，中国地质环境监测院郝爱兵院长、韩子夜书记，部署并给予了"高位远程地质灾害防治技术研究"项目组支持与鼓励。感谢西藏自治区自然资源厅刘鸿飞副厅长，以及昌都、林芝和日喀则市的大力支持与帮助。

感谢周福霖院士、任辉启院士，邀请作者参与中国工程院重点战略咨询项目"我国西藏地区及中尼交通网络重大地质灾害防治战略研究"的研究，开拓了作者的研究思路。

感谢彭建兵院士，不仅在百忙中给予了大量指导，还深情饱满地为本书题序。

2021 年 8 月

# 目　　录

# 绪　　论

## 0.1　研　究　背　景

青藏高原高山、极高山区是高位远程地质灾害易发区。这种特殊的复合型地质灾害体积可达数亿立方米，规模巨大；启动高差数千米，形成高势能高速运动；成灾范围可达数百千米，形成流域性灾害链。由于链动成灾过程复杂，防治难度极大，对重大工程、山区城镇、边境口岸和国防工程安全构成了严重威胁。2000年4月9日，西藏波密易贡发生高位远程巨型滑坡，高差3330m，运动距离8000m，体积约3亿m³，堰塞堵断雅鲁藏布江支流易贡藏布，溃决后形成山洪灾害链，导致下游数万人受灾。2018年10月10日和11月3日，西藏江达白格相继发生两次堵塞金沙江的高位滑坡堰塞湖地质灾害，剪出口高差850m，滑动距离1600m，总方量达到3000多万立方米，导致金沙江断流，经人工干预泄流，仍造成下游10.2万人受灾，在建的水电工程、国道和农田损毁严重。高位远程地质灾害也对青藏高原周边国家带来严重灾难。2021年2月7日，印度北阿坎德邦查莫利地区发生高位远程山崩堵江溃决洪水链式灾害，崩滑源区母岩为聂拉木岩群片麻岩，启动于楠达德维山峰（7816m）的4500~5500m高程陡坡上，撞击转化为碎屑流，运动距离达10km，堵塞高程约2400m的干流阿拉克南达河形成堰塞湖，随后堵溃转化为山洪泥石流–山洪灾害，摧毁了下游约20km在建的两座水电站，致200多人死亡。

2018年以来，中国地质调查局启动了"重大高位远程地质灾害防治技术集成应用研究"项目，联合了国内相关科研院所、高等院校、地质勘查单位、企业等的专家、学者，针对高位远程地质灾害的关键科技问题，进行联合攻关研究，取得了一批原创性科研成果。本专著是在该项目研究成果的基础上，吸收了作者在青藏高原地区长期的地质调查、科学研究、工程治理和战略咨询的成果凝练而成。

## 0.2　主要研究内容

本书以青藏高原藏东金沙江、澜沧江、怒江三江地区，雅鲁藏布江下游地区和喜马拉雅山中段中尼交通网络为重点研究区，吸收了汶川地震区高位远程地质灾害研究成果，以支撑铁路、公路和水电等重大工程建设运行，保障城镇和边境口岸、国防工程等重要基础设施地质安全为目标，重点开展了如下四个方面的研究：①高位远程地质灾害的易滑地质结构基本特征与类型；②高山、极高山区高位地质灾害早期识别与动态监测；③堵江滑坡、高位远程滑坡—碎屑流堵溃链式山洪地质灾害和冰湖溃决山洪泥石流灾害的动力学过程和风险防控对策措施；④现有防治技术适配性及防抗救备综合减灾措施。主要内容及成果如下：

## 0.2.1　高位远程地质灾害基本特征与类型

创新和发展了青藏高原高位远程地质灾害形成演化和链动成灾过程易滑地质结构控制的理论和分析方法。建立了由构造结合带内蛇绿软岩形成的"白格型滑坡"、构造结合带影响带内花岗岩楔型硬岩形成的"易贡型滑坡"和构造结合带间的片麻岩块状楔形体"查莫利滑坡"三种典型易滑地质结构类型。提出了高位远程地质灾害运动特征分类方法，按剪出高度可分为超高位（≥1000m）、高位（1000～100m）、中位（100～50m）和低位（<50m）四类；按运动距离可分为超远程（≥5000m）、远程（5000～1000m）、中程（1000～100m）和近程（<100m）四类；按运动速度可分为超高速（≥70m/s）、高速（70～20m/s）、中速（20～1m/s）和低速（<1m/s）四类。将青藏高原高位远程地质灾害链划分为传统意义的地质灾害链和综合意义的自然灾害链，即①狭义地质灾害链，指从上游启动源区到下游堆积过程中直接形成地质灾害的完整链条，典型的如滑坡—碎屑流—泥石流等；②广义地质灾害链，指狭义灾害链向下游延伸形成次生灾害，典型的如滑坡—碎屑流—泥石流—堰塞坝—溃决山洪等，或指向上游拓展形成的冰川跃动、雪崩、冰湖溃决山洪泥石流等。将高位远程地质灾害链动力过程概化为四个区：①高位启动区，构成了危险源区，可根据极限平衡理论进行分析；②势动转化区，重力势能转化为动能，可按动量守恒和能量守恒定律进行分析；③动力侵蚀区，滑坡块体通过高势能转化为高速流滑体，铲刮斜坡底部和侧缘斜坡地层，形成体积放大效应，可采用摩擦-流动（Friction-Voellmy，F-V）模型进行分析；④液滑-流滑区，在下游地势变缓地段，形成富水下垫面或流固二相流，形成掩埋堆积成灾区，可以用液化剪切模型、颗粒流模型（Hertz-Mindlin model）、Voellmy 模型等进行分析。对应上述链动过程，建立了基于全链条链动机理的防治工程设计模式，即①在高位崩滑区，采用固源与降险技术，控制上游风险源的启动以从源头上消除链式灾害；②在势动转换区，采用刚性与韧性消能技术，由"储量"向"动量"消能转变，以消减冲击压力为工程防治重点；③在动力侵蚀区，采用抗侧蚀与护底技术，通过降低剪切层饱和带孔隙水压力与通过增强剪切层固体结构强度等措施提高抗蚀能力；④在流动堆积区，采用排导与冗余技术，根据流动区物源和流量的侵蚀/堵溃放大效应，设置复式排导系统和"高坝大库"骨干工程，降低极端灾害风险。

## 0.2.2　高位远程地质灾害早期识别和动态监测

强调了青藏高原地质灾害链的高位特征，拓展了由"高速滑坡"向"高位滑坡"转变的研究思想，创新和发展了高位灾害风险源的早期识别和动态监测技术。青藏高原地区高位远程地质灾害往往由体积为数百万立方米以上的崩滑体启动引发，由于启动源区规模大，在易滑地质结构理论指导下，利用"空-天-地"一体化技术进行精准识别是可行的。针对青藏高原极端复杂的地质构造、急变多样的地形地貌和终年冰雪覆盖气象环境条件，初步提出了基于易滑地质结构控制理论和空间遥感技术相结合的中山、高山和极高山区地质灾害早期识别研究方法。集成优化了适用于青藏高原中高山区大型高位堵江滑坡早期识别和监测预警合成孔径雷达干涉测量（interferometric synthetic aperture radar，InSAR）技术方法，以金沙江流域为重点，运用升、降轨法对白格—石鼓段圭利和色拉等典型滑坡进行了变形监测及速度场分析，并运用偏移量法对短期内发生较大变形的白格滑坡进行应急监测预警；针对喜马拉雅山中段高山、极高山区终年积雪和冰湖发育，由数字高程模型（digital elevation model，DEM）误差及叠掩、阴影、冰雪和植被覆盖导致常规方法失相干问题，创新了短基线影像集、永久散射体、堆叠 InSAR 和偏移量跟踪等 InSAR 技术方法，提升了识别与监测效果，并应用于错郎玛冰川和冰湖动态监测、中尼和中印边境口岸大型滑坡监测和拟建的中尼铁路沿线断裂变形监测；针对雅鲁藏布江下游地区高程大于 5000m 的极高山区被永久性冰雪覆盖和常年厚层云雾遮挡等极端复杂条件，在采用大气延迟改正、解缠误差探测、坡向形变投影、DEM 配准等方法基础上，探索了可变窗口偏移量跟踪和跨平台偏移量跟踪等 InSAR 识别和监测技术方法，并成功应用于雅鲁藏布江大峡谷，以及支流帕隆藏布和易贡藏布超高位超远程地质灾害的早期识别和动态监测。提出了基于光学遥感影像公网平台的高位滑坡特征提取与识别模型，通过构建本体、信息抽取和数据融合等技术手段提取重要信息，实现以知识图谱特征库方式对繁杂的滑坡灾害数据信息进行管理；还提出了青藏高原高位堵江滑坡风险的遥感识别与预警的综合判识方法，并应用于金沙江上游堵江滑坡—堰塞湖灾害链风险评估。

## 0.2.3　高位远程地质灾害高风险区研究

对藏东三江流域地区堵江滑坡、雅鲁藏布江下游地区超高位超远程地质灾害链，以及喜马拉雅山中段中尼交通网络地区冰湖溃决山洪地质灾害和边境口岸特大高位滑坡的成灾风险进行了研究。藏东三江流域地区受强烈的板块运动作用，发育了系列近西北-东南走向的构造混杂岩带，加之三江并流强烈侵蚀切割形成了高山峡谷地貌，为高位远程地质灾害提供了远程成灾地貌条件。本书采用光学遥感、InSAR、无人机航测、现场调查及资料分析等技术方法研究了三江流域地区金沙江上游、澜沧江德钦段和怒江泸水—芒市段堵江地质灾害的分布发育规律。其中，金沙江上游流域体积大于 100 万 $m^3$ 的大型、特大型滑坡 84 处，具备堵江极高风险区的滑坡主要分布于德格县白垭乡至江达县岩比乡、贡觉县克日乡至巴塘县竹巴龙乡和巴塘县索多西乡至中心绒乡三个河段；具备堵江高风险区的滑坡主要分布于德格县汪布顶乡、江达县岩比乡至波罗乡和得荣县徐龙乡至德钦县奔子栏镇三个河段；具备堵江中风险区的滑坡主要分布于石渠县真达乡至奔达乡、德格县卡松渡乡、香格里拉市拖顶乡至丽江市上江乡三个河段。本书专门设立第 5 章，以 2018 年 10 月 10 日和 11 月 3 日两次滑动堵江的金沙江白格高位滑坡—堰塞湖特大灾害链为例，研究了金沙江蛇绿混杂岩带中特大滑坡形成演化、成灾机理、监测预警和治理措施。白格滑坡上部滑源区主要为散体状的蛇纹岩，斜坡中下部为碎裂状片麻岩，在长期重力作用下发生变形并最终失稳破坏；白格滑坡第一次滑动体积约 3500 万 $m^3$，冲入金沙江后形成了长约 650m，横河向宽约 200m，平均高度约 120m 的堰塞坝，后期堰塞坝自然泄流；第二次滑动体积约 160 万 $m^3$，滑体失稳后形成碎屑流沿途铲刮碎裂岩体及第一次滑动堆积体，最终约 820 万 $m^3$ 堆积于前期自然泄洪通道上，形成第二次堵江。二次滑动发生后，白格滑坡后缘残留体仍继续变形，并存在再次堵江风险，为此，对残留体及堰塞坝进行了应急处置。

雅鲁藏布江下游地区位于喜马拉雅东构造结，是全球构造应力作用最强、隆升和剥蚀最快、新生代变质和深熔作用最强的地区之一，也是印度洋与青藏高原的最大水汽通道。受地质构造、地层岩性、地形地貌、气象水文等因素的影响，雅鲁藏布江下游是全球特大地质灾害链最为发育的地区，山崩物源启动区位于极高山区陡坡地带，海拔大于5000m，高差超过2000m，山崩–碎屑流运动距离可达10km以上，形成超高位启动和超远程运动的巨型地质灾害链，具有体积巨大、运动速度极快、破坏范围广的特点。通过超高势能转换为巨大动能，引发了气垫、碰撞、解体、铲刮、流动等动力作用，由固体转化为多相态流体，并动力侵蚀流通区底部和两侧山体，形成堵溃放大效应，致使堵江堰塞坝、堰塞湖、洪水灾害链致灾规模明显放大。本书初步揭示了雅鲁藏布江缝合带和嘉黎构造结合带控制的高位地质灾害发育分布特征，提出雅鲁藏布江下游超高位地质灾害风险源形成演化和失稳机理，建立了高位冰崩、滑坡、崩塌链动过程和成灾模式，并应用于流域性特大灾害链的风险预测。

喜马拉雅山中段及中尼交通网络地区广泛发育现代海洋性冰川。随着全球气候变暖，冰雪消融在冰川前部或侧部汇集形成冰湖。冰湖溃决形成的高位远程山洪地质灾害链对流域性水电开发，城镇建设与发展，以及道路等构成了严重危害，成为青藏高原急需高度关注的一种新型综合性气候地质灾害。2002年5月23日和6月29日，位于中尼边境聂拉木县城上游的嘉龙错冰湖先后两次发生溃决引发泥石流，对县城和中尼公路构成了危害。2020年8月1日，聂拉木上游又发生3处小型冰湖链式溃决，体积达300万m³的冰碛物转化为山洪泥石流固体物源，冲刷、掏蚀下游聂拉木县城建筑和道路等公共基础设施，经济损失超过亿元人民币。本书以中尼交通网络中的波曲河流域为例，研究了该典型冰湖溃决山洪地质灾害链的成灾过程。分析评估了嘎龙错冰湖在不同溃决流量下，对下游聂拉木县城以及中尼公路友谊桥的山洪泥石流灾害风险。本书还研究了中尼边境樟木口岸高位特大型地质灾害综合整治与道路功能优化相结合防治技术与设计模式，通过在樟木镇后山开辟国萨贸易新区，与尼泊尔境内的中尼公路对接，优化樟木口岸现在公路交通条件，避开现有穿越樟木镇中尼公路的堵点，彻底解决制约樟木口岸贸易发展体量受限问题等国土空间规划方案。

## 0.2.4 高位远程地质灾害防抗救备综合减灾措施

以318国道（G318）西藏波密"102"滑坡群地段和中尼公路樟木口岸滑坡群治理工程为重点，剖析西藏地区复杂滑坡治理现有技术的适配性问题。对"102"滑坡群防治工程失效的原因进行了研究，包括：地质勘查程度差；河流冲刷、掏蚀，导致滑坡前缘阻滑效果降低；缺乏有效的地下排水措施；选型设计针对性差；未考虑特殊工况的影响。介绍了中尼公路樟木口岸滑坡群防治工程实施情况，其中，樟木镇福利院滑坡治理采用了通透式截水墙桩结构（锚索抗滑桩+截水墙）+预应力锚索抗滑桩+排水隧洞+锚索格构+微型桩+地表排水综合治理方案；友谊桥1#～4#滑坡群治理采用了预应力锚索锚杆组合格构+预应力锚索抗滑桩+埋入式抗滑键+地表排水+桩基挡墙等综合治理方案。对现有技术适配性研究表明，西藏地区的滑坡防治工程应优先考虑如下的设计：①前缘冲刷、掏蚀防护工程；②滑坡地表和地下排水工程；③超长锚桩+抗滑键组合工程。此外，对于高位崩塌滚石工程治理，可以采用新型开口式被动防护帘对高速运动的灾害体进行多级消能和引导，同时，在灾害体运动路径中，设置多级自适应的钢筋砼障桩群，减缓大冲击力碎屑流体的风险。

本书还研究了西藏易贡滑坡和白格滑坡引发的巨大地质灾害链减灾战略问题。西藏地区复杂的地质地貌条件和活跃的内外动力耦合作用，使得城镇发展、进藏铁路、高等级公路、水电能源基地存在突出的地质安全问题。结合西藏复杂艰险山区地质灾害成灾背景，提出了重大地质灾害链综合防范措施建议：①应建立"空-天-地"一体化的动态监测和快速评估系统，开展特大地质灾害风险源动态识别和评估；②对已经确认并存在特大地质灾害链威胁的滑坡，及早开展应急抢险备灾道路建设和导流减灾工程建设等备灾工程建设；③实施特大地质灾害链非工程规划与管理。

# 0.3　章节安排及分工

本书共分 11 章，涉及青藏高原高位远程地质灾害的易滑地质结构、早期识别与监测预警、链动机理与成灾模式、防控理论与技术等问题。

第 1 章由殷跃平、朱赛楠、吴杨等撰写。研究了构造混杂岩带易滑地质结构对高位远程地质灾害的控制和灾变机理，提出了基于高差、速度和距离的划分标准；创新与发展了中高山区、高山区和极高山区高位地质灾害的 InSAR 早期识别与动态监测技术方法；提出了高位远程地质灾害具有高位启动、势动转化、动力侵蚀、液滑-流滑堆积的链动过程，初步建立了基于全灾害链的固源降险技术、刚韧消能技术、抗蚀护底技术和排导冗余技术的综合防治工程设计模式。

第 2 章由朱赛楠、王猛等撰写。介绍了藏东三江流域地质灾害的基本特征；揭示了金沙江蛇绿构造混杂岩带对特大高位堵江滑坡的控制机理和灾变特征；介绍了金沙江流域上游水电工程开发、澜沧江德钦县城和怒江流域典型地段高位地质灾害早期识别和监测预警技术；探讨了高位滑坡易滑结构、堵江易发性、水电工程和沿江城镇承灾性等流域性地质灾害风险评估方法。

第 3 章由李滨、贺凯、高杨等撰写。初步揭示了喜马拉雅东构造结和嘉黎构造结合带对雅鲁藏布江大峡谷、帕隆藏布和易贡藏布特大复合型地质灾害控制机理，建立了高山、极高山区超高位超远程地质灾害链动过程和成灾模式，探讨了超高位超远程地质灾害精准识别和流域性巨型灾害链风险评价方法，以及堵江溃决型特大地质灾害链的防灾减灾备灾综合对策措施。

第 4 章由苏鹏程等撰写。介绍了全球气候变化和强烈地震活动下喜马拉雅山脉中段南翼高位冰湖溃决山洪泥石流灾害的基本特征；分析了中尼公路波曲河嘎龙错和嘉龙错等冰湖溃决灾害链及其对聂拉木县城、樟木边境口岸和下游尼泊尔境内的山洪地质灾害风险；提出了中尼交通网络及边境口岸地质灾害的防灾减灾对策建议。

第 5 章由张楠、王文沛等撰写。介绍了 2018 年 10 月 10 日和 11 月 3 日两次滑动堵江的金沙江白格高位滑坡的基本情况，以及受控于金沙江蛇绿混杂岩带的易滑地质结构特征和长期灾变过程；运用颗粒流数值模拟分析了白格高位滑坡剪出和链动堰塞堵江过程；总结了特大堵江滑坡和堰塞湖灾害监测预警、应急除险和减灾备灾工程技术方法。

第 6 章由王猛等撰写。建立了复杂山区气候-地质环境条件下滑坡成灾地貌、动态变形、堵江风险和早期预警等遥感识别标志及其综合判识方法。介绍了在金沙江上游堵江滑坡识别的示范成果，基于多源多时相遥感影像，判识了高位滑坡地质环境条件、滑坡要素及流域承灾体的变化，分析了滑坡堵江演进过程，评价了滑坡堵江形成堰塞湖灾害链的风险。

第 7 章由朱茂等撰写。介绍了青藏高原中高山区大型高位滑坡早期识别和监测预警 InSAR 技术新方法；以金沙江流域为重点，介绍了升、降轨法对白格—石鼓段圭利和色拉等典型滑坡变形监测及速度场分析的研究成果；介绍了偏移量跟踪法对短期内发生较大变形滑坡的监测预警分析方法，及其在白格滑坡的应急监测中的示范应用成果。

第 8 章由杨成生、张勤等撰写。针对终年积雪和冰湖发育的藏南高陡深切高山区，因 DEM 误差及叠掩、阴影、冰雪和植被覆盖导致常规方法失相干问题，对比分析了短基线影像集、永久散射体、堆叠 InSAR 和偏移量跟踪等 InSAR 改进技术的识别与监测效果；介绍了这些方法在错郎玛冰川和冰湖动态监测，及中尼边境口岸大型滑坡监测和拟建中尼铁路断裂变形监测的应用成果。

第 9 章由张勤、杨成生等撰写。针对高程大于 5000m 的极高山区被永久性冰雪覆盖和常年厚层云雾遮挡等极端复杂条件，在采用大气延迟改正、解缠误差探测、坡向形变投影、DEM 配准等方法基础上，探索了可变窗口偏移量跟踪和跨平台偏移量跟踪等 InSAR 识别和监测技术；介绍了雅鲁藏布江大峡谷，以及支流帕隆藏布和易贡藏布超高位超远程地质灾害的应用成果。

第 10 章由黄坚、杜博文等撰写。提出了基于光学遥感影像公网平台的高位滑坡特征提取与识别模型，介绍了精准辨识深度学习网络构建方法，借助爬虫技术汇聚新闻、期刊、气候、地震、维基 5 大类数据，构建了滑坡领域本体特征库的方法；通过构建本体、信息抽取和数据融合等技术手段提取重要信息，以知识图谱特征库方式对繁杂的滑坡灾害数据信息进行管理。

第 11 章由殷跃平、朱赛楠等撰写。介绍了高山深谷区地质灾害高山深谷区滑坡防治现有技术适配性及其存在问题，分析了 318 国道波密段 "102" 滑坡群、中尼公路樟木口岸滑坡群等典型特大滑坡治理工程优化问题，总结了 2000 年易贡巨型高位远程滑坡堰塞湖和金沙江白格滑坡堰塞湖等典型特大地质灾害链应急处置经验，提出了青藏高原复杂艰险山区地质灾害成灾背景下重大地质灾害链综合减灾战略建议。

全书由殷跃平、朱赛楠统稿。

# 第1章　青藏高原高位远程地质灾害特征

## 1.1　概　　述

青藏高原是世界海拔最高的高原，素有地球"第三极"之称。青藏高原在我国境内包括西藏自治区、青海省、四川省西部、云南省部分地区、新疆维吾尔自治区南部及甘肃省部分地区，在境外包括不丹、尼泊尔、印度、巴基斯坦、阿富汗、塔吉克斯坦、吉尔吉斯斯坦的部分地区，总面积近 300 万 km²，平均海拔为 4000~5000m。

距今 8000 万年以来的喜马拉雅期地壳运动，重塑了青藏高原构造活动和地貌格局。在印度板块向欧亚板块强烈挤压和增生背景下，形成了冈底斯-喜马拉雅造山系、羌塘-三江造山系和秦（岭）-祁（连山）-昆（仑）三大造山系和系列巨型构造带，包括雅鲁藏布江缝带、嘉黎构造结合带、怒江结合带、澜沧江结合带、金沙江结合带、甘孜-理塘结合带、鲜水河（道孚-炉霍）结合带和龙门山推覆构造带等，以及喜马拉雅主前缘断层带、喜马拉雅山主边界断层带、喜马拉雅山主中央断层带等巨大滑脱构造带。这种"世界屋脊"独特的地质、地貌、气候、水系和人类活动耦合作用的地球动力系统，导致了青藏高原非常典型的高位远程地质灾害，成为全球规模最大、范围最广和灾难最重的地区之一（彭建兵等，2004；崔鹏等，2017；殷跃平等，2017）。

## 1.2　高位远程地质灾害易滑地质结构

青藏高原高位远程地质灾害受活动构造环境控制（张永双等，2016；黄艺丹等，2020；潘桂棠等，2020）。本书引用了中国地质调查局组织完成的"青藏高原区域地质调查成果集成和综合研究"项目成果（潘桂棠等，2002），结合大地构造相及其相关沉积岩相、混杂岩相、岩浆岩相与变质岩相结构特征，研究了青藏高原高位远程地质灾害的易滑地质结构模式。所谓高位远程地质灾害的易滑地质结构，指滑坡、崩塌、泥石流等在形成演化和链动成灾过程中的控灾构造、孕灾地层和成灾地貌的组合。

### 1.2.1　巨型控灾构造带

构造结合带是地块和洋壳汇聚带，形成了由不同时代、不同构造环境和不同变形样式的各类岩石组成的混杂岩带。构造结合带和一级大地构造边界构造决定了青藏高原高位远程地质灾害的发育分布（图 1.1）。下面引用前人的研究成果进行简述（潘桂堂等，2009）。

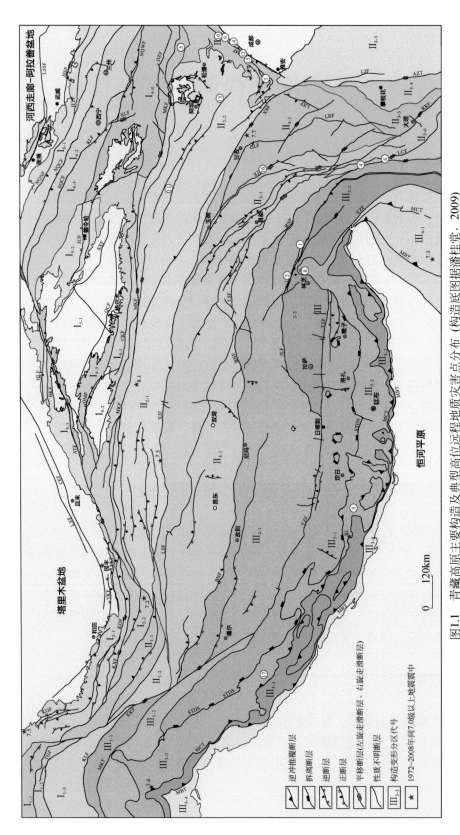

图1.1　青藏高原主要构造及典型高位远程地质灾害点分布（构造底图据潘桂棠，2009）

ATF.阿尔金断裂；AZF.安宁河—则木河断裂；BKF.巴什考供断裂；BNF.班公湖—怒江断裂；CEF.车尔臣河断裂；CKF.东昆中断裂；ELF.鄂拉山断裂；DZF.迭山—舟曲断裂；FKF.昆仑山山前断裂；GLF.甘孜—理塘断裂；HL.红柳河—拉配泉断裂；HSF.皇城—双塔断裂；HYF.海原断裂；JLF.嘉黎构造结合带；JRF.宗务隆断裂；KDF.昆仑地北缘断裂；KGF.库地南—盖孜西断裂；KKF.喀喇昆仑断裂；KLF.Kilik断裂；KXF.康西瓦断裂；LCF.澜沧江断裂；LMF.丽江—小金河断裂；LRF.龙门山断裂；LSF.龙木错—双湖断裂；LXF.罗布庄—三星屏断裂；LXF.龙日山断裂；MCT.主中央断裂；MBT.主边界断裂；MKT.木孜塔格—鲸鱼湖断裂；MKT.主喀喇昆仑逆冲断裂；NQF.中祁连北缘断裂；NQNF.北祁连南缘断裂；NQWF.西秦岭北缘断裂；QCF.紫金山断裂；QMF.祁漫塔格断裂；RLF.日月山—拉脊山断裂；YZF.东昆仑南断裂；SQCF.中祁连南缘断裂；STDS.藏南拆离系；SXF.鲜水河断系；TGF.塔什库尔干断裂；TKF.铁克里克断裂；XJF.西金乌兰—金沙江断裂；XSF.鲜水河断裂；YZF.雅鲁藏布江断裂。①西藏波密古乡冰川泥石流；②西藏樟木贡巴台错滑坡碎屑流；③西藏波密易贡滑坡碎屑流；④云南贡山怒江东月各泥石流；⑤甘肃舟曲曲堡坡碎屑流堆积；⑥云南福贡沙瓦滑河泥石流；⑦青海玛沁阿尼玛卿山冰岩崩塌碎屑流；⑧西藏林芝色东普冰川碎屑流；⑨四川绵竹文家沟滑坡碎屑流（汶川地震触发形成巨型滑坡碎屑流堆积）；⑩四川安县高川乡大光包滑坡（汶川地震形成滑坡）；⑪青海玛沁阿尼玛卿山冰岩崩塌碎屑流；⑫四川映秀红椿沟泥石流；⑬四川达日格滑坡成坝堵塞湖；⑭四川绵竹小岗剑滑坡碎屑石流；⑮四川映秀烧房沟泥石流（汶川地震形成滑坡—碎屑流）；⑯西藏金沙江白格滑坡堰塞湖。

逆冲推覆断层
拆离断层
逆断层
正断层
平移断层（左旋走滑断层—右旋走滑断层）
性质不明断层
构造变形分区代号　　III₃₋₃
1972—2008年间7.0级以上地震震中

0　　120km

塔里木盆地
河西走廊—阿拉善盆地
恒河平原

（1）主边界断裂（MBT）。西起印度西北部，经尼泊尔、不丹南部，东止于中国米林，为分割冈底斯–喜马拉雅造山系与印度陆块区的北倾逆冲断裂系。该断裂带为2015年4月25日尼泊尔8.1级地震的发震断裂，沿断裂带形成了一系列地震地质灾害。

（2）主中央断裂（MCT）。西起印度西北部，经尼泊尔、不丹南部，东止于印度东北部，为高喜马拉雅地层分区与低喜马拉雅地层分区的分界断裂，是一条宽约几百米的韧性剪切带。该断裂带活动非常强烈，其东段为1950年察隅8.6级地震的控制性构造，触发了一系列特大型高位山崩灾害。

（3）喜马拉雅主拆离断裂。西起喜马拉雅西部的扎斯卡地区，经中部的珠穆朗玛地区到东部林芝米林地区，为藏南拆离系（STDS）中的主拆离断裂，是分隔高喜马拉雅变质结晶基底杂岩带和北喜马拉雅碳酸盐台地之间的北倾正断裂。

（4）吉隆–定日–岗巴–洛扎–错那推覆断裂（THS）。西起普兰之东，向东经吉隆、定日、岗巴至错那以东一带，近东西走向。断裂带南侧为北喜马拉雅浅海碳酸盐台地沉积，北侧为含有次深–深海相沉积的拉轨岗日被动陆缘盆地，而且火山岩相对发育。

（5）雅鲁藏布江缝合带。在中国境内长达2000km以上，西段西延出国境与印度河结合带相接，中东段大体沿雅鲁藏布江近东西向延展，向东至米林，然后绕过雅鲁藏布江"大拐弯"转折向南东一直延伸至缅甸境内。沿雅鲁藏布江缝合带和"大拐弯"地区混杂岩带，形成了带状分布的高位滑坡、高位泥石流及特大变形体等。

（6）嘉黎构造结合带。西至阿里狮泉河镇，经纳木错西向东到波密等地。呈北西西—东西—南东方向展布，是一条区域性大断裂带。分布在嘉黎县东的久之拉蛇绿混杂岩带，受后期逆冲推覆作用影响，整体表现为宽5~15km的大型走滑–逆冲断裂带。再向东至波密帕隆藏布断裂和嘎龙寺断裂之间，为一条残留蛇绿岩带。沿嘉黎断裂带发育了一系列超高位超远程的崩塌、滑坡，以及冰雪型泥石流灾害。

（7）怒江结合带。又称班公湖–怒江结合带，横亘于青藏高原中南部，在西藏境内长2800km，宽5~50km，向西延入克什米尔，向东南延入缅甸。主体由规模巨大的蛇绿岩、蛇绿混杂岩与增生混杂岩组成。地块两侧均为蛇绿混杂岩及强烈剪切变形带所围限，地块本身主要由大理岩、绿片岩、局部由角闪片岩、片麻岩等组成。

（8）澜沧江结合带。又称乌兰乌拉湖–澜沧江结合带，北延交接于西金乌兰湖–金沙江结合带，南延交接于班公湖–双湖–怒江对接带，包括乌兰乌拉湖和北澜沧江蛇绿混杂岩带。该结合带构造混杂岩断续出露，部分地段的韧性剪切带具有相当的规模，地表露头所见挤压、走滑剪切、逆冲推覆作用较强烈，发育大量碎裂岩、片理化构造岩和糜棱岩。

（9）金沙江结合带。又称西金乌兰湖–金沙江结合带，该结合带贯穿西藏、青海、四川、云南境内，向东南方向延伸与哀牢山结合带相接。主要由蛇纹石化超镁铁岩、洋脊型玄武岩等，与古生代灰岩"块体"及其绿片岩"基质"构成蛇绿混杂岩带。

（10）甘孜–理塘结合带。自青海治多，经玉树，向南东过四川甘孜、理塘，南下至木里一带，呈一北西–南东向的不对称反S型构造带，向西延伸归并于羊湖–金沙江结合带中。甘孜–理塘结合带的蛇绿岩主要由洋脊型拉斑玄武岩、蛇纹岩及硅质岩等组成。

（11）鲜水河断裂带（结合带）。为北西走向的弧形左旋走滑断裂带。北西段由炉霍断裂、道孚断裂和乾宁断裂连接而成，形成向北东突出的弧形；南东段进一步向南偏转，由康定断裂和磨西断裂连接而成。与龙门山-泸定断裂带和安宁河断裂带相交接，形成典型的"Y"字形构造。沿断裂带具有强烈的构造变形和复杂的超基性、基性物质组成，在炉霍-道孚为蛇绿混杂岩带。李坪等（1993）将鲜水河断裂带进一步向南延伸，即划分为三个自然段：北段为北西向的鲜水河断裂，中段近南北向的安宁河断裂，南段为北北西至近南北向的则木河和小江断裂，统称为鲜水河-小江，是青藏高原北缘重要的地震构造带之一。

（12）龙门山推覆构造带。全长约500km，宽为30～70km。北东端至广元，南西达泸定大渡河，该断裂带是青藏高原向扬子陆块逆冲推覆的前缘过渡带，构造带分为主中央断裂、前山断裂和后山断裂，带内脆韧性形变兼有，以韧性剪切形变为主。断裂带中的主断裂多属推覆剪切滑动面，有规模不等的外来推覆岩席。

巨型构造带对特大高位远程地质灾害的发育分布呈现区域性的控制作用。这种作用主要为巨型构造带及其现今活动性决定了山体结构、内外触发动力和成灾地形地貌特征。

## 1.2.2　典型孕灾地层

高位地质灾害的孕灾地层常具有"三明治"软硬组合结构，形成了具"高位"启动的高势能启动源区，亦提供了"远程"运动的链动空间。本书将讨论三种最为典型易滑结构的孕灾地层特征。

### 1.2.2.1　"白格型"高位远程地质灾害（图1.2）

上部滑源区主要为软弱的糜棱岩化甚至粉碎化的蛇绿混杂岩带，中部和下部主要为岩

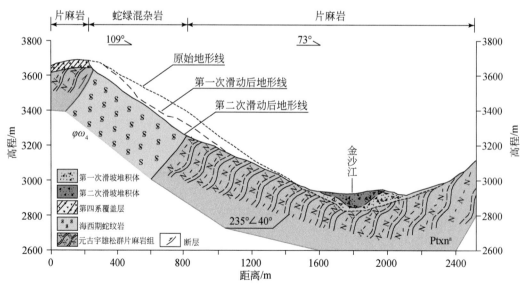

图1.2　金沙江构造结合带高位远程地质灾害易滑地层剖面（白格）

体质量稍好的片麻岩，形成"上软下硬"孕灾地层。受金沙江结合带控制，山体走向与区域构造线方向大体一致，由于多期构造运动的影响，区域构造形迹较为复杂，糜棱岩化和蚀变严重。滑源区母岩为晚泥盆世—中二叠世之间海西期蛇纹岩带（$\varphi\omega_4$），岩性组合包括蛇纹石化橄榄岩、层状（均质）辉长岩、辉绿岩、E-MORB 型枕状玄武岩、斜长花岗岩岩脉和放射虫硅质岩。在滑坡上部结晶良好，墨绿色，中下部呈碎粉岩状，灰绿–绿白色，绿泥石化，具有多期、多次变形与变质特点。滑坡高位剪出后的滑覆运动区主要为元古宇雄松群（$Ptxn^a$）片麻岩组，这种岩性形成了构造侵蚀–深切河谷地貌，提供了高位剪出和远程运动的地层地貌条件。

### 1.2.2.2　"易贡型"高位远程地质灾害（图 1.3）

滑源区上部主要为受次级断裂切割分离的坚硬块状花岗岩，中部和下部为长期构造动力作用形成的构造混杂岩带，形成"上硬下软"孕灾地层。受嘉黎构造结合带控制，山体走向与区域构造线方向大体一致。嘉黎构造结合带作为青藏高原主体向东挤出的南部边界，宽 3~7km，由多条近平行的断裂组成。断裂活动强烈，在晚新生代高原隆升过程中，既有升降运动，也有平移剪切运动。结合带为复理石建造和片麻岩构成的混杂岩带，岩性包括元古宇念青唐古拉岩群（$Pt_{2-3}Nq^a$）黑云母斜长片麻岩、黑云母石英岩，和石炭系诺错组板岩夹大理岩、变质安山岩等（王保弟等，2020；何来信等，2002）。诺错组与下伏的念青唐古拉岩群为断层接触。易贡高位滑坡源区主要为白垩世岩浆岩弧花岗闪长岩、二长花岗岩等组成。

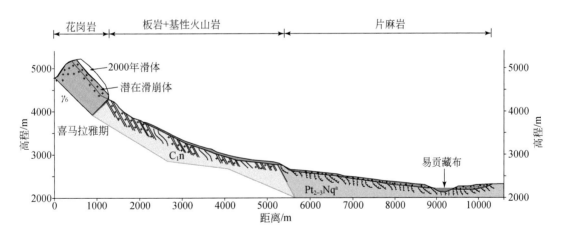

图 1.3　嘉黎构造结合带高位远程地质灾害易滑地层剖面（易贡）

$C_1n$. 诺错组；$Pt_{2-3}Nq^a$. 念青唐古拉岩群

构造混杂岩带及其相邻的片麻岩、花岗岩和复理石板岩等构成了青藏高原典型的孕灾地层组合，控制了超高位超远程特大型地质灾害的分布和演化。作者等对金沙江构造混杂岩带白格滑坡、嘉黎构造混杂岩带 318 国道波密 102 道班滑坡群和雅鲁藏布江构造混杂岩带朗县聂村滑坡群的野外测绘，混杂岩带内的蛇纹岩、千枚岩、片麻岩、绿片岩、板岩、石英大理岩近地表非常破碎。据四川地矿眉山工程勘察院 2019 年 12 月对金沙江构造混杂岩带白格滑坡的工程地质测绘和钻孔资料，深部中风化蛇纹岩和千枚岩岩体较完整，岩石质量指标（rock quality designation，RQD）值普遍高于45%，最大的可达80%以上，但位于断层附近的中风化岩体破碎，岩层中出现破碎带，加之区域构造应力场水平压应力较强，完整RQD较高岩心至于地面数周后，即崩解为碎块、碎粉状。这也为高位远程地质灾害的形成提供了地质基础（图1.4）。

(a) 全风化蛇纹岩(碎粉状)　　　　　　　　　　(b) 中风化千枚岩崩解(碎块状)

图1.4　金沙江构造混杂岩带白格滑坡蛇纹岩母岩

因此，按照构造地层相、变质岩相、岩浆岩相与沉积岩相，青藏高原典型的高位远程孕灾地层包括了混杂岩带、花岗岩侵入岩体（层）、玄武岩喷发岩体（层）、片麻岩变质岩体（层）、复理石地层、碎屑岩地层、碳酸盐地层等复合体。

### 1.2.2.3　"查莫利型"高位远程地质灾害

2021年2月7日上午10点45分，位于印度北阿坎德邦查莫利地区的南达德维山峰突然发生高位冰雪+岩石的复合型灾害。采用2021年2月8日高分一号卫星、2021年2月9日WorldView-1卫星、2021年2月10日Sentinel卫星、2021年2月10日GeoEye卫星对南达德维冰川高位滑坡、冰崩灾害发生后边界进行分析（段跃平等，2021）。与"白格型"和"易贡型"高位远程地质灾害不同，该灾害发生于喜马拉雅主中央断裂与藏南拆离系之间的聂拉木岩群片麻岩体（图1.5，参见图1.1），启动于南达德维山（峰顶高程7810m）陡坡高程约4500~5600m地段，被三组不连续结构面控制，形态上近似于倒立的四棱锥体，体积约为1910万$m^3$（图1.6）。根据遥感和视频影像沿程分析，崩滑体撞击粉碎、铲刮和堵溃放大效应明显，最终估算固体堆积物总体积为6290万$m^3$（图1.7）。山崩滑落2000m后撞击粉碎转化富水碎屑流，高速运动12km堵塞干流，溃决后转化为山洪泥石流-山洪灾难，摧毁了下游数十千米处在建的两座电站，估计死亡失踪人数达200多人。

综合判断认为，这是一起复合性的山洪地质灾害，经历了冰岩复合楔形体崩滑—碎屑流—堰塞体堵溃—山洪泥石流—山洪的灾害链动过程，可定名为印度查莫利冰雪型山崩碎屑流堰塞溃决洪水灾害，简称印度查莫利山崩堵溃洪水灾害。

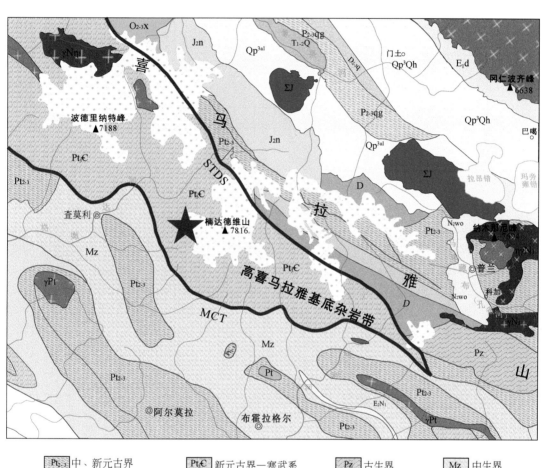

图 1.5 印度查莫利"2·7"山崩堵溃洪水灾害区域构造位置图

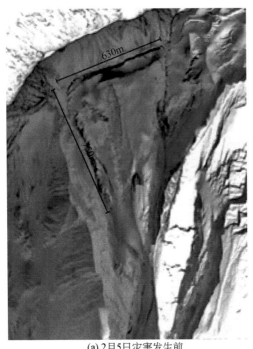

(a) 2月5日灾害发生前　　　　　　　　　　　(b) 2月8日灾害发生后

图 1.6　印度查莫利"2·7"冰雪山崩源区遥感影像对比

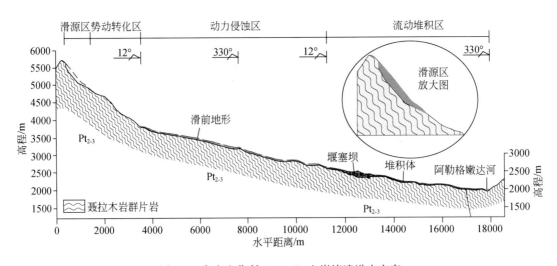

图 1.7　印度查莫利"2·7"山崩堵溃洪水灾害

## 1.2.3　成灾地貌型式

急剧隆起的冈底斯–喜马拉雅造山系、羌塘–三江造山系和秦（岭）–祁（连山）–昆

（仑）三大造山系决定了青藏高原边缘区高山、极高山山脉系列的东西向和南北向走向。东西向山脉占据了青藏高原的大部分地区，是主要的山脉类型（从走向划分）；南北向山脉主要分布在高原的东南部及横断山区，这两组山脉组成了地貌骨架，控制着高原地貌的基本格局。由此，决定了青藏高原的气候分带和水系的分布规律，可分为喜马拉雅山南翼热带–亚热带湿润气候地区、藏东南温带湿润高原季风气候地区、横断山温带半湿润高原季风气候地区等。青藏高原的气候还具有明显的垂直分带特征，在低纬度地区，自下而上有热带、亚热带、温带、亚寒带和永久积雪带，反映出完整的垂直气候带谱。形成了三大外流水系，包括注入太平洋的黄河水系和长江水系，以及注入印度洋的西南水系外流区（包括澜沧江、怒江、恒河–雅鲁藏布江和印度河）。

青藏高原高山、极高山为高位滑坡提供了极高的势能。由于沿构造结合带软弱地层形成的宽缓沟谷"L"型地形，为高位滑坡的势能向动能的转化和远程运动提供了特殊的成灾地貌条件。

## 1.3　高位远程地质灾害动力因素

作为地球的"第三极"，青藏高原地质灾害分布规律、失稳机理和成灾模式与丘陵山区明显不同。青藏高原极其复杂的地质构造、极其陡倾的地形高差、极其强烈的地震活动、极其多变的水文气象，成为我国，乃至全球特大型、巨型高位远程地质灾害最为发育，也是最严重的地区（彭建兵等，2020）。青藏高原高位远程地质灾害发生的动力因素主要包括强烈地震、冰雪消融和极端暴雨三种类型。

### 1.3.1　强烈地震

青藏高原地区地壳活动极为强烈，是我国强烈地震的高发区，仅进入 21 世纪以来，就发生了三次 8.0 级以上地震，即昆仑山 8.1 级地震（2001 年 11 月 14 日）、汶川 8.0 级地震（2008 年 5 月 12 日）及尼泊尔博克拉 8.1 级地震（2015 年 4 月 25 日）。需要特别指出的是，1950 年 8 月 15 日西藏墨脱 8.6 级地震，是有仪器记录以来，发生在我国境内震级最高的地震。墨脱县城位于 X 度区内，察隅县城位于 XI 度区内。限于当时交通和历史条件，未及时开展地震地质灾害专业调查。据记载，极震区内房屋全部夷平，山川移易，地形改变，地震触发了区域性的山崩和滑坡，耶东、格林等四个村庄随着山崩体滑入江中或被山石掩埋；雅鲁藏布江干流至少有 3 处被山崩拦腰截断。随后，地震滑坡堰塞湖溃决，水势暴涨，形成 50m 高的浪头，整个雅鲁藏布江河弯地区和米林、察隅等 27 个县及印度阿萨姆邦的部分地区都被卷入这场灾难之中。这次特大地震还引发了两座雪峰产生大规模雪崩和冰崩。南迦巴瓦峰的则隆弄冰川下段冰舌突然崩落，冰体加上崩雪，掩埋了大峡谷进口的直白村，全村 100 多人死亡，只有一位正在水磨房干活的妇女被推到磨盘下，在冰雪窖中靠融水和糌粑坚持了 19 天，待到冰消雪化时才幸运生还（西藏科委和国家地震局，1988）。

2015 年 4 月 25 日，尼泊尔博克拉发生 8.1 级地震，强烈波及我国西藏自治区日喀则市和阿里等地区，造成西藏自治区日喀则市聂拉木县、吉隆县、定日县、定结县、岗巴县、仲巴县、萨嘎县、萨迦县、拉孜县、昂仁县10个县遭灾严重，震后地质灾害的成灾风险增高。日喀则市亚东县、江孜县、桑珠孜区、康马县、白朗县、仁布县、南木林县、谢通门县和阿里地区普兰县九个县（区）亦受地震地质灾害影响，地质灾害隐患增加。据西藏自然资源厅组织的应急排查表明，尼泊尔8.1级地震触发的地质灾害具有如下特点：①新增灾害点多。不仅原有地质灾害隐患点危险性有不同程度的加重，还新增地质灾害点，增幅达33%。特别是地震重灾区聂拉木、吉隆、定日、定结四县，震后新增地质灾害点达458处，占新增总数的45%。②危害程度加重。已发现的4040处地质灾害隐患点危害范围扩大到19个县（区）、207个乡镇，受地质灾害威胁人口大幅增至19.38万人。特别是对聂拉木县城、樟木口岸及国道交通干线等构成重大威胁。③成灾风险升高。城镇及公路沿线高陡斜坡区存在大量"松而未滑、裂而未崩、悬而未掉、藏而未露"的隐患点，隐蔽性强，震后成灾效应明显，突发地质灾害风险极大。④防治难度很大。震后地质灾害的复活和加剧，直接威胁到灾后重建区安全。根据地震地质灾害应急排查，聂拉木县受灾地段主要集中在聂拉木县城至樟木口岸段，毁坏3998户房屋，损毁及堵塞公路约200km，中尼公路中断，口岸因遭受地质灾害损毁而关闭。中尼边境樟木镇古滑坡体裂缝加剧、前缘次级滑体位移、扎美拉山危岩裂缝增加，全镇3000多居民也因地质灾害风险增加而整体异地搬迁。

　　青藏地区地质环境脆弱而敏感，新建工程容易诱发新的地质灾害，同时极易受到地质灾害的威胁和破坏，必须在工程选址阶段，就做好减灾对策。线状工程在防灾治理和线路绕避之间要慎重抉择。以川藏铁路选线为例，川藏铁路（成都—拉萨段）交通干线沿线地质条件复杂、内外营力活跃。印度洋板块向欧亚板块俯冲，使得该区构造活跃，强震多发；青藏高原强烈隆升造成显著的地势高差和急剧的气候差异，内外动力耦合作用导致滑坡、泥石流极为发育；对全球气候变化响应敏感，冰雪消融诱发超常规地质灾害。川藏铁路穿越了活跃度较高的龙门山地震带、甘孜炉霍地震带、雅鲁藏布江地震带三个地震带。这些地区的地震烈度大多在Ⅷ度以上，近百年来均有特大地震发生。路线穿过地区是滑坡灾害密集区，有些是举世罕见的超大规模滑坡，能引发流域性地质灾害链。

　　坝址选择是涉及水电工程本质安全的重大课题之一，同时直接影响到工程开发难度和工程投资及效益，因此对坝址的研究是水电开发前期工作中最重要、最慎重的工作，尤其要做好选址中的地灾防治对策。水电水利工程坝址选择的一个重要原则是避开活动断层的直接影响，甚至是区域性的断裂也应该尽量避开。活动性断层的活动往往伴随着巨大的能量释放，导致地表产生破裂，对于大型水电工程，特别对大坝等挡水建筑物是不可接受的。青藏高原地区历经几次构造运动即白垩纪—始新世陆-陆碰撞、渐新世—中新世形成高原雏形和上新世以来高原快速隆升，区域性断裂、褶皱等构造发育，规模较大，活动性一般较强，地震地质背景复杂，活动断层的分布往往对大型水电工程的选址有显著的制约作用。因此合理选址避开活断层的直接影响，通过加强抗震设计，强震区可以建设高坝大库工程，强烈地震问题不应成为西南地区高坝建设的制约因素。

对于地震地质灾害而言，地震期间造成的损失仅仅是危害的开端，许多欠稳定或者处于临界状态的崩塌滑坡地灾隐患点在地震力的作用下会失稳，对已有地灾隐患点的危险性评估必须考虑地震力影响。另外，地震后对山体岩石的破坏，会造成新的地灾隐患点。地震地质灾害在时间序列上通常具有明显的周期性、滞后性及长期性，如 1950 年西藏墨脱地震后形成的古乡特大冰川泥石流，在 20 世纪 60 年代中期活动达到高潮，可见地震诱发泥石流灾害具有滞后性且历时较长，这与地震本身的突发性和历时短形成了鲜明对比。因此无论从学科发展还是从现实角度，对地灾隐患点开展地震危险性评估和防灾应对都具有十分重要的意义。

## 1.3.2　雪线上升

气候变化导致青藏高原冰川消退，冰崩灾害逐渐增多，严重威胁山区城镇和重要基础设施安全（铁永波等，2015；崔鹏等，2017）。2006 年以来，中国地质调查局联合西藏自治区自然资源厅、青海自然资源厅等单位在青藏高原持续开展了冰川变化和冰湖溃决灾害遥感调查与监测，初步了解了冰川空间分布及动态变化特征，评估了典型冰湖溃决灾害风险。

（1）青藏高原作为全球气候变化敏感区，受全球气候变暖的危害十分突出。调查发现我国 46% 的冰川分布在西藏自治区，现有冰川 21063 条，集中分布在念青唐古拉山、喜马拉雅山、冈底斯山等地区。2004 年 1 月，青海阿尼玛卿山玛卿岗日现代冰川西缘海拔约 5900m 的支沟发生冰崩碎屑流。冰川堆积体呈扇形，东西长 3400m，南北宽 1530m，面积为 2.4km$^2$，平均厚度 10m，体积约 2400 万 m$^3$，将支沟完全堵塞，堆积体由冰块和岩石碎屑物混合组成，其中冰块含量约占 70%～80%。冰块融化严重，形成大小不等的陷坑、溶洞、暗沟、暗河、沉陷裂缝。在主河道内形成宽约 200m，顺河长 1530m，高约 30m，体积约 560 万 m$^3$ 堤坝，堤坝顶海拔为 4335m。坝体于 2005 年 7 月溃决，对下游村庄和牧场造成洪水灾害（图 1.8、图 1.9）。

（a）冰崩碎屑流形成滑坡坝　　　　　　　　　（b）冰崩碎屑流形成堰塞湖全景

图 1.8　青海阿尼玛卿山冰崩碎屑流堰塞湖

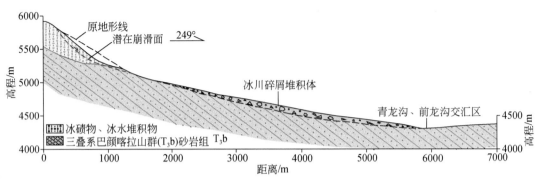

图 1.9　青海阿尼玛卿山冰崩碎屑流工程地质剖面图

（2）青藏高原冰崩造成的灾害主要包括冰崩直接灾害和其引发的冰湖溃决灾害及堵溃链式灾害等三种类型。近百年来，共发生 34 次重大冰崩灾害，其中重大冰湖溃决灾害 29 次。主要分布在喜马拉雅山中段、念青唐古拉山东段等冰川重度退缩区内，具有规模大、周期性和影响范围广的显著特点。1954 年康马县桑旺错冰湖溃决，溃决泥石流和洪水冲毁下游江孜、白朗和日喀则的 200 多个村庄，导致 400 多人死亡，20000 多人无家可归。2013 年那曲地区嘉黎县然则日阿错溃决造成 238 户 1160 人受灾，其中 49 户房屋被毁，9 人失踪，经济损失高达 2.7 亿元。2016 年 7 月 5 日，聂拉木樟藏布沟次仁玛错发生溃决，泥石流和洪水冲毁 318 国道，导致下游境外尼泊尔 20 余人伤亡。2016 年 7 月 17 日和 9 月 21 日，阿里地区阿鲁错西侧先后发生两次冰崩，其中第一次冰崩形成近 $10km^2$ 的扇形堆积体，造成 9 名牧民死亡，掩埋上百头牲畜。2017 年 10 月和 12 月林芝市加拉村色东普沟连续两次发生冰崩，铲刮沟道碎屑物堵塞雅鲁藏布江形成堰塞湖，坝体溃决后在下游形成洪水灾害。2018 年 10 月 17 日，该区域发生山体滑坡堵塞河道形成堰塞湖，至 10 月 19 日上午 9 时，堰塞体上游水位上升 33m，回水长度达 26km，堰塞湖库容达 5.5 亿 $m^3$，造成 6000 余人受灾，10000 余人受到影响；11 月 29 日再次发生冰川泥石流，形成二次堵江事件，堰塞湖灾害的形成严重威胁沿江两岸居民的生命财产安全。

（3）聂拉木、亚东、洛扎县城等城镇长期遭受冰湖溃决威胁。

①藏南日喀则地区聂拉木县城上游分布可致灾冰湖九个，其中嘎龙错（库容为 4.1 亿 $m^3$）、嘉龙错（库容为 3180 万 $m^3$）和小酸奶错（库容为 160 万 $m^3$）溃决危险性最高，应予以高度关注。其中小酸奶错 2002 年发生溃决洪水，造成下游水电站、友谊桥和 318 国道部分路段损毁，洪峰面接近县城钢桥桥面，造成直接经济损失 750 万元。

②山南地区洛扎县城上游分布可致灾冰湖 11 个，其中六个冰湖溃决危险性较高，威胁洛扎县城及上游鲁热、朵拉、曲堆和处迁等 14 个乡镇及洛扎县国防公路安全。

③山南地区亚东县城上游发育可致灾冰湖 17 个，其中穷比吓玛错（库容为 150 万 $m^3$）和 89226 号冰湖（库容为 1000 万 $m^3$）为溃决危险性最高，威胁沟口帕里镇四村及下游上亚东乡（2011 年"9·18"地震移民新村）、亚东县城和下亚东乡等城镇及国防公路安全。

作者等提出了多年永久冰雪覆盖区雪线上升与高位滑坡孕育演化的模式（图 1.10），青藏高原的气候暖湿化导致雪线上升，原冰冻形成的冻土坚固区相应后退，塑性区和流动区面积向上扩展，导致岩土强度明显降低，引发了高位滑坡。

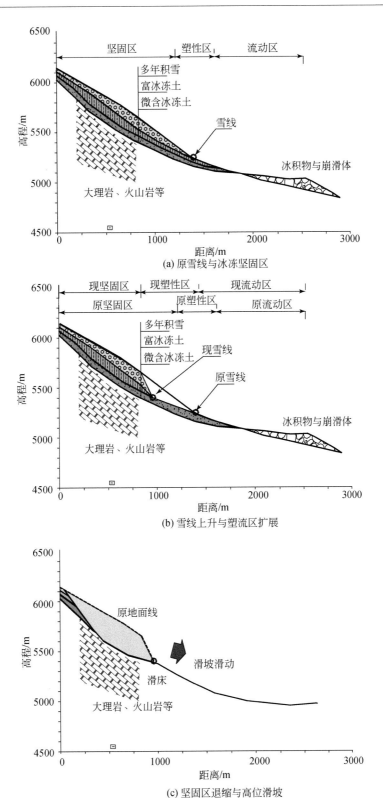

(a) 原雪线与冰冻坚固区

(b) 雪线上升与塑流区扩展

(c) 坚固区退缩与高位滑坡

图 1.10　雪线上升与高位滑坡演化示意图

## 1.3.3　极端暴雨

青藏高原极端暴雨触发地质灾害的地区主要分布在喜马拉雅山南翼地区、横断山地区和龙门山地区。

喜马拉雅山南翼热带山地湿润气候地区、喜马拉雅山南翼亚热带湿润气候地区、藏东南温带湿润高原季风气候地区，为亚热带及热带北缘山地森林气候，最热月平均气温为18~25℃，年降水量为1000~4000mm。

横断山脉气候上受高空西风环流、印度洋和太平洋季风环流的影响，冬干夏雨，干湿季非常明显，一般5月中旬—10月中旬为湿季，降水量占全年的85%以上，大部分地区超过90%，且主要集中于6、7、8三个月；从10月中旬—翌年5月中旬为干季，降雨少，日照长，蒸发大、空气干燥。南北走向的山体屏障了西部水汽的进入，如高黎贡山东坡保山，年降水量为903mm左右，年平均相对湿度为70%，西坡龙陵年降水量和年平均相对湿度分别为2595mm左右和83%。

龙门山地区跨四川盆地和青藏高原两大地形区，气候类型为亚热带季风性湿润气候，夏季多地形雨和锋面雨。与国内基本上同纬度的亚热带季风区相比较，是距海最远、温差最小、降雨量最多的地区。雅安城区年平均雨日达218天，降雨量为1732mm，最高年降雨量为2367.3mm。自2008年5月12日汶川$M_S$8.0级地震以来，龙门山地区几乎每年都发生极端暴雨引发的高位远程地质灾害。据1987~2012年长达25年的降雨数据统计，都江堰地区平均年降雨量为1109.8mm，5~9月降雨量占全年降雨量的80%，月降雨平均值最高为8月，降雨量达250.6mm（图1.11）。2013年7月7日至12日，都江堰地区5天累计降雨量最大达1129mm，超过了多年平均降雨量，历史罕见。暴雨触发了都江堰三溪村高位远程山体滑坡，堆积体体积约190万m³，滑程长达1200m，死亡166人，震惊全国（图1.12）。

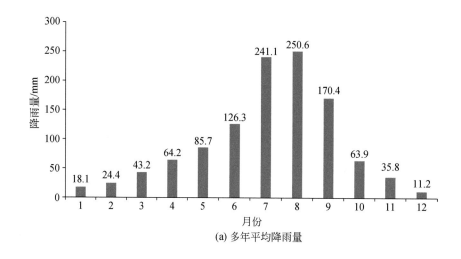

(a) 多年平均降雨量

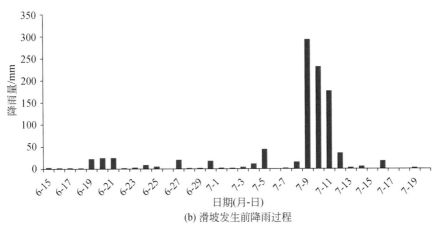

(b) 滑坡发生前降雨过程

图 1.11 四川都江堰三溪村滑坡区降雨曲线

(a) 滑坡发生前          (b) 滑坡发生后

图 1.12 四川都江堰三溪村滑坡三维遥感影像图

# 1.4 高位远程地质灾害分布与分类

## 1.4.1 典型高位远程地质灾害

高位远程地质灾害,指启动于山坡中上部且成灾范围可达数千米的超视距远程复合型链式地质灾害。在喜马拉雅山地区，包括由于冰川跃动崩滑导致的碎屑流—泥石流—堰塞湖灾害，或由于冰湖溃决导致沿河道铲刮侵蚀形成的侧向滑坡—山洪泥石流灾害链等。特别指出，作者等重点研究的高位远程滑坡，泛指启动于斜坡上部或中部，通过势能转化为冲击动能形成流状滑动或碎屑流的滑坡。高位远程滑坡高差可达数十米至数千米，运动距离达数百米至数千米，往往形成高隐蔽性和超强破坏力的突发地质灾害，是近年来防灾减灾研究的重点方向。高位远程滑坡具有典型的动力侵蚀，即铲刮特征，尤其是当滑坡沿程高速撞击解体并转化为碎屑流后，铲刮下伏和侧缘岩土体，导致滑坡体积明显放大（殷跃平等，2017；张永双等，2013；郭长宝等，2021）。

表 1.1 列举了 20 世纪以来我国发生的典型特大高位远程地质灾害。西藏波密古乡泥石流是世界闻名的冰川型泥石流，后缘冰川高程约 6300m，前缘冲入帕隆藏布高程约为 2600m，高差达 3700 多米，成灾距离近 10km。1950 年 8 月 15 日墨脱 8.6 级地震，导致古乡沟流域上游产生大规模冰崩雪崩，形成堵塞堆积坝高达几十米。1953 年 7 月 8 日，再次爆发特大泥石流灾害，冲埋了 8 户民房及大片耕地，140 余名村民死亡。经初步估算，古乡沟泥石流堆积物达 1000 万 m³，其中最大单块巨石重达 1000t，堰塞帕隆藏布江阻断河道，形成堰塞湖——"古乡湖"。2005 年 7 月 30 日，古乡暴发冰川泥石流灾害，造成护堤被毁，河流改道，318 国道 320 余米路基被冲毁，交通中断。泥石流堆积路面平均高度达 3m、宽 20 余米，总方量达 2 万余立方米，致使 100 余辆车 400 余人受阻（鲁安新，2006）。迄今为止，古乡沟仍然频繁发生泥石流，但经综合性工程治理，威胁大为减轻（图 1.13、图 1.14）。

**表 1.1　20 世纪以来青藏高原典型高位远程地质灾害简表**（参见图 1.1）

| 序号 | 发生日期 | 名称 | 高位 | | 远程 | | 规模 | | 生命财产损失 | 参考文献 |
|---|---|---|---|---|---|---|---|---|---|---|
| | | | 高差/m | 分类 | 距离/m | 分类 | 体积/m³ | 分类 | | |
| 1 | 2005 年 7 月 30 日 | 西藏波密古乡冰川泥石流 | 3768 | 超高位 | 8700 | 超远程 | 1100 万 | 巨型 | 频发，1953 年 140 余人遇难，於埋川藏公路，阻断帕隆藏布江，形成堰塞湖 | 鲁安新等，2006；曾庆利等，2007 |
| 2 | 2000 年 4 月 9 日 | 西藏波密易贡滑坡碎屑流 | 3330 | 超高位 | 10000 | 超远程 | 3 亿 | 巨型 | 数千人死亡，数万人受灾。截断河流，摧毁道路 | 殷跃平，2000 |
| 3 | 2016 年 7 月 5 日 | 西藏樟木贡巴沙通错冰湖溃决泥石流 | 2941 | 超高位 | 8500 | 超远程 | 1000 万 | 巨型 | 造成樟木镇多处大型滑坡稳定性降低，下游在建电站被毁 | |

续表

| 序号 | 发生日期 | 名称 | 高位 | | 远程 | | 规模 | | 生命财产损失 | 参考文献 |
|---|---|---|---|---|---|---|---|---|---|---|
| | | | 高差/m | 分类 | 距离/m | 分类 | 体积/m³ | 分类 | | |
| 4 | 2010年8月18日 | 云南贡山怒江东月各泥石流 | 2849 | 超高位 | 8000 | 超远程 | 1200万 | 巨型 | 92人遇难, 转移安置3282人, 东月谷铁矿选冶厂被摧毁, 直接经济损失达1.4亿元 | 苏鹏程等, 2012 |
| 5 | 2010年8月8日 | 甘肃舟曲三眼峪泥石流 | 2488 | 超高位 | 7500 | 超远程 | 450万 | 特大 | 1800余人遇难。摧毁房屋5000间 | 胡桂胜等, 2011 |
| 6 | 2014年7月9日 | 云南福贡沙瓦河泥石流 | 2458 | 超高位 | 8000 | 超远程 | 1000万 | 巨型 | 17人伤亡, 冲毁桥梁1座, 房屋数间, 直接经济损失2200万元 | 徐慧娟, 2016 |
| 7 | 2012年8月18日 | 四川宝兴县城冷木沟泥石流 | 2048 | 超高位 | 3980 | 远程 | 30万 | 中型 | 2人失踪, 直接经济损失达1.95亿元 | 谢静和王慈德, 2018 |
| 8 | 2018年10月17日 | 西藏林芝色东普沟冰川碎屑流 | 1706 | 超高位 | 8236 | 超远程 | 3100万 | 巨型 | 多次形成堰塞湖, 堵断雅鲁藏布江 | 童立强等, 2018 |
| 9 | 2010年8月13日 | 四川绵竹文家沟滑坡泥石流 (汶川地震触发形成巨型滑坡-碎屑流堆积) | 1520 | 超高位 | 4170 | 远程 | 429万 | 特大 | 5人遇难, 1人失踪, 损毁379间房屋 | 游勇等, 2011 |
| 10 | 2008年5月12日 | 四川安县高川乡大光包滑坡 | 1500 | 超高位 | 4500 | 远程 | 12亿 | 巨型 | 堵塞沟道及道路, 地质环境重大变化 | 黄润秋等, 2016 |
| 11 | 2004年1月10日 | 青海玛沁阿尼玛卿山冰岩崩塌碎屑流 | 1400 | 超高位 | 5200 | 远程 | 2400万 | 特大 | 堵塞河流, 溃决后冲毁路桥、村庄 | 卫海霞, 2006 |
| 12 | 2010年8月14日 | 四川映秀红椿沟泥石流 (汶川地震形成滑坡-碎屑流) | 1288 | 超高位 | 3600 | 远程 | 80万 | 中型 | 17人失踪, 於埋213国道和映汶高速公路, 堵断岷江, 淹没映秀镇新区 | 李德华等, 2012 |
| 13 | 2017年6月24日 | 四川茂县新磨滑坡 | 1200 | 超高位 | 2800 | 远程 | 1637万 | 特大 | 83人遇难。摧毁新磨村 | 殷跃平等, 2017 |

续表

| 序号 | 发生日期 | 名称 | 高位 | | 远程 | | 规模 | | 生命财产损失 | 参考文献 |
|---|---|---|---|---|---|---|---|---|---|---|
| | | | 高差/m | 分类 | 距离/m | 分类 | 体积/m³ | 分类 | | |
| 14 | 2008 年 5 月 12 日 | 四川绵竹小岗剑滑坡碎屑流 | 1177 | 超高位 | 2590 | 远程 | 334 万 | 大型 | 冲毁公路，堵塞绵远河 | 李文鑫等，2014 |
| 15 | 2010 年 8 月 14 日 | 四川映秀烧房沟泥石流（汶川地震形成滑坡–碎屑流） | 1014 | 超高位 | 1580 | 远程 | 25 万 | 大型 | 堵塞岷江，掩埋 213 国道 | 卜祥航等，2016 |
| 16 | 2018 年 10 月 10 日 | 西藏金沙江江达白格滑坡堰塞湖 | 850 | 高位 | 1600 | 远程 | 3165 万 | 特大 | 摧毁大桥，水电工程和房屋、土地损失近百亿。转移 8 万余人 | 许强等，2018 |
| 17 | 2021 年 2 月 7 日 | 印度查莫利山崩碎屑流洪水灾害 | 3200 | 超高位 | 12500 | 远程 | 6300 万 | 特大 | 200 余人死，摧毁大桥，水电工程和房屋 | |

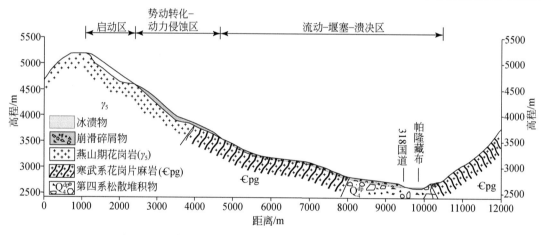

图 1.13　西藏波密古乡高位远程冰川型泥石流地质灾害剖面图

(a) 高位冰崩物源区

(b) 泥石流下游堆积区与拦挡工程

图 1.14　西藏波密古乡高位远程冰川型泥石流（2020 年 12 月）

西藏波密易贡高位远程巨型滑坡，发生于 2000 年 4 月 9 日，从高程 5500m 左右的雪山上，沿陡倾岩层呈楔形高速下滑，历时约 10 分钟，滑程约 8km，高差约 3330m，截断了易贡藏布河（河床高程为 2190m），形成长约 2500m、宽约 2500m 的滑坡堆积体，面积约 5km²，最厚达 100m，平均厚 60m，体积约 2.8 亿～3.0 亿 m³（图 1.15、图 1.16）。滑坡形成堰塞湖，湖水水位持续上涨 62 天，最大水深 62m，湖水面积 50km²，拦蓄水量约 30 亿 m³。滑坡溃决后，几个小时之内下游河水水位陡涨四五十米，河水流量最大时达到 12.4 万 m³/s。下游局部河段相继发生了山体崩塌滑坡等衍生地质灾害，河道断面形状由"V"型改造为"U"型河槽（殷跃平，2000）。

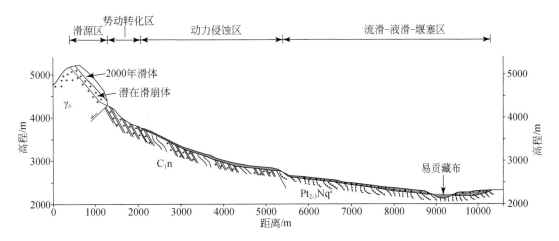

图 1.15　西藏波密易贡高位远程滑坡工程地质剖面图

(a) 高位滑坡远眺　　　　　　　　　　　(b) 高位滑坡流滑和堆积

图 1.16　西藏波密易贡高位远程滑坡远眺

（a）滑坡从高程 5500 多米的高山上滑动剪出，转化为动能将冲沟原有的堆积物犁切弹射铲出，沟谷仅存少量后期堆积；（b）滑坡堆积体"土丘林"显示在高速运动中，撞击对岸后被折回和抛入高空，形成多期混叠的覆盖层

## 1.4.2　高位远程地质灾害特征分类

国际上，通常将本书研究的高位远程地质灾害称之为"高速远程滑坡"，英文名称为 rapid and long run-out landslide，一直是国际上高度关注的防灾减灾课题（Heim，1882；Hsü，1975；Sassa *et al.*，2014；Hungr，1995）；国内学者在该领域的研究也取得了明显进展（殷跃平，2000；程谦恭等，2007；孙萍等，2010；张明等，2010a；邢爱国等，2012；张永双等，2016；兰恒星等，2019；文宝萍等，2020）。自 20 世纪以来，这种高速远程滑坡严重威胁我国西部山区城镇和重大工程的地质安全，成为造成群死群伤的主要地质灾害类型。因此，不仅要研究它的高速运动问题，首要必须要查找到灾害源，即滑源区，针对这种地质灾害的高度隐蔽性，基于控灾构造、孕灾地层和成灾地貌综合分析的易滑结构理论为灾害源空间识别提供了方法，而且现今日益成熟的"空-天-地"一体化探测技术为高位地质灾害的早期识别提供了技术工具。这种高位远程灾害还具有明显的势动传递特征，也为有针对性地制定防控措施提供了新思路，这就是作者等提出"高位远程地质灾害"的初衷。总体上看，高位远程地质灾害具有如下特征：

（1）高位剪出。灾害源区启动位置高于承灾对象，并且剪出口位置通常大于 100m，甚至大于数千米。2018 年 11 月 11 日，发生在金沙江右岸的西藏江达白格滑坡，剪出口与河床高差约 200m，但前后缘高差达 800m，滑动入江 1200m，形成了体积达 2000 万 ~3000 万 m³ 的堰塞体阻塞金沙江。2008 年 5 月 12 日，汶川 8.0 级地震诱发了四川绵竹小岗箭高位远程滑坡碎屑流灾害，总物源体积 320 万 m³。主沟长度 2.59km，最高点高程 1980m，最低点高程为 960m，相对高差为 1020m。滑坡启动区剪出口高程约 1350m，距地面堆积区高差约 390m（图 1.17、图 1.18）。

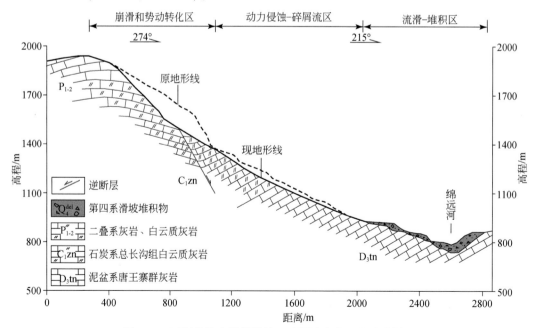

图 1.17　四川绵竹小岗箭滑坡—碎屑流灾害工程地质剖面

(b) 高位崩滑源和势动转化

(a) 无人机远眺　　　　　　　　　　(c) 动力侵蚀和碎屑流

图 1.18　四川绵竹小岗箭滑坡—碎屑流灾害工程地质剖面

（2）远程成灾。灾害源区启动位置具有超视距特征。关于"远程"的含义相对较为含糊，不少学者建议按照滑坡滑覆区与滑移区长度之比进行划分，当比值为 1.5～2.0 时，可划分为远程滑坡（徐峻龄，1994）。以比值作为远程滑坡划分的标准，从科学涵义上表面上更为合理，但难以指导实际工作。例如，对于小型滑坡，当滑源区长度为 50m，即使滑覆区长度大于 100m，就可定为是远程滑坡，但其防灾减灾意义并不大。作者认为，远程滑坡的基本特征表现在从滑源区剪出并滑动一定距离后，其原有结构基本解体。从地质灾害防灾减灾的角度上看，采用绝对距离（如滑程大于 500m）更为适用，可以便于指导我国地质灾害调查从"房前屋后"近程范围扩展到"坡要到顶，沟要到头"的远程范围。汶川地震区安州区大光包滑坡，不仅是我国，也是全球近百年来发生的规模最大的滑坡之一（图 1.19）。该滑坡最大纵长约 4.3km，横宽约 3.5km，厚度约 550m，体积约为 11.52亿～11.99 亿 m³，虽然剪出后滑覆距离大于 500m，但主滑坡堆积区基本保持了母岩原有结构形态，其岩层产状与基岩大体一致，未明显解体，不应作为远程滑坡。汶川震区北川陈家坝太洪村滑坡具有明显的高位远程特征（图 1.20）。滑坡体为志留系砂页岩和板岩构成。上部滑体高约 70m，宽 100m，纵长 50m，体积约 35 万 m³。上部滑体与下伏基岩平台发生强烈撞击，并触发下部滑坡，台阶到河床高差约 150m，宽 200m，纵长 150m，滑坡堆积体厚约 50m，体积约 150 万 m³，产生滑坡坝堵塞河流，形成堰塞湖。滑坡高位抛出后，撞击对岸高地，形成约 2 万 m³ 土石碎屑溅落体，压覆麦田，显示气垫特征，是典型的高位远程滑坡。

（3）高速运动。高位远程地质灾害在运动过程中具有惯性加速过程，速度通常大于20m/s。宏观上，对滑坡运动可大致分为：①蠕动变形，凭肉眼难以看见其运动，只能通

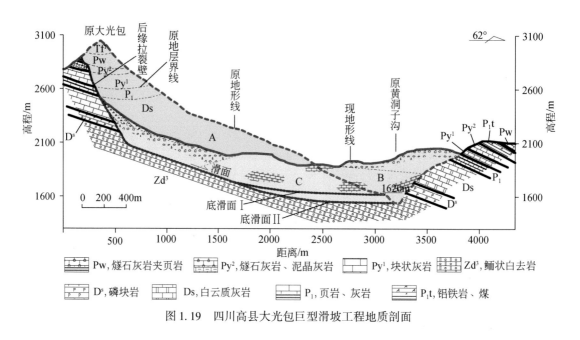

图 1.19  四川高县大光包巨型滑坡工程地质剖面

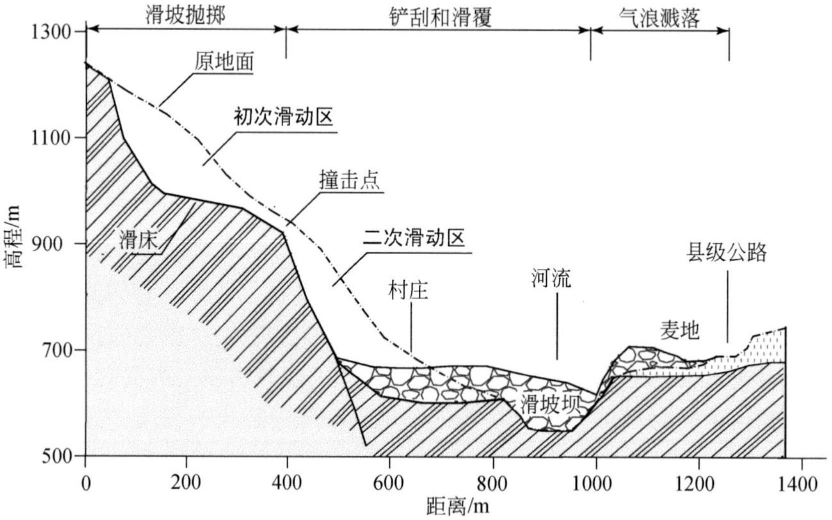

图 1.20  四川北川太洪村高位远程滑坡工程地质剖面

过仪器监测或简易裂缝标杆观测才能发现；②慢速滑动：每天滑动数厘米至数十厘米，人们凭肉眼可直接观察到活动；③中速滑坡：每小时滑动数十厘米至数米的活动；④高速滑坡：每秒滑动数米至数十米的活动。根据青藏高原滑坡运动速度，还可以将高速滑坡的速度进一步细分，但是，国内外迄今未形成统一的高速滑坡运动速度的划分标准。徐峻龄（1994）对滑坡的运动速度研究认为，高速滑坡的速度可用以下三个指标作为其下限：滑坡体中部滑动土块（条）最大瞬时速度 30m/s 左右，滑坡前缘宏观启动速度 20m/s 左右，前部滑体平均运动速度 10m/s 左右。实际工作中，这种用三个指标进行运动速度判断显然很烦琐，增加了更多的不确定性。作者等采用摩擦–流动（F-V）模型对四川都江堰三溪村滑坡和西藏波密易贡滑坡进行了计算分析（图 1.21），其中，三溪村滑坡最大速度可达到 42m/s，而易贡滑坡最大速度达到 100m/s（Yin et al.，2016）。因此，可以看出，高速滑坡的速度变化区间仍很大。

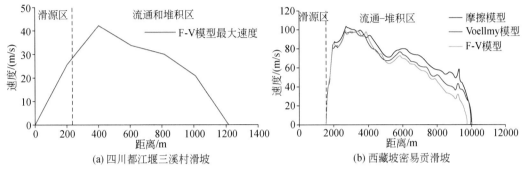

(a) 四川都江堰三溪村滑坡　　　　　　(b) 西藏坡密易贡滑坡

图 1.21　高位远程滑坡–碎屑流速度计算曲线

作者等从防灾减灾的角度出发，参照联合国教科文组织滑坡小组推荐的滑坡速度划分标准，建立了高速运程滑坡的运动速度及成灾性分类表（表 1.2）。由于特大滑坡往往具有远程特征，因此，分类表中增列了应急响应逃离时间（人响应），分为无法逃离、可逃离和逃生三类。如果按照滑坡下游地段的人侧向逃离速度为 0.5～5.0m/s 考虑，对于速度 ≥70m/s 的超高速滑坡来说，10s 内的逃离可能极低，但是，在 1 分半钟（90s）内，还是具有逃生可能的。例如，西藏易贡滑坡总滑程达 10km，若按 82m/s 的滑动速度计算，在 90s 内滑动了 7.4km，而在此 7.4km 之外，按照 0.5～5.0m/s 的速度考虑，人的侧向逃离距离为 45～450m；由于在此范围之外滑坡横向宽度不到 1000m，而且地势平坦，因此，逃生可能性是高的。

表 1.2　高速滑坡速度及逃离可能性划分推荐表

| 等级 | 名称 | 速度 /(m/s) | 典型滑坡 （年份） | 人响应时间/s | | |
|---|---|---|---|---|---|---|
| | | | | 10 | 60 | 90 |
| 4 | 超高速 | ≥70 | 西藏易贡（2000）、汶川牛眠沟（2008） | 滑程 700m 外 | 滑程 4200m 外 | 滑程 6300m 外 |
| | | | | 无 | 无–可逃 | 可逃–逃生 |
| 3 | 高速 | 20～70 | 甘肃东乡洒勒山（1986）、云南昭通盘河（1992） | 滑程 200～700m 外 | 滑程 1200～4200m 外 | 滑程 1800～6300m 外 |
| | | | | 无 | 可逃 | 逃生 |
| 2 | 中速 | 1～20 | 湖北秭归千将坪（2003）、四川宣汉达县（2005） | 滑程 10～200m 外 | 滑程 60～120m 外 | 滑程 90～1800m 外 |
| | | | | 可逃 | 逃生 | 逃生 |
| 1 | 低速 | ≤1 | 四川达县青宁乡（2007）、云南昭通盐津（2007） | 滑程 10m 之外 | 滑程 60m 外 | 滑程 90m 外 |
| | | | | 可逃 | 逃生 | 逃生 |

（4）动力侵蚀。高位远程滑坡动力侵蚀作用导致成灾过程具有放大效应。这种放大效应包括：①底蚀作用导致成灾体体积明显增大。例如，四川北川太洪村滑坡（图 1.13），滑源区体积约 35 万 m³，由于汶川地震竖向地震力的抛掷作用，导致断层下盘斜坡形成铲刮效应，体积增加到 150 万 m³。四川青川东河口滑坡也是汶川地震触发的较为典型的高位远程滑坡–碎屑流地质灾害。滑源区由寒武系砂页岩、片岩构成，高差 200m，纵长 150m，横宽 200m，体积约 600 万 m³。自高程 1050m 抛滑剪出，并铲动下伏基岩，形成滑坡–碎屑流，纵长 800m，横宽 200m，厚度 30m，体积增加了 400 万 m³。高速碎屑流冲抵清江河左岸，形成滑坡坝。滑坡坝体长 700m，宽 500m，高 15～25m，松散土加石块。致使七个村庄被埋，约 400 人死亡（图 1.22）。②侧蚀作用导致两侧斜坡稳定性明显降低，诱发次生滑坡，甚至滑动堵塞沟道，形成堵溃放大效应。例如，2000 年发生的西藏易贡滑坡，堵江形成的堰塞坝溃决后，沿途铲刮易贡藏布和雅鲁藏布江两岸，诱发了数以千计的滑坡，导致固体物源明显增加。2016 年中尼公路波曲河支流樟藏布发生冰湖溃决，山洪泥石流掏蚀两岸斜坡，导致多处滑坡前缘明显掏空，加剧了变形失稳。

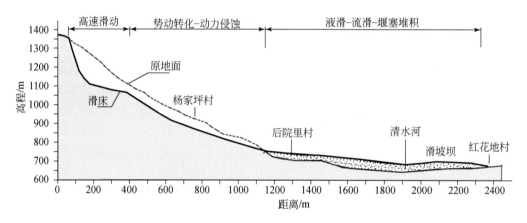

图 1.22　四川青川东河口滑坡–碎屑流剖面图

通过上述研究，作者等提出了高位远程地质灾害的运动参数建议（表 1.3），其中，按剪出高度可分为超高位（≥1000m）、高位（1000～100m）、中位（100～50m）和低位（<50m）四类；按运动距离可分为超远程（≥5000m）、远程（5000～1000m）、中程（1000～100m）和近程（<100m）四类；按运动速度（推测）可分为超高速（≥70m/s）、高速（70～20m/s）、中速（20～1m/s）和低速（<1m/s）四类。

表 1.3　高位远程地质灾害运动参数分类建议表

| 剪出高度 | | 运动距离 | | 推测速度 | |
|---|---|---|---|---|---|
| 高差/m | 分类 | 距离/m | 分类 | 速度/（m/s） | 分类 |
| ≥1000 | 超高位 | ≥5000 | 超远程 | ≥70 | 超高速 |
| 100～1000 | 高位 | 1000～5000 | 远程 | 20～70 | 高速 |

续表

| 剪出高度 | | 运动距离 | | 推测速度 | |
|---|---|---|---|---|---|
| 高差/m | 分类 | 距离/m | 分类 | 速度/(m/s) | 分类 |
| 50～100 | 中位 | 100～1000 | 中程 | 1～20 | 中速 |
| <50 | 低位 | <100 | 近程 | <1 | 低速 |

# 1.5　高位远程地质灾害链动机理

高位远程地质灾害由滑坡、崩塌向碎屑流、泥石流等链动转化过程涉及滑坡等固体与流体多体动力学问题（张明等，2010b；陈宁生等，2021）。本书关于青藏高原高位远程地质灾害的链式特征和类型，可以分为狭义地质灾害链和广义地质灾害链两类。狭义地质灾害链是指从上游灾害启动源区一直到运动和下游堆积过程中直接形成地质灾害的地质体运动转化的完整链条，包括滑坡（崩塌）—碎屑流—泥石流等。广义灾害链则是在狭义灾害链基础上向下游延伸形成的次生灾害，包括滑坡（崩塌）—碎屑流—泥石流—堰塞坝—堰塞湖溃决山洪—侧蚀次生滑坡等，同时，因上游灾害源区冰川跃动、雪崩、冰湖溃决形成的山洪泥石流等也归属于地质灾害链的一种，即冰雪型地质灾害链，向下延伸又可形成堰塞坝—堰塞湖溃决山洪—侧蚀次生滑坡等。本书将高位远程地质灾害链的动力分区划分为如下四个部分（表1.4，图1.23、图1.24）：

**表 1.4　高位远程地质灾害链动机理与成灾模式简表**

| 分区 | 地质特征 | 动力特征 | 基本方程 |
|---|---|---|---|
| 高位启动 | 在重力长期蠕变下的不稳定山体，冰雪和冰湖等危险体形成高位滑坡或崩塌。特别是在暴雨、地震和融雪等特殊工况下，加剧了高位成灾体的启动 | 物源初始启动具有较高的重力势能。在锁固效应和特殊工况作用下，具初始动能 | 极限平衡 |
| 势动转化 | 高位剪出后，在陡坡地段具有加速特征；大型体积崩滑体在气垫圈闭效应作用下，运动距离会增加；逐渐解体成为链状散体结构 | 重力势能逐渐转化为动能，流滑加速效应明显，形成链条冲击加载；转化过程中可产生空气层压缩效应 | 能量守恒；动量守恒；撞击理论等 |
| 动力侵蚀 | 崩滑块体通过高势能转化高速流滑体，撞击、剪切、铲刮沟道斜坡，形成底蚀体积铲刮增大效应；侧向冲刷岸坡坡脚，牵引触发滑坡，形成流体堵溃放大效应 | 因铲刮冲蚀效应流滑体运动速度降低；受堵溃效应影响流速和流量会出现明显的放大特征；由摩擦块体向流动散体转化 | 摩擦模型；犁切模型等 |
| 液滑-流滑 | 沟道含水量增加，形成剪切液化效应；流滑体碰撞粉碎化，形成碎屑流体；沟道宽缓，纵坡（比）降较低，形成掩埋堆积成灾区 | 流滑体滑带形成剪切液化层，剪切阻力减小，导致运动距离增加；或干碎屑流体在剩余驱动力作用下保持远程运动 | 滑带液化效应；颗粒流模型；Voellmy模型等 |

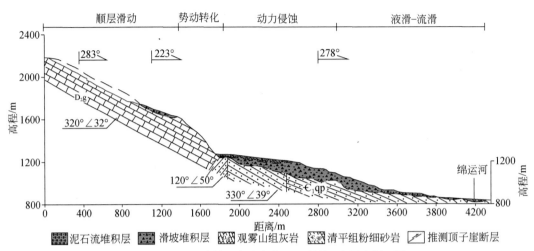

图 1.23　四川绵竹文家沟高位远程滑坡–碎屑流剖面图

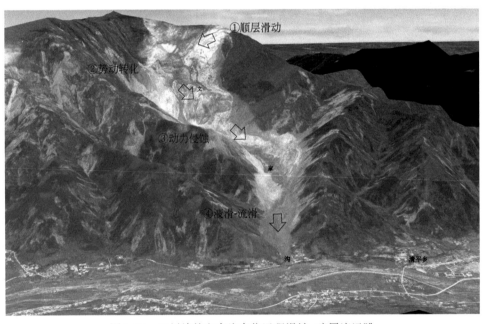

图 1.24　四川绵竹文家沟高位远程滑坡–碎屑流远眺

（1）高位启动区。构成了高位危险源区。不稳定山体、冰雪和冰湖等灾害体，在重力作用下，长期蠕变失稳形成高位滑坡或崩塌。特别是在暴雨、地震和融雪等特殊工况下，加剧了高位危险源区的启动。高位启动区危险源的失稳分析，一般可根据极限平衡理论进行，但是，极端工况下，强震对高位山体失稳的评价大多缺乏较为准确的测试参数，诸如地震动放大系数和震动过程等的取值仍以经验推测为主；对于暴雨触发作用的分析，仍缺乏实测地下水动态数据；对于融雪等温度升高导致冰雪失稳和冰湖溃决，尚缺乏充分的实测地温变化数据。

（2）势动转化区。高位剪出后，重力势能逐渐转化为动能，在陡坡地段具有惯性加速特征，流滑加速效应明显。大型崩滑体在沟谷圈闭作用下，转化过程中可产生空气层压缩，形成气垫效应，导致大型崩滑体受到升力作用，运动距离会增加。沿斜坡运动后，冲击动能加大，对坡体形成冲击加载和碰撞，逐渐解体成为链状散体结构。高位滑坡从势能向动能的转化可以按动量守恒和能量守恒定律进行分析。由于动力撞击作用导致崩滑块体粉碎化，转化为碎屑流体，这一过程可以用基于赫兹（Hertz）碰撞理论加以研究。

（3）动力侵蚀区。崩滑块体通过高势能转化高速流滑体，撞击、剪切、铲刮沟道斜坡，形成底蚀体积铲刮增大效应；侧向冲刷岸坡坡脚，牵引触发滑坡，形成流体堵溃放大效应。因铲刮冲蚀效应导致流滑体运动速度降低，受堵溃效应影响流速和流量会出现明显的放大特征。动力侵蚀区可以用动力冲击加载模型、摩擦剪切模型、犁切模型等进行分析。当在动力侵蚀区，崩滑体由摩擦块体向流动散体转化时，可采用摩擦–流动（F-V）模型进行分析。

（4）液滑–流滑区。在下游地势变缓地段，沟道坡体含水量增加，形成剪切液化效应，随着成灾体与下伏地面边界层超孔隙水压力增加，剪切阻力降低，增加了下滑距离；或者块状滑体碰撞形成颗粒化干碎屑流体，在剩余驱动力作用下保持远程运动。沟道宽缓，纵坡降较低，形成掩埋堆积成灾区。这一过程可以用液化剪切模型、颗粒流模型、Voellmy 模型等进行分析。

值得指出的是，这种链动过程分区并不意味着是完全独立的四个步骤。实际上，在远程运动过程中往往具有混合性，如在高位启动区，也具有势能转化为动能的过程，而在动力侵蚀区，也可具有液化滑动或流化滑动的特征。本书将结合实例进行讨论。2017 年 6 月 24 日，四川省茂县叠溪镇发生特大滑坡灾害，摧毁了新磨村，导致 83 人死亡（殷跃平，2017）。新磨滑坡发生于 6 月 24 日 5 时 38 分 58 秒，整个过程持续了约 121s。滑坡后缘高程约 3450m，前缘高程约 2250m，高差 1200m，水平距离 2800m，堆积体体积达 1637 万 $m^3$。震裂顺层山体在山脊顶部失稳滑动，连续加载并堆积于斜坡体上部，导致 1933 年叠溪地震以来形成的残坡积岩土层失稳，碎裂解体后转化为管道型碎屑流；高速流滑至斜坡下部老滑坡堆积体后，因前方地形开阔、坡度变缓，形成扩散型碎屑流散落堆积。其中，碎屑流在中间部分直接撞击推移上部老滑坡堆积体，将毁坏房屋向前推覆约 200m 至松坪沟南岸，形成堰塞坝体；碎屑流在东、西部分形成抛洒堆积，并形成气浪冲击，前缘灌木林向外倒覆（图 1.25）。

新磨高位远程滑坡的链动过程非常典型，高陡顺层山体在山脊顶部失稳滑动，高位势能转化为动能，连续冲击加载并堆积于老滑坡体上部，动力侵蚀和犁切残坡积岩土层失稳，导致老滑坡体复活滑动转化为管道型碎屑流（图 1.26）。2008 年，汶川 $M_S$8.0 级地震以来，多次发生这种因高位滑坡启动触发碎屑流或泥石流的链式灾害。2013 年 7 月 13 日，四川都江堰三溪村滑坡–泥石流灾害，岩质滑坡高位剪出后转化为崩塌体，铲刮下部堆积层和强风化岩层，顺冲沟向下形成泥石流，滑坡运动距离长约 1200m，堆积物体积达 192 万 $m^3$（参见图 1.9）。

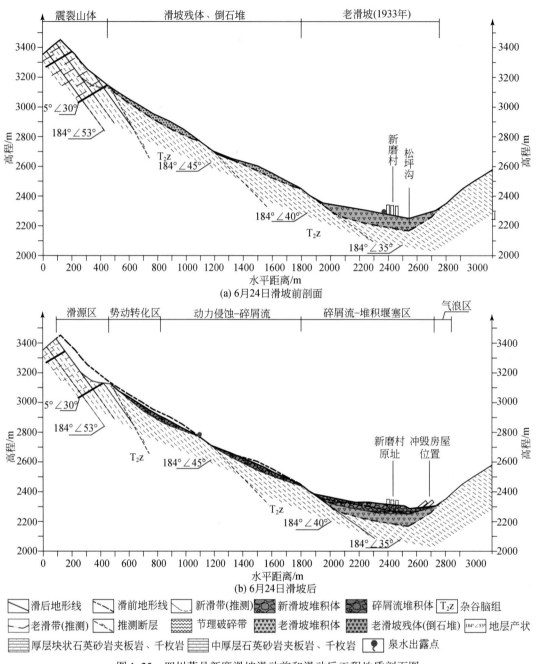

图 1.25　四川茂县新磨滑坡滑动前和滑动后工程地质剖面图

　　赵永教授提供的地震动记录曲线表明，新磨高位远程滑坡失稳全过程历时约 121s（图 1.27，参见图 1.25），其中，高位滑动和链状动力加载历时约 56s，碎屑流阶段约 22s，流滑堆积阶段约 43s；分别对应的长度为 500m、1200m、1100m。这样，平均速度分别为 8.93m/s、54.55m/s、25.58m/s。

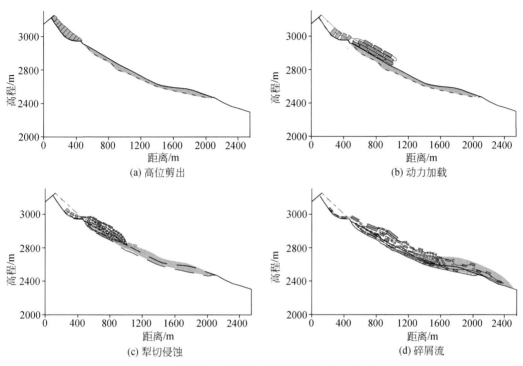

图 1.26　四川茂县新磨滑坡高位滑源区动力加载示意

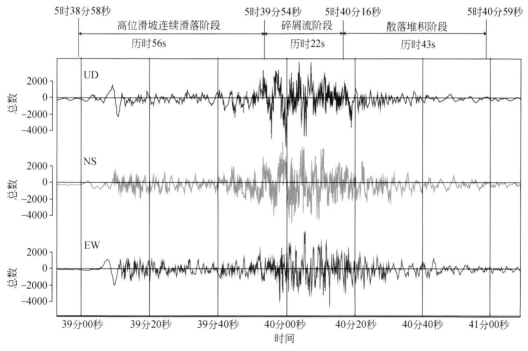

(2017年6月24日5时38分58秒开始，MXI台站，⊿=0.4，Azi=153.0)

图 1.27　四川茂县新磨高位远程滑坡速度计算曲线（赵永提供）

作者等运用雪橇模型（Scheidegger，1973）、液化剪切模型（Sassa，1988）、摩擦-流动模型（Hungr and Mcdougall，2009）、颗粒流模型（EDEM 2.6 User Guide，2014 年）和犁切模型（殷跃平和王文沛，2020）对比计算了新磨碎屑流的运动速度，结果显示滑坡主体的最大速度在 20~80m/s（图 1.28，表 1.5），其中：①雪橇模型因未考虑边界层摩擦阻力，速度偏大，误差明显；②液化剪切模型主要适用于超孔隙水压力作用导致滑带剪切阻力的降低，而促使滑体远程滑动，显然不适用于这种以块石颗粒结构为主体的滑坡；③摩擦-流体模型、颗粒流模型和犁切模型总体上与地震动记录分析结果吻合较好；④犁切模型因阻力的作用，运动距离约 2650m，比实际距离稍短 150m。

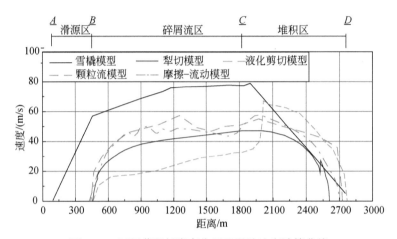

图 1.28 四川茂县新磨高位远程滑坡速度计算曲线

表 1.5 四川茂县新磨高位远程滑坡五种分析模型速度计算结果

| 模型 | 平均运动速度/（m/s） | | | 备注 |
| --- | --- | --- | --- | --- |
| | 高位滑动和动力加载 | 动力侵蚀和碎屑流 | 流滑与堆积 | |
| 雪橇模型 | 28.5 | 76.5 | 40.0 | Scheidegger，1973 |
| 液化剪切模型 | 9.0 | 32.0 | 32.0 | Sassa，1988 |
| 摩擦-流动模型 | 18.0 | 48.0 | 25.0 | Hungr and Mcdougall，2009 |
| 颗粒流模型 | 15.0 | 49.0 | 24.5 | EDEM 2.6 User Guide，2014 年 |
| 犁切模型 | 15.0 | 43.0 | 23.0 | 殷跃平和王文沛，2020 |

高位远程地质灾害的研究一直受到国际同行的高度关注。Heim（1882）关于 Elm 灾难滑坡的论文是关于高位远程机理研究的最早文献之一。他对 1881 年瑞士 Elm 镇采石场山崩进行了研究，该崩塌体积约 1000 万 m³，落差约 600m，运动距离达 2300m，速度约 50m/s，提出了坠落、跳跃和气浪三区段链动特征，引入两个德语词汇"sturz（坠落）"和"storm（流动）"，组合成了新词"sturzstorm"加以描述，定义为一种罕见崩塌类型，具有相对较小垂直下降高差和沿很长的水平移动距离。2006 年 2 月 17 日，菲律宾南莱特省发生特大滑坡，滑坡高位启动于沿菲律宾活动断裂带展布的山脊顶部，由基岩块体滑动

转化为碎屑流，导致 1119 人死亡（Catane et al., 2007；Sassa et al., 2014）。实际上，高位远程滑坡的链动过程很难仅用一种模型加以刻画，应根据实际的地质环境，结合链动分区特征采用相应的运动学和动力学分析方法。因此，可以运用这种具有高位启动、高速远程和灾害链的滑坡的成灾模式来建立青藏高原地区这种特大地质灾害隐患点的早期识别。

## 1.6　高位滑坡的早期识别与动态监测

作者等提出"高位滑坡"的概念，实质上就是从滑坡机理研究到滑坡防灾减灾的一个转变，要求必须对高位滑坡的灾害源进行识别。20 世纪以来，合成孔径雷达干涉测量（interferometric synthetic aperture radar, InSAR）技术等空间对地观测技术已成为滑坡早期识别和动态监测的一种非常有效的手段。

在 20 世纪初期，作者等在我国长江三角洲地区、华北平原和汾渭盆地等全面推广了地面沉降 InSAR 监测技术，同时，开展了在西部山区滑坡调查监测中的示范研究。2006 年，中国地质调查局与加拿大地质调查局共同设立"典型滑坡监测技术示范研究"项目，利用加拿大 InSAR 监测技术，在我国四川丹巴甲居滑坡开展了 GPS 和 InSAR 对比试验研究，显示出 GPS 对水平位移监测效果较好，而 InSAR 的垂向位移监测效果要优于 GPS，形成了耦合 GPS 和 InSAR 的监测方法（Yin et al., 2010）。2017 年 7 月，四川茂县新磨滑坡-碎屑流灾害发生后，不少学者利用 InSAR 技术，对该滑坡的变形过程和变形分区进行了反演研究，获得了滑坡失稳数月前的加速变形曲线，为中高山区特大高位远程滑坡的早期识别、失稳机理研究和监测预警提供了很好的技术手段（Intrieri et al., 2018）。2018 年 10 月 10 日，金沙江白格特大滑坡-堰塞堵江灾害发生后，自然资源部中国地质调查局在金沙江上游和全国地质灾害调查和监测中，全面推广了 InSAR 技术方法。作者等同期承担了"重大高位远程地质灾害防治技术集成应用"研究项目，结合近 20 年来在平原、低山、中高山的地质灾害调查和监测研究成果，创新和发展了高山和极高山地区基于易滑地质结构控制理论的 InSAR 调查与监测技术方法，并形成了系列集成技术（表 1.6）。

表 1.6　不同海拔山区地质灾害早期识别与监测 InSAR 集成技术方法

| 区域（海拔） | 典型灾害 | 技术方法 | 改进技术 |
| --- | --- | --- | --- |
| 平原<br>（<500m） | 地面沉降、地裂缝等 | （1）PS-InSAR 技术（推荐）；<br>（2）SBAS-InSAR 技术 | （1）基于数值气象模型的大气延迟改正；<br>（2）相干点选取 |
| 低山<br>（500~1000m） | 一般滑坡、崩塌、塌陷等 | （1）SBAS-InSAR 技术（推荐）；<br>（2）PS-InSAR 技术 | （1）解缠误差探测及改正技术；<br>（2）坡向形变投影技术 |
| 中山<br>（1000~3500m） | 大型滑坡、崩塌等 | （1）SBAS-InSAR 技术（推荐）；<br>（2）PS-InSAR 技术 | （1）升、降轨数据联合监测；<br>（2）叠掩、阴影掩膜技术 |
| 高山<br>（3500~5000m） | 特大滑坡、崩塌与冰川 | （1）SBAS-InSAR 技术（时间序列形变监测推荐）；<br>（2）Stacking-InSAR 技术（大范围调查推荐）；<br>（3）POT 时序技术（大量级形变监测推荐） | （1）升、降轨数据联合监测；<br>（2）叠掩、阴影掩膜技术；<br>（3）基于数值气象模型的大气延迟改正；<br>（4）解缠误差探测及改正技术；<br>（5）坡向形变投影技术；<br>（6）顾及 DEM 的配准技术 |

续表

| 区域（海拔） | 典型灾害 | 技术方法 | 改进技术 |
|---|---|---|---|
| 极高山<br>（>5000m） | 特大-巨型、山体崩滑与冰川 | （1）Stacking-InSAR 技术（大范围调查推荐）；<br>（2）POT 时序技术（大量级形变监测推荐） | （1）升、降轨数据联合监测；<br>（2）叠掩、阴影掩膜技术；<br>（3）基于数值气象模型的大气延迟改正；<br>（4）解缠误差探测及改正技术；<br>（5）坡向形变投影技术；<br>（6）顾及 DEM 的配准技术；<br>（7）可变窗口偏移量跟踪技术；<br>（8）跨平台偏移量跟踪技术 |

在高山、极高山区，采用常规的 InSAR 方法未能考虑地形起伏对 SAR 影像配准影响及引入的方位向与距离向偏移误差，在海拔较高的山峰及海拔较低的河谷出现了严重的误差。通过改进地形起伏效应、顾及对 SAR 影像配准影响及引入的方位向与距离向偏移误差，有效地消除了海拔较高山峰及海拔较低河谷出现的偏移误差，并精确地绘制出了灾害体形变场（张勤等，2017；葛大庆等，2019）。同时，常规的 InSAR 方法采用短时空基线或者短时间基线、长空间基线策略生成偏移对，但在高山、极高山区满足此条件的偏移对数量极少，明显限制了其在高山、极高山区的形变探测精度。通过仅设置时间基线（空间基线不做任何限制）策略生成偏移对的方法，在高山、极高山区可获得密集的观测值，提高了高位滑坡形变探测的精度。这种在国际上率先采用的交叉平台时序 SAR 偏移量计算方法，对极高山地区高位滑坡灾害大位移量监测取得了良好的效果（Liu et al.，2020）。

# 1.7 高位远程地质灾害防治模式探讨

高位远程地质灾害防治尚处在探索之中。根据作者等在汶川地震区多年的实践，提出了按照上游、中游、下游的全链条链动机理开展防灾减灾设计模式（图 1.29）。

（1）高位崩滑区：固源与降险技术。在特定条件下，可以采用轻型工程对该区进行加固，以通过控制上游风险源的启动达到消除链式灾害的目的。总体上，对灾害链源头的控制包括固源与降险二类。作者等指导了四川省华地建设工程有限责任公司，采用预应力锚索和小口径组合桩群轻型固源工程对四川茂县高位远程滑坡—碎屑流灾害链进行了固源加固，其中，在滑坡源区上部和下部剪出区实施框格梁锚索。孔径 168mm，12 束预应力压力分散性型锚索，共布置 2×6 排锚索，单根长度为 37.0～66.5m，按照 5m×5m 的间距，共计锚 92 根，总长度为 9147m。在中部布置埋入式小口径组合桩群四排，呈"品"字形拱圈布置，单根桩长度为 60.5～63.3m，桩间距为 2m×2m。共设埋入式小口径桩 122 根，桩总长度 7548.4m（图 1.30、图 1.31）。作者等系统指导了四川绵竹文家沟特大高位滑坡–泥石流治理。针对上游高程 2000m 滑源区可能形成滑坡型泥石流，加剧中下游动力侵蚀作用，防治工程采用了"水石分流"的降险方案，在高程 1300m 势动转换区平台中部修建挡水导流堤、集水池等拦水工程，通过隧洞将地表水分流至邻近支沟，近 10

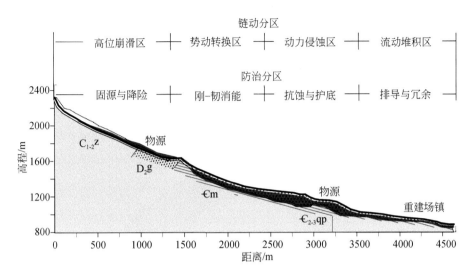

图 1.29　高位远程地质灾害防灾减灾设计模式概化图

年来，成功地减缓了泥石流的冲出量，避免了下游灾后重建遭受高位滑坡型泥石流带来的"灭顶之灾"。

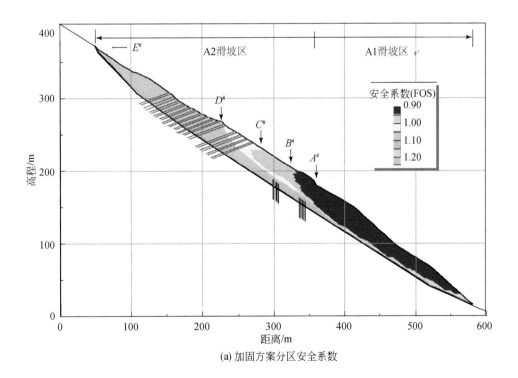

(a) 加固方案分区安全系数

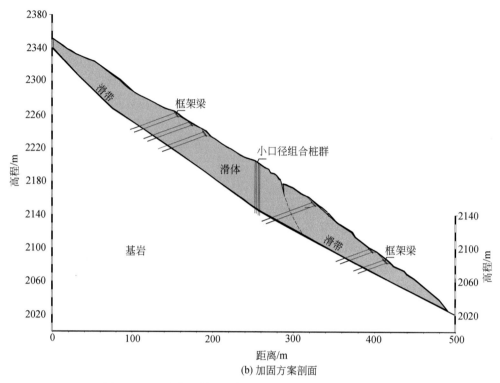

(b) 加固方案剖面

图 1.30　四川茂县梯子槽高位滑坡源区轻型加固工程剖面

(a) 加固工程全景

(b) 格构锚固工程

(c) 小口径组合桩群

图 1.31　四川茂县梯子槽高位滑坡源区轻型加固工程实景

（2）势动转换区：刚性与韧性消能技术。常规的防治工程主要从"储量"出发，根据流体物源量，结合动力冲击压力，采用了多级谷坊坝等仓储拦挡结构的模式，因此，常导致高势能物源防治工程失效，形成类似"多米诺骨牌"的堵溃放大效应，加剧了灾害严重程度。高势能物源区的防控难度极大，其防治措施尚处于探索试验阶段。作者等提出了由"储量"向"动量"消能转变的思路，一方面，通过采用自适应的韧性技术延长高势能流体（巨石群）的冲击时间，以消减冲击压力为工程防治重点；另一方面，通过采用障桩等加糙技术减缓高势能流体运动速度和通过改流体技术转变运动状态，发挥高势能流体多尺度巨石自承稳定特性以形成拱圈消能效应。作者等运用 ANSYS 有限元软件模拟了在桩梁组合结构（桩梁坝）拦挡作用下，高势能巨石群（多球体）冲击作用形成明显的拱圈效应（图 1.32）。其中，沿桩梁坝轴线方向，冲击压力明显降低，即 $P_0$、$P_1$、$P_3$、$P_5$ 依次降低；当沿冲击方向，高势能巨石群（多球体）形成一排、二排和三排结构时，其冲击压力也明显降低。这种消能结构在舟曲特大高位泥石流防治工程中取得了明显效果，并在西部山区得到应用（图 1.33）。

(a) 拱圈效应建模　　　　　　(b) 拱圈效应模拟　　　　　　(c) 等效应力曲线

图 1.32　高势能巨石群拱圈效应与桩梁坝消能有限元数值模拟

(a) 施工建设　　　　　　　　(b) 拦挡工程　　　　　　　　(c) 消能结构

图 1.33　甘肃舟曲特大泥石流高势能巨石源区消能工程实景

（3）动力侵蚀区：抗侧蚀与护底技术。高势能滑坡转化为碎屑流的冲击过程中，在下伏基岩表层形成动力剪切层，当岩体抗冲击剪切低于滑坡冲击力时，将发生铲刮效应（图 1.34）。因此，在治理工程中，可以通过降低剪切层饱和带的孔隙水压力或者通改进剪切层固体结构等措施来提高抗蚀能力。四川绵竹文家沟特大高位泥石流中游段的治理采用了固底护坡排导措施。首先，对右侧冲沟进行修整回填以稳固右侧冲沟床，减小水流掏底、侧蚀作用，增加沟道宽度；其次，为防止上游流体对回填后沟底、岸坡掏底、侧蚀，以及排放上游水体或泥石流，在回填后的沟道上用钢筋石笼砌筑护坡护底结构形成排导槽，起到固底护坡及排导的作用，从后期运行效果检验来看，格宾技术可以有效地将水石二相流流体再次进行分离，即地表水体通过钢筋石笼快速渗入地下，所裹挟土石运动速度明显下降，而达到了抗蚀的效果［图 1.35（a）、（b）］。在四川宝兴冷木沟特大高位滑坡型泥石流的治理中，采用了多级钢筋砼肋坎等技术进行消能抗蚀，亦达到了预期设计目的［图 1.35（c）］。

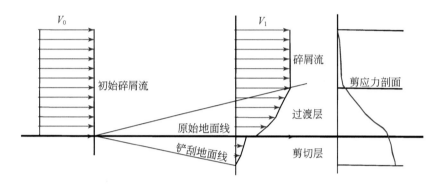

图 1.34　高速远程滑坡边界层特征概化图

(a) 动力侵蚀　　　　　　　(b) 格宾抗蚀　　　　　　　(c) 肋坎抗蚀

图 1.35　汶川震区特大高位泥石流动力侵蚀区及抗蚀工程实景

（4）流动堆积区：排导与冗余技术。汶川地震灾后重建以来，大都在高位远程地质灾害下游流动堆积区进行城镇和道路等基础设施的重建，在重建初期，大多采用导流堤、急流槽和束流堤等治理技术，根据物源评价和动力学分析，这些地区成为震后暴雨触发高位远程地质灾害的严重区，特别是 2010 年 8 月 8 日，甘肃舟曲县城后山发生了特大泥石流灾害，导致 1700 多人遇难，同年 8 月 13 日，四川绵竹文家沟也爆发特大高位泥石流，因成功预警，下游清平乡 3000 多群众及时撤离，幸免于难。2010 年 8 月以来，逐渐形成了较为安全可靠的特大高位远程滑坡—碎屑流—泥石流治理经验。首先，在下游堆积区，根据高位远程地质灾害的物源和流量的侵蚀-堵溃放大效应，设置了比常规一次冲出量大十倍，甚至数十倍以上的"高坝大库"的骨干工程，例如，文家沟特大高位泥石流治理中，在下游设置了两座拦挡坝及停淤场作为清平乡场镇的最后一道防线，起到拦挡、停积中上游松散堆积体发生泥石流时的固体物质的作用，自 2011 年以来，发挥了重要作用，避免了极端工况下高位远程地质灾害对下游城镇乡村和生命线工程的灭顶之灾。甘肃舟曲县城特大高位泥石流治理工程针对下游人口密集，需原地重建的要求，在流动堆积区上游设置了骨干拦挡工程，在下游采用了复式排导系统。在设计暴雨工况下，泥石流行洪区位于下部断面，而上部断面可以作为市政道路等公共设施，在极端暴雨工况下，采用上下断面同时进行泥石流行洪，有效地降低了重建城市的灾害风险，并增加了规划建设用地（图1.36、图1.37）。

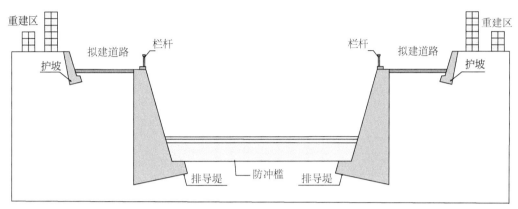

图 1.36　复式排导槽典型断面示意图

(a) 下游复式排导槽治理工程(舟曲)

(b) 下游复式排导槽全景(舟曲)

(c) 复式排导槽治理工程(汶川)

图 1.37　特大高位泥石流下游流动堆积区复式排导工程

# 1.8　小　　结

青藏高原高位远程地质灾害形成演化和链动成灾过程受构造、地层和地貌组成的易滑地质结构控制。本书讨论了由蛇绿岩软岩形成的"白格型滑坡"、有花岗岩楔型硬岩形成的"易贡型滑坡"，以及由受到强烈挤压作用的片麻岩片状岩层形成的"查莫利型滑坡"三类典型的易滑地质结构特征。

高位远程地质灾害按剪出高度可分为超高位（≥1000m）、高位（1000～100m）、中位（100～50m）和低位（<50m）四类；按运动距离可分为超远程（≥5000m）、远程（5000～1000m）、中程（1000～100m）和近程（<100m）四类；按运动速度可分为超高速（≥70m/s）、高速（70～20m/s）、中速（20～1m/s）和低速（<1m/s）四类。

青藏高原高位远程地质灾害链可以分为：①狭义地质灾害链，指从上游启动源区到下游堆积过程中直接形成地质灾害的完整链条，典型的如滑坡—碎屑流—泥石流等；②广义地质灾害链，指狭义灾害链向下游延伸形成次生灾害，典型的如滑坡—碎屑流—泥石流—堰塞坝—溃决山洪等，或指向上游延伸形成的冰川跃动、雪崩、冰湖溃决形成的山洪泥石流等。

高位远程地质灾害链动力过程可概化为四个区：①高位启动区，构成了危险源区，可根据极限平衡理论进行分析；②势动转化区，重力势能转化为动能，可按动量守恒和能量守恒定律进行分析；③动力侵蚀区，滑坡块体通过高势能转化为高速流滑体，形成体积放大效应，当在动力侵蚀区，崩滑体由摩擦块体向流动散体转化时，可采用摩擦-流动（F-V）模型进行分析；④液滑-流滑区，在下游地势变缓地段，形成掩埋堆积成灾区，可以用液化剪切模型、颗粒流模型、Voellmy模型等进行分析。

对应上述链动过程，建立了基于全链条链动机理的防治工程设计模式，即①高位崩滑区，采用固源与降险技术，控制上游风险源启动达到消除链式灾害的目的；②势动转换区，采用刚性与韧性消能技术，由"储量"向"动量"消能转变，以消减冲击压力为工程防治重点；③动力侵蚀区，采用抗侧蚀与护底技术，通过降低剪切层饱和带孔隙水压力和改进剪切层固体结构等措施提高抗蚀能力；④流动堆积区，采用排导与冗余技术，根据流动区物源和流量的侵蚀-堵溃放大效应，设置"高坝大库"的骨干工程和复式排导系统，降低极端灾害风险。

# 第 2 章 藏东三江流域堵江滑坡及地质灾害链

## 2.1 概　　述

藏东三江地区位于青藏高原东缘横断山三江并流区，主要包括金沙江、澜沧江和怒江流域。由于印度板块对欧亚板块的俯冲作用，内外动力地质作用强烈，藏东三江地区具有断裂活动强烈和高构造应力的特征（潘桂棠等，2009）。其中，金沙江上游段起于青海省玉树州歇武镇，止于云南省玉龙县石鼓镇，流域地处青藏高原东南侧，是我国一级阶梯和二级阶梯的过渡地带，地形极为复杂，众多高山深谷相间并列，峰谷高差可达1000～3000m，为典型的高山峡谷地貌（孙立蒨，1983）。在此复杂地质环境背景下，金沙江上游地区地质灾害频发，再加之独特的工程地质条件，堵江滑坡广泛发育（柴贺军等，2000；段立曾等，2013）。2018 年 10 月 11 日和 11 月 3 日，西藏江达白格先后发生两次滑坡堵江，造成 10.2 万人受灾，仅云南省直接经济损失即达 74.3 亿元（邓建辉等，2019）；1969 年 9 月 26 日支斯山滑坡堵江，造成金沙江堵断 14 小时，残留长1km、高 700m 的陡崖（陈剑平等，2016）。本章采用光学遥感、InSAR 技术、无人机航测、现场调查及资料分析等方法，研究了金沙江上游流域、澜沧江流域德钦段和怒江流域泸水—芒市段地质灾害分布发育特征。通过地质环境、地形地貌、河床水动力条件等滑坡堵江条件分析，评估了金沙江上游和澜沧江上游德钦段地质灾害风险。

## 2.2 金沙江上游区域地质环境

### 2.2.1 区域地质

金沙江上游流域以板块构造结合带等深大断裂为构造格架，呈现强烈侵蚀切割的褶皱断块高山与河谷深切的高山峡谷地貌，受多期次地质构造作用，岩体风化破碎严重，混杂岩带发育，加上冰川雪域的高寒冻融作用，致使斜坡完整性与稳定性较差，对沿线城镇、交通、水利等重大工程造成不良影响。

#### 2.2.1.1 地形地貌

金沙江上游段起于青海省玉树州歇武镇，止于云南省玉龙县石鼓镇，干流全长为

965km，落差为 1720m，平均坡降为 1.78‰。受横断山脉地区地形影响，金沙江上游流域局限在南北向的狭长地带，东与岷江流域相邻，西与澜沧流域相邻。垂向上分夷平面和河流阶地单元，在夷平面上还点缀着大小不等的冰湖和冰蚀堆积。高差较大，河流下切强烈，夷平面和河流阶地发育，这些地貌现象都与现今地壳的不断隆升有关（图 2.1）。

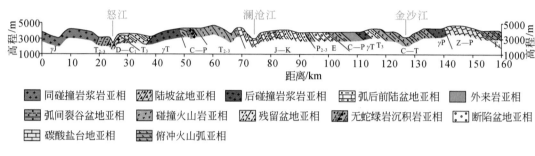

图 2.1　藏东三江地区区域地质剖面示意图

研究区自北而南是高大的雀儿山、沙鲁里山、中甸雪山，高程一般在 4000～5000m；西部对峙着达马拉山、宁静山、芒康山和云岭诸山，河流流向多沿南北向大断裂带或与褶皱走向相一致，被高山夹峙的河谷高程一般在 3500～1800m，宽为 100～200m，狭窄处仅50～100m。大部分谷坡陡峻，坡度一般在 35°～45°，不少河段为悬崖峭壁，坡度达 60°～70°以上。

### 2.2.1.2　地质构造

研究区内经历了漫长的构造变动历史，构造复杂，张裂、碰撞和消减作用交替，形成数条板块结合带及深大断裂带，构成了本区独特的构造、地貌景观（李渝生等，2016）。在构造上属于羌塘-三江造山系一级构造单元，二级构造单元由东向西分别有甘孜-理塘结合带（$V_1$）、白玉-得荣构造带（$V_2$）、金沙江结合带（$V_3$）、昌都-维西构造带（$V_4$）（图 2.2）。

甘孜-理塘结合带：北西起自青海治多，经玉树歇武寺以西从区内石渠，向南东过四川甘孜、理塘，南下至木里一带，呈一北西-南东向的不对称反"S"型构造带。该带北段向西延伸可能归入金沙江结合带中；向南可能交接于小金河-三江口-虎跳峡断裂，其长度约800km，宽度为 5～50km。

白玉-得荣构造带：位于巴颜喀拉褶皱带以西，是夹于甘孜-理塘混杂岩带和金沙江结合带之间的岛弧造山带。主体为义敦岛弧带，可分为外火山-岩浆弧带和内火山-岩浆弧带，岛弧带西侧为中咱-中甸微陆块。义敦古岛弧作为甘孜-理塘洋壳向西俯冲作用的产物，主体形成于一个长期伸展减薄的陆壳之上，火山-岩浆弧链在甘孜-理塘结合带西侧平行展布，纵贯南北，断续绵延 500 余千米，北部发育昌台弧、南部发育乡城弧、南端发育中甸弧。

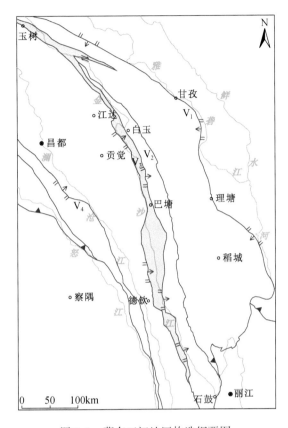

图 2.2　藏东三江地区构造纲要图

V$_1$. 甘孜–理塘结合带；V$_2$. 白玉–得荣构造带；V$_3$. 金沙江结合带；V$_4$. 昌都–维西构造带

金沙江结合带：贯穿西藏、青海、四川、云南境内，大体沿羊湖—西金乌兰湖—通天河—金沙江一带分布，由北段的近东西向转向南段的南东向，向东南方向延伸与哀牢山结合带相接，更南延展进入越南北部与马江蛇绿岩带相连。

昌都–维西构造带：北部以澜沧江结合带为界与左贡陆块相邻，东侧为金沙结合带；南部云南境内以哀牢山混杂岩带与扬子陆块分界，西侧与保山陆块相邻。构造单元由边缘逆冲推覆带、盖层断块和中、新生代盆地等组成。

### 2.2.1.3　地层岩性

研究区内主要的地层单元有甘孜–理塘蛇绿岩混杂带（P—T$_2$）、基性火山岩带（T$_3$）、酸性火山岩带（T$_{1-3}$）、碎屑岩碳酸岩带（T$_{1-2}$）、金沙江蛇绿岩混杂带（C—T）、中基–中酸性火山岩带（Pt$_{1-2}$）和碳酸岩碎屑岩带（T$_3$）。

其中，金沙江构造结合带内发育复杂的蛇绿岩套，具有区域性延伸的特点，其宽度可达 5km 以上（汪啸风等，1999）。在该带内断续分布着基性–超基性岩、细碧角斑岩及洋壳沉积的放射虫硅质岩组合，部分混杂灰岩及其他外来岩块形成蛇绿混杂岩，与周围岩层呈断层接触。蛇绿混杂岩形成时代为泥盆纪—三叠纪。外来岩块长轴并不全与主干断裂一致，有的直交、有的斜交、有的呈弯曲状。这表明形成过程中构造作用强烈、混杂极不规则，从而沿金沙江两岸构成了结构十分复杂的岩体（图 2.3）。

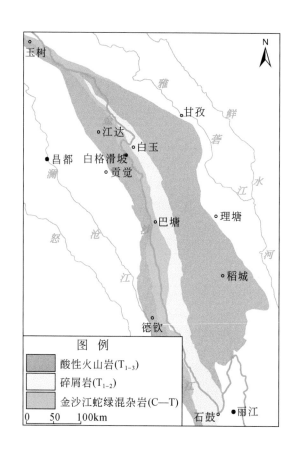

图 2.3　藏东三江地区地层岩性带分区

#### 2.2.1.4　新构造运动与地震

研究区新构造运动在本区表现强烈，其特点以断裂复活，整体间歇性抬升、垂直差异升降运动、地震、水热活动为标志，具有继承性、新生性和节奏性。新生断裂活动不明显，老断裂的继承性活动比较频繁，主要表现为上新世以来持续的断块造山运动和北北西向断裂的右行走滑，控制了本区第四系的分布并奠定了现今地貌形态。

研究区内地震活动频繁，现有资料的地震震中分布表明，区内 5 级以上地震主要沿较大活动断裂带集中分布。据《喜马拉雅–冈底斯造山带新构造图》[①]，工作区内及周边曾发生过发生大于 8 级地震一次，6.0～6.9 级地震超过 10 次，5.0～5.9 级地震近 40 次，4.0～4.0 级地震上百次，属地震频发区。通过中国地震台网搜集研究区内自 2012 年以来大于 2 级的地震资料，统计得到 $2 \leqslant M_S < 3$ 地震 11 起，$3 \leqslant M_S < 4$ 地震 58 起，$4 \leqslant M_S < 5$ 地震 19 起，$5 \leqslant M_S < 6$ 地震 4 起，无 6 级以上地震（图 2.4）。

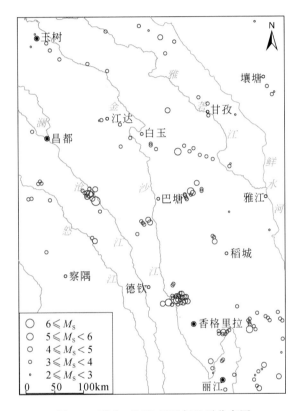

图 2.4　藏东三江地区近年地震分布图

## 2.2.2　大型堵江地质灾害

以国内外高分辨率多期多源遥感卫星为数据源，采用光学遥感数据解译、InSAR 技术动态调查、无人机及现场查证的方法，共查明金沙江上游分布体积均在 100 万 m³ 以上的大型滑坡 84 处（图 2.5）。

---

① 成都地质矿产研究所，2005，喜马拉雅–冈底斯造山带新构造图。

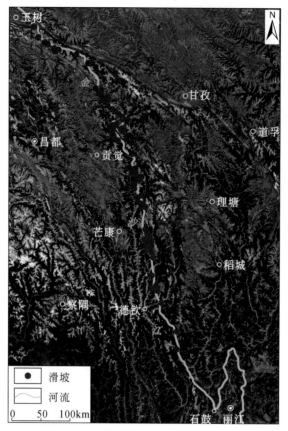

图 2.5　金沙江上游流域重大滑坡分布图

# 2.3　金沙江上游大型地质灾害

## 2.3.1　光学遥感动态调查

在建立滑坡遥感解译标志的基础上，采用多源、多期遥感数据，开展了金沙江上游地质灾害遥感解译，主要以堵江滑坡为主，共识别出 84 处堵江滑坡。包括两种类型：①已发生滑动形成堵江的滑坡；②滑坡体局部发生变形，但整体未发生滑动的潜在堵江滑坡。

84 处堵江滑坡中已发生过堵江的滑坡 9 处，潜在堵江滑坡 75 处。其中，9 处已发生堵江滑坡中堵塞金沙江干流的有 6 处，分别是特米滑坡（HP11）、岗达滑坡（HP26）、王大龙滑坡（HP27）、旺各滑坡（HP28）、白格滑坡（HP30）、昌波滑坡（HP71）；堵塞金沙江支流有 3 处，分别是通错滑坡（HP16）、上卡岗滑坡（HP31）、苏洼龙滑坡（HP70）（图 2.6、图 2.7）。

图 2.6　金沙江昌波滑坡（HP71）

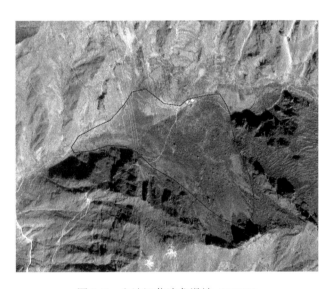

图 2.7　金沙江苏洼龙滑坡（HP70）

## 2.3.2　大型地质灾害分布发育特征

受地形地貌、地质构造、地层岩性、水文地质、地震、降水等因素影响，滑坡在空间上沿金沙江及支流两岸、构造带呈现出条带性与集中性分布。

### 2.3.2.1　滑坡与构造带分布特征

研究区内主要构造带为金沙江结合带，南北向长约 800km，东西向最宽处位于芒康山东侧，宽度约为 50km。受青藏高原向东侧挤压作用，结合带内剪应力集中，东侧发育数条近东西向断层与金沙江相交。区域内岩体结构破碎疏松，岩性多样，主要出露地层有石炭系、二叠系、三叠系的片岩、片麻岩、板岩、玄武岩、绿泥片岩等，岩体糜棱岩化和蚀变作用严重。受此复杂地质条件影响，金沙江上游流域堵江滑坡灾害较发育。其中，金沙江结合带内分布有 50 处滑坡，地层岩性以石炭系—三叠系金沙江蛇绿混杂岩为主，其他构造带内分布有滑坡 34 处（图 2.8）。具有堵江风险的大型滑坡有 7 处，都位于金沙江结合带内。

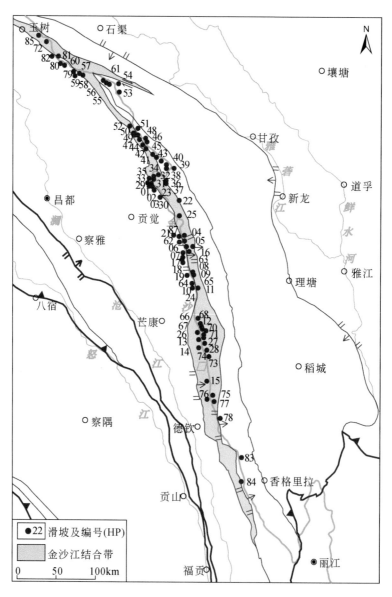

图 2.8　金沙江上游滑坡与构造带的分布关系图

### 2.3.2.2　行政区与滑坡分布特征

金沙江上游为四川、青海、西藏的界河，按照行政区划将金沙江上游分为（四）川青（海）段、（四）川（西）藏段和（四）川滇（云南）段，分别统计各地区滑坡分布情况。

金沙江上游川青段长约 145km，分布有滑坡 10 处，其中，规模为特大型 3 处、大型 7 处，稳定性为稳定 2 处、欠稳定 7 处、不稳定 1 处 ［图 2.9（a），表 2.1］。

金沙江上游川藏段长约 320km，分布有滑坡 65 处，其中，规模为特大型 38 处、大型 27 处，稳定性为稳定的 27 处、欠稳定 32 处、不稳定 6 处 ［图 2.9（b），表 2.2］。

金沙江上游川滇段长约 125km，分布有滑坡 9 处，其中，规模为特大型 6 处、大型 3 处，稳定性为稳定的 4 处、欠稳定 5 处 ［图 2.9（c），表 2.3］。

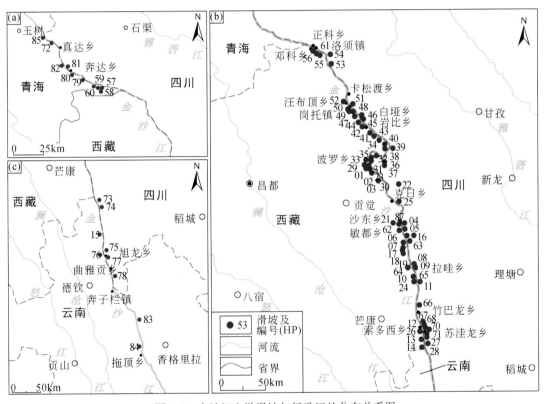

图 2.9　金沙江上游滑坡与行政区的分布关系图

**表 2.1　金沙江上游川青段滑坡分布特征表**

| 编号 | 滑坡名称 | 地理位置 | 规模 | 稳定性 |
|------|----------|----------|------|--------|
| HP57 | 挡底滑坡 | 四川省石渠县奔达乡 | 特大型 | 不稳定 |
| HP58 | 莫罗宫滑坡 | 四川省石渠县奔达乡 | 大型 | 欠稳定 |
| HP59 | 色考滑坡 | 四川省石渠县奔达乡 | 大型 | 稳定 |

| 编号 | 滑坡名称 | 地理位置 | 规模 | 稳定性 |
|------|----------|----------|------|--------|
| HP60 | 色巫滑坡 | 四川省石渠县奔达乡 | 特大型 | 欠稳定 |
| HP72 | 明惹滑坡 | 四川省石渠县真达乡 | 特大型 | 欠稳定 |
| HP79 | 维热纳滑坡 | 四川省石渠县奔达乡 | 大型 | 稳定 |
| HP80 | 民则口滑坡 | 四川省石渠县奔达乡 | 大型 | 欠稳定 |
| HP81 | 奔达滑坡 | 四川省石渠县奔达乡 | 大型 | 欠稳定 |
| HP82 | 僧提滑坡 | 四川省石渠县奔达乡 | 大型 | 欠稳定 |
| HP85 | 达叶滑坡 | 青海省玉树市结古镇 | 大型 | 欠稳定 |

**表 2.2　金沙江上游川藏段滑坡分布特征表**

| 编号 | 滑坡名称 | 地理位置 | 规模 | 稳定性 | 编号 | 滑坡名称 | 地理位置 | 规模 | 稳定性 |
|------|----------|----------|------|--------|------|----------|----------|------|--------|
| HP01 | 藏曲河口滑坡 | 西藏江达县波罗乡 | 特大型 | 稳定 | HP16 | 通错滑坡 | 西藏贡觉县雄松乡 | 特大型 | 稳定 |
| HP02 | 圭利滑坡 | 西藏江达县波罗乡 | 特大型 | 欠稳定 | HP17 | 岗苏村滑坡 | 西藏贡觉县雄松乡 | 大型 | 欠稳定 |
| HP03 | 肖莫久滑坡 | 西藏江达县波罗乡 | 特大型 | 欠稳定 | HP18 | 扎木塘隆滑坡 | 西藏贡觉县雄松乡 | 特大型 | 欠稳定 |
| HP04 | 色拉滑坡 | 西藏贡觉县沙东乡 | 特大型 | 不稳定 | HP19 | 下缺所滑坡 | 西藏贡觉县雄松乡 | 大型 | 欠稳定 |
| HP05 | 敏都滑坡 | 西藏贡觉县敏都乡 | 大型 | 不稳定 | HP21 | 沙东乡2#滑坡 | 西藏贡觉县敏都乡 | 特大型 | 欠稳定 |
| HP06 | 麦绿席滑坡 | 西藏贡觉县敏都乡 | 特大型 | 稳定 | HP22 | 优巴村滑坡 | 四川白玉县绒盖乡 | 大型 | 欠稳定 |
| HP07 | 瓦堆村滑坡 | 西藏贡觉县敏都乡 | 大型 | 欠稳定 | HP23 | 宁巴村滑坡 | 四川白玉县波罗乡 | 大型 | 欠稳定 |
| HP08 | 拍若滑坡 | 西藏芒康县 | 大型 | 稳定 | HP24 | 尼增滑坡 | 四川巴塘县拉哇乡 | 特大型 | 稳定 |
| HP09 | 通中拉卡滑坡 | 四川巴塘县拉哇乡 | 特大型 | 稳定 | HP25 | 丁巴滑坡 | 西藏贡觉县罗麦乡 | 大型 | 欠稳定 |
| HP10 | 曲引郎滑坡 | 四川巴塘县拉哇乡 | 大型 | 欠稳定 | HP26 | 岗达滑坡 | 西藏芒康县索多西乡 | 特大型 | 稳定 |
| HP11 | 特米滑坡 | 四川巴塘县拉哇乡 | 特大型 | 欠稳定 | HP27 | 王大龙滑坡 | 四川巴塘县昌波乡 | 特大型 | 稳定 |
| HP12 | 打呷龙滑坡 | 四川巴塘县拉哇乡 | 大型 | 稳定 | HP28 | 旺各滑坡 | 四川巴塘县昌波乡 | 特大型 | 稳定 |
| HP13 | 萨荣白拉滑坡 | 四川巴塘县昌波乡 | 大型 | 稳定 | HP29 | 波罗寺滑坡 | 西藏江达县波罗乡 | 大型 | 欠稳定 |
| HP14 | 霍荣滑坡 | 四川巴塘县昌波乡 | 大型 | 欠稳定 | HP30 | 白格滑坡 | 西藏江达县波罗乡 | 特大型 | 不稳定 |

续表

| 编号 | 滑坡名称 | 地理位置 | 规模 | 稳定性 | 编号 | 滑坡名称 | 地理位置 | 规模 | 稳定性 |
|---|---|---|---|---|---|---|---|---|---|
| HP31 | 上卡岗滑坡 | 西藏江达县波罗乡 | 大型 | 稳定 | HP50 | 热公滑坡 | 西藏江达县汪布顶乡 | 特大型 | 不稳定 |
| HP32 | 卡岗村滑坡 | 西藏江达县波罗乡 | 特大型 | 稳定 | HP51 | 林切滑坡 | 西藏江达县汪布顶乡 | 特大型 | 稳定 |
| HP33 | 染莫滑坡 | 西藏江达县波罗乡 | 特大型 | 欠稳定 | HP52 | 汪布顶滑坡 | 西藏江达县汪布顶乡 | 特大型 | 不稳定 |
| HP34 | 沙丁麦2#滑坡 | 四川白玉县金沙乡 | 特大型 | 欠稳定 | HP53 | 索达滑坡 | 四川石渠县麻呷乡 | 大型 | 欠稳定 |
| HP35 | 扎永滑坡 | 四川白玉县金沙乡 | 大型 | 欠稳定 | HP54 | 俄波贡村滑坡 | 四川石渠县麻呷乡 | 大型 | 欠稳定 |
| HP36 | 金沙江乡滑坡 | 四川白玉县金沙乡 | 大型 | 欠稳定 | HP55 | 东仲滑坡 | 四川石渠县麻呷乡 | 大型 | 欠稳定 |
| HP37 | 若翁洞滑坡 | 四川白玉县金沙乡 | 特大型 | 稳定 | HP56 | 擦塘滑坡 | 四川石渠县麻呷乡 | 大型 | 欠稳定 |
| HP38 | 探戈滑坡 | 四川白玉县金沙乡 | 特大型 | 欠稳定 | HP61 | 热科塘滑坡 | 四川石渠县麻呷乡 | 大型 | 欠稳定 |
| HP39 | 甘棒滑坡 | 四川白玉县金沙乡 | 特大型 | 稳定 | HP62 | 麦巴村滑坡 | 西藏贡觉县敏都乡 | 特大型 | 欠稳定 |
| HP40 | 冷普东滑坡 | 西藏江达县岩比乡 | 大型 | 稳定 | HP63 | 上缺所村对岸滑坡 | 西藏贡觉县敏都乡 | 特大型 | 稳定 |
| HP41 | 沃达滑坡 | 西藏江达县岩比乡 | 特大型 | 欠稳定 | HP64 | 下松哇滑坡 | 四川巴塘县拉哇乡 | 大型 | 稳定 |
| HP42 | 然贡寺滑坡 | 西藏江达县岩比乡 | 特大型 | 欠稳定 | HP65 | 下松哇对岸滑坡 | 四川巴塘县拉哇乡 | 大型 | 欠稳定 |
| HP43 | 格纳滑坡 | 西藏江达县岩比乡 | 特大型 | 稳定 | HP66 | 刀出顶滑坡 | 西藏芒康县竹巴龙乡 | 特大型 | 稳定 |
| HP44 | 延若滑坡 | 西藏江达县岗托镇 | 特大型 | 欠稳定 | HP67 | 琼冲阁对岸滑坡 | 西藏芒康县竹巴龙乡 | 特大型 | 稳定 |
| HP45 | 底巴滑坡 | 西藏江达县岗托镇 | 特大型 | 欠稳定 | HP68 | 老衣对岸滑坡 | 西藏芒康县竹巴龙乡 | 特大型 | 稳定 |
| HP46 | 来格村滑坡 | 西藏江达县岗托镇 | 特大型 | 欠稳定 | HP70 | 苏洼龙滑坡 | 西藏芒康县苏哇龙乡 | 大型 | 稳定 |
| HP47 | 波桥滑坡 | 西藏江达县岗托镇 | 特大型 | 稳定 | HP71 | 昌波滑坡 | 四川巴塘县昌波乡 | 特大型 | 稳定 |
| HP48 | 燃灯寺滑坡 | 西藏江达县汪布顶乡 | 大型 | 欠稳定 | HP87 | 沙东滑坡 | 西藏贡觉县沙东乡 | 特大型 | 不稳定 |
| HP49 | 热公下游滑坡 | 西藏江达县汪布顶乡 | 大型 | 稳定 | | | | | |

表 2.3 金沙江上游川滇段滑坡分布特征表

| 编号 | 滑坡名称 | 地理位置 | 规模 | 稳定性 |
|---|---|---|---|---|
| HP15 | 尼吕滑坡 | 四川省得荣县贡波乡 | 大型 | 欠稳定 |
| HP73 | 羊拉登桥滑坡 | 四川省巴塘县昌波乡 | 大型 | 欠稳定 |
| HP74 | 吉布卡堆滑坡 | 四川省巴塘县地巫乡 | 特大型 | 稳定 |
| HP75 | 拿荣滑坡 | 四川省得荣县徐龙乡 | 特大型 | 稳定 |
| HP76 | 格亚顶滑坡 | 四川省得荣县徐龙乡 | 特大型 | 欠稳定 |
| HP77 | 莫丁滑坡 | 四川省得荣县徐龙乡 | 特大型 | 欠稳定 |
| HP78 | 雪拉滑坡 | 西藏芒康县古龙乡 | 特大型 | 稳定 |
| HP83 | 牙们儿滑坡 | 四川省得荣县瓦卡镇 | 大型 | 欠稳定 |
| HP84 | 供仁滑坡 | 云南德钦县拖顶乡 | 特大型 | 稳定 |

### 2.3.2.3 水电站库区滑坡分布

根据金沙江上游水电规划，目前规划和在建水电站为"一库十三级"布局，从上游到下游分别为西绒、晒拉、果通、岗托、岩比、波罗、叶巴滩、拉哇、巴塘、苏洼龙、昌波、旭龙和奔子栏水电站（表2.4）。

表 2.4 金沙江上游水电站参数

| 序号 | 水电站名称 | 状态 | 坝型 | 坝高/m | 正常水位 | 校核水位/m | 总库容/亿 m³ | 调节库容/亿 m³ | 校核水位最大泄量/(m³/s) |
|---|---|---|---|---|---|---|---|---|---|
| 1 | 叶巴滩 | 在建 | 混凝土拱坝 | 224 | 2889 | 2891.22 | 10.8 | 5.37 | 10100 |
| 2 | 拉哇 | 可研 | 混凝土面板堆石坝 | 239 | 2702 | 2707 | 24.7 | 8.24 | 11400 |
| 3 | 巴塘 | 在建 | 沥青混凝土心墙堆石坝 | 69 | 2545 | 2547.9 | 1.415 | 0.2125 | 10500 |
| 4 | 苏洼龙 | 在建 | 沥青混凝土心墙堆石坝 | 112 | 2475 | 2476.89 | 6.74 | 0.72 | 12500 |
| 5 | 岗托 | 预可研 | 混凝土面板堆石坝 | 223 | 3215 | — | — | 37.3 | — |
| 6 | 波罗 | 预可研 | 混凝土双曲拱坝 | 138 | 2989 | — | — | — | — |
| 7 | 昌波 | 预可研 | 混凝土闸坝 | 45 | 2387 | — | — | — | — |
| 8 | 旭龙 | 预可研 | 混凝土双曲拱坝 | 213 | 2302 | — | — | 8.29 | — |
| 9 | 奔子栏 | 预可研 | 碾压混凝土重力坝 | 185 | 2150 | — | — | 14.24 | — |

西绒水电站库区分布滑坡2处，其中，规模为大型和特大型各1处，稳定性均为欠稳定。晒拉水电站库区分布滑坡4处，其中，规模均为大型，稳定性为稳定1处、欠稳定3处。果通水电站库区分布滑坡4处，其中，规模为大型2处、特大型2处，稳定性为稳定1处、欠稳定2处、不稳定1处。岗托水电站库区分布滑坡10处，其中，规模为大型7处、特大型3处，稳定性为稳定2处、欠稳定6处、不稳定2处 [图2.10（a）]。

岩比水电站库区分布滑坡 4 处，其中，规模均为特大型，稳定性为稳定 1 处、欠稳定 3 处。波罗水电站库区分布滑坡 13 处，其中，规模为大型 4 处、特大型 9 处，稳定性为稳定 1 处、欠稳定 3 处。叶巴滩水电站库区分布滑坡 8 处，其中，规模为大型 4 处、特大型 4 处，稳定性为稳定 1 处、欠稳定 6 处、不稳定 1 处 ［图 2.10（b）］。

拉哇水电站库区分布滑坡 16 处，其中，规模为大型 7 处、特大型 9 处，稳定性为稳定 6 处、欠稳定 7 处、不稳定 3 处。巴塘水电站库区分布滑坡 3 处，其中，规模为大型 1 处、特大型 2 处，稳定性为稳定 1 处、欠稳定 2 处。苏洼龙水电站库区分布滑坡 6 处，其中，规模为大型 2 处、特大型 4 处，稳定性均为稳定 ［图 2.10（c）］。

昌波水电站库区分布滑坡 1 处，规模为特大型，稳定性为稳定。旭龙水电站库区分布滑坡 8 处，其中，规模为大型 4 处、特大型 4 处，稳定性为稳定 3 处、欠稳定 5 处。奔子栏水电站库区分布滑坡 1 处，规模为特大型，稳定性为稳定 ［图 2.10（d）］。

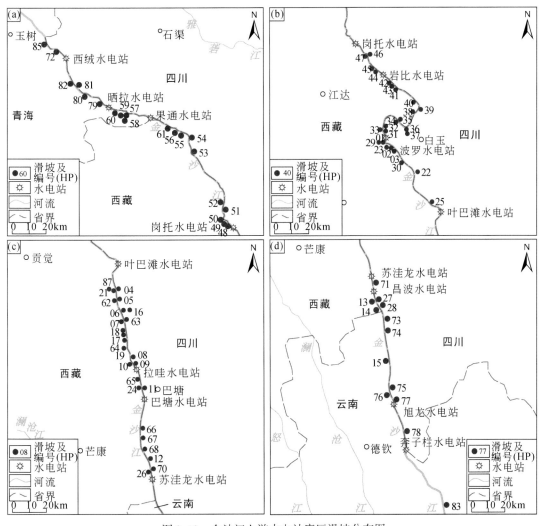

图 2.10　金沙江上游水电站库区滑坡分布图

# 2.4 金沙江上游地质灾害堵江风险

## 2.4.1 堵江滑坡稳定性分析

按照84处滑坡的多期光学遥感影像特征与InSAR监测形变量,将滑坡的稳定性分为稳定、基本稳定、欠稳定和不稳定四类,分别对应特征如表2.5所示。

**表2.5 滑坡稳定性分类特征表**

| 稳定性分类 | 多期光学影像特征 | InSAR 形变量/(mm/a) |
|---|---|---|
| 稳定 | 滑坡后缘可见断续裂缝,坡体形成多条拉张裂缝和下错台坎 | 0~9 |
| 基本稳定 | 滑坡后缘裂缝基本连通,坡体拉张裂缝和下错台坎具变形迹象 | 9~18 |
| 欠稳定 | 滑坡后壁界线清晰,坡体拉张裂缝和下错台坎范围扩大;或者滑坡中后部出现多处中小型滑塌 | 18~36 |
| 不稳定 | 滑坡整体变形明显,滑坡后壁出现较明显的整体下错,坡体出现较大规模的滑塌,并且后壁与侧边界逐渐贯通 | >36 |

根据分析,金沙江上游84处大型滑坡中,规模为大型37处、特大型47处,稳定性为稳定33处、欠稳定44处、不稳定7处(表2.6)。

**表2.6 金沙江上游不稳定滑坡特征表**

| 编号 | 滑坡名称 | 地理位置 | 坐标 | 基本特征 | | | | | | |
|---|---|---|---|---|---|---|---|---|---|---|
| | | | | 高差/m | 面积/万 m² | 厚度/m | 体积/万 m³ | 江岸位置 | 规模 | 稳定性 |
| HP04 | 色拉滑坡 | 西藏贡觉县沙东乡 | 98°55′26″E,30°34′50″N | 813 | 151 | 50 | 7550 | 右岸 | 特大型 | 不稳定 |
| HP05 | 敏都滑坡 | 西藏贡觉县敏都乡 | 98°55′53″E,30°33′54″N | 375 | 20 | 40 | 800 | 左岸 | 大型 | 不稳定 |
| HP30 | 白格滑坡 | 西藏江达县波罗乡 | 98°42′17″E,31°4′57″N | 811 | 19 | 45 | 855 | 右岸 | 特大型 | 不稳定 |
| HP50 | 热公滑坡 | 西藏江达县汪布顶乡 | 98°28′51″E,31°46′02″N | 454 | 59 | 30 | 1770 | 右岸 | 特大型 | 不稳定 |

续表

| 编号 | 滑坡名称 | 地理位置 | 坐标 | 基本特征 | | | | | | |
|---|---|---|---|---|---|---|---|---|---|---|
| | | | | 高差/m | 面积/万 m² | 厚度/m | 体积/万 m³ | 江岸位置 | 规模 | 稳定性 |
| HP52 | 汪布顶滑坡 | 西藏江达县汪布顶乡 | 98°24′27″E，31°57′07″N | 225 | 80 | 45 | 3600 | 右岸 | 特大型 | 不稳定 |
| HP57 | 挡底滑坡 | 四川石渠县奔达乡 | 97°37′38″E，32°34′37″N | 247 | 43 | 30 | 1290 | 右岸 | 特大型 | 不稳定 |
| HP87 | 沙东滑坡 | 西藏贡觉县沙东乡 | 98°55′34″E，30°36′30″N | 700 | 391 | 20 | 7820 | 右岸 | 特大型 | 不稳定 |

## 2.4.2　堵江滑坡易发性分析

采用定性和定量法综合评价堵江滑坡易发性，评价范围为沿金沙江干流侧第一斜坡带或沿支流延伸 10km，结合野外堵江滑坡实地调查，将研究区划分为极高易发区、高易发区、中易发区和低易发区四个等级（表 2.7，图 2.11）。

**表 2.7　金沙江上游堵江滑坡易发性分区统计表**

| 序号 | 类型 | 面积/km² | 占比/% | 说明 |
|---|---|---|---|---|
| 1 | 极高易发区 | 1135.03 | 6.38 | 共有七个区 |
| 2 | 高易发区 | 1475.23 | 8.29 | 共有八个区 |
| 3 | 中易发区 | 1598.45 | 8.99 | 共有九个区 |
| 4 | 低易发区 | 13578.81 | 76.34 | 一个区 |
| | 合计 | 17787.51 | 100 | — |

综合分析结果表明，堵江滑坡主要发生在峡谷段，单面山的凹岸居多；滑坡受地层和断裂控制，多发生在软岩、软硬相间岩层，以及混杂岩带中；在斜坡结构上，以顺向和逆向岩质斜坡，以及上部为厚层第四系、下部为逆向坡的土岩混合斜坡为主。

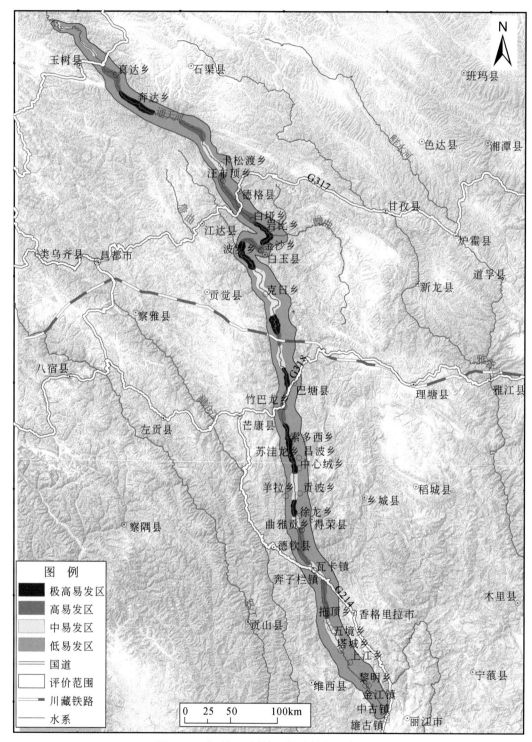

图 2.11　金沙江上游堵江滑坡易发性分区图

## 2.4.3　堵江滑坡危险性分析

针对流域内 7 处不稳定状态的滑坡，按照滑坡一次下滑最大方量，分析堵江堰塞坝高度、堰塞湖最大库容以及堰塞坝溃决（溃坝）洪水最大流量与洪峰高度，考虑滑坡、堰塞湖和堰塞坝等三者的特征，综合评价堵江滑坡的危险性。

### 2.4.3.1　堵江堰塞坝高度分析

结合白格滑坡调查验证结果，采用落差经验公式法计算堵江堰塞坝高度（$H$；表 2.8）。滑动路线的长度（$L$）或者上升到对岸岸坡高度（$H_2$）可以通过摩擦角用图解法确定。滑坡落高越大，对应形成的滑坡堰塞坝可能越高，则滑坡落高（$Hf$）与堰塞坝高度（$H$）根据回归统计得到如下的关系：

$$H = 0.330H_f - 14.98$$

相关系数：$r = 0.88$。

表 2.8　金沙江上游滑坡堵江堰塞坝高度统计表

| 编号 | 滑坡名称 | 一次最大下滑方量 /万 m³ | 滑坡质心高程 /m | 河面高程 /m | $H_f$ /m | $H$ /m |
|---|---|---|---|---|---|---|
| HP04 | 色拉滑坡 | 7550 | 3080 | 2640 | 440 | 130.22 |
| HP05 | 敏都滑坡 | 800 | 2921 | 2642 | 279 | 77.09 |
| HP30 | 白格滑坡 | 855 | 2921 | 2642 | 567 | 172.13 |
| HP50 | 热公滑坡 | 1770 | 3327 | 3073 | 254 | 68.84 |
| HP52 | 汪布顶滑坡 | 3600 | 3463 | 3112 | 351 | 100.85 |
| HP57 | 挡底滑坡 | 1290 | 3580 | 3370 | 210 | 54.32 |
| HP87 | 沙东滑坡 | 7820 | 3095 | 2667 | 428 | 126.26 |

### 2.4.3.2　堰塞湖最大库容分析

滑坡堰塞坝堵塞河道形成的堰塞湖，可采用断面法和平均厚度法计算堰塞湖最大库容，其中断面法计算公式为

$$W_{max} = KS_{坝}L$$

式中，$W_{max}$ 为堰塞湖最大库容，m³；$S_{坝}$ 为堵江坝体横截面面积，m²，近似按照梯形面计算；$L$ 为堰塞湖最大回淤长度，m；$K$ 为回淤系数，河道坡降越大，$K$ 值越小，一般取 0.1~0.2，本次取 0.12。

平均厚度法是根据堰塞坝的高度和江面高程确定最大堰塞湖高程，据此在平面图上圈定回淤范围，计算回淤范围面积，再乘以库区平均深度计算其回淤库容。

按照上述两种方法计算出 7 处堵江滑坡形成堰塞湖的最大库容（表 2.9），从结果来看，白格滑坡形成堰塞湖库容最大，达到了 13.89 亿 m³。

**表 2.9　金沙江上游滑坡堰塞湖最大库容计算统计表**

| 编号 | 滑坡名称 | 体积/万 m³ | $H$/m | $L_1$/m（下底宽） | $L_2$/m（上底宽） | 坝顶标高/m | 水面高程/m | $L$/m（回水长） | $S$/$10^5$ m²（库水面积） | 平均厚度法 $W_{max}$/亿 m³ | 回淤长度法 $W_{max}$/亿 m³ |
|---|---|---|---|---|---|---|---|---|---|---|---|
| HP04 | 色拉滑坡 | 7550 | 156 | 80 | 405 | 2778 | 2648 | 36298 | 1102 | 1.44 | 1.38 |
| HP05 | 敏都滑坡 | 800 | 92 | 60 | 305 | 2720 | 2643 | 24554 | 529 | 0.41 | 0.41 |
| HP30 | 白格滑坡 | 855 | 136 | 142 | 841 | 3053 | 2881 | 136813 | 6942 | 11.95 | 13.89 |
| HP50 | 热公滑坡 | 1770 | 115 | 125 | 618 | 3133 | 3065 | 51550 | 2442 | 1.68 | 1.58 |
| HP52 | 汪布顶滑坡 | 3600 | 135 | 105 | 510 | 3217 | 3117 | 55025 | 2453 | 2.47 | 2.05 |
| HP57 | 挡底滑坡 | 1290 | 106 | 115 | 593 | 3424 | 3370 | 22990 | 509 | 0.28 | 0.53 |
| HP87 | 沙东滑坡 | 7820 | 157 | 105 | 586 | 2791 | 2665 | 36399 | 989 | 1.25 | 1.91 |

### 2.4.3.3　堰塞坝溃决洪水预测分析

结合以上结果，对堰塞坝溃决后形成洪水的影像范围进行分析，按照堰塞坝瞬间全溃的模式，分析溃决后洪水最大流量与洪峰高度。

**1. 洪水最大流量预测分析**

堰塞坝下游 $L$（m）处的洪水最大流量可参照武汉大学水利水电学院水力学流体力学教研室《水力计算手册》（2006 年）的溃坝洪水演进公式计算：

$$Q_{LM} = \frac{W}{\dfrac{W}{Q_{max}} + \dfrac{L}{V_{max}K}}$$

式中，$Q_{LM}$ 为距堰塞坝 $L$（m）处溃坝洪水最大流量，m³/s；$W$ 为堰塞湖库容，m³；$Q_{max}$ 为堰塞坝最大流量，m³/s；$V_{max}$ 为洪水最大流速（无资料时，山区取 3.0～5.0m/s，丘陵区取 2.0～3.0m/s，平原区取 1.0～2.0m/s），m/s；$K$ 为经验系数（山区取 1.1～1.5，丘陵区取 1.0，平原区取 0.8～0.9）。

按照上述方法计算得到 7 处堵江滑坡溃决后下游不同距离处的洪水最大流量。在瞬间全溃的条件下，堰塞湖库容分别按照平均厚度法和回淤长度法计算，计算间距取 10km（计算至石鼓水文站），最大流速和经验系数按极限经验值考虑（即 $V_{max}K = 7.5$）。另外，白格滑坡因河道已完成前两次堵江堆积体的清淤处理，故此次预测仅考虑现状条件下其计算结果。计算参数见表 2.10，选取色拉滑坡计算结果见图 2.12。

表 2.10 金沙江上游滑坡洪水最大流量计算参数表

| 编号 | 滑坡名称 | 堰塞湖库容（W）/亿 m³ | | 堰塞坝最大流量（$Q_{max}$）/（m³/s） |
| --- | --- | --- | --- | --- |
| | | 平均厚度法 | 回淤长度法 | |
| HP04 | 色拉滑坡 | 1.44 | 1.38 | 31578 |
| HP05 | 敏都滑坡 | 0.41 | 0.41 | 14068 |
| HP30 | 白格滑坡 | 1.37 | 1.95 | 26172 |
| HP50 | 热公滑坡 | 1.68 | 1.58 | 25574 |
| HP52 | 汪布顶滑坡 | 2.47 | 2.05 | 31011 |
| HP57 | 挡底滑坡 | 0.28 | 0.53 | 19229 |
| HP87 | 沙东滑坡 | 1.25 | 1.91 | 43622 |

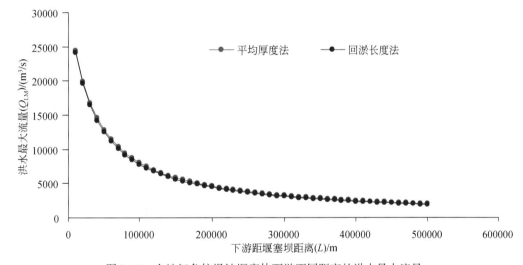

图 2.12 金沙江色拉滑坡堰塞体下游不同距离的洪水最大流量

从计算结果来看，各处滑坡堰塞体下游的最大洪水流量随着距离增加呈递减趋势，大部分在距离堰塞坝 200000~300000m 处趋于平稳状态。同时，可以看出根据不同方法计算得到的库容量相差不大，说明在库容量基本相同情况下，堰塞体下游不同距离的最大洪水流量主要受距离和坡度的影响。

2. 洪峰高度预测分析

坝体突然溃决后，溃坝洪水向下游传递的流态一般可采用不恒定流计算方法进行演进计算（晏鄂川等，2001）。下游距坝址某处的洪峰高度为

$$H_{max} = H_1 \left[ 1 + \frac{4A^2 (2n+1) H_1^{2n+1}}{n (n+1)^2 i_0 W^2} L \right]^{\frac{1}{2n+1}}$$

式中，$H_{max}$ 为洪峰高度，m；$H_1$ 为溃坝最大水深，m；$A$ 为河谷断面系数，$A = F/H$（$F$ 为断

面面积，$m^2$；$H$ 为断面高度，m）；$i_0$ 为河床比降；$W$ 为堰塞湖库容，$m^3$；$L$ 为下游距堰塞坝距离，m；$n$ 为河槽形状指数。

计算得到 7 处堵江滑坡溃决后下游不同距离处的洪峰高度。其中，堰塞湖库容分别按照平均厚度法和回淤长度法计算，计算间距取 10km（至石鼓水文站），溃坝最大水深按瞬间全溃考虑（即按坝址高度计算）。另外，根据河道地形条件，河槽形状指数按紧闭形抛物线考虑，取值为 2。同样，白格滑坡因河道已完成前两次堵江堆积体的清淤处理，故此次预测仅考虑现状条件。计算参数见表 2.11，结果见图 2.13。

**表 2.11　金沙江上游滑坡洪峰高度计算参数表**

| 编号 | 滑坡名称 | 堰塞湖库容（$W$）/亿 $m^3$ | | 断面面积（$F$）/$m^2$ | 断面高度（$H$）/m | 河谷断面系数（$A$） |
|------|----------|------------|------------|---------|--------|--------|
| | | 平均厚度法 | 回淤长度法 | | | |
| HP04 | 色拉滑坡 | 1.44 | 1.38 | 31578.35 | 130.22 | 242.5 |
| HP05 | 敏都滑坡 | 0.41 | 0.41 | 14068.93 | 77.09 | 182.5 |
| HP30 | 白格滑坡 | 1.37 | 1.95 | 26172.23 | 84.02 | 311.5 |
| HP50 | 热公滑坡 | 1.68 | 1.58 | 25574.06 | 68.84 | 371.5 |
| HP52 | 汪布顶滑坡 | 2.47 | 2.05 | 31011.38 | 100.85 | 307.5 |
| HP57 | 挡底滑坡 | 0.28 | 0.53 | 19229.28 | 54.32 | 354.0 |
| HP87 | 沙东滑坡 | 1.25 | 1.91 | 43622.83 | 126.26 | 345.5 |

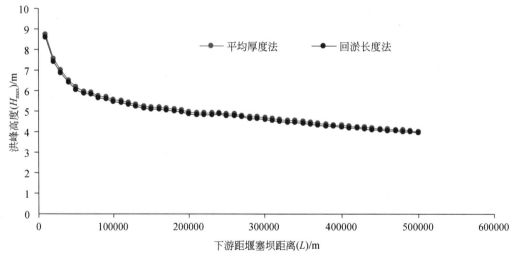

图 2.13　金沙江色拉滑坡堰塞体下游不同距离的洪峰高度

从计算结果来看，各处滑坡堰塞体下游的最大洪水高度随着距离增加呈递减趋势，大部分在距离堰塞坝 200000～300000m 处趋于平稳状态。其中，色拉滑坡的洪峰高度稳定在 4～5m，敏都滑坡为 3～4m，白格滑坡为 3.5～4m，热公滑坡为 3.5～4.5m，汪布顶滑坡为 4 ~ 5m，挡底滑坡为 2 ~ 3m，沙东滑坡为 3.5 ~ 4.5m。同时，可以看出不同方法计算得到的最大洪水高度结果较吻合，说明在库容量基本相同情况下，堰塞体下游不同距离的洪峰高度主要受距离和坡度的影响。

另外，将洪峰高度换算成不同距离处的海拔，得到堰塞体下游不同距离处洪峰过境时的海拔，色拉滑坡计算结果如图 2.14 所示。

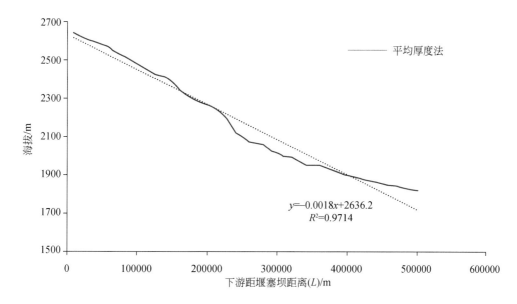

图 2.14　金沙江色拉滑坡堰塞体下游不同距离的洪峰过境海拔

根据堰塞体洪水最大流量、洪峰高度及洪峰过境海拔的计算结果，结合收集的金沙江上游巴塘和石鼓水文监测站的资料（表 2.12），对 7 处滑坡堰塞体溃坝后的洪水影响范围进行预测分析。

表 2.12　金沙江上游不同水文站资料

| 行政区 | 河名 | 站名 | 年平均流量/(m³/s) | 警戒水位/m | 保证水位/m |
| --- | --- | --- | --- | --- | --- |
| 云南 | 金沙江 | 石鼓 | 1343 | 1822.5 | 1824.5 |
| 四川 | 金沙江 | 巴塘 | 957.3 | 2485 | 2486 |

通过对比 7 处滑坡堰塞体在两处水文监测站的计算结果，对洪水危险范围进行预测分析，7 处堵江滑坡在石鼓水文站的过境海拔均低于其警戒水位，说明其溃坝后的洪水影响范围在石鼓水文监测站的上游。另外，通过对比巴塘水文监测站的警戒水位和保证水位发现，热公滑坡（HP50）和汪布顶滑坡（HP52）的过境海拔高于警戒水位，说明这两处滑坡溃坝后的洪水影响范围在巴塘水文站下游。其余 5 处滑坡的过境海拔低于警戒水位，说明这 5 处堵江滑坡溃坝后的洪水影响范围在巴塘水文站上游。通过线性内插法，结合河床比降、洪水流量及河道断面情况，综合确定 7 处堵江滑坡溃坝后的洪水影

响范围（表2.13）。

表 2.13　金沙江上游滑坡溃坝后洪水影响范围统计表

| 编号 | 滑坡名称 | 距坝址距离/km | 危险区面积/km² | 相对位置 | 河床比降/‰ | 不同计算方法 | 最大洪水流量/m³ | 洪峰高度/m | 过境海拔/m |
|---|---|---|---|---|---|---|---|---|---|
| HP04 | 色拉滑坡 | 90.30 | 30.87 | 巴塘水文站上游 | 1.70 | 平均厚度法 | 8678.78 | 5.69 | 2498.69 |
| | | | | | | 回淤长度法 | 8409.89 | 5.59 | 2498.59 |
| HP05 | 敏都滑坡 | 80.27 | 19.20 | 巴塘水文站上游 | 1.94 | 平均厚度法 | 3007.59 | 4.05 | 2494.05 |
| | | | | | | 回淤长度法 | 3045.21 | 3.91 | 2494.08 |
| HP30 | 白格滑坡 | 170.52 | 356.69 | 巴塘水文站上游 | 2.38 | 平均厚度法 | 4924.71 | 4.82 | 2494.85 |
| | | | | | | 回淤长度法 | 6486.92 | 5.51 | 2495.58 |
| HP50 | 热公滑坡 | 321.28 | 124.98 | 巴塘水文站下游 | 1.83 | 平均厚度法 | 3415.21 | 4.02 | 2482.02 |
| | | | | | | 回淤长度法 | 3238.34 | 3.93 | 2481.93 |
| HP52 | 汪布顶滑坡 | 341.41 | 138.35 | 巴塘水文站下游 | 1.89 | 平均厚度法 | 4641.83 | 5.04 | 2477.04 |
| | | | | | | 回淤长度法 | 3942.73 | 4.67 | 2476.67 |
| HP57 | 挡底滑坡 | 71.35 | 21.30 | 巴塘水文站上游 | 1.90 | 平均厚度法 | 2567.89 | 2.72 | 3234.72 |
| | | | | | | 回淤长度法 | 4387.16 | 3.53 | 3235.53 |
| HP87 | 沙东滑坡 | 70.67 | 21.62 | 巴塘水文站上游 | 1.83 | 平均厚度法 | 10246.12 | 4.98 | 2541.98 |
| | | | | | | 回淤长度法 | 13906.80 | 5.90 | 2542.90 |

#### 2.4.3.4　堵江滑坡危险性评价

根据地质灾害易发程度及受威胁对象进行危险性分区评估，采用危险性指数划分等级，再根据实际情况局部调整，将金沙江上游划分为极高、高、中、低四个地质灾害危险区（表2.14，图2.15）。

表 2.14　金沙江上游地质灾害危险性分区统计表

| 序号 | 危险性等级 | 面积/km² | 占比/% |
|---|---|---|---|
| 1 | 极高危险区 | 1243.27 | 6.99 |
| 2 | 高危险区 | 1875.35 | 10.54 |
| 3 | 中危险区 | 2598.44 | 14.61 |
| 4 | 低危险区 | 12070.45 | 67.86 |
| | 合计 | 17787.51 | 100.00 |

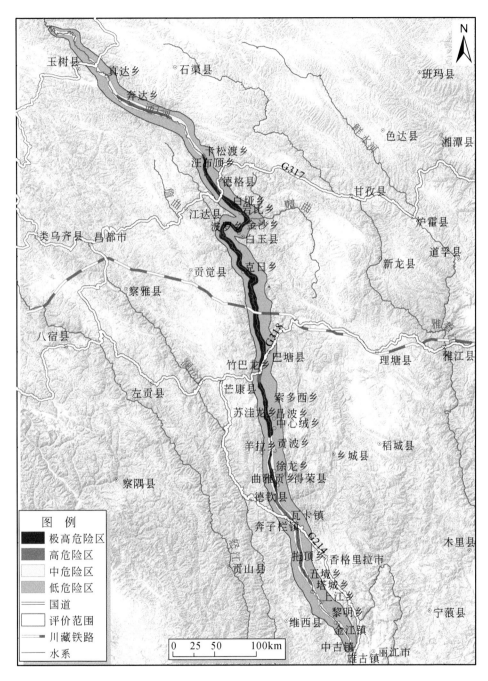

图 2.15　金沙江上游堵江滑坡危险性分区图

极高危险区主要分布德格县江布顶乡至岩比乡段、贡觉县波罗乡至巴塘县段、芒康县索多西乡至羊拉乡段、得荣县徐龙乡至德钦县奔子栏镇段，共发育堵江滑坡 41 处，人口密集，一旦发生地质灾害，人员伤亡及财产损失大，危险性极高，该区面积为 1243.27km²，占评价区面积的 6.99%。

高危险区主要分布在德格县岩比乡至白玉县波罗乡段、巴塘县竹巴龙乡段、德钦县奔子栏镇至香格里拉市塔城乡段，受到断裂构造和风化作用的严重影响，共发育堵江滑坡 28 处，稳定性差，危险性高，该区面积为 1875.35km²，占评价区面积的 10.54%。

中危险区主要分布在玉树市北侧金沙江干流段、石渠县直达乡至德格县卡松渡乡段、得荣县贡波乡段、香格里拉市奔子栏镇至丽江市中古镇段，受到断裂构造和地层岩性的影响，该段发育堵江滑坡 11 处，该区面积为 2598.44km²，占评价区面积的 14.61%。

地质灾害低易发区主要分布在金沙江干流斜坡顶部、支流流域大量无人或少人区内，偶有工程活动，地质灾害危险性小，该区面积为 12070.45km²，占评价区面积的 67.86%。

## 2.4.4 堵江滑坡承灾体易损性评价

### 2.4.4.1 易损性评价因子分析

金沙江上游段人类工程活动包括沿江平缓带居民建筑、农业耕作、公路建设、铁路建设、水电开发等，人类工程活动相对集中。

对研究区的土地覆盖类型进行解译分析（图 2.16），下段以有林地为主，中段以灌木林为主，上段以草地为主，居民区和耕地主要分布在河谷宽缓地带和干流两岸缓坡地带，坡顶主要为裸地，部分为永久积雪地。

人口数量是社会易损性最重要的一个指标，通过统计分析，人口密度较大的区域为巴塘县城、白玉县城、丽江市区，沿江一带主要为村镇聚居区或分散农户，其中丽江市上江乡至中古镇一带河谷宽缓，分布大量的聚居区，人口密度相对较大。

对区域经济易损性进行评价，经济损失较大的区域主要集中在沿江人口较多的乡镇及县城（图 2.17）。

### 2.4.4.2 易损性评价结果分析

在确定易损性评价因子、量化及评价模型的基础上，使用 ArcGIS 软件栅格计算器工具进行栅格计算，完成地质灾害易损性评价。采用几何间距分级法将金沙江上游分为极高、高、中、低四个易损区（表 2.15，图 2.18）。

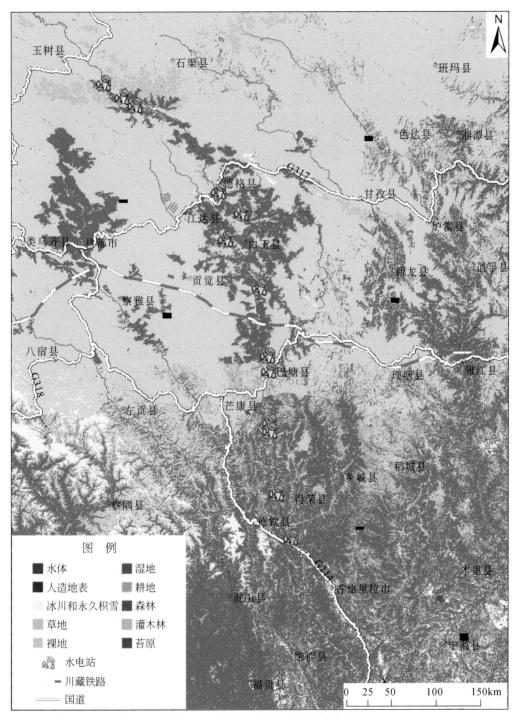

图 2.16　金沙江上游土地覆盖分布图

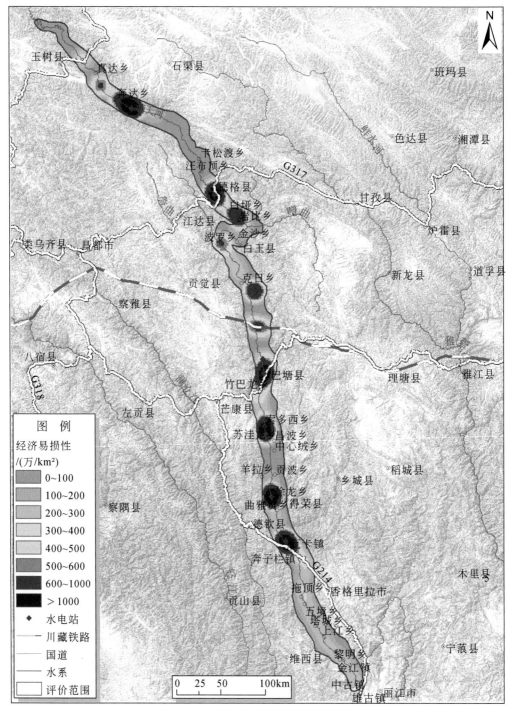

图 2.17　金沙江上游经济易损性评价图

表 2.15　金沙江上游地质灾害易损性区划统计表

| 序号 | 易损性等级 | 面积/km² | 占比/% |
|---|---|---|---|
| 1 | 极高易损区 | 987.04 | 5.55 |
| 2 | 高易损区 | 1194.25 | 6.71 |
| 3 | 中易损区 | 6696.41 | 37.65 |
| 4 | 低易损区 | 8909.81 | 50.09 |
| | 合计 | 17787.55 | 100.00 |

### 1. 极高易损区

极高易损区面积为 987.04km²，占总面积的 5.55%。主要分布于石渠县真达乡，奔达乡，江达县的岩比乡，巴塘县的苏洼龙乡，得荣县的徐龙乡和德钦县的奔子栏镇区域，区内分布了大量的人口乡镇聚居区、在建和拟建水电站、公路桥梁和拟建铁路等，人口密度大，人类工程活动强烈。

### 2. 高易损区

高易损区面积为 1194.25km²，占总面积的 6.71%。主要分布在玉树市至石渠县的真达乡段、贡觉县的克日乡至巴塘县的竹巴龙乡段及巴塘县的昌波乡至香格里拉市的拖顶乡段，区内人类工程活动强烈，分布大量居民区。

### 3. 中易损区

中易损区面积为 6696.41km²，占总面积的 37.65%。主要分布在石渠县的奔达乡段、德格县的白垭乡段、江达县的波罗乡段、贡觉县的克日乡至巴塘县、香格里拉市的拖顶乡至丽江市的中古镇段，区内为分散农户和农业耕种区、拟建水电站和公路建设区等，区内人类工程活动中等。

### 4. 低易损区

低易损区面积为 8909.81km²，占总面积的 50.09%。主要分布在斜坡上部和沟谷流域中后部，主要为有林地、灌木林、草地裸地及荒地，本区基本处于未开发状态，无房屋和人员流动，因此承载体易损性极低。

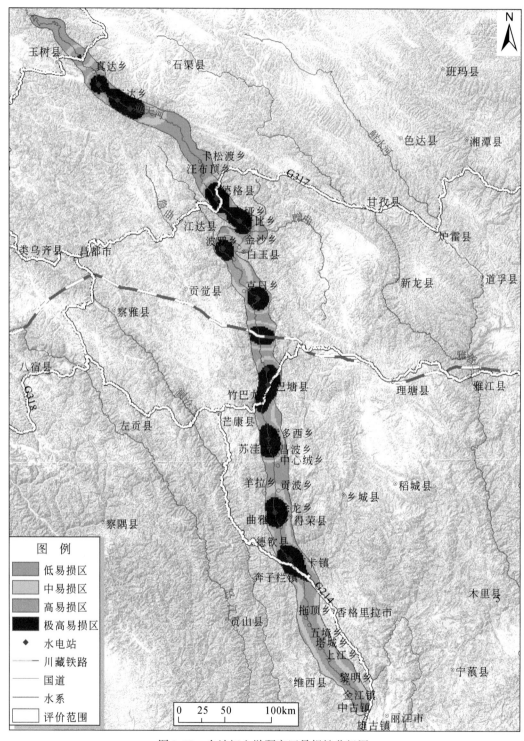

图 2.18 金沙江上游研究区易损性分级图

## 2.4.5　堵江滑坡风险评价

在地质灾害危险性评价、易损性评价和风险性评价分级矩阵的基础上进行风险性评价。先对危险性区划和易损性区划进行赋值，低、中、高、极高分别赋值 1、2、3、4，再使用 Arcgis 软件栅格计算器工具进行栅格乘运算，得到地质灾害风险性分区评价结果（表 2.16，图 2.19）。

表 2.16　金沙江上游地质灾害风险分区统计结果

| 序号 | 风险<br>等级 | 面积<br>/km² | 占比<br>/% |
|---|---|---|---|
| 1 | 极高风险区 | 869.26 | 4.89 |
| 2 | 高风险区 | 1027.33 | 5.77 |
| 3 | 中风险区 | 1438.89 | 8.09 |
| 4 | 低风险区 | 14452.23 | 81.25 |
| | 合计 | 17787.71 | 100.00 |

1. 极高风险区

极高风险区面积为 869.26km²，占总面积的 4.89%。主要分布于德格县的白垭乡至江达县的岩比乡段、贡觉县的克日乡至巴塘县的竹巴龙乡段和巴塘县的索多西乡至中心绒乡段，区内沿江分布乡镇聚居区，人口活动较活跃，人口密度大，且交通较好，受到堵江滑坡、滑坡堰塞湖和堰塞湖溃决的影响。

2. 高风险区

高风险区面积为 1027.33km²，占总面积的 5.77%。主要分布于德格县的汪布顶乡段、江达县的岩比乡至波罗乡段和得荣县的徐龙乡至德钦县的奔子栏镇段，区内风险性高是由于此处分布聚居区较多，公路较密集。

3. 中风险区

中风险区面积为 1438.89km²，占总面积的 8.09%。主要分布于石渠县的真达乡至奔达乡段、德格县的卡松渡乡段、香格里拉市的拖顶乡至丽江市的上江乡段，区内风险性高是由于此分散农户分布多，道路建设、农工业耕种人类工程活动较强烈。

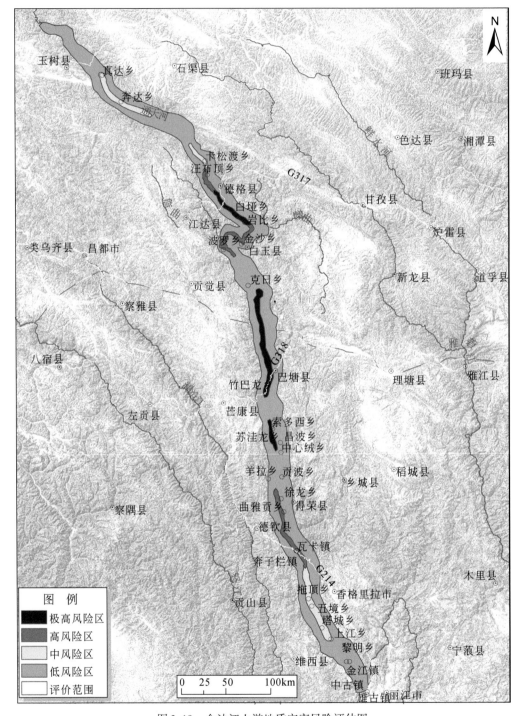

图 2.19　金沙江上游地质灾害风险评估图

4. 低风险区

低风险区面积为 14452.23km²，占总面积的 81.25%。区内海拔较高，人口密度较小，本区基本处于未开发状态，因此承载体风险性极低。

## 2.5　澜沧江上游典型地质灾害

以高分辨率卫星遥感数据为主，开展了澜沧江上游流域德钦段地质灾害调查分析工作，总结了地质灾害发育特征及分布规律，开展了重大地质灾害风险评估。

### 2.5.1　区域地质

澜沧江上游流域德钦段位于青藏高原南延部位横断山纵谷地带，雪山纵列，峡谷深切。东有云岭山脉，西有怒山山脉，走向均为南北向，地势北高南低。

在构造上，属于冈瓦纳大陆与泛华夏大陆的结合部位，受板块强烈挤压，地质构造复杂，构造线近南北向展布，期间小范围分布有北北西向和北东向构造，由一系列的复式褶皱和平行于褶皱轴线的压扭性断裂组成。一级构造单元属于羌塘–三江构造区，以金沙江结合带为界，以东为金沙江结合带二级构造单元，以西为昌都–思茅陆块二级构造单元。在地层上属羌塘–三江地层区，以澜沧江结合带、金沙江结合带为界，以二叠系、三叠系分布较为广泛。

沿澜沧江两岸冰川冰湖较发育，冰川总体呈消退趋势，部分冰湖面积有溃决风险，威胁沟道下游居民聚集区、景区等建筑。

### 2.5.2　地质灾害分布规律

采用高分二号卫星数据作为主要遥感信息源，以高分一号、WorldView-2 等卫星数据为辅助遥感信息源，完成了 1∶5 万四个图幅地质灾害遥感解译。共解译地质灾害点 149 处，其中，滑坡 64 处、崩塌 52 处、泥石 33 处。在规模上，大型滑坡 11 处、大型崩塌 8 处、中小型灾害 130 处（图 2.20）。

研究区受澜沧江流向和切割影响，地质灾害分布与地势密切相关，发育高程普遍在 2200～4200m，其中 3400～4000m 范围分布了 71 处，占了总数的 48%；大于 4600m 范围发育 5 处灾害，海拔 5000m 以上未发现地质灾害。

研究区地质灾害与松散堆积体关系较密切，其中以碎石土、冰碛物为主的松散岩组中分布灾害 63 处，占总数的 42%，软硬相间层状碳酸盐岩和碎屑岩组中发育地质灾害 71 处，占总数的 48%；较坚硬与坚硬岩组中发育地质灾害 15 处，占总数的 10%。

受深大断裂控制，研究区发育一系列近南北、北西、北东及东西向时代不一、规模不一的次级断裂，断裂优势方向和水系平行或小角度相交，断裂对滑坡和崩塌的影响较明显，灾害沿主要断裂呈线性分布，并主要集中在断层法向距离 0.5km 范围内。

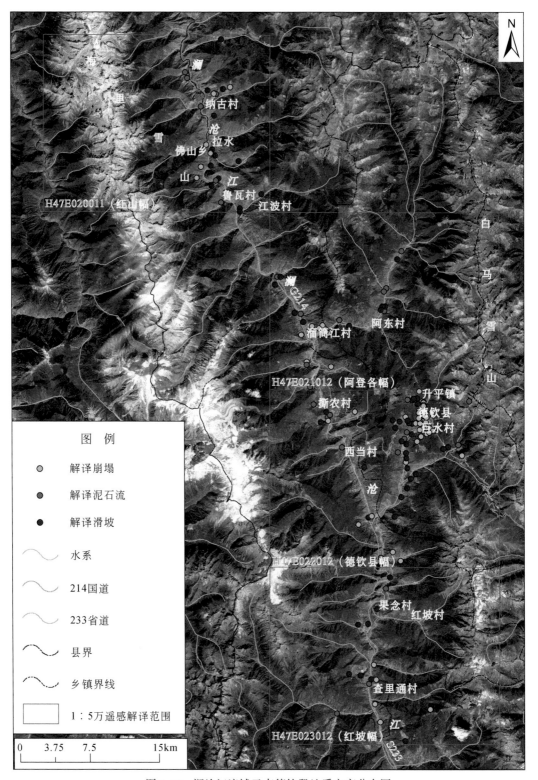

图 2.20 澜沧江流域云南德钦段地质灾害分布图

## 2.5.3　地质灾害成灾模式

### 2.5.3.1　冰川消融型泥石流

冰川泥石流受气候变化影响较大，主要发育在高海拔的现代冰川和积雪地带，如澜沧江峡谷两岸白马雪山山脉和梅里雪山山脉。冰川融化形成主要水源，带动冰碛物堆积体或沟道附近松散堆积体形成泥石流，该类泥石流规模较小，是一个缓慢发展过程。主要受控于冰川、冰雪融化，冰川退宿后，冰舌前缘冰碛物堆积体参与泥石流活动，形成泥石流堆积（图 2.21）。

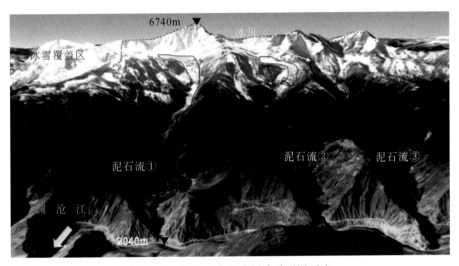

图 2.21　澜沧江典型冰川消融型泥石流

### 2.5.3.2　高陡冲沟型泥石流

高陡冲沟型泥石流具有以下特点：流域面积小、沟谷狭窄、主沟比降大、物源丰富、调查和治理难度大等。平面形态多为柳叶形和长条形，流域面积较小，沟道不明显，切割较浅，未完整发育，主沟道比降大，物源以崩塌和坡面物源为主；主要发生于斜坡上的纹沟或切沟等处于幼年期的侵蚀沟内，水系发育不完整，无支沟，汇水区不明显，有的流域周界不明显，侵蚀沟深度一般不超过数米（图 2.22）。

### 2.5.3.3　高位堵江滑坡

高位堵江型滑坡规模较大，一般为大型或特大型，堵塞河道或沟道，可形成堰塞湖，在后期演化发展中堰塞坝逐渐被冲切，溃决形成泥石流。该类滑坡具有前后缘高差大（大于200m）、斜坡坡度大（大于35°）、方量大（大型以上）等特点，部分滑坡剪出口分布位置高，具有高速远程运动的模式，主要分布在河流切割深的峡谷区、河流转向区或单面山地貌区（图 2.23）。

图 2.22　云南德钦县城典型高陡冲沟型泥石流

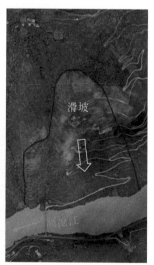

图 2.23　澜沧江云南段典型高位堵江滑坡

### 2.5.3.4　倾倒变形滑坡

倾倒变形滑坡是发生在逆向或陡倾层状斜坡中的一种滑坡，构成斜坡的岩体由中-薄层的软、硬互层岩体组成，岩性通常为砂岩-板岩互层或千枚岩，岩层倾向坡内，倾角中-陡倾。斜坡地形通常较陡，在 25°以上。层状岩体在重力作用下产生持续的弯曲-倾倒变形，由于岩层的柔性，弯曲通常可以发展到很大的深度而不折断，最终坡体在深部形成剪断面导致失稳破坏（图 2.24）。

图 2.24　澜沧江典型倾倒变形滑坡

## 2.5.4　地质灾害 InSAR 监测

### 2.5.4.1　滑坡变形 InSAR 动态监测

根据研究区域的地形、植被覆盖，以及每种 SAR 影像的成像几何、空间分辨率及对形变的敏感性，本次滑坡探测与监测中采用了长、短波长，升、降轨 SAR 数据相结合的方式，避免单一 SAR 数据源受几何畸变及分辨率限制而造成滑坡的漏判与误判，尽可能地提高滑坡探测的精度与可靠性。

所选用的 SAR 数据包括：升轨 Sentinel-1 数据，空间分辨率为 20m，覆盖时间段为 2017 年 3 月 18 日至 2019 年 11 月 15 日，共计 79 景；降轨 Sentinel-1 数据，空间分辨率为 20m，覆盖时间段为 2016 年 10 月 14 日至 2019 年 12 月 4 日，共计 83 景；升轨 ALOS/PALSAR-2 数据，空间分辨率为 10m，覆盖时间段为 2018 年 9 月 3 日至 2019 年 5 月 27 日。其中升、降轨 Sentinel-1 数据主要用于探测缓慢变形及较大面积的滑坡体，并对探测到的潜在滑坡体进行监测，ALOS/PALSAR-2 数据主要用于探测较大梯度变形及小面积的滑坡体，并对较大梯度变形滑坡体开展偏移量跟踪（Offset-tracking）监测。

基于研究区地表形变速率及形变时间序列，共探测到 28 个大小不等的活动滑坡，探测到的滑坡空间分布位置如图 2.25、图 2.26 所示，详细统计信息见表 2.17。在图 2.27 中，将探测到的活动滑坡按序号进行了编号，依次为 1~28。在探测到的 28 个滑坡中，升轨 Sentinel-1 影像与升轨 ALOS/PALSAR-2 影像探测到 14 个，降轨 Sentinel-1 影像探测到 14 个。从图 2.25 及图 2.26 中可以看到，升轨 SAR 影像探测到的滑坡位于降轨 SAR 影像几何畸变区，导致其无法探测，降轨 SAR 影像探测到的滑坡位于升轨 SAR 影像的几何畸变区，导致探测失败，采用升、降轨 SAR 影像进一步证明了在滑坡探测中可进行有效互补，避免单一 SAR 数据源受几何畸变而造成的滑坡漏判。

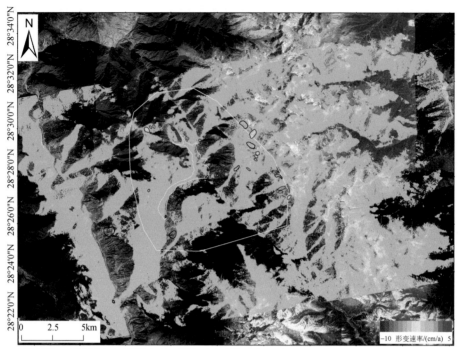

图 2.25　德钦县活动滑坡分布图（底图为升轨 Sentinel-1 形变速率图）

红框表示升轨 Sentinel-1 与 ALOS/PALSAR-2 探测的滑坡；黑框表示降轨 Sentinel-1 数据探测的滑坡

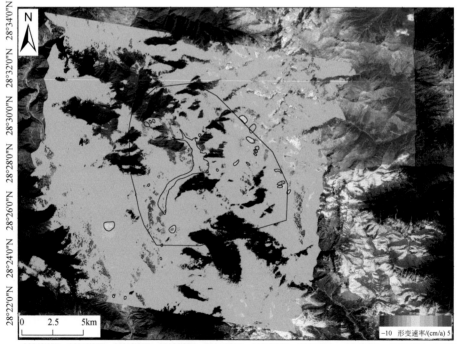

图 2.26　德钦县活动滑坡分布图（底图为降轨 Sentinel-1 形变速率图）

红框表示升轨 Sentinel-1 与 ALOS/PALSAR-2 探测的活动滑坡；黑框表示降轨 Sentinel-1 数据探测的活动滑坡

表 2.17 德钦县探测到的活动滑坡详细信息

| 编号 | 经度 (°E) | 纬度 (°N) | 长度 /m | 宽度 /m | 探测数据 | 编号 | 经度 (°E) | 纬度 (°N) | 长度 /m | 宽度 /m | 探测数据 |
|---|---|---|---|---|---|---|---|---|---|---|---|
| 1 | 98.86 | 28.38 | 173 | 223 | 降轨 Sentinel-1 | 15 | 98.93 | 28.47 | 127 | 217 | 降轨 Sentinel-1 |
| 2 | 98.87 | 28.38 | 183 | 248 | 降轨 Sentinel-1 | 16 | 98.93 | 28.47 | 152 | 210 | 降轨 Sentinel-1 |
| 3 | 98.85 | 28.43 | 896 | 674 | 降轨 Sentinel-1 | 17 | 98.95 | 28.50 | 392 | 640 | 降轨 Sentinel-1 |
| 4 | 98.89 | 28.41 | 119 | 197 | 降轨 Sentinel-1 | 18 | 98.96 | 28.50 | 447 | 592 | 升轨 Sentinel-1 与 ALOS/PALSAR-2 |
| 5 | 98.89 | 28.41 | 138 | 210 | 降轨 Sentinel-1 | 19 | 98.96 | 28.49 | 688 | 336 | 降轨 Sentinel-1 |
| 6 | 98.90 | 28.43 | 549 | 650 | 降轨 Sentinel-1 | 20 | 98.96 | 28.48 | 329 | 301 | 升轨 Sentinel-1 与 ALOS/PALSAR-2 |
| 7 | 98.90 | 28.44 | 86 | 156 | 降轨 Sentinel-1 | 21 | 98.96 | 28.48 | 325 | 183 | 升轨 Sentinel-1 与 ALOS/PALSAR-2 |
| 8 | 98.88 | 28.46 | 157 | 202 | 升轨 Sentinel-1 与 ALOS/PALSAR-2 | 22 | 98.96 | 28.48 | 298 | 146 | 升轨 Sentinel-1 与 ALOS/PALSAR-2 |
| 9 | 98.88 | 28.50 | 575 | 348 | 升轨 Sentinel-1 与 ALOS/PALSAR-2 | 23 | 98.95 | 28.47 | 549 | 178 | 降轨 Sentinel-1 |
| 10 | 98.89 | 28.50 | 312 | 123 | 升轨 Sentinel-1 与 ALOS/PALSAR-2 | 24 | 98.96 | 28.47 | 366 | 94 | 升轨 Sentinel-1 与 ALOS/PALSAR-2 |
| 11 | 98.89 | 28.50 | 365 | 140 | 升轨 Sentinel-1 与 ALOS/PALSAR-2 | 25 | 98.98 | 28.47 | 608 | 126 | 降轨 Sentinel-1 |
| 12 | 98.92 | 28.49 | 231 | 182 | 升轨 Sentinel-1 与 ALOS/PALSAR-2 | 26 | 98.98 | 28.46 | 600 | 256 | 升轨 Sentinel-1 与 ALOS/PALSAR-2 |
| 13 | 98.92 | 28.49 | 146 | 60 | 升轨 Sentinel-1 与 ALOS/PALSAR-2 | 27 | 98.98 | 28.45 | 220 | 424 | 升轨 Sentinel-1 与 ALOS/PALSAR-2 |
| 14 | 98.93 | 28.47 | 133 | 131 | 降轨 Sentinel-1 | 28 | 98.98 | 28.46 | 374 | 163 | 升轨 Sentinel-1 与 ALOS/PALSAR-2 |

注：表中滑坡体长度与宽度根据形变范围而确定。

图 2.27 德钦县活动滑坡分布图（底图为遥感影像）

红框表示升轨 Sentinel-1 与 ALOS/PALSAR-2 探测的活动滑坡；黑框表示降轨 Sentinel-1 数据探测的活动滑坡；

红色数字为滑坡编号

在探测到的 28 个滑坡中，21 个滑坡位于事先划定的范围（白色线）内，七个位于划定的范围之外（靠近划定的范围），11 个滑坡靠近德钦县城分布。探测到的所有滑坡遥感影像如图 2.28 所示，可以看到 InSAR 探测到的所有变形体滑坡形态特征均非常明显，部分滑坡体局部已出现了非常明显的崩塌现象。

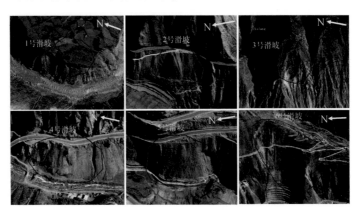

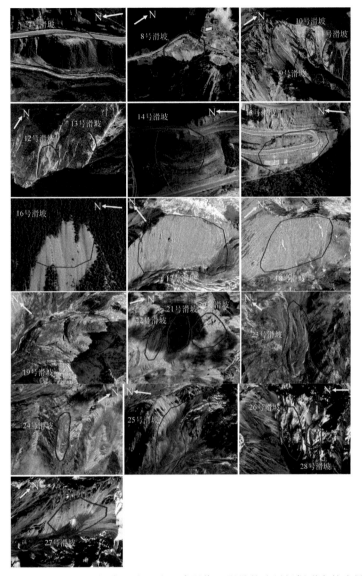

图 2.28　德钦县探测到的部分活动滑坡遥感影像（滑坡的边界根据形变的边界圈定）

### 2.5.4.2　重点滑坡体长时序形变监测

对所有探测到的滑坡体采用升、降轨 Sentinel-1 数据开展了长时序监测，获取了其 2016 年 12 月至 2019 年 12 月形变的时间演化过程，下面对一些重点滑坡体进行形变分析。

1. 3 号滑坡体

3 号滑坡体位于德钦县扎浪村，坐标为 98.85°E，28.43°N，坡体下方为澜沧江。图 2.29 显示的是该滑坡体 2016 年 12 月至 2019 年 12 月形变速率及时间序列形变，可以看到该滑坡体一直处于缓慢变形阶段，最大年形变速率在降轨雷达视线（line of

sight，LOS）向达到−25mm/a，P3 点的累积形变在三年时间里达到−77mm。

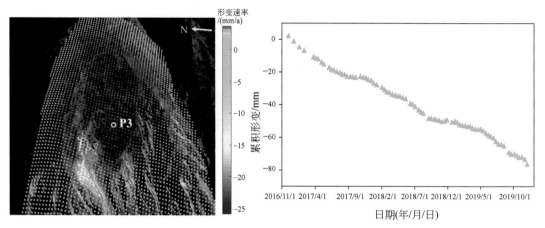

图 2.29　德钦县 3 号滑坡体形变速率及时间序列（降轨 Sentinel-1 数据）

### 2.6 号滑坡体

6 号滑坡体位于德钦县贡水村，坐标为 98.90°E，28.43°N，两条公路穿越该坡体中部，一条公路为德维线，在坡体的局部地区已经做了边坡支护处理，该滑坡为德钦县 InSAR 探测到的形变速率及面积最大的滑坡体，滑坡体面积约为 0.3km²。图 2.30 显示的是该滑坡体 2016 年 12 月至 2019 年 12 月地表形变速率及时间序列。可以看到该滑坡体的年形变速率在降轨雷达视线向超过 80mm/a，P6-1 与 P6-2 点的累积形变在三年时间里分别达到−311mm 与−224mm，并且在 InSAR 监测期间一直处于缓慢变形状态。

### 3.9 号、10 号及 11 号滑坡体

9 号、10 号及 11 号滑坡体位于德钦县城后山处（里尼），坐标为 98.88°~98.89°E，28.50°N。从遥感影像上可以看到三个滑坡体地表岩土体较为破碎，多处出现崩塌。图 2.31 显示的是三个滑坡体采用升轨 Sentinel-1 影像相位计算获得的 2017 年 4 月至 2019 年 11 月地表形变速率及时间序列。从图 2.31 中形变速率可以看到，最大的形变速率出现在 9 号滑坡体，形变速率在升轨雷达视线向超过 40mm/a，10 号与 11 号滑坡体形变速率相对较小，约−25mm/a。P9-1 点、P10-1 点及 P11-1 点在接近三年的时间里累积形变在升轨 Sentinel-1 视线方向上分别达到−103mm、−79mm 及−90mm。从 P11-1 点的时间序列形变中可以看到，滑坡体在湿季（雨季）的形变明显大于干季。

从图 2.31 可以看到，9 号、10 号及 11 号滑坡体所在的区域未见整体大的变形，但并不一定指该区域不存在大变形滑坡体。主要原因是从图 2.32 中可以看到该区域滑坡体沿着南北向运动，由于所有的 SAR 卫星沿近极地轨道飞行，对南北向的形变极不敏感。因此可能会造成实际存在大变形而 SAR 影像无法探测到的现象。为了验证是否实际存在大变形而由于 SAR 影像相位测量对南北向敏感性低无法探测的问题，采用基于强度信息的 SAR 偏移量跟踪（Offset-tracking）技术对该区域的滑坡进行了监测，其结果如图 2.32 所示。数据选取 2018 年 9 月 3 日与 2019 年 5 月 27 日获取的两景 ALOS/PALSAR-2 数据，空间分辨率为 10m。从图 2.32 中可以看到，在滑坡体 10 号及 11 号区域观测到较大量级的南

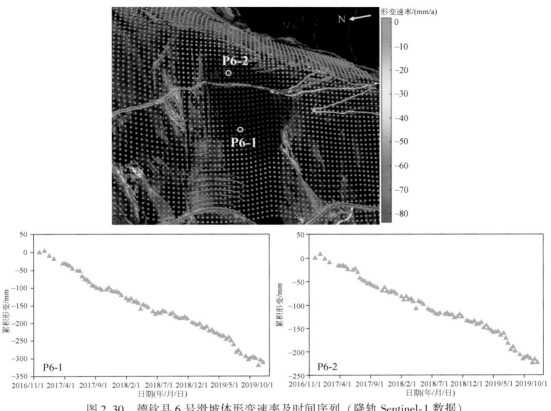

图 2.30 德钦县 6 号滑坡体形变速率及时间序列（降轨 Sentinel-1 数据）

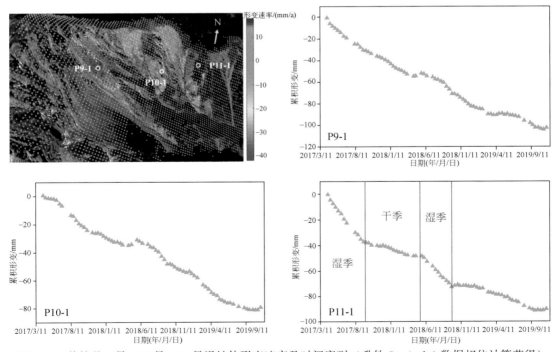

图 2.31 德钦县 9 号、10 号、11 号滑坡体形变速率及时间序列（升轨 Sentinel-1 数据相位计算获得）

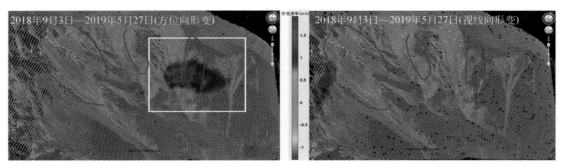

图 2.32　德钦县 9 号、10 号及 11 号滑坡体 2018 年 9 月 3 日至 2019 年 5 月 27 日偏移量跟踪监测结果

北向变形（图中白色的矩形），在雷达视线向未观测到变形（由于滑坡沿南北向运动的缘故），观测到南北向变形的方向与滑坡体实际运动的方向高度一致，但量级较大。其真实性需要通过野外调查来进行确定。

### 4. 14 号滑坡体

14 号滑坡体位于德钦县普利藏文学校顶部，坐标为 98.93°E，28.47°N。图 2.33 显示的是该滑坡体 2016 年 12 月至 2019 年 12 月地表形变速率及时间序列。可以看到该滑坡体的最大年形变速率在降轨雷达视线向约 −24mm/a，P14 点的累积形变在三年时间里达到 −63mm，并且在 InSAR 监测期间一直处于缓慢变形状态。

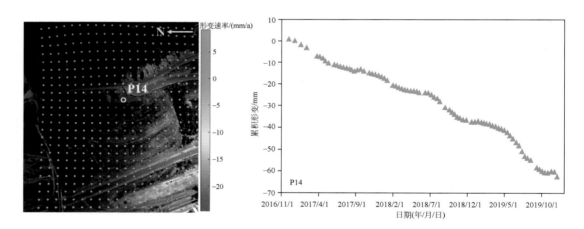

图 2.33　德钦县 14 号滑坡体形变速率及时间序列（降轨 Sentinel-1 数据）

### 5. 15 号滑坡体

15 号滑坡体位于德钦县城某一公路处，坐标为 98.93°E，28.47°N，该滑坡体已经做了一定的边坡支护处理。图 2.34 显示的是该滑坡体 2016 年 12 月至 2019 年 12 月地表形变速率及时间序列。可以看到该滑坡体的最大年形变速率在降轨雷达视线向约 −38mm/a，P15 点的累积形变在三年时间里达到 −106mm，并且在 InSAR 监测期间一直处于缓慢变形状态。

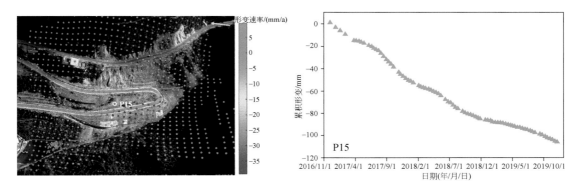

图 2.34　德钦县 15 号滑坡体形变速率及时间序列（降轨 Sentinel-1 数据）

### 6. 16 号滑坡体

16 号滑坡体位于德钦县城某一公路顶部，坐标为 98.93°E，28.47°N，该滑坡体局部已经发生了滑动，坡体表面较为松散。图 2.35 显示的是该滑坡体 2016 年 12 月至 2019 年 12 月地表形变速率及时间序列。可以看到该滑坡体的最大年形变速率在降轨雷达视线向约−21mm/a，P16 点的累积形变在三年时间里达到−55mm，并且在 InSAR 监测期间一直处于持续变形状态，变形区域为滑坡体之前滑动的区域。

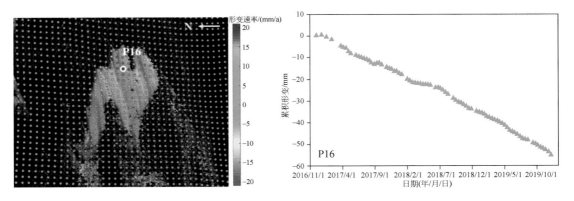

图 2.35　德钦县 16 号滑坡体形变速率及时间序列（降轨 Sentinel-1 数据）

### 7. 23 号滑坡体

23 号滑坡体位于德钦县布格贡，坐标为 98.95°E，28.47°N，是一个因冰雪融水引起的滑坡。图 2.36 显示的是该滑坡体 2016 年 12 月至 2019 年 12 月地表形变速率及时间序列。可以看到该滑坡体的最大年形变速率在降轨雷达视线向约为−44mm/a，P23 点的累积形变在三年时间里达到−95mm，并且在 InSAR 监测期间一直处于持续变形状态。

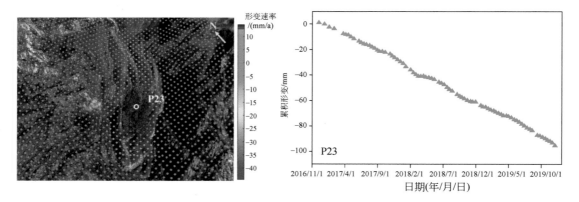

图 2.36　德钦县 23 号滑坡体形变速率及时间序列（降轨 Sentinel-1 数据计算获得）

## 2.5.5　地质灾害风险评估

以卫星遥感图为底图，通过危险性和易损性等级综合判定风险等级的方法对澜沧江左岸德钦县城进行地质灾害风险评价。风险区主要分布于直溪河两岸，由于河谷两侧斜坡起伏较大，城区和居民区主要沿沟底和中下部缓坡地带分布，人类活动较集中，河流两岸地质灾害风险较高，评价结果如下（表 2.18，图 2.37）：

表 2.18　德钦县城地质灾害风险评价区统计

| 序号 | 易损性等级 | 面积/km² | 占比/% |
|---|---|---|---|
| 1 | 极高风险区 | 0.44 | 0.54 |
| 2 | 高风险区 | 3.59 | 4.37 |
| 3 | 中风险区 | 7.50 | 9.13 |
| 4 | 低风险区 | 70.62 | 85.96 |
| 合计 |  | 82.15 | 100.00 |

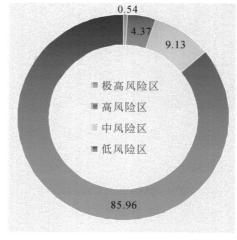

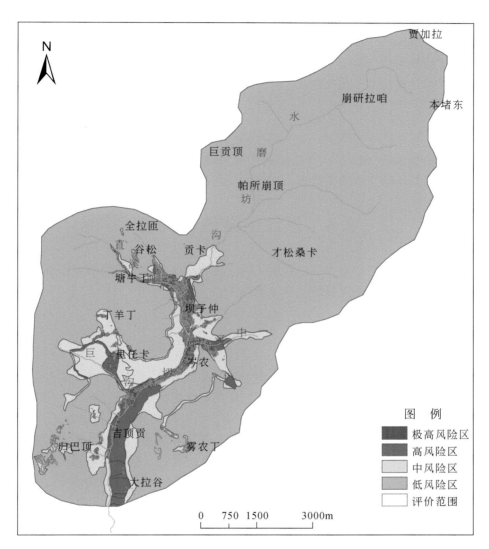

图 2.37 德钦县地质灾害风险评估图

## 1. 极高风险区

极高风险区面积为 0.44km², 占总面积的 0.54%。主要分布于直溪河下游堆积区、水磨坊沟下游堆积区、一中河下游流通堆积区和梅里小学一带, 区内属于城镇聚居区和学校, 人口活动较活跃, 人口密度大, 且交通较好, 受到滑坡和泥石流影响较大。

## 2. 高风险区

高风险区面积为 3.59km², 占总面积的 4.37%。主要分布于沿河谷一带谷底至斜坡中下部和四条泥石流的流通堆积区一带，区内风险性高是由于此处分布城镇聚居区，过往人员较多，车辆及行人较多。

3. 中风险区

中风险区面积为 7.5km²，占总面积的 9.13%。主要分布于国道公路沿线、流域缓坡一带，区内风险性高是由于此分散农户分布多，道路建设、矿山开采和农工业耕种人类工程活动较强烈。

4. 低风险区

低风险区面积为 70.62km²，占总面积的 85.96%。区内海拔较高，人口密度较小，主要为裸地，本区基本处于未开发状态，无房屋，因此承载体风险性极低。

# 2.6　怒江上游地质灾害

以高分辨率卫星遥感数据为主，开展了怒江流域泸水—芒市段地质灾害遥感调查分析工作，总结分析了地质灾害发育特征及分布规律。

## 2.6.1　区域地质

研究区位于滇西横断山系的南部，地势总体上北高南低，主要山脉和水系呈近南北向延伸。地貌属高中山深切割峡谷地貌，由于河流深切作用，河谷地形陡峭。峡谷两岸山脉高程多在 3500 ~ 3900m，河床高程为 800 ~ 1000m，相对高差达 2000 ~ 3000m。

在构造上，属冈底斯－念青唐古拉褶皱系福贡－镇康褶皱带，褶皱、断裂构造发育，构造形迹以断裂为主，主要构造线以南北向为主，北东向次之，褶皱展布轴向近南北向。怒江深大断裂纵贯全区，为伯舒拉岭－高黎贡山褶皱带与福贡－镇康褶皱带两个二级构造单元在区内的分区界线。以怒江断裂为界，以西主要分布元古宇高黎贡山群（Ptgl）变质岩，以东主要为中生界（Mz），部分地段为元古宇崇山群（Ptch）变质岩层。

研究区属于青藏地震区鲜水河－滇东地震带、滇西南地震带及喜马拉雅地震带的交汇地区。区域地震活动比较强烈，有历史记载震级大于 7 级地震共三次。

## 2.6.2　地质灾害分布规律

采用高分二号、北京二号、WorldView 等卫星数据为遥感调查数据源，完成了 1∶5 万三个图幅地质灾害遥感解译工作。研究区内地质灾害主要沿怒江两岸及老窝河、接官菁等较大支流分布，怒江大断裂附近也是滑坡灾害条带状集中分布区域。通过遥感调查，共解译地质灾害 107 处，其中，崩塌 25 处、滑坡 40 处、泥石流 42 处；规模为大型以上 50 处，包括 16 处滑坡、8 处崩塌、26 处泥石流，中小型规模 57 处。

通过遥感调查，称戛幅共解译地质灾害点 39 处，其中，崩塌 10 处、滑坡 10 处、泥石流 19 处；规模在大型以上 19 处，包括 5 处崩塌、3 处滑坡、11 处泥石流，中小型规模 20 处；野外调查验证地质灾害 30 处，验证率 76.9%（图 2.38）。

图 2.38　怒江上游称戛幅地质灾害分布图

泸水县幅共解译地质灾害点 37 处，其中，崩塌 10 处、滑坡 13 处、泥石流 14 处；规模在大型以上 12 处，包括 4 处滑坡、2 处崩塌、6 处泥石流，中小型规模 25 处；野外调查验证地质灾害 23 处，验证率 62.2%（图 2.39）。

赖茂幅共解译地质灾害点 31 处，其中，崩塌 5 处，滑坡 17 处、泥石流 9 处；规模在大型以上 19 处，包括 9 处滑坡、1 处崩塌、9 处泥石流，中小型规模 12 处；野外调查验证地质灾害 20 处，验证率 64.5%（图 2.40）。

0　　1.5　3km

图　例　　▣ 滑坡　　▣ 崩塌　　▣ 泥石流　　▢ 重点区范围

图 2.39　怒江上游泸水县幅地质灾害分布图

0　　1.5　3km

图　例　　▣ 滑坡　　▣ 崩塌　　▣ 泥石流　　▢ 重点区范围

图 2.40　怒江上游赖茂幅地质灾害分布图

## 2.7　防灾减灾对策研究

结合梯级水电工程开发,加强藏东三江地区流域性地质灾害链风险评估,开展蓄水运行后库区滑坡涌浪等地质灾害链对水电站、沿岸城镇、道路的灾害风险分析,监测预警和综合防治。

金沙江上游沿我国西部的一条巨型板块结合带分布,岩体结构复杂破碎,地形陡峭,滑坡崩塌非常发育,流域性的灾害风险高。由于该区地质灾害防灾减灾基础工作较为薄弱,未能很好把握该区地质灾害的成灾规律和灾害风险。

2018 年 10 月,白格滑坡发生后,通过运用空间遥感和地面调查,在上游约 700km 的河段,初步识别出 84 处体积大于 100 万 $m^3$ 的滑坡,其中,规模为大型 37 处、特大型 47 处;从稳定性上初步分析,不稳定的滑坡达 7 处、稳定性差的滑坡达 44 处。特别是在金沙江上游德格县的岩比乡至白玉县的波罗乡段、巴塘县的竹巴龙乡段、德钦县的奔子栏镇至香格里拉市的塔城乡段滑坡堵江危险性非常高。在青海玉树北段、四川石渠县直达乡至德格县卡松渡乡段、四川得荣县的贡波乡段、云南香格里拉市奔子栏镇至丽江市中古镇段滑坡堵江危险性也不容忽视。

藏东金沙江上游目前建成和正规划建设的梯级电站达 13 座,上述评估仅针对蓄水前和在建期间的灾害风险进行分析。蓄水运行后,滑坡的成灾模式将由堰塞湖溃决形成流域性灾害发生转变,在库首地段,主要为滑坡入江涌浪灾害,在库尾仍存在特大滑坡堰塞湖灾害风险。同时,对金沙江沿江的村镇和土地、道路构成新的威胁。对澜沧江和怒江上游遥感调查表明,澜沧江大断裂和怒江大断裂附近也是滑坡灾害条带状集中分布区域,其中,澜沧江共解译了地质灾害点 149 处(崩塌 52 处、滑坡 64 处、泥石流 33 处),怒江共解译了地质灾害 107 处(崩塌 25 处、滑坡 40 处、泥石流 42 处)。地质灾害对澜沧江的德钦县城,怒江泸水县城和福贡县城、丙中洛镇等构成了严重威胁。

总体上看,藏东三江流域地质构造极其复杂,山体破碎,地质工作基础薄弱,往往形成流域性的滑坡—堰塞湖等地质灾害链,对沿江城镇、乡村、道路和水电开发构成重大危害,应急救援困难,经济损失巨大和不良社会影响严重。应纳入长江流域和三江源保护规划中,在城镇建设、道路和梯级电站规划、建设方案、安全标准中充分考虑防灾减灾和应急处置的措施和功能,提高应对特大地质灾害的能力。

## 2.8　小　　结

藏东三江地区属于三江弧形构造带,受强烈的板块运动影响,发育一系列近西北-东南走向的隆起和拗陷、深大断裂带、岩浆岩带及变质岩带,具有较强活动性,造成区域强震频发,断裂褶皱、糜棱岩化现象严重,加之三江并流强烈侵蚀切割作用形成的高山峡谷地貌,为崩塌、滑坡、泥石流等灾害形成提供了巨大的势能条件,对该区域工程建设影响较大。本章采用光学遥感、InSAR 技术、无人机航测、现场调查及资料分析等方法,查明了金沙江上游流域、澜沧江流域德钦段和怒江流域泸水—芒市段地质灾害分布发育特征。

通过地质环境、地形地貌、河床水动力条件等滑坡堵江条件分析，完成了金沙江上游和澜沧江上游德钦段地质灾害风险评估。初步建立了基于多源、多期光学卫星遥感解译、InSAR 处理技术、无人机航测和地表形变监测等手段，重大高位远程滑坡"空–天–地"一体化的监测预警系统。主要结论如下：

（1）根据光学遥感、InSAR 动态调查及现场查证，查明了金沙江上游流域、澜沧江流域德钦段和怒江流域泸水—芒市段地质灾害的分布发育规律。金沙江上游流域内分布体积均在 100 万 $m^3$ 以上的大型滑坡 84 处，其中，规模为大型 37 处、特大型 47 处；金沙江断裂带内 50 处、其他断裂带内 34 处；稳定性为稳定 33 处、欠稳定 44 处、不稳定 7 处。

查明澜沧江上游德钦段地质灾害 149 处，其中，滑坡 64 处、崩塌 52 处、泥石 33 处；在规模上，大型滑坡 11 处、大型崩塌 8 处、中小型灾害 130 处；在成灾模式上，主要包括冰川消融型泥石流、高陡冲沟型泥石流、高位堵江滑坡和倾倒变形滑坡四类。

查明怒江流域泸水—芒市段地质灾害共 107 处，其中，崩塌 25 处、滑坡 40 处、泥石流 42 处；规模为大型以上 50 处，包括 16 处滑坡、8 处崩塌、26 处泥石流，中小型规模 57 处。

（2）通过地质环境、地形地貌、河床水动力条件等滑坡堵江条件分析，完成了金沙江上游和澜沧江上游德钦段地质灾害风险评估。其中，金沙江上游地质灾害极高风险区面积为 869.26km²，占总面积的 4.89%；高风险区面积为 1027.33km²，占总面积的 5.78%；中风险区面积为 1438.89km²，占比 8.09%；低风险区面积为 14452.23km²，占比 81.25%。

澜沧江上游德钦段地质灾害极高风险区面积为 0.44km²，占总面积的 0.54%；高风险区面积为 3.59km²，占总面积的 4.37%；中风险区面积为 7.5km²，占比 9.13%；低风险区面积为 70.62km²，占比 85.96%。

（3）由于研究区属高海拔、深切割、常年冰雪覆盖的高山峡谷区，地质环境条件复杂，剧烈的地形变化和 SAR 成像几何条件受到限制，容易在 SAR 影像上形成阴影，使 InSAR 无法监测正在动态变形的高位滑坡；另外，茂密的植被和大面积的冰雪覆盖容易引起 SAR 影像的干涉失相干，导致 InSAR 无法监测。建议选取长波段（L 波段）SAR 数据或短时空基线的干涉对等，来削弱植被覆盖和冰雪对 InSAR 干涉失相干的影响，并选择相对稳定的区段建立地表位移监测的角反射器，并加强干涉测量技术的合成孔径雷达监测应用示范研究。

# 第3章 雅鲁藏布江下游地区超高位超远程地质灾害

## 3.1 概　　述

　　雅鲁藏布江下游地区位于喜马拉雅东构造结。受地质构造运动、强震、降水、冰川活动的影响，是全球超高位超远程地质灾害最为发育的地区之一，具有体积巨大、活动频繁、分布密集、高速运动、形成流域性灾难等特征。雅鲁藏布江下游复杂特殊的地质环境决定了其地质灾害问题的复杂性和特殊性，严重制约着重大工程规划和建设。本章采用以综合遥感为核心的"空-天-地"一体化技术，结合现场测绘，重点研究了雅鲁藏布江缝合带和嘉黎构造结合带控制的大峡谷高山、极高山区特大地质灾害风险源早期识别方法，开展流域性特大地质灾害链风险评估，提出了特大高位远程地质灾害防控对策。

## 3.2 雅鲁藏布江下游区域地质环境

### 3.2.1 区域地质构造

　　雅鲁藏布大峡谷是地球上最深的峡谷，也是构造变形最为强烈的地区之一（Seward and Burg，2008）。由于印度板块与欧亚板块在喜马拉雅山脉结合带的东端楔入，形成了东构造结。东构造结自北向南由南迦巴瓦、桑和阿萨姆三个次级构造结组成，它们之间被主地幔断裂（MMT）、主中央断裂（MCT）和主边界断裂（MBT）分隔（Ding et al.，2001）。

　　南迦巴瓦构造结，位于派乡与图定之间，其核部为南迦巴瓦背形构造，该构造轴向为北东，向北东方向倾伏到冈底斯岛弧之下。其南东翼较陡、北西翼较缓，轴面倾向北西。其北东翼为派乡左旋走滑剪切带，南东翼为阿尼桥右旋走滑剪切带，顶端被南迦巴瓦及大峡谷逆冲断裂系所逆掩（Burg et al.，1998）。

　　桑构造结，位于南迦巴瓦构造结南侧，北界为喜马拉雅主中央断裂（MCT），南界为喜马拉雅主边界断裂（MBT），以低喜马拉雅地块楔入高喜马拉雅地块、主中央断裂带向北弯曲和低喜马拉雅沉积岩系的向北突出为特征，形成时间为距今 23～13Ma（Ding et al.，2017）。桑构造结前缘的喜马拉雅主边界断裂和内部的米什米断裂现今仍然活动。

　　阿萨姆构造结，位于桑构造结南侧，前缘为喜马拉雅主边界断裂带（MBT）和喜马拉雅主前缘断裂（MFT）。以印度板块沿着实皆断裂右旋楔入低喜马拉雅地块为特征。阿萨姆构造结形成于 13Ma 以来，明显受到实皆断裂的控制，现今构造活动性强（丁林和钟大赉，2013）。全新世以来，阿萨姆构造结活动性明显比南迦巴瓦构造结强烈，阿萨姆构造结对整个东构造结周缘发育断裂的活动性、运动方式和活动强度等，产生一定的影响。

雅鲁藏布江下游地区主要由南迦巴瓦构造结、察隅岛弧及冈底斯岛弧组成，该地区被东、西、北侧的一系列韧性剪切带所围限（图3.1）。按照火山-沉积建造、岩浆岩分布、变质岩类型、大地构造等地质环境特征，将研究区划分为三个二级构造单元，即南迦巴瓦变质体、雅鲁藏布江缝合带和冈底斯-拉萨地块（图3.2）。南迦巴瓦变质体位于呈倒"U"型的雅鲁藏布江缝合带内侧，冈底斯-拉萨地块则分布于外围，总体呈一个复式背形构造。在复式背形的东、西两侧分布着墨脱右行剪切带和东久-米林左行剪切带和北侧的嘉黎断裂。

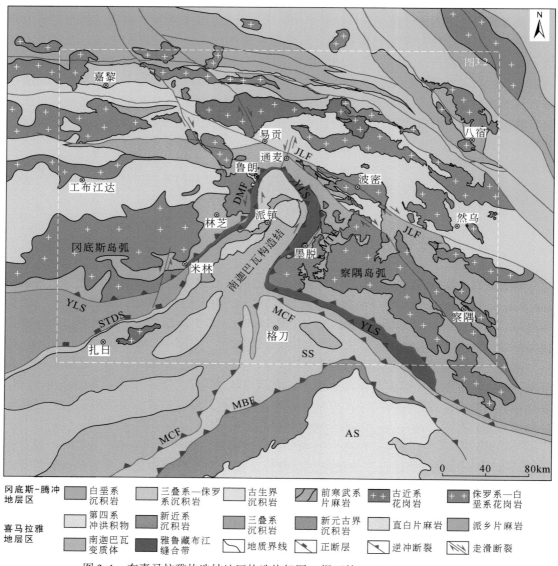

图 3.1　东喜马拉雅构造结地区构造格架图（据丁林1∶25万地质图修改）

SS. 桑构造结；AS. 阿萨姆构造结；YLS. 雅鲁藏布江缝合带；STDS. 藏南拆离系；MCF. 主中央逆冲断层；MBF. 主边界俯冲断层；JLF. 嘉黎构造结合带；MTF. 墨脱断裂；DMF. 东久-米林断裂

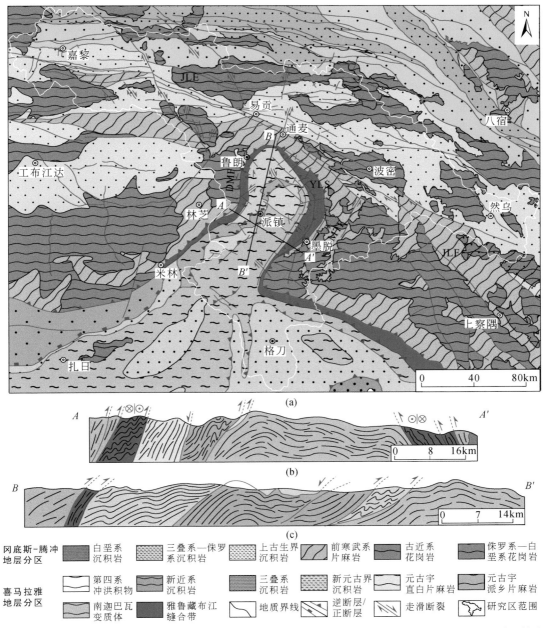

图 3.2　雅鲁藏布江下游地区地质构造简图（a）和剖面图［（b）、（c）］（据丁林 1:25 万地质图修改）

JLF. 嘉黎构造结合带；YLS. 雅鲁藏布江缝合带；MTF. 墨脱断裂；DMF. 东久–米林断裂

　　雅鲁藏布江缝合带和嘉黎构造结合带是研究区内最主要的两条区域性断裂。其中雅鲁藏布江缝合带是印度板块与欧亚大陆的界线，记录了从新特提斯洋俯冲，印度–亚洲大陆碰撞，青藏高原汇聚板块边缘的构造演化过程。嘉黎构造结合带位于拉萨地块，夹持于雅鲁藏布江缝合带、班公湖–怒江燕山期缝合带之间。

### 3.2.2　断裂活动特征

研究区内断裂包括雅鲁藏布江断裂、嘉黎断裂、东久–米林断裂和墨脱断裂，其断裂属性、规模、活动时间、活动强度具有明显差异。这些断裂往往控制了区内山脉的发育和走向（图 3.2）。

#### 1. 雅鲁藏布江断裂

雅鲁藏布江断裂总体呈东西向，在米林附近转为北东方向，倾向南，具逆冲性质。主要由南、中、北三条平行断裂组成，呈"S"形展布，经历了始新世末、中新世末和更新世逆冲三个发展阶段，而且有挤压逆冲作用和伸展裂陷作用相互交替发展的活动趋势（郑来林等，2004）。GPS 观测表明：雅鲁藏布江断裂总体表现为右旋挤压运动，东构造结以西走滑速率为 2～4mm/a、挤压速率为 1～4mm/a，东构造结附近走滑速率为 6～7mm/a、挤压速率为 1～4mm/a，沿断裂带发育有小于 5 级的弱震（唐方头等，2010）。

#### 2. 嘉黎断裂

嘉黎断裂位于嘉黎–察隅之间，是"喀喇昆仑–嘉黎剪切带"最东端的一条断裂。嘉黎断裂属晚第四纪强烈活动断裂。但是，其晚第四纪活动性质在不同构造位置有所不同，具有明显的构造活动分段性（宋键等，2013）。以东构造结为界分为三段，东构造结西北的那曲—嘉黎段为西段，东构造结顶端易贡—通麦段为中段，东构造结东南的波密到察隅为东南段。嘉黎构造结合带西段以右旋走滑为主，兼有挤压运动，断层地貌特征明显，可见断层崖、水系错动、坡中谷、断头沟等地貌现象，走滑速率达到了 3.2～3.7mm/a（宋键等，2011）。中段为弱右旋挤压运动，断裂结构单一，地貌上为一系列的垭口，分布在易贡藏布河谷半坡的位置上，断裂两侧夷平面和河曲的位错并不明显，走滑速率为 1.3～2.0mm/a。东南段可以分为南北两支，北支主要沿帕隆藏布西南侧展布，经然乌湖南侧，穿过古玉乡往东南延伸，晚第四纪活动弱。南支断裂在过通麦后继续向东南方向延伸，经过嘎隆拉，沿着贡日嘎布曲展布，晚第四纪活动较强，表现为左旋走滑运动，在波密嘎龙寺附近左旋走滑速率为 3.8mm/a 左右。

#### 3. 东久–米林断裂

东久–米林断裂为南迦巴瓦变质体西边界，分布在米林、鲁朗、通麦沿线，总体为北东走向，倾向南东（Zhang et al.，2002）。断裂带为新生走滑构造带，由两条大致平行的次级断裂组成。根据变形性质各段差异性，该断裂带由北到南可进一步将其划分为三段，拉月—帕隆乡段、鲁朗—拉月段及嘎马—米林段（许志琴等，2008）。拉月—帕隆乡段位于雅鲁藏布江大拐弯缝合带北端，由向北凸出的弧形面理带组成，外侧为念青唐古拉岩群，内侧为南迦巴瓦变质体。在大拐弯缝合带处，带内岩石强烈的糜棱岩化。拉月—帕隆乡段断裂具有韧性逆冲（兼挤压转换）性质；鲁朗—拉月段走向由北段北东向渐变为南段南北向，倾向南南东—东，倾角为 70°～80°，断裂带内强烈糜棱岩化，以角闪岩相变质为主，间以低绿片岩相（许志琴等，2008），具有左行走滑性质。嘎马—米林段的走向为 30°~50°，倾向北西或南东，倾角为 60°~75°，具有左行伸展转换剪切性质。

4. 墨脱断裂

墨脱断裂为南迦巴瓦变质体的东部边界，从波密一带向南西延伸，大致沿达木至都登的雅鲁藏布江大峡谷展布，南侧与阿波尔山断裂斜接或重接。由多条次级断层斜列组成，沿断裂带普遍发育断层槽谷、跌水、山脊和水系位错等地质现象，是一条走滑构造带。墨脱断裂带可从南至北分为三个部分：北东走向的阿尼桥—希让段、近南北向的旁辛—达木段及北（北）西向的甘登—加拉萨段（董汉文等，2014）。阿尼桥—希让段为墨脱断裂带的最南端，总体走向为北东-南西向，倾向南东，倾角为 50°~70°，局部较缓。是一条具有右行兼拉张性质的剪切带。旁辛—达木段为墨脱剪切带最宽部位，近南北走向，具有右行走滑性质。甘登—加拉萨段大致走向为 300°~345°，倾向北东，倾角为 60°~75°，是一条右行兼逆冲运动的剪切带。

## 3.2.3　区域地层岩性

1. 沉积岩

研究区出露地层从老到新有前寒武系、奥陶系、泥盆系、石炭系、二叠系、侏罗系、古近系和第四系。除侏罗系和第四系外，其他各时代地层均已不同程度变质。根据沉积历史、地质构造及地壳演化特征，以雅鲁藏布江板块缝合带为界，可分为喜马拉雅和冈底斯-腾冲两个二级地层分区，其中喜马拉雅地层分区可进一步划分为高喜马拉雅和低喜马拉雅两个三级地层分区；冈底斯-腾冲地层分区又可细分为拉萨-察隅和班戈-八宿两个三级地层分区，详见表 3.1。

2. 火山岩

研究区不同时代的岩层中均有火山岩（或变火山岩）分布。前寒武系南迦巴瓦岩群、念青唐古拉岩群中的变质火山岩分布少，岩石的变质较深。晚古生代弧后盆地中的浅变质火山岩仅出露在研究区东北部，岩性组合为一套变基性、中基性火山岩和沉凝灰岩等，多以沉积岩的夹层产出。岩石类型从早期的玄武岩类、中期的安山岩类到晚期的英安岩类，具从基性、中性到酸性的同源岩浆演化系列。

3. 侵入岩

研究区岩浆岩在加里东期、海西期、印支期、燕山期和喜马拉雅期多期喷发侵入，其中燕山期—喜马拉雅期岩浆活动最为发育，以分布面积大、岩石类型较齐全为特征。岩浆岩在空间上明显呈近东西向（藏南）和北北西—南北向（藏东南）带状展布，在不同构造区岩浆活动的时代、序次和类型有所差异，详见表 3.2。

**表 3.1　雅鲁藏布江下游沉积岩地层区划分表**

| 年代地层单位 | 岩石地层单位 | 喜马拉雅地层区 | | 冈底斯–腾冲地层区 | |
| --- | --- | --- | --- | --- | --- |
| | | 高喜马拉雅地层分区 | 低喜马拉雅地层分区 | 拉萨–察隅地层分区 | 班戈–八宿地层分区 |
| 新生界 | 第四系 | 冲洪积、湖积、冰川堆积、坡积 | | | |
| 中生界 | 白垩系 上统 | | | | 竟珠山组 |
| | 白垩系 下统 | | | | 多尼组 |
| | 侏罗系 上统 | | | | 拉贡塘组 |
| | 侏罗系 中统 | | | 马里组 | 桑卡拉佣组 |
| 上古生界 | 二叠系 上统 | 阿波尔组 | | 西马组 | |
| | 二叠系 中统 | | | 蒙拉组 | |
| | 石炭系 上统 | | | 洛巴堆组 | |
| | 石炭系 下统 | | | 来姑组 | |
| | 泥盆系 中、上统 | | | 诺错组 | |
| 下古生界 | 志留系 | | | 松宗组 | |
| | 寒武系 | | 达里组 | 尼弄松多岩群、雷龙库岩群 | |
| 新元古界 | | | 波木多组、英肯组 | 念青唐古拉岩群（c岩组、b岩组、a岩组） | |
| 中元古界 | | 南迦巴瓦上亚群、南迦巴瓦下亚群 | | | |
| 古元古界 | | | | 林芝岩群（真巴岩组、贡嘎岩组、八拉岩组） | |

**表 3.2　雅鲁藏布江下游地区岩浆岩岩性特征**

| 代 | 纪 | 世 | 地层代号 | 岩性综述 |
| --- | --- | --- | --- | --- |
| 新生代 | 新近纪 | 中新世 | $N_1$ | 中粒黑云母二长花岗岩、斑状含斑黑云母花岗岩、黑云母花岗闪长岩、石英闪长岩、细粒角闪闪长岩、黑云母钾长花岗岩、英云闪长岩 |
| | 古近纪 | 渐新世 | $E_3$ | 花岗斑岩、片理化花岗斑岩、片麻状花岗岩、二云母二长花岗岩，片麻状二云母二长花岗岩 |
| | | 古新世 | $E_1$ | 灰黑色中粗粒角闪黑云母二长花岗岩 |
| 中生代 | 白垩纪 | 晚白垩世 | $K_2$ | 似斑状黑云母二长花岗岩，鲁霞片麻岩套和古乡片麻岩套 |
| | | 早白垩世 | $K_1$ | 黑云二长花岗岩、肉红色中粗粒钾长花岗岩、英云闪长岩、石英闪长岩、闪长岩 |

续表

| 代 | 纪 | 世 | 地层代号 | 岩性综述 |
|---|---|---|---|---|
| 中生代 | 侏罗纪 | 晚侏罗世 | $J_3$ | 灰色中粗粒黑云二长花岗岩，蛇绿混杂岩群 |
|  |  | 早侏罗世 | $J_1$ | 黑云二长花岗岩、细粒英云闪长岩、黑云花岗闪长岩、黑云钾长花岗岩 |
| 古生代 | 二叠纪 | 早二叠世 | $P_1$ | 灰色中细粒黑云二长花岗岩 |
|  | 泥盆纪 | 早泥盆世 | $D_1$ | 灰色片麻状黑云二长花岗岩 |
|  | 志留纪 |  | S | 浪嘎闪长质片麻（杂）岩、丹波花岗闪长质片麻（杂）岩、几布喜嘎花岗质片麻（杂）岩、卡贡弄巴黑云母石英闪长质片麻岩、仲沙英云闪长质片麻岩、角弄黑云母花岗闪长质片麻岩、错日花岗质片麻岩 |
|  | 寒武纪 |  | Є | 片麻状斜长花岗岩、黑云二长花岗岩、花岗岩、二云二长花岗岩 |

#### 4. 变质岩

研究区除了第四系以外，各时代地层均有不同程度的变质。根据岩石组合特征、大地构造环境、变质程度、变质作用的类型，以及原岩建造的差异性将区内的变质岩石划分为南迦巴瓦岩群和念青唐古拉岩群。

南迦巴瓦岩群是印度板块基底的重要组成部分，遭受了中高温变质作用，变质相高达麻粒岩相，其岩石变质、变形强烈，完全改变了原岩的特征。主要分布在南迦巴瓦山脉的主脊及两侧，外围以断层为界与雅鲁藏布江缝合带相接。根据南迦巴瓦岩群的原岩建造、变质程度、变形样式等差异将其分为直白岩组、派乡岩组和多雄拉混合岩三套岩石。

念青唐古拉岩群为欧亚板块基底物质的重要组成分，位于研究区北侧，内侧围绕雅鲁藏布江缝合带，呈弧形转弯，外侧为花岗岩体，由元古界复理石沉积及火山岩系组成。依据岩石组合、特征变质矿物、共生矿物组合、变质变形样式等，区内念青唐古拉岩群可划分为三个岩组，即念青唐古拉 a、b、c 三个岩组。

#### 5. 混杂岩带

研究区除沉积岩、岩浆岩和变质岩外，还存在雅鲁藏布江蛇绿混杂带和帕隆藏布残留蛇绿混杂带。其中，帕隆藏布残留蛇绿混杂带沿嘉黎–帕隆藏布断裂带分布，由大小不等的超镁铁质岩、镁铁质岩、石英片岩岩块组成，出露面积较小。而雅鲁藏布江蛇绿混杂带出露范围较广，主要沿雅鲁藏布江分布，岩质相对软弱，主要由强糜棱岩化的变镁铁质岩、石英岩和白云母石英片岩、变超镁铁质岩石组成，夹有大理岩岩块。混杂带的岩石从岩石组合、内部结构、变质变形特征和产状上可分为岩片（块）和基质两部分。对于单独岩性的块体，如透镜状蛇纹岩块体、变辉绿岩块体、大理岩块体等，称之为岩块；具有相同或相似成因的块体组合，在一定范围内密切共生的，称为岩片。主要岩石类型有变基性岩岩块、石英岩和白云石英片岩岩片、变超镁铁质岩岩块、碳酸盐岩块、基底岩片、蛇绿混杂带中的基质部分。

由于雅鲁藏布江蛇绿混杂岩带是印度板块与欧亚板块结合的部位，因此经历了强烈的韧性剪切变形，普遍发育细小揉皱，中、小型紧闭褶皱，岩石变形、构造混杂作用十分强烈。其中，岩石以片理、片麻理外貌产出，形成局部有序，整体无序的特点。其糜棱岩化最强烈的部分一般分布在结合带边界断层附近，使长英质片麻岩出现不均匀的细粒化。在混杂带内部，以石英片岩类和绿片岩类为主，糜棱化迹象不显现，除发育拉伸线理外，其他糜棱化现象没有边界断层附近发育。

## 3.2.4 新构造运动与地震

### 3.2.4.1 新构造运动

雅鲁藏布江下游在新生代以来，先后经历了三期非常强烈的构造隆升，隆升时期分别在38Ma以前、25～17Ma及约5Ma之后；在这三期隆升的间隙又经历了两期长时间的剥蚀、夷平作用。晚新生代以来，区域性深大断裂特别是控制断块边界的断裂表现出强烈的构造活动，造成断裂两侧块体相对垂直运动与水平走滑运动，且断裂各段运动强度存在差异。东构造结前端的南迦巴瓦构造结内，新构造运动主要具有古近纪、新近纪沿碰撞带快速抬升，第四纪大面积间歇性抬升，高原腹地近南北向断陷和块体的水平滑动，以及断裂继承性和差异性等特征。

1. 新构造运动的特征

新构造运动的特征主要表现为新构造运动时期，断裂、断块的活动大多受到早期构造格局的制约，在上新世—早更新世继承青藏高原的强烈隆升，沿着早期断裂带再次发生逆冲与走滑运动。早更新世晚期以来印度板块向北不断挤压，导致断裂运动以逆冲断裂转为走滑为主。

2. 断裂、断块活动的差异性

在印度板块与欧亚板块强烈碰撞的过程中，各断块位于不同的构造部位，受到不同大小、不同性质的构造应力，断块的隆升存在明显的差异性。导致在青藏高原内形成的盆地、断块山、断陷盆地、峡谷等在地形、地势上存在明显高差。同时，青藏高原东南缘发育大量走滑断裂带，各断裂带运动性表现出明显的差异，如嘉黎断裂可大致分为三段，西北段以右旋挤压运动为主，东南段则表现出左旋挤压运动，中段表现为弱右旋挤压运动。

3. 快速构造抬升

中新世晚期的喜马拉雅运动B幕，青藏高原南缘强烈隆起、冲断，并伴有岩浆活动，导致高原内部早期形成的褶皱变形加大，同时嘉黎构造结合带的形成，改变了A幕的单斜产状而形成了背冲式构造格局。青藏高原在30Ma以前、23～15Ma、3.4Ma以来，经历了三期强烈地面抬升，同时在渐新世晚期和上新世经历了两次夷平作用形成了Ⅰ级夷平面和Ⅱ级夷平面（潘保田等，2004）。

根据雅鲁藏布江大拐弯地区新构造运动的演化历史、结构类型、隆升幅度、上新世—第四纪沉积特征、地貌形态、应力场环境，以及主干断裂的走向及活动性、岩浆与地热活动、地震活动等差异，将大拐弯地区划分为三个二级和多个三级新构造运动区（邵翠茹等，2008）（图3.3，表3.3）。

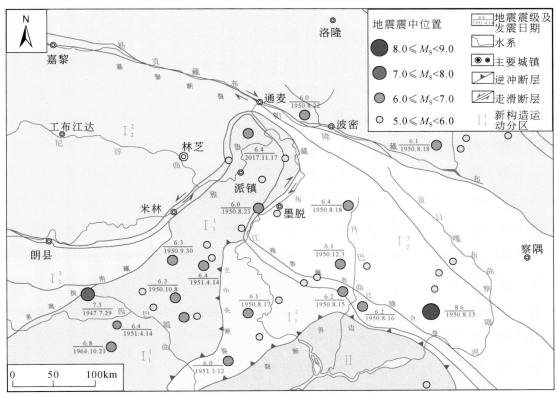

图 3.3　雅鲁藏布江下游新构造运动分区及历史地震分布图

**表 3.3　雅鲁藏布江下游新构造运动分区统计表** （据邵翠茹等，2008）

| 断隆名称 | 地质构造特征 |
| --- | --- |
| 南迦巴瓦断隆（$I_1^1$） | 东南以墨脱断裂带和喜马拉雅主中央断裂带为界，西北以米林断裂带和定日-岗巴断裂带为界，该断隆边界断裂具有晚第四纪以来的左旋逆冲活动。该断隆总体地势北高南低，峰顶海拔一般在 4000～5000m，最高峰（南迦巴瓦峰）海拔达 7782m |
| 低喜马拉雅断隆（$I_1^2$） | 位于研究区南部边缘，地处喜马拉雅山南坡地区，北邻南迦巴瓦断隆，以喜马拉雅主中央断裂为界；南以喜马拉雅南麓主边界断裂为界，东北以阿帕龙断裂带为界，断裂具有全新世活动特征。区内地势北高南低，高峰顶位于北部，海拔一般 4000m 左右 |
| 北喜马拉雅断隆（$I_1^3$） | 位于研究区西侧，地处喜马拉雅山北坡地区，北临雅鲁藏布江缝合带，南以藏南拆离系为界，区内以大型复式褶皱为主，断裂构造以岗巴-定日为代表的东西向断裂为主，活动特征不明显。区内地势总体南高北低，海拔一般 4500～5000m 左右 |
| 念青唐古拉山断隆（$I_2^1$） | 位于研究区东北部，为该断隆的中东部，北以班公湖-怒江断裂带为界，南支为嘉黎构造结合带。区内地势北高南低，高峰顶位于西北部，海拔为 6000m 左右。区内断裂走向近东西—北西西向。北西西向的块体边界断裂晚第四纪以来具有强烈的逆走滑活动，是强震发生的构造部位 |

| 断隆名称 | 地质构造特征 |
|---|---|
| 拉萨断隆（$I_2^2$） | 位于研究区西部，为该断隆的东段，北以嘉黎构造结合带为界，南以雅鲁藏布江缝合带为界。本区地势北高南低，向南倾斜。块体内部差异活动较弱，区内主要发育近东西向断裂，具逆冲、逆走滑性质，第四纪以来无明显活动，地震活动水平相对较低 |
| 察隅断隆（$I_2^3$） | 该断隆的西北段，北以嘉黎–易贡断裂带东南段为界，南为阿帕龙断裂带，西为墨脱断裂带。区内以北西向断裂为主，多具走滑逆冲性质，块体内部差异活动较弱。 |

青藏高原自晚白垩世开始隆升，新生代以来，整体快速隆升，活动构造发育，新构造运动强烈。根据地层接触关系、岩浆活动及构造变形特征，可大致划分为以下四个阶段：

（1）65～38Ma，印度板与欧亚板块发生碰撞，新特提斯洋封闭，青藏高原发生强烈变形和岩浆侵入事件（Xu et al.，2015）。强构造抬升区主要分布于冈底斯、北喜马拉雅构造带、喜马拉雅东构造结等地区。表现为受逆冲推覆作用控制的不同层次岩石抬升剥露。之后地壳趋于稳定，形成了第一级夷平面。

（2）25～17Ma，印度板块持续向北挤压，导致青藏高原内部冈底斯岛弧快速隆起和周缘一系列走滑断裂的活动（许志琴等，2016）。该时期构造活动奠定了现今沿雅鲁藏布江蛇绿构造混杂岩带的基本构造格局。之后在 17～12Ma 期间，由于造山后垮塌作用，早期的逆冲剪切带性质发生构造反转，引发藏南拆离系的形成，并导致高喜马拉雅结晶岩系的剥露。

（3）13～8Ma，印度板块持续向亚洲大陆挤压，导致高原内部冈底斯岛弧快速隆起和周缘一系列陆内走滑断裂的剧烈活动（Molnar et al.，1993）。

（4）3.4Ma 以来，青藏高原总体处于快速隆升阶段，使第一期夷平面发生解体及变形，喜马拉雅山脉崛起。高原内部产生北东向、北西向走滑（断裂）系统及南北向裂陷（谷）带（康文君等，2016）。

### 3.2.4.2　地震

雅鲁藏布江下游及周边地区地质构造复杂，是印度板块与欧亚板块碰撞的影响区。历史地震活动强烈，具有强度大、频度高的特点，曾发生 1950 年墨脱–察隅 8.6 级地震。据历史地震资料统计，自 1950 年以来，研究区 6 级以上地震发生 22 次（图 3.3）。

从空间分布来看，喜马拉雅东构造结地区的地震分布具有丛集特征，主要分为两个地带：一是沿雅鲁藏布江大拐弯展布，主要受控于东构造结边界的构造带；雅鲁藏布江下游地区地震主要分布在大拐弯顶部和雅鲁藏布江东侧，东侧地震主要沿着墨脱断裂带分布，既有逆冲型又有走滑型地震，北部顶端沿着西兴拉断裂展布，主要为走滑型地震。震活动水平通常受新构造运动的强度和分区影响（程成等，2017）。雅鲁藏布江下游地区属地震高发区，而近期该区域就发生了两次较大震级的地震分别为 2017 年西藏林芝 6.9 级地震，其发震断裂即为西兴拉断裂；1950 年 8.5 级墨脱大地震为逆冲兼走滑型地震，与缅甸弧地区深源地震显示类似的构造背景（中国地震台网中心）。二是沿易贡藏布—帕隆藏布河段展布，主要受控于嘉黎构造结合带。南迦巴瓦变质岩系内部地震并不发育。地震震中分布特征反映了地壳块体的构造作用。地震集中发生在主边界断裂以北、南迦巴瓦构造结的顶部和东南边缘，说明其受到印度板块向北俯冲、南迦巴瓦构造结向北东楔入的控制。

察隅地震是 20 世纪我国最大的地震，震级达 $M$ 8.5 级。根据西藏自治区科学技术委员会（1989）、马宗晋等（1998）对察隅地震的调查研究指出察隅地震的破坏规模巨大，破坏面积达 40 万 $km^2$。根据美国地质调查局（United States Geological Survey，USGS）网站对全球 1900 年以来 $M \geqslant 8.5$ 的地震统计，发现全球范围内震级 $M \geqslant 8.5$ 的地震共发生 17 次，其中有 16 次为洋陆汇聚所产生，而察隅地震是唯一一次陆–陆碰撞所引发（李保昆等，2015）。此次地震震级高，地震烈度等级高，本区域属于地震烈度 Ⅻ 度、Ⅺ 度地区。

根据相关文献和档案记载，察隅地震地面破坏最大特点是大规模的崩塌、次生地裂其范围西从加玉、六联到东部怒江边上的察瓦龙，北至波密县的玉仁，南到巴昔卡和印度的布拉马普特拉河平原，其引发的地质灾害在空间上主要集中分布在雅鲁藏布江下游背崩乡附近。对察隅地震在研究区所诱发的大型滑坡进行统计，震区在研究区内共发育大型滑坡 15 处。除滑坡外，崩塌现象也在察隅地震区非常普遍，其中大的山崩堵塞江河就有七起。此外，本次地震 Ⅸ 度以上烈度区内都发生过规模大小不等的泥石流，尤以喜马拉雅山脉南坡和伯舒拉岭中南段之墨脱、察隅等地区为甚。极高山到高山区都很陡峭，山地被河流深切、谷坡陡峻，纵剖面比降大，谷地为深切峡谷。区内气候温湿，年降雨量较大。多数地方震后当晚或次日起降暴雨，因而形成规模较大的泥石流。

## 3.3　雅鲁藏布江下游地质灾害发育特征及类型

受地质构造、地层岩性、地形地貌、气象水文等因素的影响，雅鲁藏布江下游地质灾害具有体积巨大、运动速度极快、影响范围极广的特点，是一种破坏力巨大的地质灾害链。该地区地质灾害主要有以下几点主要特征：①灾害物源多样化：主要地层岩性为变质岩、沉积岩、火山岩、侵入岩及混杂岩，在强烈地质构造运动中不断被抬升、挤压、风化和剥蚀，岩体结构破碎，同时高海拔山区冰雪覆盖，冰湖发育，岩崩、冰崩、岩质滑坡、碎屑流、泥石流、冰碛物滑动、冰湖溃决的各类地质灾害复杂多样、相生相伴。②风险源海拔高、落差大：物源启动区多在海拔 4000m 以上高海拔高山、极高山区陡坡地带，启动物源前后缘高差多超过 1000m 以上，物源与堆积体落差超过 2000m，灾害具有明显的超高位启动、超大高差的地貌形态，为超远程动力学过程提供了基础。③超远程动力作用强烈：滑体超高位启动后，通过巨大的势动能转换和强烈的碰撞、铲刮、解体、流动等动力作用，滑体由固体转化为多相态流体，并触发裹挟流通区两侧山体及松散堆积体，滑体体积和运动能力增加数倍以上，导致超远程运动堆积。④灾害链放大效应显著，成灾规模复杂：超高位超远程的动力过程造成灾害体积、速度放大效应明显，体积超过千万立方米，甚至上亿立方米，运动距离甚至超过 10km，运动往往会形成堵江、堰塞湖、洪水灾害链，导致灾害链致灾规模明显放大，且多发频发。以上灾害特性使雅鲁藏布江下游的超高位超远程地质灾害链成为全球最为复杂的地质灾害。

## 3.3.1　高位地质灾害发育特征与类型

　　该区域高山区受频发的中强-巨震和冰川活动的影响，山体震裂松动、冰川运动、冰湖增加，经常发生极高山崩滑、冰川或冰湖溃决，导致铲刮高山区巨厚层松散堆积体，在长达 5km 以上的沟谷内转化为碎屑流或泥石流，最终堆积在沟口并堵塞河道形成堰塞湖（吴积善等，2005；高杨等，2020；文宝萍等，2020）。这类地质灾害链非常常见，灾害链高位失稳（海拔 5000m 以上）、高速运动（滑速超过 50m/s）、滑程远（运动距离超过 10km）、体积巨大（超过 1000 万 m³），形成的堰塞湖溃决后，会形成更大范围灾害，而且发生频率高，如易贡滑坡碎屑流、尖母普曲崩滑碎屑流、则隆弄冰崩碎屑流、古乡泥石流、米堆弄巴冰崩泥石流等。

　　此外，沿河谷的高陡斜坡也会发生大规模崩滑—堵江堰塞湖灾害，这类灾害往往发生在沿雅鲁藏布江、易贡藏布、帕隆藏布峡谷区，灾害高差 1000m 以上、坡度大于 40°的斜坡区，由于坡体结构较为破碎，地震活动、强降雨、河流侧向侵蚀往往导致这类灾害高位滑动，堵塞河道，形成堰塞湖。例如，1950 年察隅 8.6 级地震导致加马其美发生高位滑坡，堵塞帕隆藏布 16 小时；这类灾害还有"102"滑坡群、东久滑坡群、拉月滑坡等。

　　结合现场调查、资料收集与分析，该区域特大地质灾害链堵江事件自 1950 年以来共发生 20 余次堵江事件，堵塞易贡藏布、帕隆藏布和雅鲁藏布江等，并形成断流和洪水灾害（李滨等，2020），特大地质灾害链堵江事件如表 3.4 所示。

表 3.4　1950 年以来雅鲁藏布江下游特大地质灾害链堵江事件统计

| 序号 | 地质灾害名称 | 灾害发生过程 |
|---|---|---|
| 1 | 易贡巨型滑坡—碎屑流—泥石流 | 1891 年，堵塞易贡藏布，断流一个月；<br>1900 年 7~8 月，扎木弄巴沟发生 6 亿 m³ 滑坡—碎屑流—泥石流次运动，淤堵雅鲁藏布江形成堰塞湖；<br>2000 年 4 月，扎木弄巴沟再次发生 3 亿 m³ 滑坡—碎屑流—泥石流并再次堵塞易贡藏布，形成堰塞湖，2000 年 6 月，堰塞湖溃决形成特大洪水，冲毁下游及印度道路及沿岸村庄 |
| 2 | 则隆弄沟（直白村）冰崩—碎屑流—泥石流 | 1950 年 8 月 15 日，察隅地震导致则隆弄冰川泥石流并堵塞雅鲁藏布江；<br>1968 年，则隆弄冰川再 1891 年，易贡藏布左岸崩塌堵江，易贡湖初步形成 |
| 3 | 古乡沟（卡贡弄巴）冰崩—碎屑流—泥石流 | 1953 年 9 月 23 日，爆发特大黏性冰川泥石流，堵塞帕隆藏布；<br>1962 年再次发生堵江事件 |
| 4 | 冬茹弄巴沟冰崩—碎屑流—泥石流 | 1961 年，冬茹弄巴沟泥石流初次爆发，堵塞玉璞藏布，形成堰塞湖；<br>1963 年 7 月 8 日，泥石流再次爆发，规模大于首次，玉璞藏布再次堵塞；<br>1975 年 6 月 12 日，沟内冰雪消融量增大，爆发最大规模泥石流活动，并堵塞玉璞藏布 |

续表

| 序号 | 地质灾害名称 | 灾害发生过程 |
|---|---|---|
| 5 | 拉月沟降雨滑坡 | 1967 年 8 月 29 日，滑坡发生并堵塞东久河，阻断川藏公路四个月 |
| 6 | 培龙弄巴崩塌—碎屑流—泥石流 | 1984 年 6 月 16 日、7 月 27 日、8 月 7 日、8 月 23 日、10 月 10 日，分别爆发大规模泥石流，堵塞帕隆藏布河道，破坏道路，川藏公路阻断 67 天；<br>1985 年 5 月 29 日，6 月 18 ~ 20 日，沟内连续爆发泥石流活动，河流、道路严重受损，帕隆藏布堵塞 |
| 7 | 米堆弄巴沟冰崩—碎屑流—泥石流 | 1988 年 7 月 15 日，降雨诱发冰湖溃决，形成泥石流并阻塞帕隆藏布江、摧毁沿线公路 |
| 8 | "102" 滑坡群 | 1991 年 6 月，滑坡大规模快速滑动，堵塞帕隆藏布 |
| 9 | 尖母普曲岩崩、冰崩—碎屑流—泥石流 | 2007 年 9 月、2010 年 7 月、2010 年 9 月和 2018 年 7 月分别发生大型和巨型泥石流，四次泥石流活动均不同程度堵塞主河帕隆藏布，淤埋 318 国道或摧毁桥梁，堰塞湖淹没村道 |
| 10 | 色东普沟岩崩、冰崩—碎屑流—泥石流 | 2017 年 12 月 21 日，林芝地震后沟内发生冰崩，碎屑物堵塞雅鲁藏布江；<br>2018 年 10 月 17 日，冰崩碎屑流导致雅鲁藏布江堵江三天；<br>2018 年 10 月 29 日，冰崩碎屑物及沟内松散物质被冰雪融水冲刷，形成泥石流并再次堵江 |

本节结合雅鲁藏布江下游高位地质灾害具有的灾害链特征，对高位滑坡、崩塌—碎屑流—堵江—堰塞湖—洪水灾害链，高位冰崩、冰川—冰湖溃决灾害链，高位冰碛物松散体灾害链等三大类地质灾害链进行分析。

### 3.3.1.1　高位滑坡、崩塌—碎屑流—堵江—堰塞湖—洪水灾害链

高位崩塌、滑坡通常发育在雅鲁藏布江下游峡谷两岸和高山、极高山区的高陡斜坡地带，发育高程 3000m 以上，受岩层层面（或片理、片麻理）和 2 ~ 3 组不连续岩体结构面控制（图 3.4），在地震动、冻融作用、地下水作用下岩体在重力作用下高位剪出脱离母岩、快速坠落，形成高速远程碎屑流或堰塞坝，具有高速、长距离运动的特点，冲击铲刮能力强，气垫效应明显，形成的碎屑流灾害链破坏力巨大（刘广煜等，2019；刘铮等，2020）。

由于高位岩体发生崩滑后解体破碎，并转换为碎屑流的形式沿沟道继续发生快速滑动，碎屑体放大效应明显、滑动距离可达 10km 以上，最终会堵塞江面形成堰塞湖，堰塞湖溃决后形成洪水灾害，在流域内广泛成灾并造成巨大破坏，如易贡（图 3.5）、色东普沟、尖母普曲等地质灾害链均由高位岩质滑坡、崩塌失稳所引起。

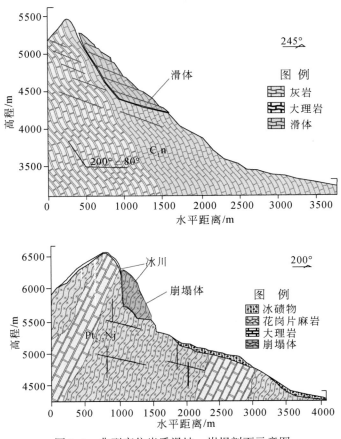

图 3.4　典型高位岩质滑坡、崩塌剖面示意图

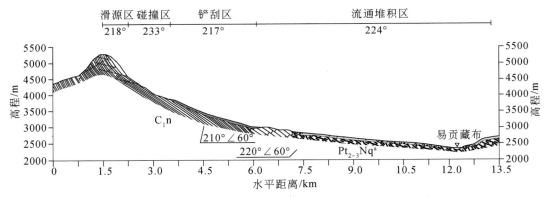

图 3.5　易贡高位岩质滑坡—碎屑流—堰塞湖工程地质剖面示意图

　　易贡滑坡是雅鲁藏布江下游地区近年来最为典型、规模最大的高位岩质滑坡，其发生于易贡藏布（易贡湖）左岸的扎木弄沟高程为 4500~5000m 处。扎木弄沟沟源基岩岩性

为石炭系诺错组灰岩、大理岩，地层倾向坡外，产状为 200°∠80°，主要发育共轭、相向的两组大型北东走向节理面，节理面交线倾向坡外（图 3.6）。沟源岩体被层面和节理面切割成若干巨型楔形块体，易发生切层滑动。2000 年 4 月 9 日晚 8 时左右易贡扎木弄沟沟头发生滑坡碎屑流阻断易贡藏布，滑体体积约 $3×10^7 m^3$，滑动距离为 8 ~ 10km，总落差为 3300m。滑坡体高速下滑后发生碰撞、铲刮，经历碎屑流、土石水气混合流、抛洒堆积等阶段，最终形成约 3 亿 $m^3$ 堆积体并堵断易贡藏布形成堰塞湖（殷跃平，2000；Yin and Xing，2012；Xu et al.，2012）。

图 3.6　2000 年易贡高位滑坡物源区

2018 年 10 月 29 日，色东普沟第二次堵江也是由海拔约 6000m 部位岩质崩塌引起，崩塌体岩性主要为南迦巴瓦岩群（$Pt_{2-3}Nj$）派乡岩组花岗片麻岩，岩层反倾，主要发育 2 ~ 3 组节理裂隙面，斜坡陡立，顶部发育冰川（图 3.7）。坡顶岩体崩塌发生后，岩质崩塌体沿陡倾斜坡下滑解体、铲刮侧蚀，触发下方冰川运动，最终形成高位崩滑—碎屑流—堵江—洪水特大地质灾害链。

### 3.3.1.2　高位冰崩、冰川—冰湖溃决灾害链

高位冰崩、冰川运动在雅鲁藏布江下游极高山区非常常见，冰川陡峻或边缘部位的冰体在重力作用下沿裂隙面分离并迅速向下崩落，其力学形成机制与高位岩质崩塌相似，但与之不同的是，其主要受冰裂隙控制。冰裂隙是由冰川活动所产生，在与冰川流向垂交、平行、斜交的方向均有发育，这些裂隙常将冰体切割成若干个冰块（图 3.8）。冰块及冰裂隙的强度都较低，冰体在地震、温度升高等因素作用下更容易发生失稳崩落。冰体从高位崩落后，一方面将对坡底的冰碛物、冰水沉积物、崩坡积物等松散体造成较大冲击，另一方面将产生大量冰雪融水下渗，导致松散体强度降低、最终结构失稳

图 3.7　2018 年色东普沟高位崩塌物源区

发生滑动或流动。高位冰崩能单独成灾，也能引发冰崩碎屑流，堵塞江面形成堰塞湖，堰塞湖溃决后形成洪水灾害，如则隆弄沟、色东普沟等高位冰崩碎屑流链式地质灾害。

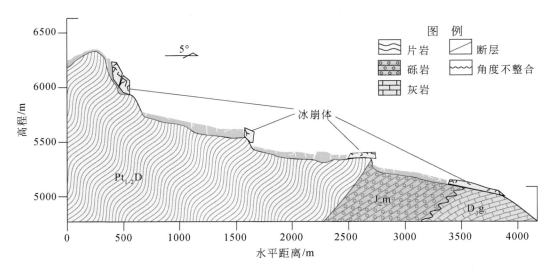

图 3.8　高位冰崩、冰川运动示意图

冰湖溃决是指冰碛湖的终碛堤发生破坏后大量湖水倾泻而出的灾害（图 3.9），也是雅鲁藏布江下游时有发生的一类地质灾害。其形成机理主要有两种类型（崔鹏等，2003）：一种是由于终碛堤内发生冰雪消融、湖水位上涨、管涌等现象而导致湖堤逐渐破坏，发生冰湖溃决；另一种是由于高位冰崩体、岩崩体、滑坡体入湖导致大量湖水溢流冲毁终碛堤。冰湖溃决发生后，大量洪水将从冰川谷高位快速泄流，沿途冲刷、裹挟沟床内的松散固体物质，从而引发水石流、稀性泥石流、黏性泥石流等地质灾害。此类灾害链中，最为典型的有帕隆藏布流域的米堆溃决灾害链和易贡藏布流域的金翁错溃决灾害链。

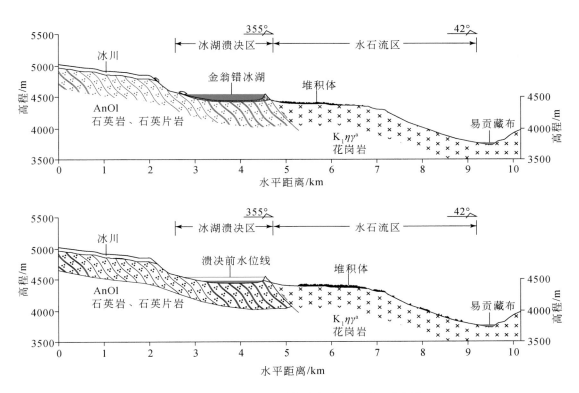

图 3.9　高位冰川运动—冰湖溃决灾害链剖面示意图

1988 年 7 月 14 日，帕隆藏布上游左侧的米堆冰川曾发生大型高位冰崩、冰川运动灾害，并在下游引发了冰湖溃决—泥石流灾害链，造成流域内多个村庄严重受灾、318 国道中断半年之久。米堆冰川是藏东南海洋性冰川的代表，冰川补给量大、消融多、活动性较强，其主要分布于海拔 4500m 以上，分为东支、中支、西支等三支，厚度数米至数十米不等。冰川粒雪盆、冰瀑布、冰舌等部位均见大量不同走向的冰裂隙，其中以垂交于冰川流向的横裂隙最为发育（图 3.10、图 3.11）。

2020 年 6 月 25 日，位于那曲市嘉黎县忠玉乡金翁错冰湖发生溃决，库容近 700 万 m³，溃决次日洪峰到达下游忠玉乡。此次灾害淹没或冲毁了农田 382.43 亩、从忠玉乡政府通往 14 村的道路 43.9km，以及六座钢架桥、一座吊桥，已完工 45% 的依噶景区项目全部被淹没。金翁错冰湖位于冰川谷内，属终碛湖，是小冰期冰川终碛堤阻挡冰川融水而在后退冰川末端与终碛堤之间形成的湖泊。金翁错冰湖汇水区面积为 17.46km²，湖面面积为 0.49km²，平面上呈长舌状，长为 1.66km，宽为 0.35km，平均水深约 30m，湖面海拔为

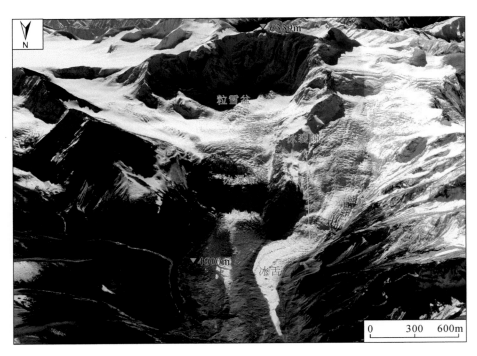

图 3.10　帕隆藏布江米堆冰川影像图（2017 年 12 月）

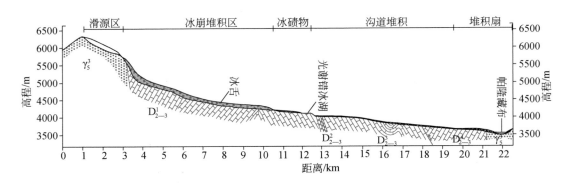

图 3.11　米堆弄巴冰崩—碎屑流—堰塞湖—洪水特大地质灾害链剖面示意图

4447m；终碛堤长约 440m，顶宽约 20m（图 3.12）。

　　通过 Sentinel-2 光学影像作为溃决前后影像进行解译分析（图 3.13），结果表明：5 月 1 日，冰湖面积为 0.57km²，支沟内发育冰川九条，其中最大的 1 号冰川面积为 10km²；7 月 27 日，冰湖面积为 0.25km²，冰湖东西两侧 2 ~ 9 号冰川融化，1 号冰川面积为 6.13km²，冰湖溃决溃口宽度约 55m。5 月 1 日至 7 月 27 日，冰湖湖域面积减少 0.32km²，冰川面积减少 7.08km²。

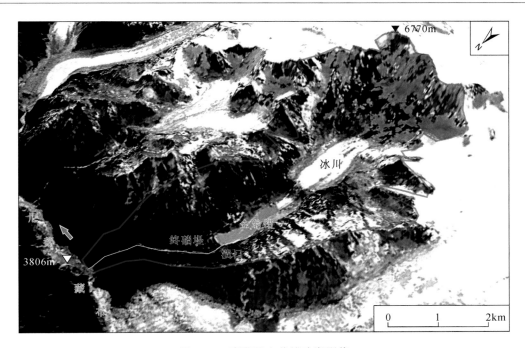

图 3.12　嘉黎县金翁错冰湖影像

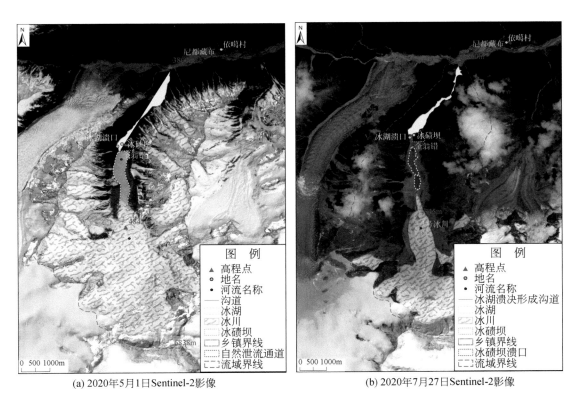

(a) 2020年5月1日Sentinel-2影像　　　　　　(b) 2020年7月27日Sentinel-2影像

图 3.13　嘉黎县金翁错冰湖溃决前（a）、后（b）Sentinel-2 光学遥感影像

为分析该区域冰川运动的时空演化特征，基于 2017 年 3 月 21 日至 2020 年 4 月 22 日的 Sentinel-1A 数据，采用 SAR 偏移量跟踪方法进行二维形变监测，探测出金翁错冰湖上游冰川运动。提取了明显形变区域的两个特征点进行时间序列形变分析（图 3.14），时间序列形变结果如图 3.15 所示。P1 点、P2 点位于金翁错冰川前缘，两个点在 2017 年 11 月至 2018 年 3 月、2018 年 10 月至 2019 年 4 月及 2019 年 11 月至 2020 年 4 月的运动均呈现出明显的周期性变化，北方向上最大运动量达 57m，向东运动最大形变量达 18m，表明冬季冰川运动明显增加，导致冰湖库容减小，在夏季融雪季节导致冰湖水位上涨后而溃决。

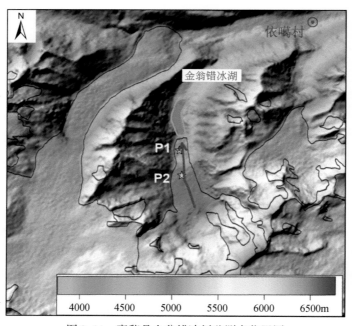

图 3.14　嘉黎县金翁错冰川监测点位置图

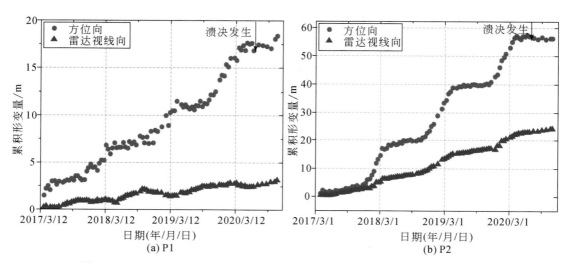

图 3.15　2017 年 3 月至 2020 年 10 月金翁错冰川前缘监测点二维时间序列形变

### 3.3.1.3　高位冰碛物松散体灾害链

高位冰碛物松散体灾害链也是雅鲁藏布江下游常见的地质灾害链，高山、极高山区沟谷中上部堆积的大量崩坡积物、冰水沉积物、冰碛物等松散堆积体在冰雪融水、强降雨、地震等因素作用下形成碎屑流、泥石流，滑动距离一般小于 5km，不易引发堵江灾害。如遇地形坡度陡、水动力条件强、松散体方量大，形成的泥石流则可能发生高速流动并冲出沟口堵塞江面，引发洪水灾害（图 3.16）。此种灾害链的物源区一般发育大规模岩崩、冰川，冰雪融水量较大，沟道内常年有水且流量可观，水动力条件较好，导致泥石流具有周期性暴发的特点（刘建康和程尊兰，2015）。此类灾害链以古乡、培龙贡支、则隆弄等灾害链最为典型。

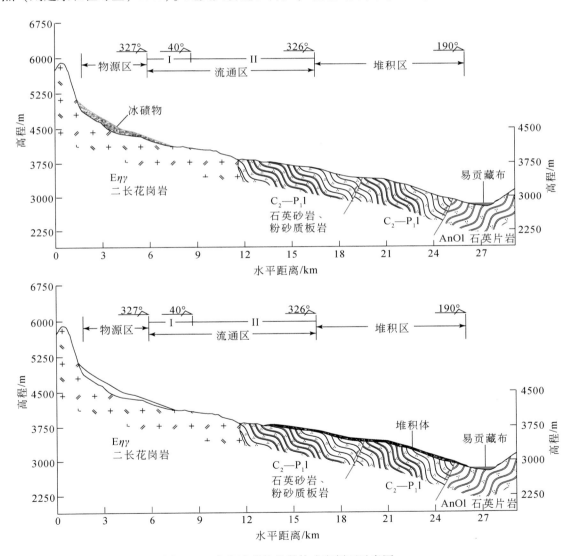

图 3.16　高位冰碛物松散体成灾剖面示意图

AnOl. 前奥陶系雷龙库组

　　古乡地质灾害链位于波密县古乡村境内，帕隆藏布江下游右岸，古乡沟流域面积为25.2km²，支流主沟长为8.7km，沟床平均纵坡降为25.61%。流域源头三面环山，为高山、极高山环抱的冰蚀围谷盆地，周围山峰都在海拔5000m以上（图3.17）。古乡沟出露的岩性主要有前寒武系变质黑云母花岗闪长岩和前震旦系冈底斯岩群的片麻岩、片岩、变粒岩、大理岩等组成。嘉黎断裂在古乡沟范围内穿过，走向为130°，断裂带大于1000m。古乡沟由于岩石的崩落和冰川的侵蚀作用，含有大量的岩屑物质在岩壁下方堆积。1950年察隅地震导致上部山体大规模崩塌，形成碎屑流堆积。1953年9月23日，由于强降雨暴发，泥石流携带的固体物质达$1.1 \times 10^7 \mathrm{m}^3$，大量堆积物进入帕隆藏布，堵江形成堰塞湖，这次泥石流的洪峰流量达2.86万m³/s。1954～1957年，泥石流活跃期，平均每年发生30～40次，其中形成的几次较大规模的泥石流冲毁沟口钢索吊桥，公路时有中断；1960～1965年，每年暴发十几次至几十次，其中1963～1965年共暴发165次；1962年的一次泥石流再一次堵江断流，上游水位猛涨10m以上，形成洪水；1975～1979年为泥石流活跃期，其中1975年、1979年分别发生过大型泥石流，并阻断公路交通；1980年以来，处于平静期，偶有稀性泥石流暴发，遭冰川洪水危害甚大，公路在扇体中下部常使道路阻断。

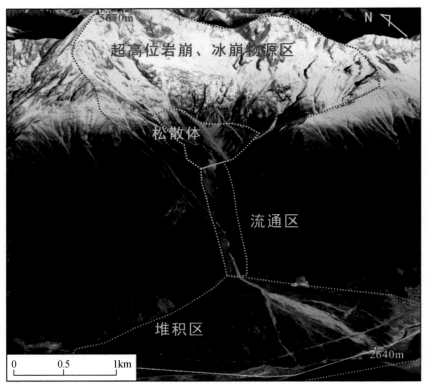

图3.17　波密县古乡沟特大地质灾害链三维影像

　　高位冰碛物滑动是雅鲁藏布江下游主要的高位地质灾害基本类型之一，主要是堆积于冰川谷中上部相对宽缓部位的冰碛物失稳后向下滑动，发育高程多超过4000m，与河谷高差一般大于500m。冰川谷横剖面主要呈"U"型、纵剖面主要呈阶梯状，在冰川退缩后其中相对宽缓处成为冰碛物堆积留存的有利临空场地（陈仁容等，2012；图 3.18）。冰碛物易在地震、降水、融化等因素作用下失稳滑动，也易受上部其他高位地质灾害激发转化成为碎屑流、泥石流地质灾害链。目前雅鲁藏布江下游的冰川谷中的冰碛物体积方量巨大，往往具备存在一定的堵江风险。如位于帕隆藏布上游、然乌湖口右岸的冰川谷内现堆积有巨量冰碛物，厚度数米至数十米不等，存在整体下滑迹象，成灾风险较高（图 3.19）。其下伏基岩主要为下白垩统（$K_1$）花岗闪长岩。近年来，冰碛物在重力和冰川融水径流作用下变形下滑，并在谷口岩槛处发生外溢而滑入江中形成堆积扇。目前，坡脚堆积扇扇形完整，扇体前缘距对岸斜坡距离不足 100m，一旦冰川谷内的冰碛物将发生大规模滑动，将对然乌湖面造成严重堵塞。

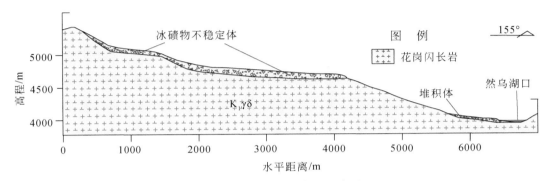

图 3.18　高位冰碛物剖面示意图

图 3.19　帕隆藏布然乌湖口高位冰碛物影像图（2017 年 12 月）

## 3.3.2　高位地质灾害分布特征

　　根据2014～2020年卫星遥感数据分析、野外调查对雅鲁藏布江下游高位地质灾害进行了分析,目前,具有变形迹象的高位地质灾害共有2094处(数据见表3.5),灾害类型以高位冰崩、冰川和高位滑坡、崩塌灾害为主,其中,高位冰崩、冰川有1271处,占比60.7%;高位崩塌、滑坡灾害有823处,占比39.3%。海拔超过5000m以上区域的超高位冰崩、冰川758处,超高位崩塌、滑坡365处;海拔3500～5000m区域的高位冰崩、冰川509处,高位崩塌、滑坡411处。

　　上述高位地质灾害中,体积超过1000万m³的特大型高位冰崩、冰川352处,特大型高位崩塌、滑坡176处。其中,海拔超过5000m的特大型超高位冰崩、冰川214处,特大型超高位崩塌、滑坡85处;海拔3500～5000m的特大型高位冰崩、冰川变形体138处,特大型高位崩塌、滑坡变形体91处。分析发现高位地质灾害多发育在海拔3500m以上的高山、极高山区,具有明显的高位–超高位启动特点,进而形成超远程地质灾害链。

表3.5　基于InSAR识别的雅鲁藏布江下游高位地质灾害分布高程统计表

(单位：处)

| 灾害类型 | 分布海拔 | | | 合计 |
| --- | --- | --- | --- | --- |
| | 1000～3500m | 3500～5000m | >5000m | |
| 高位冰崩、冰川 | 4 | 509 | 758 | 1271 |
| 高位崩塌、滑坡 | 47 | 411 | 365 | 823 |
| 特大型高位冰崩、冰川 | — | 138 | 214 | 352 |
| 特大型高位崩塌、滑坡 | — | 91 | 85 | 176 |

　　雅鲁藏布江下游高位地质灾害分布如图3.20所示,主要分布在雅鲁藏布江干流、易贡藏布干流和帕隆藏布干流,主要发育地段有雅鲁藏布江米林—派镇—甘登乡段、帕隆藏布然乌—松宗段、易贡藏布江通麦—忠玉段。这些高山、极高山变形体受地质构造、易滑地质结构、地震、气象等的作用,高位启动后极易形成高动能、多冲程、超远距离运动,并伴有极大的堵江风险。

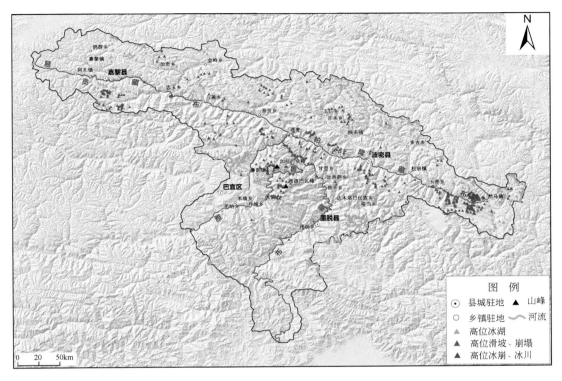

图 3.20　基于 InSAR 识别的雅鲁藏布江下游高位地质灾害分布

# 3.4　雅鲁藏布江米林—墨脱段高位远程地质灾害发育特征与风险

## 3.4.1　雅鲁藏布江米林—墨脱段高位地质灾害发育特征

雅鲁藏布江流域地区具有变形迹象的高位地质灾害共有 259 处，灾害类型以高位岩土体失稳和高位冰雪覆盖层失稳为主，其中，高位冰崩、冰川有 148 处，占 57.14%；高位崩塌、滑坡灾害有 111 处，占 42.86%（表 3.6）。

表 3.6　雅鲁藏布江米林—墨脱段 InSAR 识别高位地质灾害分布高程统计表

（单位：处）

| 灾害类型 | 分布海拔 | | | 合计 |
| --- | --- | --- | --- | --- |
| | 1000 ~ 3500m | 3500 ~ 5000m | >5000 | |
| 高位冰崩、冰川 | 2 | 98 | 48 | 148 |
| 高位崩塌、滑坡 | 30 | 77 | 4 | 111 |

续表

| 灾害类型 | 分布海拔 | | | 合计 |
| --- | --- | --- | --- | --- |
| | 1000~3500m | 3500~5000m | >5000 | |
| 特大型高位冰崩、冰川 | — | 41 | 20 | 61 |
| 特大型高位崩塌、滑坡 | — | 35 | 2 | 37 |

高位冰崩、冰川灾害中体积超过 1000 万 m³ 的特大型数量为 61 处，占该灾害类型的 41.21%；高位崩塌、滑坡中特大型数量为 37 处，占 33.33%。其中，海拔超过 5000m、具有变形迹象的特大型超高位冰崩、冰川 20 处，特大型超高位崩塌、滑坡 2 处；海拔 3500~5000m、具有变形迹象的特大型高位冰崩、冰川 41 处，特大型高位崩塌、滑坡 35 处。区域内高位冰崩、冰川地质灾害多发育在海拔 3500m 以上的高山、极高山区，高位崩塌、滑坡多以海拔区间 3500~5000m 的高山地区多发。整体分布来看，高位地质灾害主要分布在雅鲁藏布江下游派镇—甘登乡段，即密集分布在南迦巴瓦峰和加拉白垒峰两座高峰周围 20km 范围内。在甘登乡—墨脱段高位冰崩、冰川灾害有少量分布，多以公路边坡失稳破坏为主（图 3.21）。

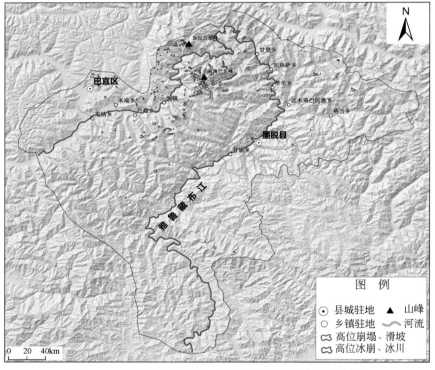

图 3.21　雅鲁藏布江米林—墨脱段高位地质灾害分布图

综合地质环境条件，雅鲁藏布江米林—墨脱段的高位地质灾害表现出不同的地质灾害链特征。根据堵江易发条件，以派镇为界，可将雅鲁藏布江下游米林—派镇划分为"U"型宽谷区，派镇—甘登乡段划分为"V"型峡谷区，甘登乡—墨脱段划为"U"型宽谷区。宽谷区多发泥石流灾害，地质灾害堵江风险低易发，根据现场调查，米林—直白段区域主要表现为高位泥石流沿沟谷顺势而下，在沟口处对少数房屋产生一定威胁。基本不会形成大规模链式地质灾害；派镇—甘登乡段峡谷区地质灾害链复杂且致灾致灾性严重，如色东普沟、则隆弄沟等均属于高位地质灾害—堵江—洪水高易发灾害链，2000 年以来色东普沟发生的五次高位崩滑—碎屑流—堵江事件，这类灾害链容易形成堰塞湖，并形成堰塞湖溃坝，进而引发流域性洪水灾害，对下游乡镇居民和人类工程构筑物，造成严重经济损失（图 3.22）。

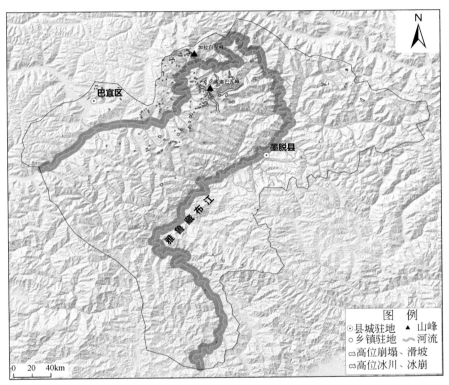

图 3.22　雅鲁藏布江米林—墨脱段高位地质灾害堵江易发分区图

## 3.4.2　雅鲁藏布江米林—墨脱段典型超高位超远程地质灾害链及风险分析

### 3.4.2.1　色东普沟高位地质灾害链基本特征

色东普沟位于加拉白垒峰西坡，雅鲁藏布江左岸峡谷地带，历史上曾多次发生大规模高位地质灾害链堵江事件（童立强等，2018；刘传正等，2019；Chen *et al.*，2020）。2018 年 10 月 17 日 5 时左右，该沟发生大规模崩塌泥石流灾害，堵断雅鲁藏布江干流并形成堰塞湖，泥石流冲出堆积量约 2050 万 m³。2018 年 10 月 29 日凌晨，色东普沟因上次崩塌残留体下滑再次形成碎屑流—堰塞坝—洪水灾害链。堰塞体顺河长约 3500m，宽为 415 ~

890m，高为 77~106m，总方量约 3000 万 m³；堰塞湖最大水深为 77m，蓄水量约 3.2 亿 m³。
2018 年 11 月 1 日 9 时，坝前水位基本恢复正常，险情基本解除。

　　通过收集色东普沟 2001~2020 年 20 年间 30 期 Landsat-5、Landsat-7、Landsat-8、资
源三号、高分一号等多源卫星数据，色东普沟流域面积为 67.15km²，沟口高程为 2746m，
最高点高程为 7294m，高差为 4548m，主沟两侧发育大小支沟六条。色东普沟各类地质灾
害分布如图 3.23 所示。

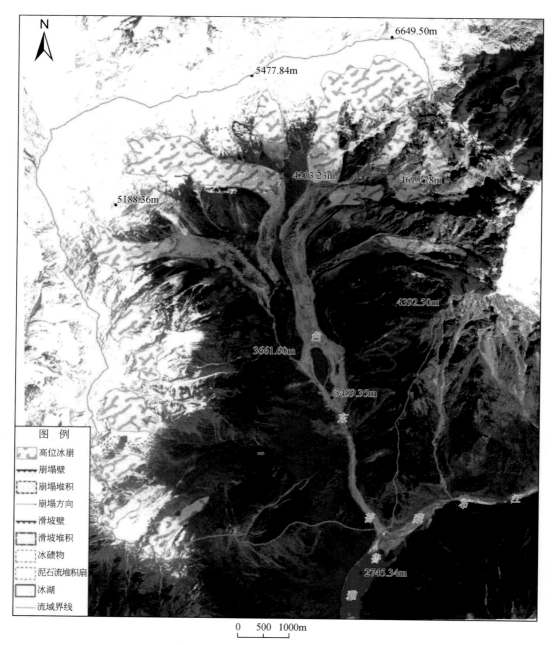

图 3.23　色东普沟地质灾害遥感解译图

色东普沟内发育冰川 16 处，最小冰川面积为 0.15km²，最大冰川面积为 2.4km²，总面积达 9.39km²。冰川主要分布在色东普沟中后部，冰川前缘分布高程为 4027～5079m，冰川后缘分布高程为 4461～6310m，冰川前后缘高差分布在 279～2237m，冰川后缘距沟口高差分布在 1715～3564m。

色东普沟内还发育冰碛物、崩塌、滑坡等。其中，冰碛物面积为 10.7km²，主要分布在沟道中、后部，沿主沟及支沟分布。崩塌发育 10 处，总面积为 1.17km²，崩塌堆积体面积为 0.45km²，崩塌源区面积为 0.72km²，主要分布在主沟中前部左岸、中后部高陡斜坡处。滑坡发育两处，总面积为 0.42km²，滑坡堆积体面积为 0.28km²，滑坡源区面积为 0.14km²，主要分布在主沟中前部左、右岸各 1 处。

色东普沟内发育冰湖、冰川、冰碛物、崩塌、滑坡等主要物源类型。其中，小型冰湖 24 处，总面积达 0.26km²。冰湖主要分布在冰川下部冰碛物堆积体上，色东普沟中后部，分布高程为 3500～4100m，冰湖分布最低点高程为 3535m，分布最高点高程为 4095m。

### 3.4.2.2　2018 年色东普沟高位地质灾害链事件

2018 年 10 月 17、29 日色东普沟连续两次发生高位冰崩、岩崩，导致雅鲁藏布江堵塞。根据 2017 年 12 月 4 日 Google Earth 卫星影像、2018 年 10 月 18 日高分三号卫星影像、2018 年 10 月 31 日 Pleiades 卫星影像、2018 年 11 月 1 日 Pleiades 卫星影像、2018 年 11 月 7 日 Pleiades 卫星影像、2019 年 6 月 2 日高分一号卫星影像等多源、多期次遥感数据，对高位冰崩区、高位岩崩区特征，以及运动通道、运动方向、堆积期次等进行分析。

1. 高位冰崩区、高位岩崩区特征分析

高位崩塌一区地理坐标为 94°56′8.398″E，29°49′6.632″N，面积为 88027km²。根据 2017 年 12 月 4 日 Google Earth 卫星影像（图 3.24），高位崩塌一区 2018 年发生崩塌前可见高陡斜坡前缘分布有扇形崩塌堆积体，后缘崩塌源区局部崩滑破坏，发育两处崩塌；根据 2019 年 6 月 2 日高分一号卫星影像（图 3.25），高位崩塌一区呈带状崩滑破坏，前部崩塌堆积体滑塌不见；高位崩塌一区面积为 0.09km²。

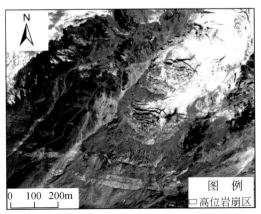 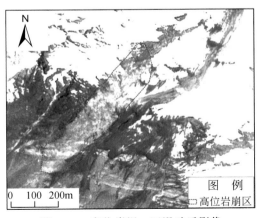

图 3.24　高位崩塌一区滑动前影像　　　　图 3.25　高位崩塌一区滑动后影像
（2017 年 12 月 4 日 Google Earth 卫星影像）　　　（2019 年 6 月 2 日高分一号卫星影像）

高位冰崩一区地理坐标为 94°56′15.472″E，29°49′4.884″N，面积为 0.11km²。根据 2017 年 12 月 4 日 Google Earth 卫星影像（图 3.26），高位冰崩一区见冰川分布，冰川上部发育数条冰裂隙，冰川前缘为近直立斜坡；根据 2019 年 6 月 2 日高分一号卫星影像（图 3.27），高位冰崩一区冰川发生滑动。

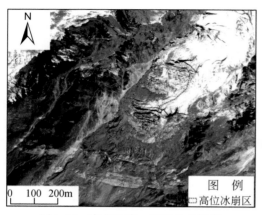

图 3.26　高位冰崩一区滑动前影像
（2017 年 12 月 4 日 Google Earth 卫星影像）

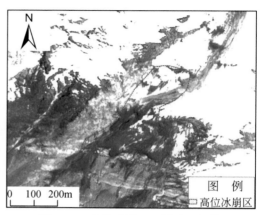

图 3.27　高位冰崩一区滑动后影像
（2019 年 6 月 2 日高分一号卫星影像）

高位冰崩二区地理坐标为 94°55′56.126″E，29°48′41.642″N，面积为 0.44km²。根据 2017 年 12 月 4 日 Google Earth 卫星影像（图 3.28），高位冰崩二区见冰川分布，冰川上部发育数条冰裂隙，冰川后缘为近直立斜坡，斜坡上部为高位冰崩一区、高位崩塌一区；根据 2019 年 6 月 2 日高分一号卫星影像（图 3.29），高位冰崩二区冰川堆体整体消失，后缘残留少量冰碛物。

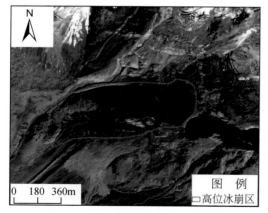

图 3.28　高位冰崩二区滑动前影像
（2017 年 12 月 4 日 Google Earth 卫星影像）

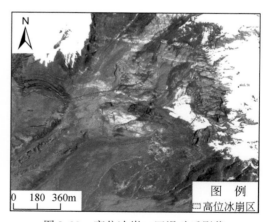

图 3.29　高位冰崩二区滑动后影像
（2019 年 6 月 2 日高分一号卫星影像）

高位冰崩三区地理坐标为 94°56′42.466″E，29°48′8.515″N，面积为 0.36km²。根据 2017 年 12 月 4 日 Google Earth 卫星影像（图 3.30），高位冰崩三区见冰川分布，冰川上部发育数条冰裂隙，冰川后缘为冰碛物堆积，后部为陡崖；根据 2018 年 11 月 1 日 Pleiades

卫星影像（图 3.31），高位冰崩三区冰川中前部整体消失，残留少量冰碛物。

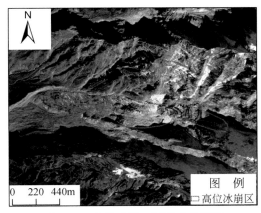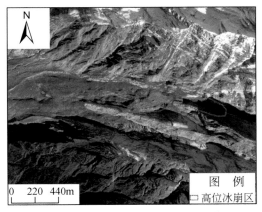

图 3.30　高位冰崩三区滑动前影像　　　　　图 3.31　高位冰崩三区滑动后影像

（2017 年 12 月 4 日 Google Earth 卫星影像）　　（2018 年 11 月 1 日 Pleiades 卫星影像）

**2. 运动特征分析**

根据 2018 年 11 月 1 日、11 月 7 日 Pleiades 卫星影像及 2019 年 6 月 2 日高分一号卫星影像对 2018 年发生的两次高位冰崩、岩崩灾害运动特征进行了遥感分析。

1）2018 年第一次高位冰崩灾害运动特征分析

2018 年第一次高位冰崩灾害首先发生在高位冰崩三区，高位冰崩三区冰川 BC12 沿支沟发生滑动后冲入主沟，沿色东普沟主沟运动，铲刮主沟中后部冰碛物，一直冲出沟口，堵塞雅鲁藏布江。根据 2018 年 11 月 1 日 Pleiades 卫星影像显示，主沟至雅鲁藏布江河道段受高位冰崩一区、高位冰崩二区、高位崩塌一区铲刮、掩埋（图 3.32）。

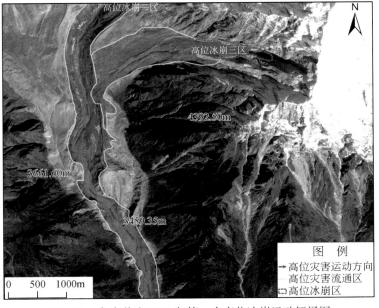

图 3.32　色东普沟 2018 年第一次高位冰崩运动解译图

2）2018 年第二次高位冰崩灾害运动特征分析

2018 年第二次高位冰崩、岩崩灾害发生在高位冰崩一区、高位冰崩二区、高位崩塌一区（图 3.33），首先是高位崩塌一区的崩塌和高位冰崩一区的冰川发生崩滑破坏，铲刮中前部高位冰崩二区，导致整个高位冰崩二区的冰川发生滑动，沿色东普沟主沟运动、铲刮主沟中后部冰碛物，一直冲出沟口，堵塞雅鲁藏布江（图 3.34），运动距离为 9800m。

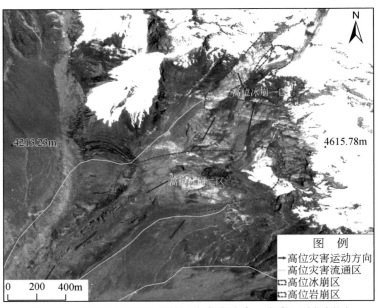

图 3.33　色东普沟 2018 年第二次高位冰崩、岩崩运动解译图

根据遥感影像和现场调查，可将色东普沟灾害链分为形成区、流通区、堆积区三个部分（图 3.35）。岩质崩塌体形成后，与冰川、冰碛物混杂后，顺陡倾斜斜坡向南南西滑动，进一步解体形成碎屑流顺沟转向南东向运动，沿途裹挟、铲刮两岸松散堆积物，最终冲出沟口，堵塞雅鲁藏布江并形成堰塞湖。当堰塞坝溃决后，形成洪水灾害，危及下游安全。

3）物源形成区特征

形成区面积约 52.42km²，海拔多在 4000m 以上，分布于冰川顶至下部冰斗、冰舌沟段。上部冰川纵坡较陡，多在 40°～50°，坡顶可达 60°。该区长年冰雪覆盖，基岩出露，风化冻融、冻胀作用强烈，易产生岩质崩塌，坡脚处已堆积大量崩塌体。下部冰斗、冰舌处坡度较缓，多在 15°～25°，局部可达 8°～10°，长期的冰水堆积作用形成厚度超过 10m 的冰碛物源。上部发生大规模的岩崩、冰崩或雪崩时，下部松散固体堆积物质将被铲刮携带（图 3.36）。

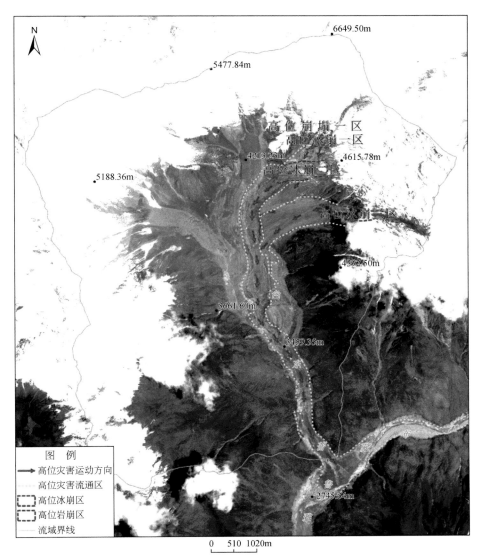

图 3.34　色东普沟 2018 年高位冰崩、岩崩运动解译图

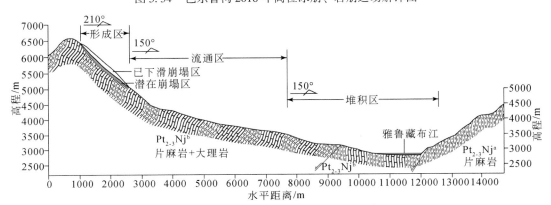

图 3.35　色东普沟主沟工程地质剖面示意图

图 3.36　色东普沟物源区航拍照片

4）流通区特征

流通区面积约 14.18km², 平均坡降为 182‰。根据地形和沟道发育特征可分为上、下两段。上段为冰舌末端至冰蚀凹地前缘, 平均坡降为 144‰, 以崩坡积物和冰碛物堆积为主。早期冰川退缩后, 在冰蚀凹地处堆积大量的冰碛物, 厚度超过 30m。该段上部有主沟及各支沟所形成的物源, 被冰雪及降雨携带后堆积在冰蚀凹地内, 成为灾害链放大的固体物源。下段为深切"V"型沟谷, 平均坡降为 222‰, 沟道已可见基岩出露。在暴雨和泥石流的冲刷、侧蚀作用下, 两岸坡脚堆积体不断被掏空, 斜坡稳定性降低, 最终发生垮塌, 参与泥石流灾害链活动。在经历过 2017 年和 2018 年两次特大规模的泥石流后, 沟道两侧 150～250m 范围内的绝大多数的固体物质已被冲刷带走, 两侧坡体已可见明显的基岩出露（图 3.37）。

图 3.37　色东普沟流通区的特征及照片

5）堆积区特征

根据 10 月 31 日的遥感影像, 大量堆积体主要分布在下游河流段, 长度为 5km, 平均宽度为 0.22km, 堆积厚度为 10～20m, 堆积体总方量为 1760 万 m³。此外, 目前大量堆积体残留于雅鲁藏布江河道内。色东普沟堆积物大小混杂,黏粒、粉粒、砂粒、砾石、碎石、大石块等多种粒径的颗粒混杂堆积,堆积物粒径跨度大,颗粒大小相差悬殊(图 3.38)。

图 3.38　色东普沟堆积区堆积物特征及照片

### 3.4.2.3　色东普沟高位地质灾害历史堵江遥感分析

根据色东普沟 2001~2020 年 20 年间 30 期遥感数据(图 3.39),对色东普沟沟口扇形堆积、沟道宽度、颜色进行对比分析。2001~2020 年,色东普沟发生高位地质灾害堵塞雅鲁藏布江干流事件共五次。第一次发生在 2001 年 12 月 23 日之前,根据 2001 年 12 月 23 日卫星影像,见色东普沟沟口扇形堆积,沟道两次见新近泥石流冲刷痕迹。第二次发生在 2012 年 12 月 16 日至 2014 年 10 月 25 日之间,2012 年 12 月 16 日卫星影像沟口未见新近泥石流堆积,2014 年 10 月 25 日卫星影像沟口见新近泥石流堆积,主沟沟道较之前沟道扩宽数倍,且见铲刮沟道两侧斜坡现象。第三次发生在 2017 年 1 月 19 日至 2017 年 12 月 4 日之间,根据 2017 年 1 月 19 日卫星影像沟口未见新近泥石流堆积,2017 年 12 月 4 日卫星影像,色东普沟沟口见新近泥石流堆积,主沟沟道较之前沟道扩宽数倍,且见铲刮沟道两侧斜坡现象。第四次发生在 2017 年 12 月 4 日至 2018 年 10 月 18 日之间,根据 2018 年 10 月 18 日高分三号卫星影像,色东普沟沟口泥石流堆积堵塞雅鲁藏布江。第五次发生在 2018 年 10 月 18 日至 2018 年 10 月 31 日之间,根据 2018 年 10 月 31 日卫星影像,色东普沟沟口泥石流再次堆积堵塞雅鲁藏布江。

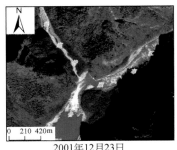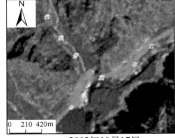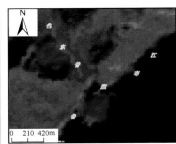

2001年12月23日　　　　　　2002年10月17日　　　　　　2006年12月23日

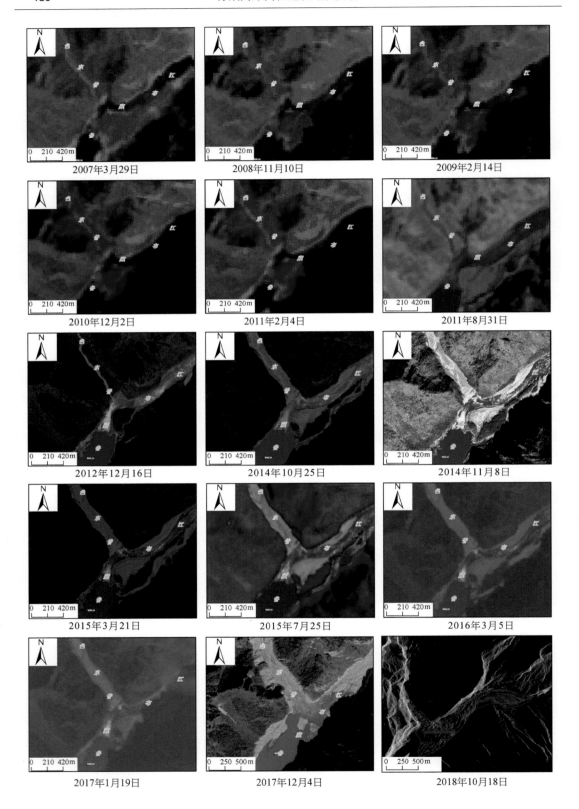

2007年3月29日　　　　　　　2008年11月10日　　　　　　　2009年2月14日

2010年12月2日　　　　　　　2011年2月4日　　　　　　　2011年8月31日

2012年12月16日　　　　　　2014年10月25日　　　　　　2014年11月8日

2015年3月21日　　　　　　　2015年7月25日　　　　　　　2016年3月5日

2017年1月19日　　　　　　　2017年12月4日　　　　　　　2018年10月18日

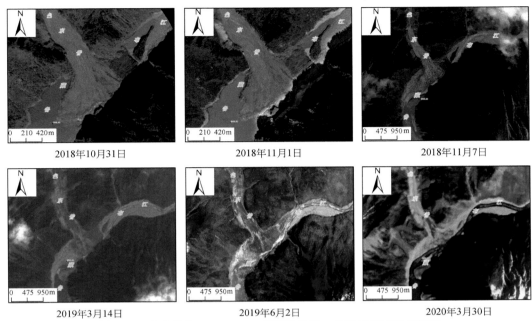

2018年10月31日　　　　　2018年11月1日　　　　　2018年11月7日

2019年3月14日　　　　　2019年6月2日　　　　　2020年3月30日

图 3.39　色东普沟 2001～2020 年高位冰崩、岩崩堵江事件解译图

### 3.4.2.4　色东普沟物源区高位地质灾害变形情况

受该地区可用 SAR 数据的限制，首先采用 2016 年 6 月 15 日与 2018 年 3 月 7 日的两景 10m 分辨率降轨 ALOS/PALSAR-2 数据基于 SAR 偏移量跟踪技术进行了色东普沟崩滑前地质灾害识别与监测，图 3.40 为色东普沟 2016 年 6 月 15 日至 2018 年 3 月 7 日二维累积形变。二维形变结果表明色东普沟 2016 年 6 月至 2018 年 3 月间变形区主要集中在右侧，在加拉白垒峰下方沟道观测到一条带变形区，推测该变形区主要是由于沟道上方的冰崩岩崩以及沟道下方的崩层积物和冰碛物运动引起。在加拉白垒峰左侧沟道同样也观测到几个变形区，如图 3.40 中 D 所示。最大变形区出现在沟道上方山峰处，推测可能属于冰崩岩崩变形。在色东普沟左侧沟道探测到两处碎屑物及冰川运移变形，如图 3.40 中 E、F 所示。在下方沟道观测到一较大变形区，如图 3.40 中 C 所示，该变形区为沿岸滑坡运动变形。基于 SAR 偏移量跟踪形变监测结果并结合滑前与滑后多时相光学遥感影像及 SAR 强度图，结合光学影像 2018 年 10 月 17 日色东普沟堵江事件主要由岩崩冰崩引起。

为调查识别色东普沟目前高位地质灾害分布情况，采用 2020 年 8～9 月获取的两景 3m 分辨率降轨 ALOS/PALSAR-2 数据基于 SAR 偏移量跟踪技术获取了其雷达视线向地表形变，如图 3.41 所示。从图 3.41 中可以看到，当前变形区仍主要集中在上部极高山区，共探测到三个确定变形区及两个疑似变形区。其中西侧两个变形区为碎屑物及冰川运移引起的变形，其在 2018 年 3 月之前就存在变形。东侧变形区（变形区 1）是目前变形最大变形区，同样其在 2018 年 3 月之前也存在变形，需关注该处变形的风险。疑似变形区位于

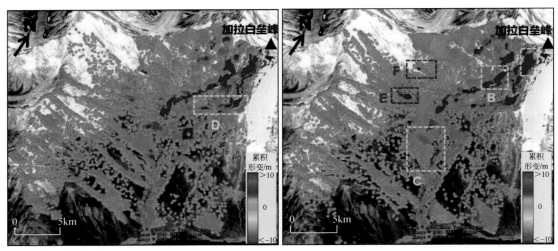

图 3.40　色东普沟 2016 年 6 月 15 日至 2018 年 3 月 7 日方位向（左图）与距离向（右图）累积形变

2018 年 10 月 17 日色东普沟堵江事件的崩滑区下方沟道。

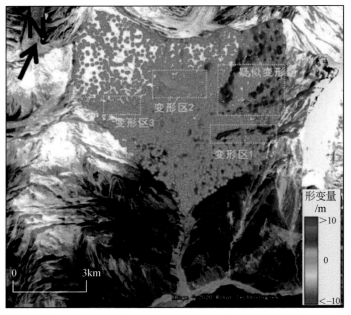

图 3.41　色东普沟 2020 年 8 ~ 9 月雷达视线向形变

### 3.4.2.5　色东普沟高位地质灾害风险预测

1. 色东普沟高位地质灾害链动力学过程预测

目前，色东普沟内物源丰富，松散固体物源量较大，加之沟道较陡，为再次形成高位地质灾害链形成提供了较好的地质条件，具有极高灾害风险。基于卫星遥感识别结果，采用无网格光滑粒子流方法（DAN-3D）对色东普沟变形区 1 再次发生地质灾害链的动力学过程进行风险预测分析。

模拟结果显示，岩崩碎屑流运动过程总时间 450s，最大运动距离达 11km，初始体积约为 1680 万 m³，最终堆积体体积达 2180 万 m³。约 1680 万 m³ 的不稳定岩土体失稳下滑后的最大运动距离达 11000m，沿途铲动不动岩土体后，最终形成约 2180 万 m³ 体积的堆积体。碎屑流运动过程中堆积厚度变化等值线如图 3.42 所示，在运动开始时，岩体崩塌破坏失稳向下运动。运动过程中遇到了山体的阻挡，滑体撞击碎裂解体转化为碎屑流，碎屑流沿沟谷向下游运动，运动形态呈流线的长条形。运动停止后，大部分滑体在雅鲁藏布江河谷中堆积，形成滑坡堰塞坝，坝体最大高度约为 90m，平均高度约为 58m，坝体宽度为 720m，影响面积约为 0.88km²。

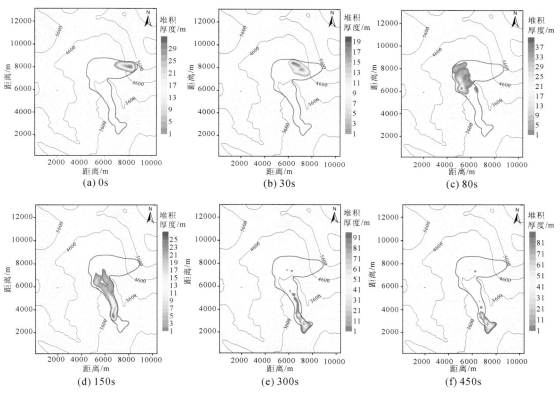

图 3.42 色东普沟变形区 1 失稳后运动堆积厚度等值线预测图

滑体失稳后对运动路径上的堆积物进行铲刮，使滑体体积不断增加，从图 3.43（a）中可以看出，铲刮深度最大的位置位于近沟口处，其值约为 3.7m。图 3.43（b）为滑体的最大速度等值线图，由于山体的阻挡及碎屑流体转向，滑体在下方的沟谷处运动速度相对较低，在上方沟谷处的最大运动速度超过了 143m/s，主要为势动能转换，产生了巨大的冲击力。色东普沟下游沟口处的流通通道变窄，同时在铲刮作用影响下，能量逐渐耗散，最终停止运动。最终模拟结果数据如表 3.7 所示。

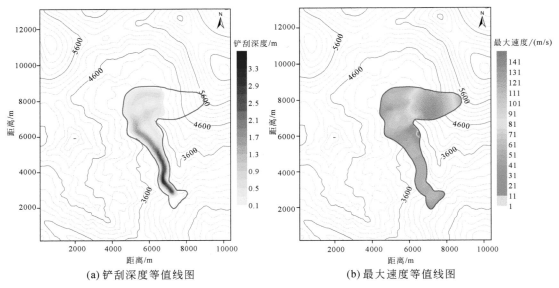

(a) 铲刮深度等值线图　　　　　　　　　　　(b) 最大速度等值线图

图 3.43　色东普沟变形区 1 失稳后模拟预测结果图

**表 3.7　色东普沟变形区 1 失稳后模拟结果统计表**

| 名称 | 模拟时间<br>/s | 最大速度<br>/(m/s) | 最大流量<br>/(m²/s) | 坝体最大高度<br>/m | 坝体平均高度<br>/m | 坝体横宽<br>/m | 坝体平面面积<br>/km² |
|---|---|---|---|---|---|---|---|
| 数值 | 450 | 143 | 1900 | 90 | 58 | 720 | 0.88 |

### 2. 色东普沟再次发生堵江溃坝洪水流量预测

基于溃坝水力学,结合二维洪水演进算法和调洪计算,分析溃坝后洪水演进过程。计算出溃坝坝址的流量和水位过程线,以及下游洪水演进各处的流量、水位、波前和洪峰到达时间。计算模型分为洪峰流量和洪水演进两个模块,充分考虑了断面形状、堰流方式、溃口深度、溃口宽度等因素。洪水演进结果如图 3.44 和表 3.8 所示,回水长度达 27km,堰塞湖库容约 7 亿 m³。滑坡坝址处洪峰流量为 47325m³/s,出现洪峰流量经历的时间为 6 小时 35 分钟,约 20 小时后洪水的流量恢复到堵江前的水平。根据坝址上游 2222m³/s 的径流量,预测堵江后约 3.6 天后坝体开始溃决。甘登乡的洪峰流量为 41915m³/s,水位最大上升高度约为 31m;考虑到沿江支流的补给,预测墨脱县实际洪峰流量为 35500m³/s,水位最大上升高度约为 23m,沿岸的部分公路及其他设施将会被淹没。

**表 3.8　色东普沟高位地质灾害失稳溃坝计算参数**

| 模型参数 | 坝前河面平均<br>宽度($B$)/m | 洪峰流量时的溃<br>口宽度($b$)/m | 坝前上游水深<br>($H_0$)/m | 坝后下游水深<br>($H_2$)/m | 堰塞湖最大库容<br>($W$)/m³ | 上游补给流量<br>($Q$)/(m³/s) |
|---|---|---|---|---|---|---|
| 数值 | 600 | 120 | 82 | 15 | 700000000 | 2222 |

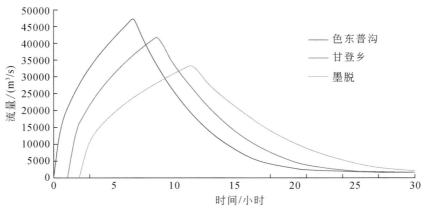

图 3.44　色东普沟高位地质灾害失稳堵江溃决洪水流量预测分析

## 3.5　帕隆藏布高位远程地质灾害发育特征与风险

### 3.5.1　帕隆藏布高位灾害发育特征

帕隆藏布具有变形迹象的高位地质灾害有 446 处，高位冰崩、冰川有 278 处，占 62.33%，高位崩塌、滑坡灾害有 168 处，37.67%（表 3.9，图 3.45）。其中特大型高位冰崩、冰川灾害有 85 处，特大型高位崩塌、滑坡 16 处。海拔超过 5000m 的特大型超高位冰崩、冰川 34 处，特大型超高位崩塌、滑坡 3 处；海拔 3500～5000m 的特大型高位冰崩、冰川 51 处，特大型高位崩塌、滑坡 13 处。帕隆藏布高位地质灾害物源区以高位冰崩居多，其次为高位岩崩和高位滑坡；整体区域上，高位冰崩、高位崩塌、滑坡地质灾害在玉普乡—然乌湖段分布最为密集，这些高位物源一旦启动后将具备很大的势动能转换空间，产生巨大的冲击能量，易形成超高位、超远程灾害链，对下游产生威胁，危险性较高。

表 3.9　帕隆藏布 InSAR 识别高位地质灾害分布高程统计表　　（单位：处）

| 灾害类型 | 分布海拔 | | | 合计 |
| --- | --- | --- | --- | --- |
| | 1000～3500m | 3500～5000m | >5000m | |
| 高位冰崩、冰川 | 2 | 189 | 87 | 278 |
| 高位崩塌、滑坡 | 11 | 112 | 45 | 168 |
| 特大型高位冰崩、冰川 | — | 51 | 34 | 85 |
| 特大型高位崩塌、滑坡 | | 13 | 3 | 16 |

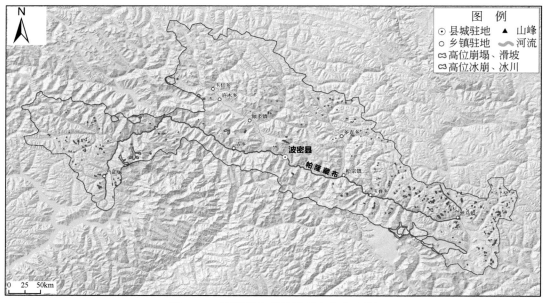

图 3.45　帕隆藏布高位地质灾害分布图

　　结合现场调查发现，帕隆藏布上游至下游沟谷宽度具有明显分段特征，上游然乌湖—松宗镇段属于"V"型峡谷区，发育有米堆、然乌湖口、冬茹弄巴等高位地质灾害链；松宗镇—波密段属于"U"型宽谷区，多发泥石流灾害，为地质灾害堵江低易发段；下游波密—通麦段为峡谷区，发育有茶隆隆巴曲、尖母普曲、古乡沟、培龙贡支等多处高位地质灾害链，由于帕隆藏布在该区段沟道狭窄，每年汛期时节，大量松散物质被冲到沟口区域，造成318国道中断，易形成堵江—溃坝—洪水灾害链，属于地质灾害堵江高易发段（图3.46）。

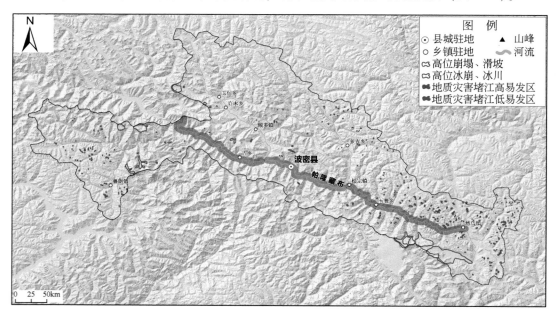

图 3.46　帕隆藏布高位地质灾害堵江易发分区图

## 3.5.2　帕隆藏布典型超高位超远程地质灾害链及风险

### 3.5.2.1　然乌湖口高位地质灾害链风险分析

1. 然乌湖口高位地质灾害链发育特征

然乌湖口位于八宿县，湖口处曾发生高位崩滑碎屑流堵塞帕隆藏布而形成然乌湖（柳金峰等，2012）。近年来，湖口两岸斜坡频繁发生中小型高位崩滑碎屑流和高位泥石流，对湖面造成一定阻塞。目前可见湖口右岸、82 道班沟道内已堆积大量松散固体物质，存在滑落堵江的风险。

结合多源遥感数据及野外调查，然乌湖口高位泥石流地质灾害流域面积为 10.26km²，早期泥石流堆积扇面积约 21.67 万 m²，新近泥石流堆积扇面积约 3.60 万 m²，沟口高程为 3927m，最高点高程为 5274m，高差为 1347m，平均纵坡降约为 232.52‰。流域内堆积大量冰碛物、松散体，水动力条件较强（图 3.47）。沟道内基岩裸露，海拔 4500m 以上冬季覆盖冰雪。基岩岩性主要为下白垩统（$K_1$）花岗闪长岩，岩石坚硬、完整性较好。沟底堆积大量冰碛物和崩坡积物，结构松散。

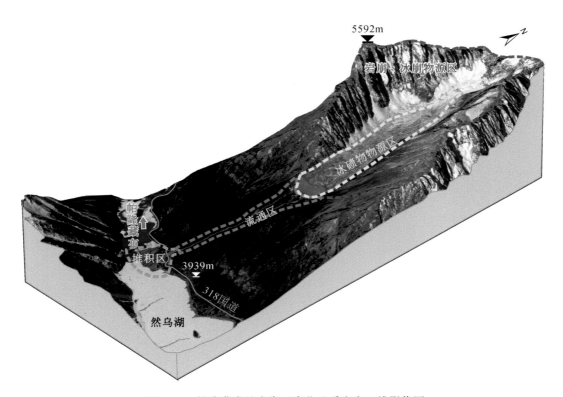

图 3.47　帕隆藏布然乌湖口高位地质灾害三维影像图

　　然乌湖口高位地质灾害流域内发育大量冰川、岩崩、冰碛物等物源（图 3.48）。其中，冰川 5 处，总面积达 2.91km$^2$，最大冰川面积为 0.12km$^2$，冰川主要分布在然乌湖口高位物源区的中后部，冰川前缘分布高程为 4929 ~ 5170m，冰川后缘分布高程为 5094 ~

图 3.48　帕隆藏布然乌湖口高位地质灾害遥感解译

5296m，冰川前后缘高差为 65～367m，冰川后缘距沟口高差为 1167～1369m。物源区还发育有大量的高位崩塌物源和冰碛物物源，高位崩塌 17 处，总面积约 3.54km²，崩塌堆积体面积为 0.64km²，崩塌源区面积为 2.9km²，主要分布在主沟中后部两岸高陡斜坡处。流域内发育两处冰碛物，面积分别为 2.42km²、0.41km²，主要分布在流域中后部，为泥石流主要物源。此外，然乌湖口流通区中下部沟道两岸发育多处小型崩滑物源，系沟内流水侵蚀诱发，主要分布在流域中下游主沟两岸斜坡处。

2. 然乌湖口高位地质灾害的 InSAR 监测

采用 Sentinel-1 SAR 数据作为主要数据源开展然乌湖口高位地质灾害高精度形变监测研究，覆盖时间为 2017 年 5 月 22 日至 2020 年 7 月 29 日，共计 95 景。为提高影像干涉处理的整体相干性，利用高精度轨道与增强谱分集技术（enhanced spectral diversity method，ESDM），对数据集进行了精配准处理，其配准精度提高至 1/1000。为进一步抑制噪声，对短基线数据集进行了 4:1 的多视与自适应滤波处理。由于冰川地区研究条件较差，为避免噪声点位对相位解缠结果的影响，提取了高相干点进行最小费用流解缠。最后，对解缠相位进行优化，并剔除受解缠误差严重影响的干涉对，利用 Stacking 技术计算了然乌湖口区域的 2017～2020 年的年平均形变速率，如图 3.49 所示。

图 3.49　然乌湖口高位地质灾害 2017 年 5 月至 2020 年 8 月年平均形变速率图

然乌湖口高位地质灾害有 3 处主要变形区域，湖口上部、迫隆山上方年平均形变速率均已达每年 160mm 以上，且最大值达每年 180mm，哑隆山后方也存在每年 120mm 的形变，其范围要小于另两个冰川。为进一步研究该高位地质灾害的演化规律，解释其发育过程，利用短基线集合成孔径雷达干涉测量（small baseline subset-InSAR，SBAS-InSAR）技术反演了该地区的形变时间序列，分别选取了如图 3.49 所示 P1~P8 共计八个点位进行分析，累积形变时间序列如图 3.50 所示。其中，为捕捉形变的剧烈演化特征，P1、P4、P7 分别位于迫隆、哑隆及湖口上方三个冰川堆积体的局部最大形变速率处；为冰川发育的边缘区域形变规律，提取了点 P2、P3、P5 及 P6；为验证结果的精确性，在稳定的山坡前缘一侧提取了点 P8。图 3.50 中，提取的八个点累积形变除点 P8 外，整体均随着时间推进而逐渐下沉，说明冰碛物整体变形趋势。

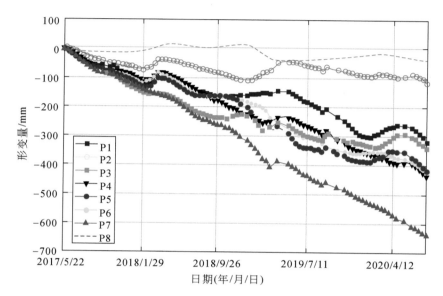

图 3.50　然乌湖口高位地质灾害 2017 年 5 月至 2020 年 8 月 P1~P8 点时间序列形变

由于受重力作用，冰川融化后沿着山谷滑动，在山体前缘不断堆积，一旦超过其可承受阈值，极易引起前缘溃决。综合遥感和野外调查分析认为，目前高位地质灾害处于易发状态，沟内物源丰富，冰碛物结构松散，在地震、冰雪融化、重力作用、物理风化等内外动力作用下，一旦产生整体滑动，将直接威胁泥石流沟口然乌湖及道路。

**3. 然乌湖口高位地质灾害链风险预测**

结合解译结果，对高位物源区体积约 2000 万 m³ 的变形体进行数值模拟风险分析。采用无网格光滑粒子流方法 DAN-3D 数值模拟软件，预测模拟了然乌湖口强变形区整体失稳后碎屑流运动堆积全过程。模拟结果显示，碎屑流运动过程总时间 550s，最大运动距离达 5600m。堆积厚度等值线如图 3.51 所示，模拟结果可以看出（表 3.10），最终大部分堆积在帕隆藏布河谷中，形成堰塞坝，坝体最大高度约为 40m，平均高度约为 30m，坝体宽度为 500m，纵长 1400m，面积约为 0.7km²。

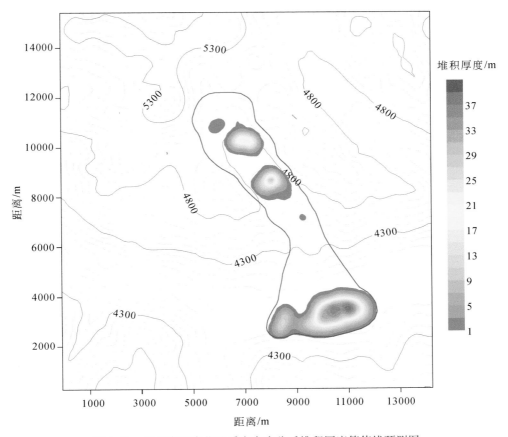

图 3.51　然乌湖口高位地质灾害失稳后堆积厚度等值线预测图

表 3.10　然乌湖口高位地质灾害失稳后模拟结果统计表

| 名称 | 模拟时间 /s | 最大速度 /(m/s) | 最大流量 /(m²/s) | 坝体最大高度 /m | 坝体平均高度 /m | 坝体横宽 /m | 坝体平面面积 /km² |
|---|---|---|---|---|---|---|---|
| 数值 | 550 | 84 | 750 | 40 | 30 | 500 | 0.7 |

洪水演进结果如表 3.11 和图 3.52 所示，滑坡坝址洪峰流量为 12930m³/s，出现洪峰流量的历时为 35 分钟，约 24 小时后洪水的流量恢复到堵江前的水平。洪水演进计算出波密县的洪峰流量为 10756m³/s，水位最大上升高度为 10.83m；古乡的洪峰流量为 10118m³/s，水位最大上升高度为 10.0m；通麦的洪峰流量为 9009m³/s，水位最大上升高度约为 8.9m。

表 3.11　然乌湖口高位地质灾害失稳溃坝计算参数

| 模型参数 | 坝前河面平均宽度 ($B$)/m | 洪峰流量时的溃口宽度 ($b$)/m | 坝前上游水深 ($H_0$)/m | 坝后下游水深 ($H_2$)/m | 堰塞湖最大库容 ($W$)/m³ | 上游补给流量 ($Q$)/(m³/s) |
|---|---|---|---|---|---|---|
| 数值 | 500 | 150 | 30 | 10 | 30000000 | 400 |

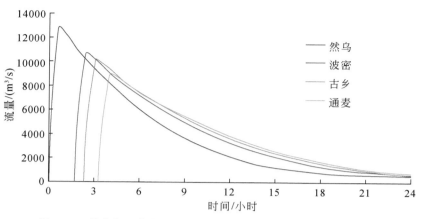

图 3.52　然乌湖口高位地质灾害失稳堵江溃决洪水流量预测分析

### 3.5.2.2　尖母普曲高位地质灾害链风险分析

尖母普曲,又称天摩沟,位于帕隆藏布中下游左岸,由波密县古乡松绕村。该沟道近 15 年内多次发生高位地质灾害链,已造成了十余人的人员伤亡和上千万元的直接经济损失(高波等,2019)。2007 年 9 月 4 日,尖母普曲暴发泥石流,一次冲出固体物总量约 76 万 m³,造成 1 人死亡、7 人失踪、9 人受伤,318 国道因此中断约 43 小时。2010 年 7 月 25～31 日,尖母普曲发生四次泥石流,总冲出固体物质 21 万 m³,堵塞帕隆藏布约半小时,450m 国道和比通桥被毁。2010 年 9 月 5～8 日,尖母普曲再次暴发泥石流,松绕吊桥被完全摧毁,318 国道断道 16 天,直接经济损失约 1970 万元。2018 年 7 月 11～15 日,尖母普曲再次发生多起大型岩崩碎屑流,约 18.7 万 m³ 泥石流物质短时间从沟内冲出,堵断帕隆藏布并冲上 318 国道之上,掩埋长约 220m 公路,断道三天。

尖母普曲流域呈漏斗状,面积为 17.6km²,最高点海拔为 5553m,最低点帕隆藏布河面海拔为 2450m,高差为 3103m。主沟形态为"V"型谷地,走向为 NE40°,长为 4.55km,平均坡降为 682‰。两侧山坡平均坡度约 35°。上游海拔 3800m 以上发育现代冰川,沟底堆积了大量冰碛物、岩崩冰崩碎屑物和残积物等(图 3.53)。尖母普曲流域发育由片岩、片麻岩、变粒岩等组成的中—新元古界念青唐古拉岩群($Pt_{2-3}Nq^a$)的变质岩系。沟道前缘和后缘分别出露了嘉黎构造结合带的两条分支活动断裂,即北支的通麦-忠康断裂和南支的通麦-金珠拉断裂(图 3.54)。通麦-忠康断裂总体呈北西-南东走向,其晚第四纪以来断裂活动较强。通麦-金珠拉总体呈北西西-南东走向,向东南沿贡日嘎布曲展布,其晚第四纪活动强烈,河岸见到多处古地震崩塌遗迹。

尖母普曲流通区为"V"型谷,长约 3km,宽为 20～140m,坡降为 183‰,上宽下窄,面积为 0.7km²(图 3.55)。两侧岭沟高差可达 1100～1500m,坡角约 34°。沟道两侧堆积大量冰碛物和崩坡积物,植被较发育。沟谷底部堆积有冰水沉积物和冲洪积物,具一定磨圆度。沟谷内有长流水,来源主要为冰川融水,夏季水量明显增大(余忠水等,

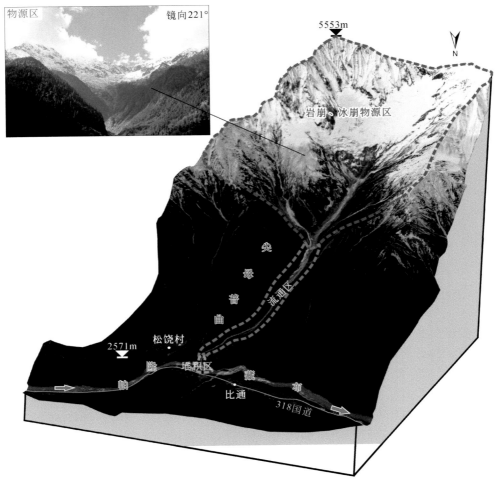

图 3.53　帕隆藏布尖母普曲高位地质灾害三维影像图

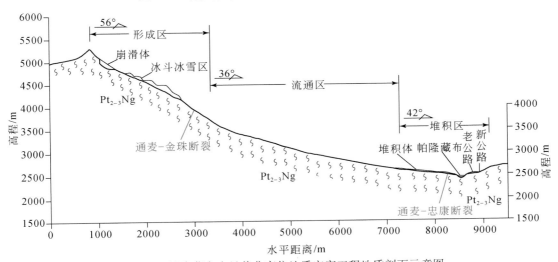

图 3.54　帕隆藏布尖母普曲高位地质灾害工程地质剖面示意图

2009）。堆积区已形成扇形地，扇形较完整，挤压河道，沟口与帕隆藏布近 70°相交（图 3.56）。受帕隆藏布水流影响，扇形地左侧较右侧分布面积更大、厚度更厚。堆积区右侧是松绕村，现仍有少量村民居住。尖母普曲是高频碎屑流、泥石流沟，发生多次堵江事件，大量块石一度冲上河对岸并摧毁 318 国道。

图 3.55　尖母普曲高位地质灾害链流通区照片　　　图 3.56　尖母普曲高位地质灾害链堆积区照片

　　通过尖母普曲 2000～2019 年 19 年间多源卫星数据，尖母普曲内发育潜在冰崩体、崩塌、滑坡、沟道堆积等主要物源类型（图 3.57）。潜在冰崩体 3 处，最小潜在冰崩体面积为 0.1km²，最大潜在冰崩体面积为 1.38km²，总面积达 1.67km²。潜在冰崩体主要分布在尖母普曲后部，潜在冰崩体前缘分布高程为 3818～4685m，后缘分布高程为 4596～5238m，前后缘高差为 512～1096m，后缘距沟口高差为 999～1641m。此外尖母普曲滑坡发育 5 处，分布在沟道中部两侧斜坡上，总面积为 0.29km²，滑坡源区面积为 0.23km²，滑坡堆积面积为 0.07km²，部分堆积体深入沟道已被季节性流水带走。沟道堆积物发育 5 处，面积为 1.34km²，主要分布在尖母普曲中部的沟道内、后缘的缓坡处，沿主沟分布。崩塌发育 9 处，成片分布，总面积 0.79m²，分布在主沟中部右岸的高陡斜坡处。

　　多期光学遥感影像表明（图 3.58、图 3.59），近年来尖母普曲后缘冰川活动强烈，冰川融化速度加快，崩塌、滑坡、沟道堆积物等物源十分丰富，加之尖母普曲位于西南季风影响区，降水丰富且多暴雨，目前尖母普曲高位地质灾害处于欠稳定状态，可能发生高位地质灾害链。尖母普曲由于受嘉黎构造结合带作用，岩石结构较为破碎，且源区海拔高，冻融风化作用十分强烈，岩体产屑速率快，物源积累速度较快。此外，尖母普曲冰川整体处于退缩状态，冰川消融十分明显。沟内山谷冰川面积大，随气候变化如温度升高、降水增多，导致冰川融水流量增大。地表径流直接冲刷沟道物源，驱动链式灾害的快速发展。综合分析，尖母普曲依然具备暴发大型岩崩、冰崩碎屑流、泥石流的可能性，其活动性依然以高频为主，这对帕隆藏布、318 国道造成严重威胁。

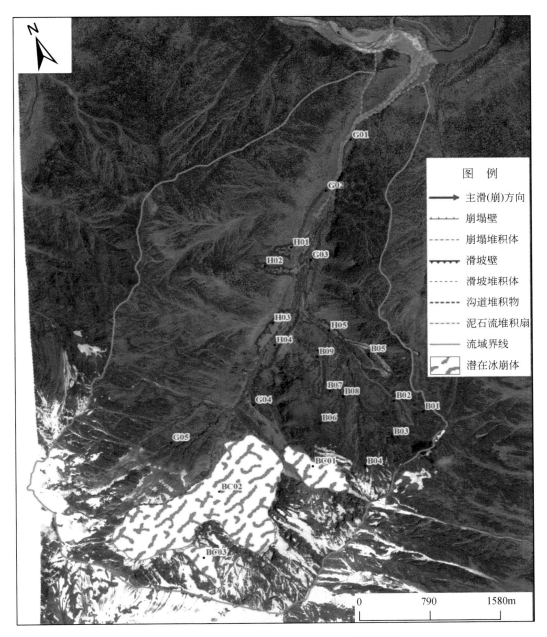

图 3.57 尖母普曲高位地质灾害链遥感解译图

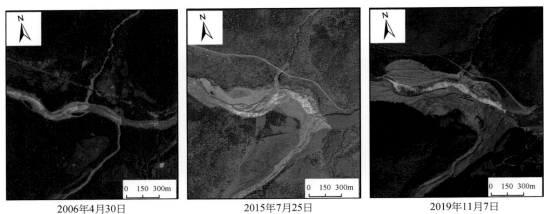

| 2006年4月30日 | 2015年7月25日 | 2019年11月7日 |

图 3.58　尖母普曲冲积扇多期遥感影像对比图

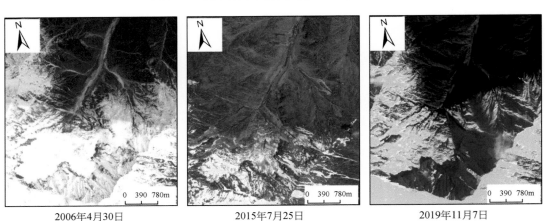

| 2006年4月30日 | 2015年7月25日 | 2019年11月7日 |

图 3.59　尖母普曲潜在物源多期遥感影像对比图（红色箭头代表运动方向）

## 3.6　易贡藏布高位远程地质灾害发育特征与风险

### 3.6.1　易贡藏布高位灾害发育特征

易贡藏布具有变形迹象的高位地质灾害共有 1389 处，灾害类型以高位岩土体失稳和高位冰雪覆盖层失稳为主，其中，高位冰崩、冰川有 845 处，占 60.84%；高位崩塌、滑坡灾害有 544 处，占 39.16%（表 3.12，图 3.60）。

表 3.12　易贡藏布 InSAR 识别高位地质灾害分布高程统计表　　　　（单位：处）

| 灾害类型 | 分布海拔 | | | 合计 |
| --- | --- | --- | --- | --- |
| | 1000~3500m | 3500~5000m | >5000m | |
| 高位冰崩、冰川 | 0 | 222 | 623 | 845 |

续表

| 灾害类型 | 分布海拔 | | | 合计 |
| --- | --- | --- | --- | --- |
| | 1000 ~ 3500m | 3500 ~ 5000m | >5000m | |
| 高位崩塌、滑坡 | 6 | 222 | 316 | 544 |
| 特大型高位冰崩、冰川 | — | 46 | 160 | 206 |
| 特大型高位崩塌、滑坡 | — | 43 | 80 | 123 |

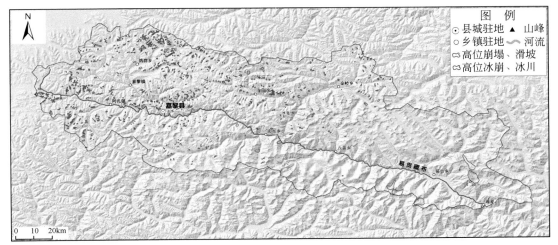

图 3.60　易贡藏布高位地质灾害分布图

　　特大型高位冰崩、冰川灾害 206 处，特大型高位崩塌、滑坡 123 处。其中，海拔超过 5000m 的特大型超高位冰崩、冰川 160 处，特大型超高位崩塌、滑坡 80 处；海拔 3500 ~ 5000m 的特大型高位冰崩、冰川 46 处，特大型高位崩塌、滑坡 43 处。区域内高位冰崩、冰川地质灾害多发育在海拔 3500m 以上的高山、极高山区，高位崩塌、滑坡以高山地区多发。易贡藏布段高位地质灾害物源区以高位冰崩居多，嘉黎县境内分布最广，其次为高位岩崩、滑坡。该流域内的高位崩滑灾害具有极大的链式成灾风险，最为典型的为笨多高位滑坡、易贡高位滑坡、柏隆隆巴高位滑坡等，危险性较高。

## 3.6.2　易贡藏布典型超高位超远程地质灾害链及风险

### 3.6.2.1　笨多高位灾害链风险预测

1. 笨多高位滑坡基本概况

　　笨多高位滑坡位于易贡藏布上游雄曲段右岸，距离嘉黎县忠玉乡 8.2km。坐标为 94°7′51″E，30°25′45″N。结合 InSAR 大范围探测结果，忠玉乡笨多高位滑坡长约

2.25km，宽约1.18km，变形体体积为3000万~5000万m³。坡顶与坡脚最大高差约为1573m，结合现场调查、无人机航测遥感影像可以清晰看出滑坡地表存在碎石崩落迹象，且坡脚为峡谷区，存在堵江风险。滑坡岩性为前奥陶系雷龙库组灰白色石英岩、石英片岩局部夹玄武岩结构，嘉黎构造结合带分支断裂从滑坡区域通过（图3.61、图3.62）。

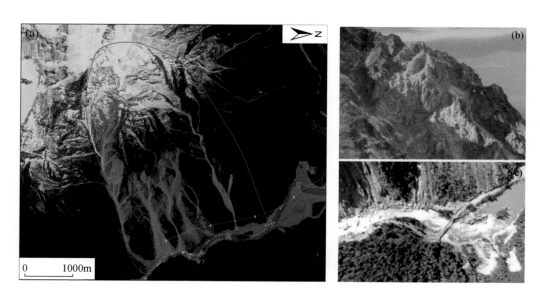

图 3.61　易贡藏布笨多滑坡航拍影像图

（a）笨多变形体遥感全貌图；（b）变形山体现场航片；（c）笨多滑坡下方尼都藏布现场航片

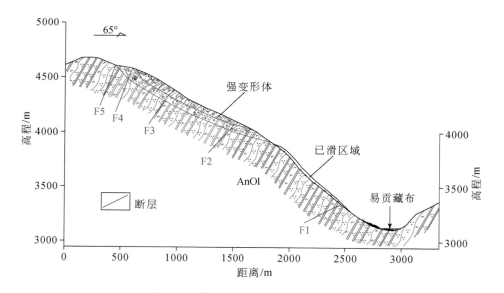

图 3.62　笨多滑坡工程地质剖面示意图

基于 ALOS/PALSAR-2 数据，利用 Stacking 技术获取了该滑坡 2014 年 11 月 18 日至

2020 年 4 月 28 日期间雷达视线（LOS）向年平均地表形变速率，如图 3.63 所示。看出在 2014 年 11 月 18 日至 2020 年 4 月 28 日间该滑坡存在两处变形区，即 BX1 与 BX2。结合卫星成像几何关系，该滑坡形变区域主要沿坡向发生滑动，其中 BX1 地区形变区域范围较大，且最大形变区域位于 BX1 地区上部，即滑坡顶部后缘地区，最大形变速率达到 −85mm/a。结合工程地质分析，笨多滑坡仍将可能发生更大范围崩滑灾害，加之该区域河道较窄（60～100m），堵江事件的规模和危害将会被继续放大，这些潜在的灾害链风险将对忠玉乡的生命和财产安全造成严重威胁。

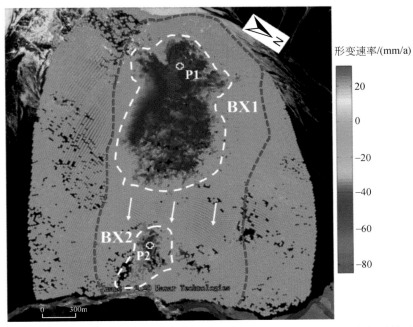

图 3.63 ALOS/PALSAR-2 数据笨多滑坡 2014 年 11 月至 2020 年 5 月雷达视线向年平均地表形变速率

利用 Sentinel-1 数据，基于 Stacking 技术获得了笨多崩塌在 2017 年 5 月 20 日至 2020 年 6 月 21 日地表形变速率，如图 3.64 所示。可以看出 Sentinel-1 数据与 ALOS/PALSAR-2 数据计算获得的滑坡形变区域高度一致，即同时探测出 BX1 和 BX2 两处主要形变区，且形变同样主要集中在崩塌后缘，该崩塌体形变区域沿坡向发生滑动，中部未探测到形变，最大年形变速率为 −80mm/a，与 ALOS/PALSAR-2 数据探测到的地表形变速率高度一致。

同样为了利用 Sentinel-1 数据进一步分析笨多崩塌形变随时间演化趋势，基于 SBAS-InSAR 技术获得了该崩塌在 2017 年 5 月 20 日至 2020 年 6 月 21 日间的地表形变时间序列。在变形区 BX1 及 BX2 上分别选取两点 P1 与 P2（图 3.64）提取其时间序列地表形变，如图 3.65 所示。P1 点累积变形较大，LOS 向累积形变达到 −320mm，且呈现出非线性变形趋势。P2 点累积形变相对较小，为 −99mm。Sentinel-1 数据获得两处时间序列形变与 ALOS/PALSAR-2 获得结果均表明该崩塌体处于持续形变过程中，应予以关注。

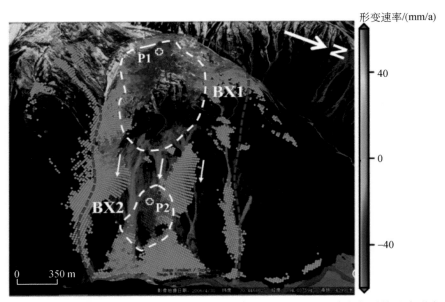

图 3.64　Sentinel-1 数据笨多崩塌 2017 年 5 月至 2020 年 7 月雷达视线向年平均地表形变速率

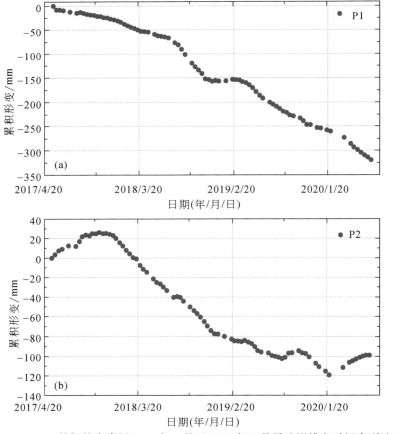

图 3.65　Sentinel-1 数据笨多崩塌 2017 年 5 月至 2020 年 7 月雷达视线向时间序列地表形变

## 2. 笨多滑坡动力学过程预测

结合遥感解译结果，对笨多滑坡失稳后进行数值模拟风险分析。滑坡的运动堆积过程如图 3.66 和表 3.13 所示，图中已用红色线圈定滑坡失稳范围。根据模拟结果可知，在运

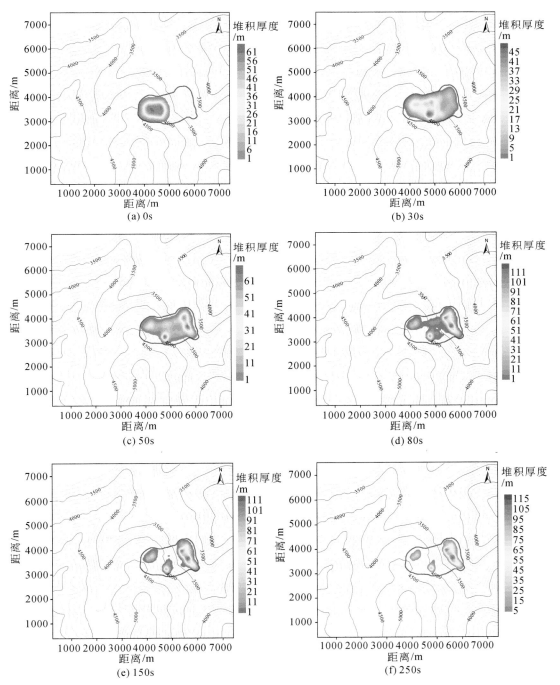

(a) 0s

(b) 30s

(c) 50s

(d) 80s

(e) 150s

(f) 250s

图 3.66 笨多高位滑坡失稳后堆积过程预测图

动初始阶段，岩体高位启动，失稳下滑，经过势动能转换，速度不断增加。在部分滑体运动到沟谷中后，滑体的整体运动速度开始下降，并且有部分滑体残留在斜坡上，但大部分滑体已堆积到下方易贡藏布沟谷内。当滑坡停止运动时，堆积厚度最大的地方位于河谷中，形成堰塞坝，坝体最大高度约为115m，平均高度约为90m，坝体宽度为230m，纵长850m，面积约为0.21km²。

表3.13　笨多高位滑坡失稳后模拟结果统计表

| 名称 | 模拟时间/s | 最大速度/(m/s) | 坝体最大高度/m | 坝体平均高度/m | 坝体横宽/m | 坝体平面面积/km² |
|---|---|---|---|---|---|---|
| 数值 | 250 | 93 | 115 | 90 | 230 | 0.21 |

### 3. 笨多滑坡发生堵江溃坝洪水流量计算

洪水演进结果如图3.67和表3.14所示，回水长度达25km，可预测出堰塞湖的库容约为9亿m³。滑坡坝址处洪峰流量为79294m³/s，出现洪峰流量的历时为50分钟，约16小时后堰塞体的洪水几乎消散干净，流量恢复到堵江前的水平。根据坝址上游600m³/s的径流量，预测高位岩崩发生堵江后约17天后坝体开始溃决。洪水演进计算出下游八盖乡处的洪峰流量为71034m³/s，水位最大上升高度约54m；易贡乡处的洪峰流量为56036m³/s，水位最大上升高度约为41m，洪水对易贡乡的居民和易贡茶场的威胁较大，将淹没部分茶场所在区域；通麦的洪峰流量为51504m³/s，水位最大上升高度37m，沿岸的公路和大桥将受到威胁。堰塞湖形成的回水区域对上游的忠玉乡及溃决后对下游易贡乡和易贡茶场的威胁程度均较高。

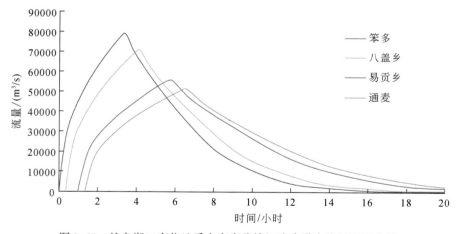

图3.67　然乌湖口高位地质灾害失稳堵江溃决洪水流量预测分析

表3.14　笨多高位滑坡失稳溃坝计算参数

| 模型参数 | 坝前河面平均宽度（$B$）/m | 洪峰流量时的溃口宽度（$b$）/m | 坝前上游水深（$H_0$）/m | 坝后下游水深（$H_2$）/m | 堰塞湖最大库容（$W$）/m³ | 上游补给流量（$Q$）/(m³/s) |
|---|---|---|---|---|---|---|
| 数值 | 450 | 100 | 90 | 5 | 9000000000 | 600 |

### 3.6.2.2　扎木弄沟高位崩滑灾害链风险预测

#### 1. 易贡巨型滑坡—碎屑流灾害链基本概况

2000 年 4 月 9 日晚 8 时左右，西藏林芝地区波密县易贡藏布扎木弄沟发生大规模山体滑坡（殷跃平，2000；Yin and Xing，2012；Xu *et al.*，2012），历时约 10 分钟，滑程约 8km，高差约 3330m，截断了易贡藏布（下游河床高程为 2190m），形成长约 2500m、宽约 2500m 的滑坡堆积体，其面积约 5km²，最厚达 100m，平均厚约 60m，体积约 3.0 亿 m³（图 3.68）。

#### 2. 易贡巨型滑坡—碎屑流灾害链灾情损失

2000 年 4 月 9 日 20 时左右易贡扎木弄沟沟头发生岩质滑坡，随即引发碎屑流堆积物阻断易贡藏布，形成天然堰塞坝体，使得易贡湖成为堰塞湖。上游易贡堰塞湖水起初上涨速度为 0.5m/d，进入雨季后，湖水上涨速度达 2.0m/d，使易贡湖的湖水由 7.07 亿 m³ 陡增到 30 亿 m³，淹没了大面积的耕地、草场、茶场和村舍，淹没区的面积达到 60km²，易贡藏布 7km 主河道及公路被淹没，两乡三厂（场）与外界交通中断，4000 余人受灾，造成直接经济损失 1.4 亿元以上。

(a) 1998年11月15日滑坡发生前

(b) 2000年5月4日滑坡发生后

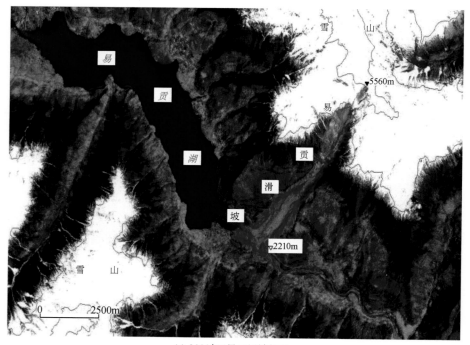

(c) 2000年6月14日溃坝后

图 3.68　易贡高速远程滑坡遥感影像图

2000 年 6 月 10 日，坝顶冲刷后易贡湖发生溃决，形成举世罕见的特大洪流。溃决洪水沿易贡藏布进入帕隆藏布，再汇入雅鲁藏布江，经过墨脱县，直泻印度，洪水冲毁了所到之处的一切公路、桥梁、耕地、民房、通信设施及植被。溃决洪水通过 318 国道上的通麦大桥时，最大流量达到 12.4 万 $m^3/s$，最高水位高达 52m，超出通麦大桥桥面 32m。除川藏公路外，还冲毁了其他公路 10km、马道 54km、桥梁 11 座、耕地 187.33hm$^2$ 和大量机具；同时上游回水淹没了两个乡政府所在地、一个茶场、一家开发公司；近 1000 人被困，10000 多人受害，在我国境内直接损失达 2.8 亿元。溃决洪水巨大的冲击力也导致下游河段，尤其是易贡湖至排龙乡之间的易贡藏布与帕隆藏布的峡谷段发生次生崩塌、滑坡灾害，在这些区段两侧河谷坡脚被冲蚀，谷坡失去稳定，形成浅层牵引式滑坡或崩塌，使河谷达到新的平衡。

2000 年扎木弄沟地质灾害链整个过程包括高位滑坡→碎屑流→堰塞湖溃决→洪水，形成一个非常完整的地质灾害链（戴兴建等，2019；Zhuang et al.，2020）。易贡湖水冲毁人工导流明渠溃坝暴泄，狂泄的洪水导致在几个小时之内下游河水水位陡涨四五十米，河水流量最大时达到 12.4 万 $m^3/s$，更是举世罕见。溃决洪水使下游帕隆藏布及雅鲁藏布江沿岸 40 多年来陆续建成的各种桥梁、道路、通信设施均毁于一旦，两岸大片森林被毁，河岸多处出现新的崩塌滑坡灾害及隐患。滑坡灾害所造成的直接经济损失达 3 亿元，间接经济损失达 10 亿元。

扎木弄沟发生的特大型山体崩塌滑坡堵塞了易贡藏布河道，导致湖水水位持续上涨 62 天，自 2000 年 4 月 13 日至湖水溃决时（6 月 10 日）累计水位涨幅达 55.36m，最大日涨幅为 2.37m，最大水深为 62.06m，湖水面积为 50km$^2$，拦蓄水量约 30 亿 $m^3$。6 月 8 日 6 时 40 分，湖水经人工导流明渠开始下泄，最初流速为 1.0m/s，流量为 1.2$m^3/s$；由于泄洪时易贡藏布正值涨水时段，加之渠道过水有限，下泄后湖水仍持续上涨了 5.94m；10 日 19 时 50 分，湖水水位开始下降，19 时 45 分引水渠内水流速度为 9.5m/s，流量为 2904$m^3/s$；随着堆积坝体溃口的逐渐增大，水位下降速度迅速增加，11 日 2 时至 3 时水位下降了 7.37m，8 时水位开始缓慢下降，11 日 20 时，湖水基本泄至原状，整个过程持续 24 小时，至 12 日 14 时，湖水水位累计下降 58.39m，湖水水位低于 4 月 13 日水位 3.03m，剩余水量约 0.6m$^3$，原易贡湖湖区一带已出现沙滩数处，美丽的易贡湖已不复存在。

通麦大桥处于 2000 年 6 月 10 日 20 时 33 分实测到易贡藏布河水水位为 10.3m，最大流速为 8.81m/s，流量为 4010$m^3/s$；洪水大约在 21 时 30 分漫过通麦大桥桥面；11 日 0 时水位高出桥面约 16m；最大洪峰通过通麦大桥断面的时间为 11 日 2 时 50 分，水位为 52.07m，涨幅为 41.77m，高出原桥面 32m。据初步分析，最大流量约 12.1 万 $m^3/s$。至 11 日 21 时，河水水位降至 13.0m 左右，流量约 1800$m^3/s$，并开始趋于稳定。狂泄的洪水冲毁了通麦大桥、纪念碑、道班房及沿岸公路。

由于湖水溃决历时短、峰高量大，沿途河道两岸冲刷严重，局部河段相继发生了山体崩塌、滑坡等次生地质灾害（邢爱国等，2010）。河道断面形状亦由"V"型改造为"U"型河槽。同时河床淤积严重，通麦大桥段平均淤积深度约 6m。

易贡湖水下泄后，易贡—通麦公路、318 国道线（即川藏公路）通麦—排龙段、通麦大桥、纪念碑、通信光缆等全被冲毁，排龙—雅鲁藏布江大拐弯的山间小路、多座人行吊桥被毁。墨脱县境内的解放德兴大桥被冲毁（水位高于桥面约 17m），沿雅鲁藏布江两岸坍塌严重。汹涌而下的洪水还波及邻国印度，印度境内有 150 多人死亡。

易贡湖泄洪后，进出墨脱县的道路、桥梁、通信全部中断，解放大桥被冲毁，墨脱县成为一座"孤岛"。为确保墨脱县 9000 余军民生产生活的基本需要，成都军区派路航某部直升机机组及部分空、地勤人员飞赴林芝地区执行墨脱救灾物资空运任务。从 7 月 10 日到 11 月 17 日，历时 127 天，共完成飞行 45 场（次）379 架次，向墨脱运送主副食品、药品、被服、通信器材等物资 70t，接送人员 483 人。

### 3. 易贡巨型滑坡—碎屑流灾害链动力学过程

本节在现场调查资料和前期研究成果的基础上，依据遥感影像数据建立三维数值模型，结合 DAN-3D 和 FLOW-3D 对易贡滑坡—碎屑流—堰塞坝溃坝链生灾害全过程进行模拟分析，揭示了易贡区滑坡—堰塞坝溃坝链生灾害的动力学特征。通过 DAN-3D 模拟得到滑坡—碎屑流阶段不同时刻滑坡体堆积形态如图 3.69 所示。模拟结果显示滑坡—碎屑流过程持续 300s，最大运动距离 10000m，平均速度 26m/s。滑体自 4000m 高程剪出后，沿北东–南西方向运动，30s 时滑体前缘进入沟谷，经过铲刮体积快速增大，90s 时前缘冲出沟口（高程为 2600m），在沟口外开始呈扇形扩散。至 150s，滑体运动至藏布河道，210s 时，滑体前缘运动至河流对岸并停止。至 300s，滑体后缘停止运动，堆积形态呈现为喇叭状不再变化。

最终堆积形态如图 3.70 所示，滑坡堆积物呈喇叭状分布于藏布河谷，最大堆积厚度为 100m，平均厚度为 60m，前沿最宽为 3.2km。模拟得到滑坡堆积范围与实际接近，平均厚度与实测堰塞坝平均厚度（60m）相同。铲刮分布结果如图 3.71 所示，沟谷内铲刮较深位置在高程 2600 到 4000m 之间，铲刮深度超过 60m，最大铲刮深度为 100m，与早期碎屑堆积物厚度（50~80m）接近。铲刮方向呈北东–南西，与谷内老滑坡堆积区形态大致相符。

速度分布模拟结果如图 3.72 所示，滑体从海拔 5520m 加速下滑，在高程范围 3200~3800m 时速度超过 70m/s，最大速度达 90m/s，接下来速度逐渐减小，到沟口位置速度接近于 0，运动停止。

本节溃坝计算选用 FLOW-3D 软件，溃坝模拟常用 RNG $k$-$\varepsilon$ 模型进行模拟，根据真实泄洪情况建立截面尺寸 150m×30m×24m、长 1500m 的引流渠模型，设置水体模型水流深度为实测堰塞湖水深 60m，组合模型形成溃坝模拟三维模型（图 3.73）。

通过 FLOW-3D 模拟溃坝后洪水演进过程得到不同时刻水流深度、流量等水动力特征参数。模拟时间为 12000s，洪水演进过程中水流深度变化如图 3.74 所示，初始水深 60m；300s 时，堰塞坝开始过流；1500s 洪水到达监测点 3，湖水深度降至 4m；2800s 达到监测点 4，湖水深度降至 45m；3200s 时达到通麦大桥；在 8000s 的时候，堰塞湖水深降至 30m 左右不再变化，达到出入库平衡。

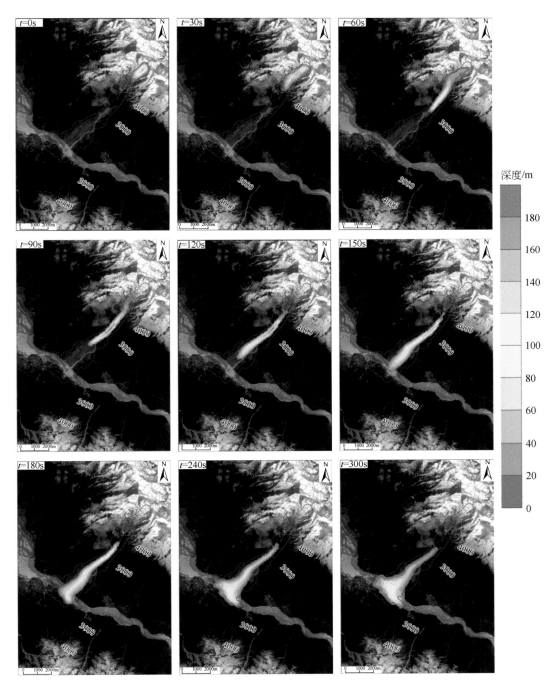

图 3.69　易贡滑坡—碎屑流过程不同时刻滑坡堆积形态（单位：m）

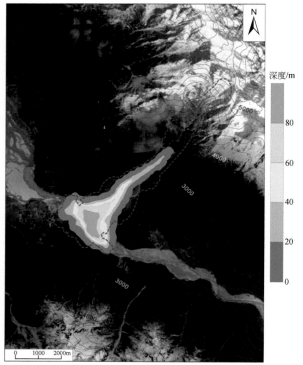

图 3.70 易贡滑坡—碎屑流最终堆积分布图（单位：m）

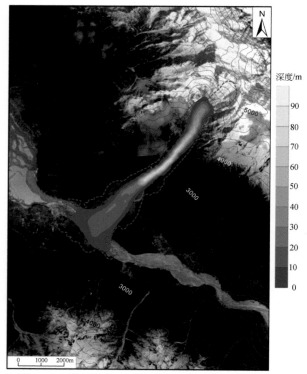

图 3.71 易贡滑坡—碎屑流铲刮分布图（单位：m）

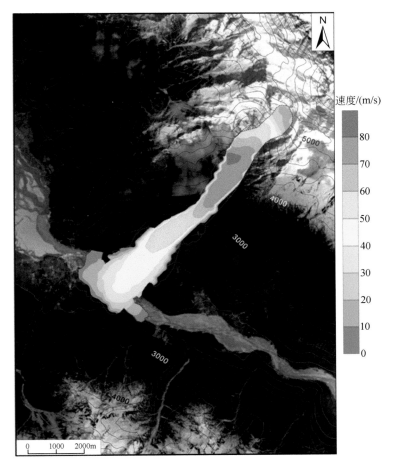

图 3.72　易贡滑坡—碎屑流最大速度分布图（单位：m）

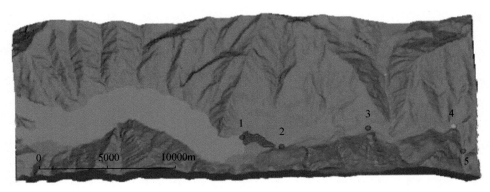

图 3.73　易贡滑坡堰塞坝溃坝 FLOW-3D 三维计算模型
1～5 代表监测点 1～5

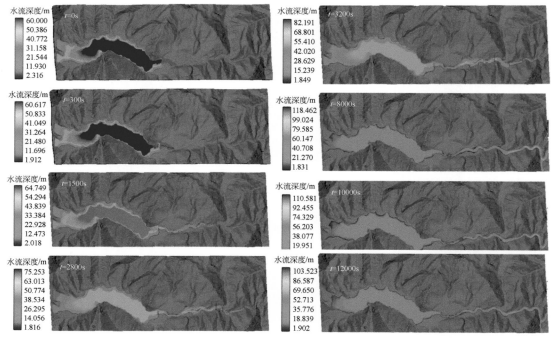

图 3.74　易贡滑坡堰塞坝溃坝洪水演进过程不同时刻水流深度变化图

　　洪水演进过程中各监测点水流深度变化如图 3.75 所示，泄洪过程中堰塞湖水深在 8000s 时降至 30m 后逐渐达到稳定。其他监测点水流深度随洪水到达上升至一定高度后小幅波动然后急剧增大，该趋势表现出堰塞坝逐渐溃决过程，坝体完全溃决后，各监测点水流深度快速达到峰值然后逐渐降低。下游河道狭窄位置水流深度大，通麦大桥处在 7000s 前后达到峰值约 100m。

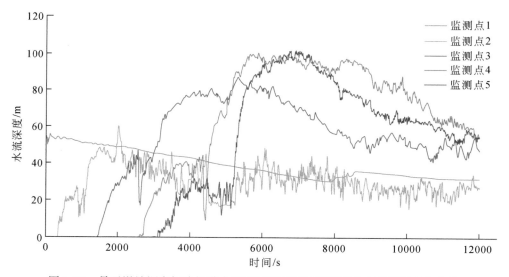

图 3.75　易贡滑坡堰塞坝溃坝洪水演进过程不同时刻监测点水流深度变化曲线

各监测点流量监测结果如图 3.76 所示，模拟得到通麦大桥处在 5100s 达到洪峰流量约 13 万 m³/s，与实测洪峰流量 12 万 m³/s 较为接近。整个洪水演进过程中，流量峰值出现在监测点 4 即河道最急处，此处在 4950s 时达到峰值流量 24 万 m³/s。10000s 时，各位置流量基本达到稳定，通麦大桥上游区域稳定在 7 万 m³/s，通麦大桥处稳定流量约 5 万 m³/s。

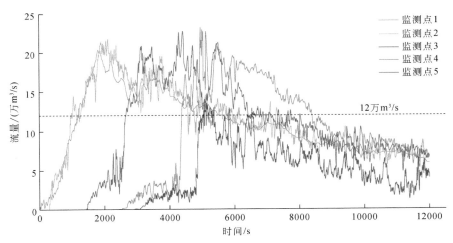

图 3.76　易贡滑坡堰塞坝溃坝洪水演进过程不同时刻监测点流量变化曲线

### 4. 易贡滑坡再次发生的风险分析

扎木弄沟受构造活动的影响，区域内崩滑体发育，松散固体物质丰富。同时，由于地处藏东南高山峡谷地貌，流域高差大、沟道坡度陡、流域中上游的物源势能大。扎木弄沟具有再次发生滑坡泥石流灾害的物质基础。根据"易贡湖生态修复与综合治理工程扎木弄沟地质灾害链调查与危险性评估报告"前期分析，扎木弄沟内仍存在 BT01 和 BT02 潜在不稳定崩滑体，潜在崩滑体的崩滑方量分别为 0.94 亿 m³ 和 0.92 亿 m³，且断裂穿过崩塌体 BT02。扎木弄沟丰富的松散物源使得流域具有再次发生灾害的物源基础（图 3.77）。

图 3.77　易贡扎木弄沟现存特大型物源分布图

**5. 扎木弄沟再次发生灾害的动力学过程预测**

基于 2000 年易贡巨型滑坡的反演模拟结果，采用滑坡动力学计算方法对扎木弄沟 BT02 潜在滑坡进行了风险预测评估分析。计算结果显示滑坡运动全过程时间为 200s，运动距离为 11.6km，平均运动速度为 58m/s，堆积体方量为 2.6 亿 m³。易贡藏布江堵江堰塞坝体厚度为 70m，坝体长度为 2.98km，坝体宽度为 2.94km（图 3.78、图 3.79）。模拟

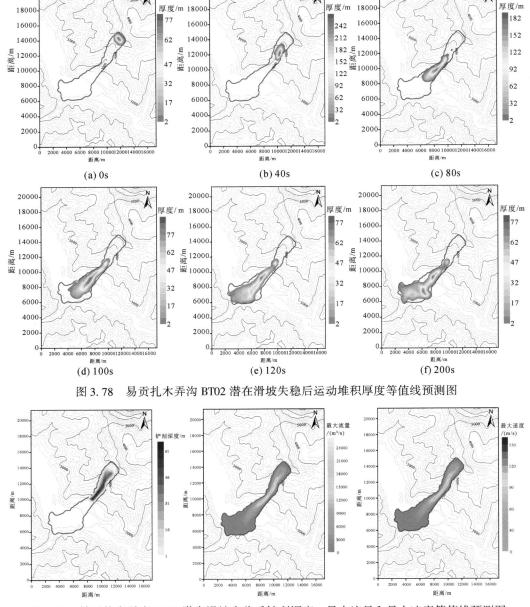

图 3.78　易贡扎木弄沟 BT02 潜在滑坡失稳后运动堆积厚度等值线预测图

图 3.79　易贡扎木弄沟 BT02 潜在滑坡失稳后铲刮深度、最大流量和最大速度等值线预测图

结果显示若 BT02 崩滑，扎木弄沟可能会再次堵塞易贡藏布，形成堰塞湖。若扎木弄沟再次发生堵江事件，堰塞湖还可能会发生溃决形成灾害链。

6. 扎木弄沟再次发生堵江溃坝洪水风险预测

基于溃坝水力学，洪水演进结果如图 3.80 和表 3.15 所示，预测堰塞湖的库容约为 35 亿 $m^3$，滑坡坝址洪峰流量为 184000$m^3/s$，出现洪峰流量的历时为 5 小时 30 分钟，约 24 小时后洪水的流量恢复到堵江前的水平。根据坝址上游 850$m^3/s$ 的补给量，预测高位岩崩发生堵江后约 55 天后坝体开始溃决。洪水演进计算出通麦的洪峰流量为 178000$m^3/s$，水位最大上升高度 61m，将完全淹没通麦处的 318 国道大桥及电力设施；计算处甘登乡的洪峰流量为 138000$m^3/s$，水位最大上升高度为 47m；墨脱县的洪峰流量为 112000$m^3/s$，水位最大上升高度约为 38m。

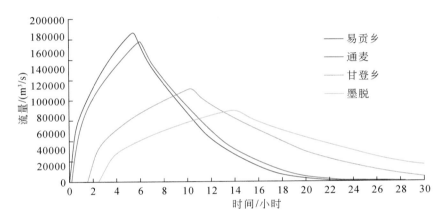

图 3.80　易贡 BT02 高位滑坡失稳堵江溃决洪水流量预测分析

表 3.15　易贡 BT02 高位滑坡失稳溃坝计算参数

| 模型参数 | 坝前河面平均宽度($B$)/m | 洪峰流量时的溃口宽度($b$)/m | 坝前上游水深($H_0$)/m | 坝后下游水深($H_2$)/m | 堰塞湖最大库容($W$)/m³ | 上游补给流量($Q$)/(m³/s) |
|---|---|---|---|---|---|---|
| 数值 | 800 | 200 | 82 | 10 | 35.0 | 850 |

# 3.7　防灾减灾对策

雅鲁藏布江下游是国家水电能源基地，川藏和滇藏交通廊道的"咽喉要道"，是国家边境安全的天然屏障，战略地位至关重要。但是，该地区也是全球地质构造最复杂、板块活动最强烈、地质灾害最严重的地区之一。1950 年 8 月 15 日位于雅鲁藏布江下游地区的墨脱发生 8.6 级地震，是近百年来我国最强烈的地震，发生多处山峰崩塌堰塞雅鲁藏布江。2000 年 4 月 9 日，雅鲁藏布江支流易贡藏布发生超高位超远程巨型地质灾害，滑坡体积约 3.0 亿 $m^3$，形成库容近 30 亿 $m^3$ 的堰塞湖，溃决后洪水流量达 12.4 万 $m^3/s$，摧毁了下游 318 国道通麦大桥，墨脱县城成为孤岛，交通中断数月，下游平缓地区千人死亡，5万多人无家可归，灾难举世罕见。2018 年 10 月 17 日和 29 日，雅鲁藏布江大峡谷色东普沟两次发生崩滑—碎屑流灾害链，堰塞体导致雅鲁藏布江两次堵江断流，威胁下游安全。为保障雅鲁藏布江下游地区水电开发及川藏铁路、318 国道、国防和边境城镇安全，提出以下防灾减灾对策建议：

### 1. 提升雅鲁藏布江下游地区超高位超远程地质灾害精准识别与监测预警能力

据近期现场初步查勘，研究区内具有变形迹象的高位地质灾害共有 2094 处，灾害类型以高位岩土体失稳和高位冰雪覆盖层失稳为主，其中高位冰崩、冰川有 1271 处，高位崩塌、滑坡灾害有 823 处。体积在 1000 万 $m^3$ 以上的特大型高位冰崩、冰川灾害数量为 352 处；特大型高位崩塌、滑坡数量为 176 处。高位崩塌、滑坡在高山区（海拔区间 3500～5000m）发育数量为 411 处，在极高山区（海拔区间>5000m）发育数量为 365 处；高位冰崩、冰川在高山区（海拔区间 3500～5000m）发育数量为 509 处，在极高山区（海拔区间>5000m）发育数量为 758 处。雅鲁藏布江下游地区发育在海拔 5000m 以上极高山区的超高位超远程特大崩塌滑坡隐患约 85 处、冰崩隐患约 214 处。对这些特大型地质灾害风险源的精准地质调查勘查超出了地质人员野外工作的体能极限，只能依靠卫星和航空遥感技术，但是，现有空–天对地观测探测技术不能完全适应雅鲁藏布江下游地区陡峻山地、天气多变、高寒浓雾、冰雪覆盖的复杂环境。因此本文提出如下建议：一是要加强适配于极高山区的航空航天遥感测量等技术装备的研发，加快适应于雅鲁藏布江下游地区等青藏高原高山、极高山区的专门卫星研发和遥感数据精细化处理技术形成，研发高寒无人区超高位超远程地质灾害风险源空–天–地立体探测技术，准确把握多维度观测信息与地质灾害动态特征；二是加强极高山区超高位风险源区空中投放监测终端及装置研发，加快高寒地区北斗终端适应性及低功耗接收机研发，积极发挥北斗卫星导航系统精密定位作用，提升极高山区特大地质灾害风险源的定位精度与监测预警能力；三是综合利用北斗卫星导航系统、高分辨率遥感和 5G 等新技术，建立雅鲁藏布江下游地区 3500m 以上高山、极高山区"空–天–地"一体化流域性地质灾害实时监测预警系统。

### 2. 加快开展雅鲁藏布江下游地区流域性堵江溃决型特大地质灾害链的防灾减灾备灾工作

雅鲁藏布江下游地区地质灾害高发地段交通困难。特大堵江地质灾害发生后，如不能及时把握灾情险情动态并尽快开展应急工程处置，将导致灾害链堵溃放大效应加剧。例如，2000 年 4 月 9 日易贡滑坡堵江形成堰塞湖后，700 多名武警官兵不顾山高路险，肩扛人抬抢运设备，在滑坡发生 20 多天后才能实施应急处置，与水位上升速度赛跑，应急工程历经 33 天，累计开挖土石方约 135.5 万 $m^3$，有效降低滑坡堰塞体过水高程为 24.1m，减少拦存湖水约 20 亿 $m^3$，但堰塞湖蓄水量仍高达 30 亿 $m^3$，形成了流域性的次生山洪地质灾害。本次调查发现具有堵江能力的高位地质灾害普遍发育，变形体成灾风险仍然较高，如雅鲁藏布江米林—墨脱段的色东普沟、则隆弄沟等，易贡藏布的扎木弄沟、笨多滑坡等，帕隆藏布的然乌湖口、尖母普曲等。建议提前开展特大地质灾害链备灾工程及非工程措施建设，对色东普沟、笨多、扎木弄沟等经调查评估认为具有发生特大流域性地质灾害链风险的复杂艰险地段，应提前进行应急抢险道路建设和导流等减灾备灾工程建设。确保一旦灾害发生，可以立即进行应急工程处置。建议对帕隆藏布然乌湖至通麦和易贡藏布江嘉黎至通麦等极易发生特大流域性堵溃型地质灾害的地段，结合318国道和波密至墨脱公路保通措施，进一步加强应急快速抢险队伍建设和专用抢险物资的储备保障建设。由于雅鲁藏布江下游地区流经印度并从孟加拉入海，因此建议加强研究跨界河流特大地质灾害链评估和预警机制，共同开展灾害链的评估、预警和避灾等非工程措施的规划和风险管控。

**3. 建立青藏高原地区重大工程建设运行地质安全风险跟踪评估与监管制度**

雅鲁藏布江下游地区是全球地质、地震、气候、水文等极端条件和人类强烈工程活动下的综合风险集合地区。就目前对该地区的科学认知能力和工程管控程度而言，尚存在未预见的巨震等极端条件下的流域性综合地质灾害风险类型，其发生概率和严重性难以科学预测。因此，建议相关部门加快雅鲁藏布江下游地区高山、极高山深切峡谷区的地质、地震、气象、水文、测绘等监测站网和研究试验基地等基础设施建设，加快建设多要素观测为一体的国家级流域性灾害链实时监测与早期预警预报系统，加快建成特大地质灾害链早期预报预警、综合灾情评估、信息发布系统的服务网络平台，从而构建特大地质灾害链对水电站、沿岸城镇与交通工程的风险预测、早期预警和综合防治的多部门联动防控和监管体系，进一步提升流域性特大地质灾害链避灾及抗灾能力。

# 3.8 小 结

雅鲁藏布江下游地区地处印度板块与欧亚板块在喜马拉雅山脉结合带的东端楔入的构造结，是全球构造应力作用最强、隆升和剥蚀最快、新生代变质和深熔作用最强的地区，也是印度洋与青藏高原的最大水汽通道。该地区地质构造运动活跃，区域地形陡峭，河谷深切，强震多发，地表侵蚀作用强烈。受地质构造、地层岩性、地形地貌、气象水文等因素的影响，雅鲁藏布江下游也成为全球特大地质灾害链最为发育的地区，这一地区地质灾害物源启动区海拔可达5000m以上的极高山区陡坡地带，启动物源前后缘高差多超过1000m以上，物源与堆积体落差超过2000m，运动距离可达10km以上，是一类超高位启动、超大高差、超远程堆积的巨型地质灾害链，灾害链具有体积巨大、运动速度极快、破坏范围极广的特点。地质灾害超高位启动后，通过巨大的势动能转换和强烈的碰撞、铲刮、解体、流动等动力作用，滑体由固体转化为多相态流体，并触发裹挟流通区两侧山体及松散堆积体，滑体体积和运动能力增加数倍以上，导致超远程运动堆积，并会形成堵江、堰塞湖、洪水灾害链，导致灾害链致灾规模明显放大。例如，2000年扎木弄沟、2018年色东普沟等特大地质灾害链整个过程包括高位崩滑、冰崩→碎屑流、泥石流→堵江堰塞坝→堰塞湖→溃决洪水，是全球最为复杂的地质灾害链。因此，亟须开展雅鲁藏布江下游地区特大地质灾害链的专项调查研究与监测工作，及时掌握灾害点的动态变形趋势，科学进行地质灾害风险预测。

本章紧密围绕雅鲁藏布江下游高山、极高山区特大地质灾害链早期识别与风险预判研究问题，开展了典型河流岸段、重要城镇周边、重大工程周边的特大地质灾害链野外调查，初步揭示了雅鲁藏布江缝合带、嘉黎构造结合带两大构造带的构造活动和高位地质灾害发育分布特征，梳理了雅鲁藏布江下游高位地质灾害风险源的变形特征和地质灾害破坏模式，结合高位地质灾害 InSAR 与高分辨率遥感的变形动态变形监测，研究了高位冰崩、滑坡、崩塌链式灾害成灾模式及动力学机理，分析了高位冰崩、滑坡、崩塌链式灾害的灾害效应，并对典型特大灾害链对重要城镇和重大工程的流域性风险进行了预测。

# 第4章　喜马拉雅山中段及中尼交通网络高位远程地质灾害

## 4.1 概　　述

喜马拉雅山中段位于南部喜马拉雅山脉与冈底斯山脉之间，由喜马拉雅主脉高山及其北翼高原湖盆和雅鲁藏布江中上游谷地等东西走向纵长地带组成。由于地处中国西南边陲的喜马拉雅山中段，与尼泊尔、印度、不丹等国家接壤，是我国家向南亚开放的重要通道，尤其是中尼、中印边境的樟木、吉隆、日屋、里孜、亚东、普兰等面向南亚的重要口岸都分布于该区域，区位优势明显，战略地位极其重要（图4.1）。

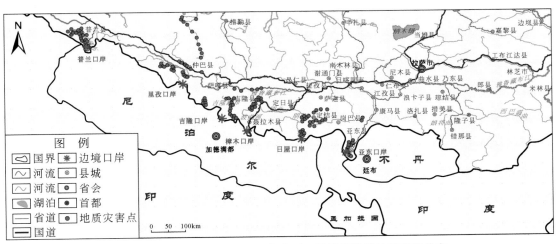

图4.1　中尼（中印）交通网络主要口岸及其沿线地质灾害分布

喜马拉雅中段所在的喜马拉雅碰撞造山带是地球上最具代表性的、仍在活动的陆-陆碰撞型造山带，也是印度板块和欧亚板块汇聚的主要变形带。在喜马拉雅造山运动叠加印度洋季风气候带来的丰沛降水的影响下，该区域发育了一系列由北向南流向的河流，这些河流成为我国跨越喜马拉雅山通向南亚的重要交通要道，但长期以来一直饱受滑坡、泥石流、崩塌及高原地区冰湖溃决诱发的次生灾害的困扰，制约南亚交通战略要道的安全运营和发展。

2015年4月25日尼泊尔博克拉 $M_S$ 8.1级地震对喜马拉雅山中段影响巨大，此次地震烈度Ⅸ度区主要位于该区域的聂拉木县樟木镇和吉隆县吉隆镇。地震诱发了大量的崩塌和边坡失稳，高烈度区内泥石流流域物源增加，叠加气候变暖等因素，该区域冰湖溃决山洪地质灾害危害和影响日益突出。2016年7月5日凌晨1时左右，受喜马拉雅山南坡丰沛降

水的诱发，喜马拉雅山中段波曲河一级支流樟藏布流域发生特大山洪泥石流灾害
（图4.2），导致318国道沿线发生多处滑坡、崩塌、地面塌陷，致使318国道多处中断，
此次山洪地质灾害造成樟木口岸友谊桥附近多处巨型滑坡复活，严重制约着樟木口岸的恢
复和发展，也长期影响着中尼公路的安全运营。根据樟藏布流域系列的遥感影像分析，此
次灾害主要由流域支沟的贡巴沙通错冰湖溃决引起的，该冰湖湖面高程为4620m，东西长
为226m，南北宽为96m，面积为14235m²，根据现场历史水位考察及无人机倾斜摄影获取
的精确地形计算，该冰湖最深处达9m，储水量为6.7万m³。贡巴沙通错冰湖2016年7月
5日发生溃决后湖面面积已减至1270m²。

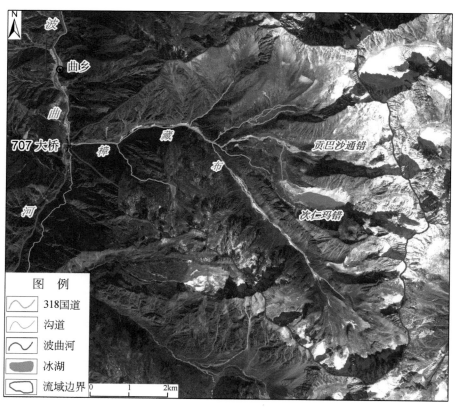

图4.2　波曲河樟藏布支流及主要冰湖分布示意图（2018年12月）

## 4.2　喜马拉雅山中段区域地质环境

### 4.2.1　地貌

　　喜马拉雅山中段在喜马拉雅以北与拉轨岗日之间，为一系列山前冰碛平台、广阔的湖
盆和宽谷发育的地区。喜马拉雅山主脉南翼冰川以下地区为强烈切割的山地，流水侵蚀作

用严重，山陡、谷深、地貌发育年轻。喜马拉雅山中段地貌类型主要分为河谷地貌、中低山地貌、中高山地貌、峡谷地貌和冰川地貌等。最高点为定日境内的珠穆朗玛峰，高程为8848.86m，最低点为噶尔藏布－马泉河宽谷盆地带，高程为1018m，相对高差达7000多米。

## 4.2.2　地质

喜马拉雅山中段地区受印度洋板块向欧亚板块碰撞、俯冲，使欧亚板块受到强烈的近南北向压力作用。印度和中国西藏南部每年以20±3mm的速度会聚，其80%的会聚力被中心位于青藏高原南部边缘50km宽的区域变形所吸收。南北向压力与东西向伸展垮塌作用，使得第四纪以来，区域构造活动以断陷为主，局部为右旋走滑，断陷谷地较发育，喜马拉雅南坡区域河流均发育深切峡谷。高喜马拉雅变质单元的顶界为主中央断裂（MCT），南边为低喜马拉雅，底界为藏南拆离系（STDS）主拆离断裂，该断裂是高喜马拉雅变质单元与北喜马拉雅特提斯沉积岩带的分界线。

## 4.2.3　地震

喜马拉雅地震带是全球活动强烈的地震带，潜在地震带活动水平维持在7.5级以上，最大地震可达7.7~8.3级。本区域位于喜马拉雅地震带内，地震活动频繁，并以挤压型浅源地震为主。据不完全统计，自1833年以来，该区域曾发生8级或8级以上强震三次：①第一次为1833年8月26日聂拉木8级地震，震中位于希夏邦马峰以西，地理坐标为85°30′E、28°18′N，烈度为XI度，影响烈度≥X度，樟木距震中63km。②第二次为1934年1月5日印度达班加的8.4级强震，震中地理坐标为86°30′E、26°30′N，烈度为XI度，5级以上余震多发；樟木镇就曾发生余震，震级为5.25，烈度为VI度。③第三次为2015年"4·25"尼泊尔$M_S$8.1级强震及其余震，是近期影响最大的一次事件，震源深度为20km，震中位于尼泊尔博卡拉，最大烈度为X度，震级在$M_S$7.0~7.9级的强余震就有两次。

## 4.2.4　地层岩性

喜马拉雅山中段地处喜马拉雅与冈底斯构造带之间，平均宽度约300km。区内以大面积出露前寒武系变质岩和发育奥陶系至新近系基本连续的海相地层为特色，显生宙沉积地层总厚达12500m。由于卷入强烈的碰撞造山作用，形成世界上最高的山脉，呈略向南凸出的弧形山系，山脉走向与构造线方向基本一致。根据大地构造相的差异，自北而南分为拉岗轨日被动陆缘盆地、北喜马拉雅碳酸盐台地、高喜马拉雅基底杂岩带和低喜马拉雅被动陆缘盆地四个次级构造单元。

## 4.2.5　气候

喜马拉雅山中段在气候带上主要包括高原温带、高原亚寒带和高原寒带三个气候带。由于区域高程整体很高，相对高差大，气候受地貌格局控制，垂直气候显著。在喜马拉雅山主脊线以南的朋曲下游、珠穆朗玛峰与希夏邦马峰之间的高山峡谷及吉隆镇等区域，地势普遍较低、气温较高、降水较多，总体属于高原温带半湿润气候区，但在高程较低的河谷区域为亚热带山地气候，往上至 3700m 为高原温带湿润半湿润气候，3700～5000m 为高原亚寒带半湿润半干旱山原气候，5000m 以上为高原寒冷荒漠气候。喜马拉雅山南坡，属于为亚热带季风气候区，印度洋暖湿气流由南向北推进受到喜马拉雅山阻挡后，水汽上升冷却形成大量降水，喜马拉雅山南坡也因此成为世界上降水最集中的地区之一。

## 4.2.6　水系

喜马拉雅山中段河流众多，除少数内流河外，均属印度洋水系，主要河流有雅鲁藏布江、朋曲、吉隆藏布、叶如藏布、波曲等。其中定日县、吉隆县北部部分区域属于雅鲁藏布江上游流域，聂拉木县南部部分区域属波曲流域，其他大部分区域属于朋曲流域。朋曲是日喀则市境内的一条独立外流水系，位于喜马拉雅山中段北坡与拉轨岗日山之间，由西向南流经聂拉木、定日和定结后出境。

# 4.3　喜马拉雅山中段冰湖溃决山洪地质灾害链

喜马拉雅山中段所在的青藏高原及其周边被称为地球"第三极"，广泛发育现代海洋性冰川，随着全球气候变暖，冰川普遍退缩，冰川活动或退缩产生的冰雪融水在冰川前部或侧部汇集形成冰湖。冰湖分为冰川阻塞湖、冰蚀槽谷湖、冰斗湖和终碛湖，其中终碛湖规模最大、分布数量最多，冰碛湖多形成于新冰期或小冰期，形成时间短、结构不稳定，当气温或地质构造变化使湖体的冲击力大于堆积体的抗溃力时极易诱发冰湖溃决事件。冰湖溃决洪水突发性强、峰高量大、传播速度快、水温低、波及范围广且常伴生泥石流，会对下游地区的生命财产和生态环境造成毁灭性灾害。因此，由于冰湖溃决诱发的高位远程地质灾害链其影响范围和破坏力远超单个灾害点的影响范畴，也是气候变化条件下青藏高原需要引起高度关注的地质灾害类型。

自 20 世纪以来，在西藏自治区有文献记载和野外考察发现的已溃决冰湖共 23 个（表 4.1），溃决灾害事件 27 次（姚晓军，2014；王欣等，2016）。而从溃决冰湖的分布来说，喜马拉雅山中段冰湖溃决数量最多。如 1954 年 7 月 16 日康马县桑旺错冰湖发生溃决，淹没下游江孜、白朗、日喀则等县区的 10 多万亩庄稼，冲毁近 200 个村庄，导致两万多居民无家可归，沿途死亡人数约有 400 人，造成有名的"江孜大水灾"（吕儒仁，

1999）。2016 年 7 月 5 日，聂拉木县樟藏布流域支沟贡巴沙通错冰湖溃决冲毁下游尼泊尔科达里（Kodari）和塔托帕尼（Tatopani）镇的水电设施、公路和房屋，并诱发了波曲河流域的多处巨型滑坡复活，导致中尼公路多处断道，樟木口岸被关停四年之久。根据最新的研究，喜马拉雅山中段溃决风险较高的冰湖有近 30 处（Allen *et al.*，2019），主要分布于该区域的聂拉木县、吉隆县、定日县和定结县境内，对下游地区的城镇、人口聚集地及大量基础设施构成了严重的威胁，尤其威胁中尼交通网络所在的波曲河流域中尼公路、吉隆藏布流域的中尼规划铁路等重要南亚通道的安全运营（图 4.3、图 4.4）。而在青藏高原气候变化条件下其在跨界河流引发的溃决型流域性灾害更需要高度关注其影响和危害后果。

**表 4.1　20 世纪以来西藏重大冰湖溃决洪水事件统计表**（据王欣等，2010；刘建康等，2019）

| 序号 | 名称 | 地理坐标<br>（°E，°N） | 所在地区 | 溃决日期<br>（年–月–日） | 面积/km³ | 溃决水量<br>/10⁶ m³ | 高程/m | 溃决原因 |
|---|---|---|---|---|---|---|---|---|
| 1 | 塔阿错 | 86.13，28.29 | 聂拉木 | 1935–08–28 | 0.23 | 6.3 | 5245 | 冰滑坡、管涌 |
| 2 | 穷比吓玛错 | 88.92，27.85 | 亚东 | 1940–07–10 | 0.06 | 12.4 | 4660 | 冰崩 |
| 3 | 桑旺错 | 90.10，28.24 | 康马 | 1954–07–16 | 5.90 | 300.0 | 5150 | 冰崩 |
| 4 | 鲁惹错 | 90.59，28.27 | 洛扎 | 20 世纪 50 年代 | 0.45 | — | 5420 | — |
| 5 | 次仁玛错 | 86.06，28.07 | 聂拉木 | 1964、<br>1987–07–11 | 0.35 | 18.9 | 4660 | 冰崩、管涌 |
| 6 | 隆达错 | 85.35，28.62 | 吉隆 | 1964–09–21 | 0.00 | 10.8 | 5460 | 冰崩、冰滑坡 |
| 7 | 吉莱错 | 87.13，27.96 | 定结 | 1964–09–21 | 0.43 | 23.4 | 5271 | 冰滑坡 |
| 8 | 达门拉咳错 | 93.04，29.87 | 工布江达 | 1964–09–26 | 0.10 | 3.70 | 5210 | 冰崩、冰滑坡 |
| 9 | 阿亚错 | 86.49，28.35 | 定日 | 1968–08–15<br>1969–08–17<br>1970–08–18 | 0.32 | 90.0 | 5560 | 冰滑坡 |
| 10 | 坡戈错 | 94.73，31.73 | 索县 | 1972–07–23 | 0.90 | — | 4332 | 冰崩、冰滑坡 |
| 11 | 波戈冰川湖 | 94.76，31.86 | 丁青 | 1974–07–06 | 0.70 | — | 4328 | 冰崩 |
| 12 | 扎日错 | 90.61，28.30 | 洛扎 | 1987–06–24 | 0.20 | — | 5420 | 冰崩、冰滑坡 |
| 13 | 印达普错 | 87.91，27.95 | 定结 | 1982–08–27 | 0.65 | 27.5 | 5175 | 冰碛堤<br>渗透变形 |
| 14 | 光谢错 | 96.50，29.46 | 波密 | 1988–07–15 | 0.24 | 5.4 | 3816 | 冰崩、冰滑<br>坡–管涌 |
| 15 | 夏嘎湖 | 91.94，28.80 | 乃东 | 1995–05–26 | 0.14 | 81.0 | 5212 | 冰崩、冰滑坡 |

| 序号 | 名称 | 地理坐标<br>(°E, °N) | 所在地区 | 溃决日期<br>(年-月-日) | 面积/km³ | 溃决水量<br>/10⁶m³ | 高程/m | 溃决原因 |
|---|---|---|---|---|---|---|---|---|
| 16 | 扎那泊 | 85.37, 28.66 | 吉隆 | 1995-06-07 | 0.05 | — | 4725 | 冰滑坡 |
| 17 | 龙纠错 | 89.69, 28.24 | 康马 | 2000-08-06 | 0.78 | — | 4698 | — |
| 18 | 嘉龙错 | 85.85, 28.21 | 聂拉木 | 2002-05-23<br>2002-06-29 | 0.61 | 23.6 | 4410 | 冰川融水与<br>降水增多 |
| 19 | 得嘎错 | 90.67, 28.33 | 洛扎 | 2002-09-18 | 0.13 | — | 5316 | 雪崩 |
| 20 | 浪错 | 91.81, 27.83 | 错那 | 2007-08-10 | 0.06 | — | 4300 | 强降水 |
| 21 | 折麦错 | 92.34, 28.01 | 错那 | 2009-07-03 | 0.03 | — | 5300 | 冰川融水增加 |
| 22 | 错嘎 | 94.00, 30.83 | 边坝 | 2009-07-29 | 0.29 | — | 4781 | 冰川融水增加 |
| 23 | 给曲冰湖 | 87.99, 27.95 | 定结 | 2010 | 0.00 | — | 5510 | 强降水或<br>冰湖湖水外溢 |

图 4.3　吉隆县吉隆镇美多当千流域冰湖溢流口实景图（镜向 210°，拍摄于 2020 年 8 月）

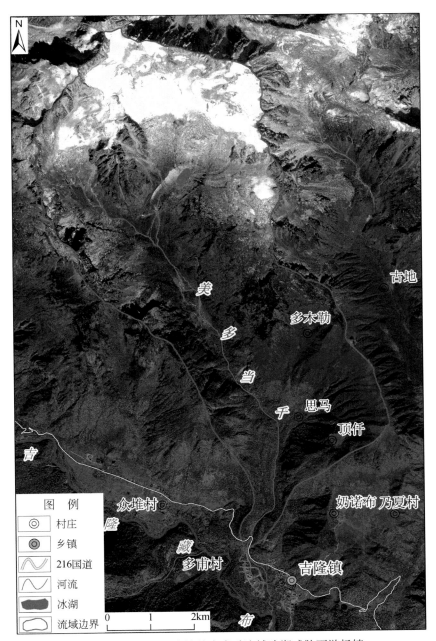

图 4.4　吉隆县吉隆镇美多当千流域冰湖威胁下游场镇

## 4.4　波曲河冰湖溃决山洪地质灾害链

近年来，伴随着全球气候变化，喜马拉雅山地区冰川正以每年 10m 到 15m 的速度退缩，成为全球退缩最快的冰川之一，冰湖面积不断扩大，冰湖溃决山洪地质灾害有加速发展的趋势。如何监测、预防冰湖溃决诱发的山洪地质灾害，并有效地减少对下游的经济、社会及生态与环境所造成的影响正待解决。因此，及早地开展喜马拉雅山中段冰湖溃决对下游水资源、生态与环境影响研究，建立冰湖变化监测与预警机制，不仅对提高我国冰湖溃决型灾害的预测能力具有重要科学意义，也是我国西部防灾减灾的现实需求。

　　波曲河流域发源于喜马拉雅中部希夏邦马峰北坡聂拉木县波绒乡的冰川区，是中国与尼泊尔界河，也是西藏日喀则市聂拉木县的主要河流。波曲河全长约 117.1km，流域面积约 2601km² （图 4.5），源头处最高高程为 8012m，沟口处最低高程为 1567m，平均纵坡降约 54.2‰。聂拉木县城至樟木口岸段约 25.3km，平均高差为 1974m，平均纵坡降为78.1‰。波曲河出中国境后进入尼泊尔的柯西河，而后汇入恒河进入印度洋。其上游部分位于中国境内，其中、下游沿程分布有大量的尼泊尔城镇。

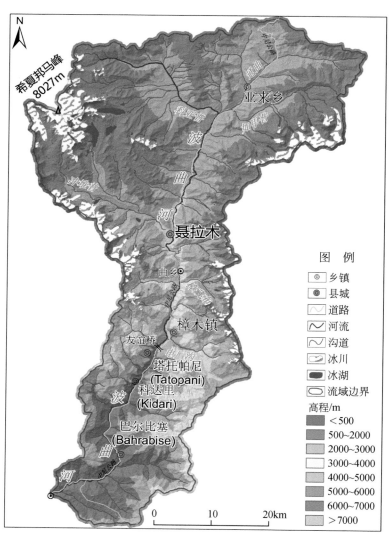

图 4.5　中尼公路波曲河流域冰川冰湖分布图

　　波曲河流域所在的柯西河流域（波曲河流域是柯西河七个子流域之一）位于喜马拉雅山中段南坡，冰川面积在过去 40 年里减少了 19%，但在过去的 15 年内，流域内所有冰川都出现了加速融化的现象。冰川的退缩使冰湖得以扩张。截至 2020 年 10 月，该流域分布有冰湖 147 处（Su et al.，2020），其中最小冰湖面积为 166m²，最大冰湖面积有 5.5km²，其中面积 0.1km² 以上的冰湖有 22 处。采用直接评价法和危险性指数法进行评价后，波曲河流域溃决风险排前 20 位的冰湖见表 4.2。

表 4.2　波曲河流域主要冰湖面积和储水量统计表

| 冰湖名称 | 面积/km² | 储水量/10⁶m³ | 直接评价法评价结果 | 危险性指数法评价结果 | 综合评价结果 |
|---|---|---|---|---|---|
| 嘎龙错 | 5.500 | 410.00 | 高危险 | 高危险 | 高危险 |
| 次仁玛错 | 0.328 | 17.39 | 高危险 | 高危险 | 高危险 |
| 查玛曲旦错 | 0.539 | 27.56 | 中危险 | 低危险 | 高危险 |
| 隆姆切错 | 0.523 | 26.81 | 中危险 | 低危险 | 高危险 |
| 岗西错 | 4.603 | 162.83 | 高危险 | 低危险 | 高危险 |
| 贡错 | 2.133 | 99.14 | 高危险 | 高危险 | 高危险 |
| 1# | 0.006 | 0.39 | 高危险 | 高危险 | 高危险 |
| 2# | 0.285 | 15.35 | 高危险 | 低危险 | 高危险 |
| 嘉龙错 | 0.490 | 285.00 | 高危险 | 高危险 | 高危险 |
| 3# | 0.308 | 16.47 | 低危险 | 高危险 | 高危险 |
| 4# | 0.042 | 2.57 | 高危险 | 高危险 | 高危险 |
| 5# | 0.007 | 0.49 | 高危险 | 高危险 | 高危险 |
| 隆觉错 | 0.246 | 13.36 | 高危险 | 低危险 | 高危险 |
| 达热错 | 0.481 | 24.98 | 中危险 | 低危险 | 高危险 |
| 6# | 0.094 | 5.22 | 高危险 | 高危险 | 高危险 |
| 7# | 0.035 | 2.18 | 高危险 | 高危险 | 高危险 |
| 岗普错 | 0.225 | 12.3 | 低危险 | 高危险 | 高危险 |
| 帕曲错 | 0.597 | 30.54 | 高危险 | 高危险 | 高危险 |
| 8# | 0.212 | 11.63 | 低危险 | 高危险 | 高危险 |
| 9# | 0.016 | 1.07 | 高危险 | 高危险 | 高危险 |

　　波曲河内流域面积大于 100km² 的支沟有五条，主要有冲堆普、科亚普、如甲普、通曲、电厂沟等。由于流域地势高、陡，沟床纵坡降大，汇流急速，河水具有暴涨暴落的特点，在暴雨期间易形成较大洪峰。洪水期为 5 月中旬至 9 月中旬，7~8 月为洪峰期，河道具有汇流急速，河水暴涨暴落的特点。波曲河流域内的冰湖主要分布在 4200~5800m 范围内，其中 5400m 以上 31 个，占冰湖总数的 21.09%；5200~5400m 范围内分布 42 个，占冰湖总量的 28.57%，面积为 7.5km²，占总面积的 37.54%；5000~5200m 范围内冰湖数量为 34 个，占冰湖总数量的 23.13%，面积为 8.7km²，是分布面积最多的区间，占总面积的 43.54%；4500~5000m 范围内虽然分布着 32 个冰湖，但是面积只有 1.02km²，仅占

总面积的 5.11%；4500m 以下分布有八个冰湖，面积达到了 1.2km²，占总面积的 6.01%。

从波曲河流域冰湖的面积分布来看，该流域面积小于 0.02km² 的冰湖有 93 个，占冰湖总量的 63.27%，面积为 0.59km²；面积介于 0.02km² 和 0.1km² 的冰湖有 31 个，占冰湖总量 21.09%，面积为 1.46km²；面积处于 0.1km² 至 0.5km² 区间的冰湖有 16 个，占冰湖总量的 10.88%，面积为 3.51km²，占总面积的 17.57%；面积处于 0.5km² 至 1km² 区间的冰湖有四个，面积为 2.26km²，占总面积的 11.31%；面积大于 1km² 的冰湖有三个，这三个冰湖总面积为 12.16km²，虽然其数量仅仅占总数的 2.04%，但面积却占波曲河流域冰湖总面积的 60.86%。

## 4.4.1　冰湖溃决山洪地质灾害概况

冰川对于气候变化的响应最直观地体现在末端的前进与后退上，而中尼交通网络所在的喜马拉雅山中段气温上升速度是全球平均水平的两倍。据统计，喜马拉雅地区冰湖面积在 1990 年至 2015 年期间扩大了 14%（Nie et al，2017）；在中国境内的喜马拉雅山地区中，冰湖面积在 20 世纪 70 年代和 21 世纪初之间增加了约 30%。喜马拉雅现有冰湖显著增长可能会增加冰湖溃决的频率或强度，进而增加冰湖溃决山洪地质灾害事件的风险水平。随着气候变化而导致的冰川湖暴发洪水（glacier lake outburst flood，GLOF）频率或强度的增加，意味着喜马拉雅地区城镇面临的风险增加。2013 年 6 月，在喜马拉雅山中部发生的印度 Kedarnath 灾难中，持续不断的降雨和 Chorabari 冰湖的溃决导致 6000 人死亡。在喜马拉雅地区，由冰湖溃决引发的灾害链因其涉及多过程、时间跨度长、规模大、范围广等特征，严重影响着流域下游居民的生命财产安全，以及交通运输、基础设施、农牧业、冰雪旅游发展乃至国防安全，因此针对该区域的冰湖开展评估并预测其溃决后的风险显得十分重要。以中尼交通网络中的波曲河流域为例，其下游为中国西藏聂拉木县及中尼公路（尼泊尔境内称为阿尼哥公路），该区域受冰湖严重威胁，通过系统分析该区域典型冰湖溃决山洪地质灾害链过程的分析，以期为未来该区域面临着的挑战开展前期研究，提升该区域的风险防范能力和水平，为防灾减灾提供准确的科学依据。因此通过收集该流域历史上重大冰湖溃决导致的灾害链资料，筛选出危害重大的冰湖开展重点研究。

## 4.4.2　冰湖溃决山洪地质灾害链数值模拟

冰湖溃决数值模拟是通过数学公式或模型估算溃决洪水在演进过程中其特征数值动态变化情况，重现或预测冰湖溃决演进过程。目前，研究溃决洪水演进的方法主要有公式推导计算和模型模拟。冰湖的溃决一般可参考溃坝的计算方法。溃坝求解可分为分段模型法和整体模型法。分段模型法先求出坝址流量水位过程，然后为上边界向下游作一维或二维的洪水演进计算。整体模型法将库区、大坝和下游河道作为一个整体，坝址和下游沿程各处的流量水位过程线自动求出，与分段模型相比，具有假设条件少、计算精度高等优点。冰湖溃坝洪水的模拟和水库溃坝洪水相似，国内外学者在利用数值模拟方法研究溃坝洪水及其在河道演进方面开展了大量的研究。1871 年法国科学家 Saint-Vennat 提出了关于水流的 Saint-Vennat 方程组，其后许多学者发展了该理论并实际应用。由于溃坝模拟及洪水在下游的演进以往是根据经验公式求取，随着计算机和存储技术的发展，近些年主要应用数值模拟来求解。科研工作者长期研究溃坝洪水，开发了一些代表性模型，如 DAMBRK 模型、BREACH 模型、FLDWAV 模型、BEED 模型、Delft3D 模型、DHI 模型系列等。目前二维模拟技术较为成熟，如 Harten 在一维模拟中，提出了一类高分辨率不振荡的 TVD 格式并成功地用于求解空气动力学的欧拉方程，从而捕捉复杂情况下的激波，得到高精度的数值解（Harten and Osher，1987）。对于溃坝的三维洪水模拟尚停留在数值模拟和模型试验，距实际工程应用还有一定距离。

冰湖的堰塞体类似于土石坝，尤其是终冰碛垄，因此，具有近似的溃决过程和溃决机理。一般意义上所描述的洪峰流量都是指溃口处的最大流量，溃坝流量的计算会经常采用 BREACH 模型，还有一些有待加强完善的模型如 DAMBRK 模型、FLDWAK 模型也能发挥其一定的功能。关于洪水在下游演进过程变化，可利用洪调法运算得到（姚治君等，2010）。BREACH 模型进行溃坝分析以获取时间和流量关系的数学模型（周清勇和傅琼华 2015）。该模型主要有七个部分组成：①溃口巧成；②溃口宽度；③库水位；④溃口泄槽水为学；⑤泥沙输移；⑥突然坍塌引起溃口的扩大；⑦溃口流量的计算。

现行溃坝洪水数值模拟主要存在水流间断处理、底坡源项和摩阻项处理、干湿动边界、不规则边界拟合、起伏地形处理等技术问题，针对这些问题不同研究者提出了不同的解决方法，但各有优缺点，有必要研究新方法以实现溃坝水流的精细模拟。同时，在流域梯级开发和气候变化的背景下，积极做好梯级溃坝洪水和冰湖溃决洪水的模拟研究显得尤为重要。由于溃坝洪水灾害的应急性，应建立快捷可靠的区域溃坝洪水预报系统。

本章的计算采用了中国科学院成都山地所研发的 Massflow 软件，其基础理论位基于深度积分的连续介质力学理论，利用改进的 MacCormack 总变分递减（total variation diminishing，TVD）有限差分方法，兼有考虑复杂地形地貌、具有二阶精度和自适应求解域特征的山地灾害动力学高效计算模拟软件。该软件具有大规模并行计算、网格重划分、提供二次开发修改物理模型、命令流一键式输入和方便的前处理建模和后处理查看等特点，适用于一般地表流灾害的数值模拟（Ouyang et al.，2013，2015）。

针对波曲河流域的冰川退缩、冰湖面积扩张及冰湖溃决历史事件（Wang et al.，2015；Nie et al.，2018）的分析表明，在中国境内的喜马拉雅地区潜在危险性最高的 10 处冰湖中，有 7 处分布于中尼公路沿线的波曲河流域。通过直接判别法和危险性指数法对波曲河的冰湖进行分析和综合评价后，得出其中危害较大的冰湖主要包括嘎龙错、次仁玛错、查玛曲旦错、隆姆切错、岗西错、贡错、嘉龙错等，其中对下游威胁最大的就是波曲河支流冲堆普流域内的嘎龙错冰湖，根据 2020 年 7 月对嘎龙错冰湖水下地形的实地测量，该冰湖的湖面面积已经达到 $5.5 km^2$（图 4.6、图 4.7）。波曲河流域是整个喜马拉雅山中段高危冰湖分布密度最高的流域，分析其灾害链过程及其对流域下游的影响对喜马拉雅山中段和中尼交通网络具有一定的示范作用。本章将重点分析波曲河流域嘎龙错、嘉龙错和次仁玛错冰湖溃决形成山洪泥石流灾害的风险。

图 4.6    中尼公路嘎龙错冰湖与下游聂拉木县城位置图

(a) 嘎龙错冰湖三维卫星影像

(b) 嘎龙错冰湖全貌

图 4.7    波曲河流域嘎龙错冰湖三维影像及冰湖实景图（2020 年 7 月）

## 4.4.3　嘎龙错巨型冰湖溃决风险分析

根据对波曲河流域冰湖面积的统计，全流域内面积大于 1km² 的冰湖有三个，分别是嘎龙错、贡错、岗西错，总面积为 12.16km²，这三个特大冰湖数量仅仅占了冰湖 2%，但是面积却占了总面积的 61%。其中嘎龙错为波曲河流域面积最大的冰湖，为 5.5km²。作者等利用自 20 世纪 70 年代以来的多期多源遥感影像、无人机倾斜摄影、现场勘察、水下地形测量及三维数值模拟相结合的手段，对典型的嘎龙错冰湖造成的影响进行分析和预测。

### 4.4.3.1　嘎龙错冰湖特征

嘎龙错冰湖所在的冲堆普流域属于曲河上游右岸一级支流，发源于喜马拉雅山脉的希夏邦马峰（高程为 8027m），呈北西－南东向在县城南东角汇入波曲，其流域面积为374.27km²。流域形态近似栎叶形，主沟道长为 37.18km，沟床纵坡降变化较大，嘉龙错以上沟床纵坡降为 352‰，嘉龙错至浦洛段沟床纵坡降为 100‰，浦洛以下沟床纵坡降为87‰。主沟谷整体形态呈明显的"U"型谷地，两侧谷坡的坡度约 33°～40°。冲堆普流域地形复杂，大小山脉纵横交织，形成许多陡峻峡谷，流域源头最高处为希夏邦马峰，高程8027m，沟口最低高程为 3784m，相对高差达 4243m，有第四纪冰迹分布，如角峰、槽谷、冰斗和冰川台地等。区内高山地带冰雪作用强烈，现代冰川十分发育，雪线为 4900～5200m（图 4.8）。受近期全球温室效应的影响，冰雪消融速度加快，使得夏季冰湖水源补

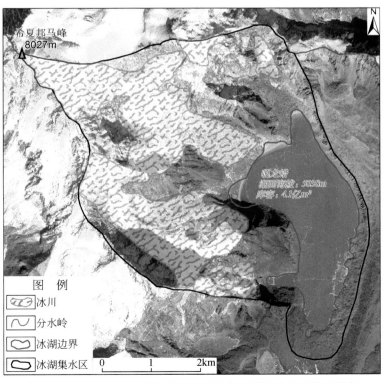

图 4.8　波曲河支流冲堆普沟嘎龙错冰湖及其后缘补给冰川分布

给十分充足，甚至出现冰崩、冰川跃动等，个别冰湖出现溃堤，导致下游发生大型泥石流、洪水。2002 年 5 月 23 日和 6 月 29 日冲堆普流域嘉龙错冰湖先后两次发生溃决引发泥石流就属这种类型。

　　冲堆普流域冰川冰湖极为发育，尤其是近年来受全球气候增温、增湿效应的影响，冰川退缩加剧，冰湖扩展速度加快，流域内分布有一定规模的冰湖 27 处，较危险的冰湖有嘎龙错、嘉龙错等，聂拉木县城位于冲堆普流域下游的冰碛台地上，冰湖及其溃决诱发的山洪泥石流对聂拉木县城威胁极大。根据 2020 年 7 月和 8 月现场实测结果表明，嘎龙错冰湖面积为 5.5km²，湖面高程为 5038m，该冰湖从 1977 年的 1.66km² 持续扩张到 2020 年的 5.5km²，冰湖体积为 4.1 亿 m³（图 4.9）；嘉龙错冰湖面积为 0.64km²，湖面高程为

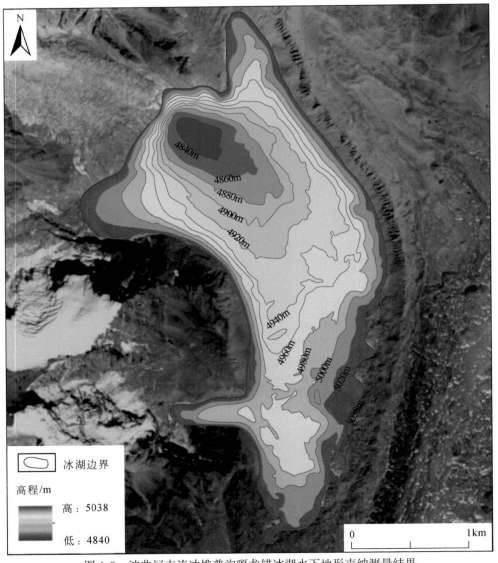

图 4.9　波曲河支流冲堆普沟嘎龙错冰湖水下地形声纳测量结果

4382m，嘉龙错溃冰湖面积从 1977 年的 0.1km² 扩张到 2018 年的 0.64km²，冰湖体积为 3.7×10⁷m³。与此同时，冲堆普流域正源上方的大量冰川退缩后的冰碛物及冰川退缩后形成的终碛湖和部分早期的冰面湖对下游县城的潜在危害也很大，2020 年 8 月 1 日上游 3 处小型冰湖溃决连通，携带近 300 万 m³ 的冰碛物堆积到下游河道，对下游县城低洼地带的交通、建筑等公共基础设施冲刷严重，造成经济损失上亿元（图 4.10、图 4.11）。

(a) 决洪前

(b) 决洪后

图 4.10　波曲河支流冲堆普沟冰湖决洪造成县政府大楼护堤被毁（2020 年 8 月 1 日）

图 4.11　波曲河支流冲堆普沟沟口聂拉木县城新区建设挤占行洪通道

#### 4.4.3.2 嘎龙错冰湖溃决风险预测

数值计算方面能较好的再现和预测冰湖溃决山洪地质灾害链的动力过程，针对流体对可侵蚀沟床的研究始于 20 世纪 80 年代，经过数十年的研究，流体侵蚀模型得到了迅速的发展与实地的应用，随之扩展到处理非平衡输沙及激波的形成进而涉及流动自由表面演化和床层形态动力学之间的耦合（Iverson and Ouyang，2015）。通过实验和数值方法对模型进行验证，可蚀性河床溃坝水力学是一个复杂的瞬态过程，因此作者等采用泥沙输移与形态演化相结合的浅水耦合模型，模型考虑了由水流与泥沙相互作用产生的动量交换项并采用时间和空间二阶 MacCormack-TVD 有限差分法求解，数值计算过程在 Massflow 软件中完成。数值计算的范围为嘎龙错冰湖溢流口至尼泊尔境内波曲河流域出水口位置，其全长 87km，嘎龙错冰湖溃决洪水在下游的演进过程中将对沿程的房屋、道路、桥梁、水电站等基础设施造成损毁。不同溃决水量条件下流体在下游演进过程中洪峰流量和流速见图 4.12、图 4.13。

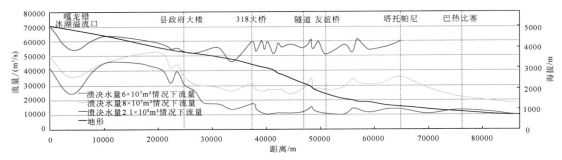

图 4.12　波曲河支流嘎龙错冰湖溃决洪峰流量数值模拟对比

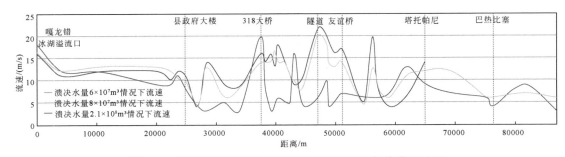

图 4.13　波曲河支流嘎龙错冰湖溃决沿程流速数值模拟对比

#### 4.4.3.3 嘎龙错冰湖溃决聂拉木县城地质安全风险分析

数值分析结果表明，嘎龙错冰湖在不同溃决水量情况下（$2 \times 10^7 m^3$、$4 \times 10^7 m^3$、$8 \times 10^7 m^3$、$2.1 \times 10^8 m^3$），对下游聂拉木县城及友谊桥都有严重的危害，同时，由于冰湖溃决洪水的强

烈冲刷和侵蚀作用，对下游的沟道及沿程的波曲河两侧岸坡影响极大（图 4.14 ~
图 4.16）。数值分析过程显示，嘎龙错冰湖即使是在溃决水量仅 $6×10^7\,m^3$ 的情况下将完全
淹没沟道中的高层建筑，并导致县城大部分被淹没，尤其是目前由于震后恢复重建扩建的
县城新区处于该流域的行洪通道上更是首当其冲（表 4.3）。而在水量溃决 1/2 的情况下，
无论在县城还是友谊桥位置，其影响和破坏是毁灭性的。

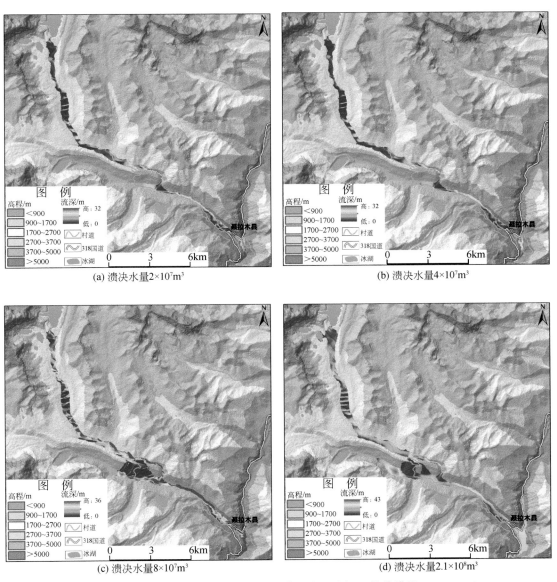

图 4.14　波曲河支流嘎龙错冰湖溃决流体深度（流深）数值模拟（$t=4500\,s$）

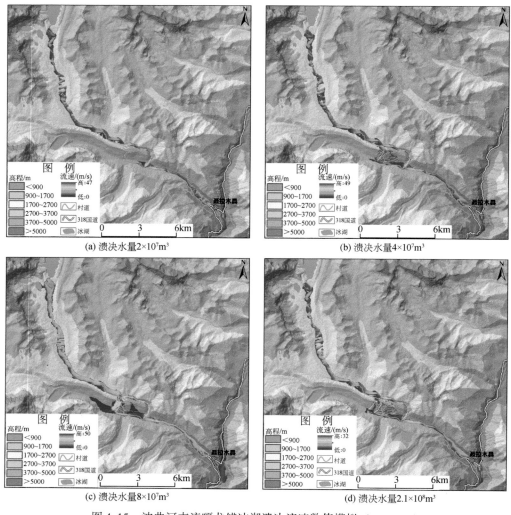

(a) 溃决水量2×10⁷m³  (b) 溃决水量4×10⁷m³

(c) 溃决水量8×10⁷m³  (d) 溃决水量2.1×10⁸m³

图 4.15　波曲河支流嘎龙错冰湖溃决流速数值模拟（$t=4500\text{s}$）

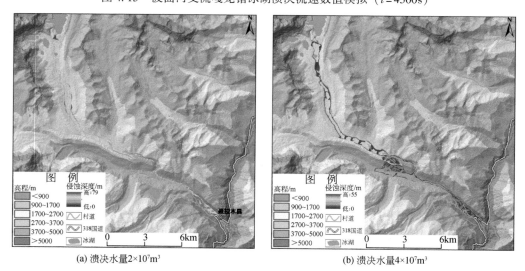

(a) 溃决水量2×10⁷m³  (b) 溃决水量4×10⁷m³

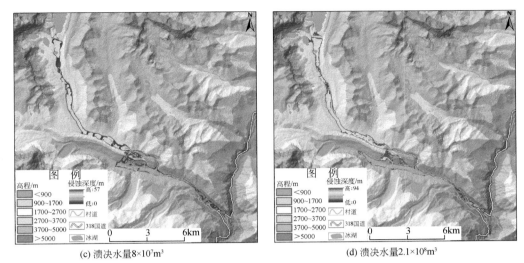

图 4.16　波曲河支流嘎龙错冰湖溃决侵蚀深度数值模拟（$t = 4500$ s）

**表 4.3　嘎龙错冰湖溃决不同典型断面位置的结果预测**

| 剖面位置 | 县政府办公大楼 | | 友谊桥 | |
|---|---|---|---|---|
| 溃决水量/m³ | $6 \times 10^7$ | $2.1 \times 10^8$（全溃） | $6 \times 10^7$ | $2.1 \times 10^8$（全溃） |
| 模拟流深/m | 24（淹没大楼） | 43 | 29 | 45 |
| 侵蚀深度/m | 20 | 37 | 26 | 30 |
| 流速/（m/s） | 11 | 12 | 7 | 17 |
| 流量/（$10^5$ m³/s） | 3.7 | 5.8 | 1.2 | 5.3 |

## 4.4.4　嘉龙错冰湖溃决山洪泥石流灾害链及风险分析

嘉龙错位于波曲河支流冲堆普上游右支沟，距县城 15km，湖呈椭圆形，湖面平均面积达 0.64km²，高程为 4331m，库容为 $3.7 \times 10^7$ m³，该湖西北侧为喜马拉雅山脉冷布岗冰川。嘉龙错冰湖曾先后于 2002 年 5 月 23 日和 2002 年 6 月 29 日发生溃决，形成山洪灾害。2020 年 8 月 6 日，在日喀则市消防支队协助下，作者等携带 MS400P 多波束测深系统及无人船对嘉龙错冰湖进行了水下地形与库容和水深测量，并采用多源、多期次遥感影像，获得了嘉龙错冰湖面积及其后缘冰川退缩变化过程（图 4.17），显示了由于冰川面积逐渐退缩，冰湖面积在逆向同步扩大。

为了进一步分析嘉龙错冰湖对下游沿程带来的灾害风险，本章通过解析分析和模型估算溃决洪水演进过程的特征数值动态变化，重现与预测冰碛湖溃决演进过程。数值计算过程运用了中国科学院·水利部成都山地灾害与环境研究所自主开发的 Massflow 软件，计算范围为嘉龙错冰湖溢流口至聂拉木县城下游冲堆普与波曲河交汇处的下游。溃决洪水演进

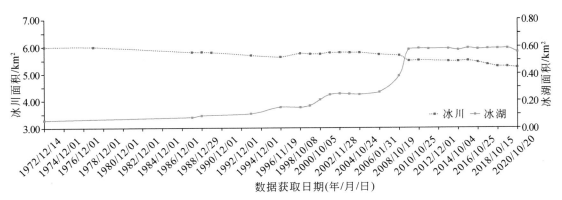

图 4.17　波曲河支流嘉龙错冰湖扩张及其后缘冷布岗冰川退缩过程

过程中洪水对下游的流速、流深与侵蚀深度变化情况如图 4.18 ～ 图 4.20 所示。数值分析结果表明，嘉龙错冰湖在现有库容溃决近 1/4 水量工况下（$9 \times 10^7 \mathrm{m}^3$），对下游位于冰碛台地上的聂拉木县城沿河一带都会构成严重的威胁，从洪水演进过程和聂拉木县城局部的威胁见图 4.21 ～ 图 4.24。由于冰湖溃决洪水的强烈冲刷和侵蚀作用，对下游沟道及聂拉木县城的侵蚀冲刷也较为严重。

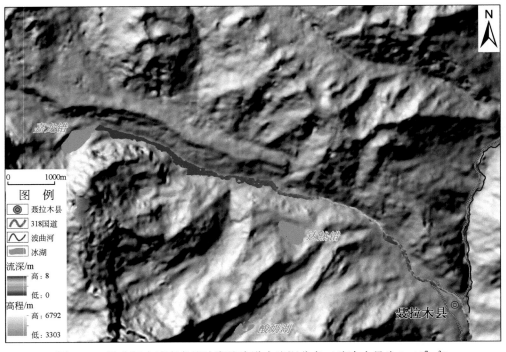

图 4.18　波曲河支流嘉龙错冰湖溃决洪水流深分布（溃决水量为 $9 \times 10^7 \mathrm{m}^3$）

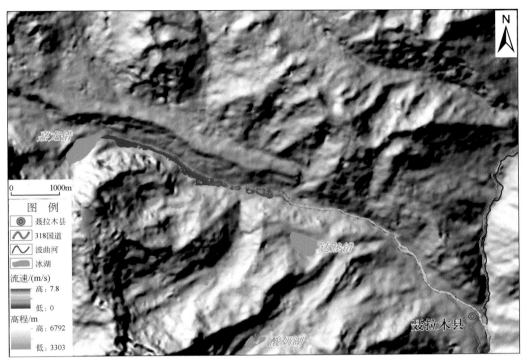

图 4.19　波曲河支流嘉龙错冰湖溃决洪水流速分布（溃决水量为 $9 \times 10^7 \text{m}^3$）

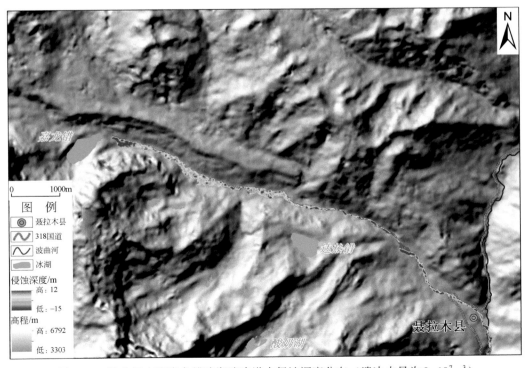

图 4.20　波曲河支流嘉龙错冰湖溃决洪水侵蚀深度分布（溃决水量为 $9 \times 10^7 \text{m}^3$）

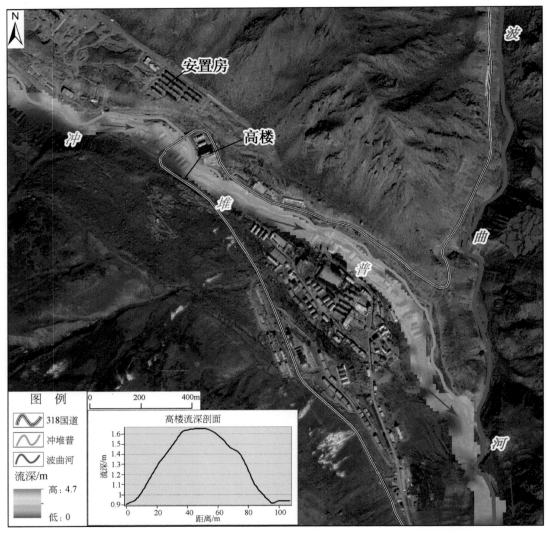

图 4.21　波曲河支流嘉龙错冰湖溃决洪水在聂拉木县城流深分布（溃决水量为 $9 \times 10^7 \mathrm{m}^3$）

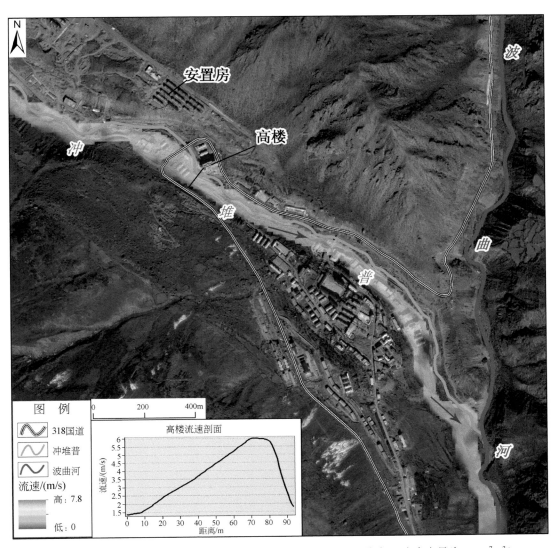

图 4.22　波曲河支流嘉龙错冰湖溃决洪水在聂拉木县城流速分布（溃决水量为 $9 \times 10^7 \mathrm{m}^3$）

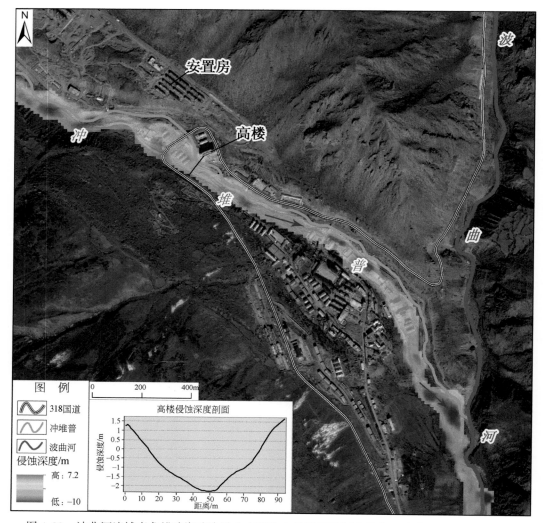

图 4.23　波曲河流域嘉龙错冰湖溃决洪水在聂拉木县城侵蚀深度分布（溃决水量为 $9×10^7 m^3$）

　　根据现场调查和分析计算表明，嘉龙错冰湖存在溃决的隐患，并对下游构成危害。因此，本章讨论了降低冰湖溃决山洪灾害风险的对策措施。嘉龙错冰湖北、东、西三侧均为终碛堤坝，其中，西侧冰碛堤高出湖面约 80m，东侧冰碛堤高出湖面 20~50m，呈中间高两侧低的"驼峰型"，高出下游主沟床约 200m；北侧冰碛坝高出湖面约 10~20m，在立面上呈锥状，底宽约 100~300m，两侧坡度约为 35°~50°，中间有溢流口。冰碛坝组成为松散含粉质、泥质的砾石土，颗粒级配很宽，最大颗粒约 5m，混杂堆积，为花岗片麻岩（约占 50%~60%）和花岗岩（占 40%）。冰湖北侧冰碛堤有溢流口，溢流口处大石林立，多为 0.5~4.0m 巨石，下游沟床的比降较大，约 100%，水流呈典型的紊流态。未采取工程干预前，溢流口湖堤的厚度很小，不利于堤坝的稳定。溢流口处实测出流水流量约为 0.3~2.0m³/s。主河平时实测流量为 5.8~45.0m³/s。受主河强烈侵蚀的影响，在汇口上游的左岸出现 3 处大规模的老冰碛堤崩塌，靠下游的 1 处崩塌最大，宽度约 300m，厚度为 3 ~ 5m，贯穿了整个高度（约 450m），崩塌量约 5.4×10⁵m³。冰湖南侧发育现代冰川，顺山坡呈舌状分布，面积为 4.07km²，冰川的平均厚度约 20 ~ 50m，在冰川上发育有大量的冰裂缝，在气温急剧上升，大量降雨（降雪）或地震的情况下，大量的冰体可能坠落湖中，使湖水急剧上升，并产生冲击力，导致北侧冰碛堤瞬时溃决，产生冰湖溃决洪水-泥石流，危害下游县城和通商口岸。

2020 年 8 月 1 号晚上由于冲堆普流域上游普降暴雨，暴雨引发三个小型冰湖溃决，溃决洪水冲刷并携带冲堆普上游大量的冰碛物进入下游沟道，与嘉龙错和嘎龙错等冰湖汇入的水流一起引发的超标准洪水引起聂拉木县城受灾。与此同时，冲堆普正源的形成的洪水/泥石流对嘉龙错冰湖的坝体从两个方向形成了强烈的冲刷，导致原有相对稳定的冰碛坝体形成两处薄弱环节。根据水下地形实测结果及嘉龙错冰湖湖面与冲堆普主沟沟床的高差分布分析，嘉龙错冰湖未来面临的风险主要来自两个方面：

（1）冲堆普流域正源未来大量冰碛物形成的泥石流冲刷、掏蚀，容易导致嘉龙错冰碛物堤体失稳溃决（图 4.24），其中，蓝色箭头为冲堆普主沟的流向，其中红色箭头位置为形成的薄弱坝体。

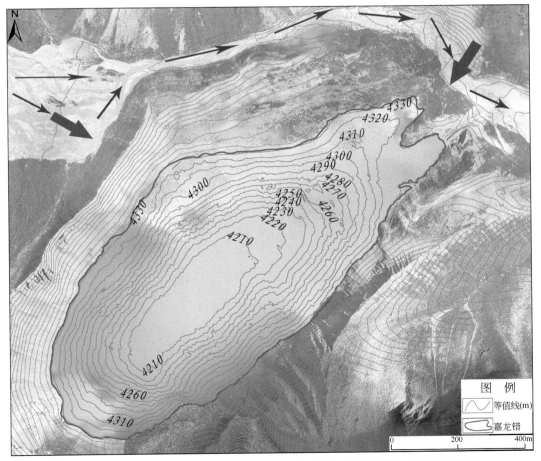

图 4.24　波曲河支流冲堆普流域泥石流-山洪对嘉龙错坝体顶冲和侵蚀示意图

（2）嘉龙错冰湖后缘补给母冰川–冷布岗冰川潜在高位冰崩将引发涌浪冲击坝体溃决风险（图 4.25、图 4.26）。

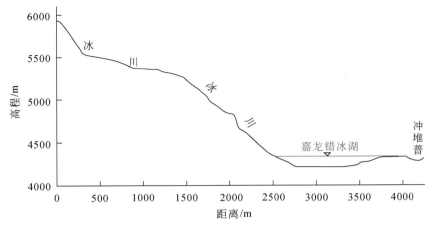

图 4.25　波曲河支流嘉龙错冰湖后缘冷布岗冰川至冰湖与冲堆普流域入汇处纵剖面

图 4.26　波曲河流域嘉龙错冰湖后缘冷布岗冰川远眺

因此，从源头上考虑，建议采用抽排水相结合方案分级逐步降低嘉龙错冰湖水位。本章讨论了在四种不同降水方案下的冰湖溃决灾害风险，提出了嘉龙错冰湖减少库容与剩余库容结果（表4.4）。结合现有溢流口位置地形、数值模拟预测分析、现场施工难度与投入工程量综合考虑，从应急降险上，建议嘉龙错冰湖抽排水减少的库容不应低于溃决库容的1/4，即近20m降水方案，减少库容达950万 m³；从综合治理除险上，降水方案二较为理想，即降低30m，减少库容约1500万 m³，可以保障下游聂拉木县城的安全泥水位范围（图4.27）。

**表 4.4 嘉龙错冰湖不同降水方案下减少库容与剩余库容结果统计表**

| 方案比选 | 降低水位 | 减少库容/万 m³ | 剩余库容/万 m³ |
|---|---|---|---|
| 方案一 | 48m | 2200 | 1500 |
| 方案二 | 30m | 1500 | 2200 |
| 方案三 | 20m | 950 | 2750 |
| 方案四 | 10m | 600 | 3100 |

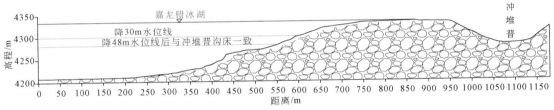

图 4.27 波曲河流域嘉龙错冰湖安全水位建议

## 4.4.5 次仁玛错冰湖溃决风险分析

次仁玛错冰湖位于波曲河左岸支流樟藏布，地处聂拉木下游12km，樟木镇上游13km（图4.2）。1981 年 7 月 11 日，次仁玛错冰湖溃决引发山洪泥石流灾害，峰值流量达到16000m³/s，摧毁了下游中尼公路延续近50km范围内的交通基础设施，以及尼泊尔境内的逊科西水电站，并诱发了多处大滑坡，导致尼泊尔 200 人死亡（徐道明，1987）。樟藏布为波曲流域中下游左侧的一级支流，位于聂拉木县南部，隶属于樟木镇。该沟发源于喜马拉雅山脉的巴玛热康日峰（海拔为6109m），呈东西向流入波曲河，沟口即为318国道上著名的 707 大桥。樟藏布整体呈东西向阔叶状，主沟沟道长约 8.5km，流域面积约50.5km²，主沟长为8.95km，平均纵坡降为182‰。源头最高处为喜马拉雅山巴玛热康日峰，海拔为6109m，沟口最低海拔为3168m，相对高差为2941m。根据2009 年遥感影像，该流域源头共有 12 条冰川，冰川面积为 7.42km²，占流域总面积的 14.7%。樟藏布支流发育有六条主要支沟，其中海拔 3550m 以上发育有五条主要支沟，这些支沟沟床纵坡降大，介于149.6‰~501.4‰。樟藏布主沟切割深度达 40~100m，沟谷两岸坡度达40°以上，山高谷深坡陡，山体稳定性较差。

　　本章将以 1981 年 7 月 11 日次仁玛错冰湖溃决为样本，反演分析该流域冰湖溃决山洪泥石流灾害链过程（图 4.28），以预测未来冰湖溃决对波曲河下游的灾害风险。

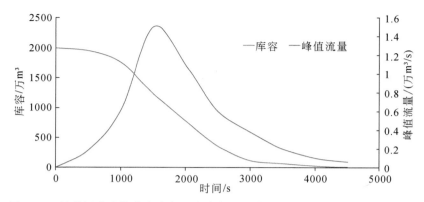

图 4.28　波曲河支流樟藏布次仁玛错冰湖 1981 年 7 月 11 日溃决过程流量曲线

　　数值计算中考虑了洪水对沟道松散堆积体动力侵蚀效应，通过对次仁玛错冰湖历史溃决灾害模拟和反演，根据计算结果与实地调查结果进行对比分析，可以得出次仁玛错冰湖溃决泥石流在波曲河沿程不同断面位置的峰值流量、流速、水流深度等重要基础参数。模拟结果揭示了溃决灾害链过程的侵蚀携带情况，从次仁玛错冰湖溢流口（溃口）到樟藏布沟口主要以侵蚀为主，从樟藏布沟口到友谊桥局部沟道束窄处溃决泥石流会对沟床进行侵蚀，主要以侧蚀为主，侵蚀强度较小。同时，在实地调查中考虑到沟道沿程大量崩塌、滑坡堵塞引起的泥石流灾害规模放大效应。通过对次仁玛错冰湖历史溃决灾害模拟和反演，并将其与 1981 年 7 月 11 日次仁玛错冰湖溃决后实地调查结果进行对比分析（图 4.29、图 4.30），可以看出灾害过程侵蚀携带情况。从次仁玛错冰湖溃口到樟藏布沟口明显以侵蚀为主，从樟藏布沟口到樟木镇段局部沟道束窄处会加剧对波曲河岸坡的侵蚀，并且以侧蚀为主，侵蚀强度相对较小，而从樟木镇到友谊桥的侧蚀较为严重，整个侵蚀过程与实地调查情况基本吻合。通过次仁玛错冰湖溃决洪水在波曲河各断面位置的流体深度与速度，与文献记载的灾害事件发生后的实际调查结果十分吻合（表 4.5），也验证本方法的可靠性，为该方法的分析和预测提供了基本依据。

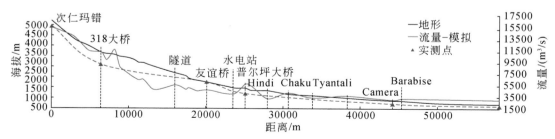

图 4.29　波曲河支流樟藏布次仁玛错冰湖溃决沿程典型断面模拟洪峰流量
和实测流量（1981 年 7 月 11 日）

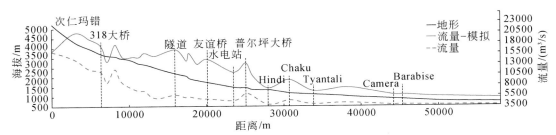

图4.30 波曲河支流樟藏布次仁玛错冰湖溃决沿程模拟洪峰流量和考虑堵溃
效应峰值流量对比（1981年7月11日）

表4.5 典型剖面模拟结果与实地调查测量结果对比

| 位置 | 模拟水深/m | 实际水深/m | 模拟速度/(m/s) | 实际流速/(m/s) |
|---|---|---|---|---|
| 樟藏布沟口 | 20 | 18.5 | 17 | 17.9 |
| 中尼友谊桥 | 17.8 | 17.4 | 10 | 13.4 |

由于次仁玛错冰湖当前水位已经逐渐趋近历史溃决水平，结合樟藏布沟口、友谊桥一号滑坡、中尼友谊桥，以及尼泊尔境内水电站及沟道两侧居民区等典型断面洪峰流量和沟道侵蚀状态进行了重点分析（图4.29、图4.30）。若次仁玛错冰湖再次溃决，将会对下游道路、桥梁、水电站等基础设施构成威胁。溃口侵蚀沟床松散堆积物，成为泥石流启动的主要物源。溃决洪水将形成一条宽约100m，长约1000m的侵蚀沟道，其平均深度为20m，最大深度为60m，为泥石流的形成提供了丰富的物源。洪水引起的稀性泥石流在樟藏布沟口转弯处形成"爬坡"现象，由于流体速度大，冲击力强，所以流体在巨大的动能下冲向对岸并短暂堵塞波曲河。这与樟藏布沟道内流体洪峰剖面图显示沟道两侧流体深度相差悬殊的现象是相吻合的。樟藏布沟口—尼泊尔水电站，洪水、泥石流在此阶段为流通—堆积，侵蚀类型以侧蚀为主。同时在此阶段沟道两岸崩塌滑坡极为发育，将会引起岸坡两侧强烈的侵蚀导致的局部崩塌河滑坡。因此，洪水-泥石流在此阶段产生的危害最大。模拟结果显示，在友谊桥断面位置流体平均流体深度为16m，最大流体深度为17m，小于当前友谊桥桥面高程。洪水到达尼泊尔境内水电站附近，由于水电站的拦蓄作用，此阶段以淤积为主，淤积深度大于10m。水电站下游城市乡镇距离河道较近，且人口密度大，洪水将淹没大部分城市乡镇。

次仁玛错冰湖下游地质条件复杂，流域内崩塌、滑坡、沟道泥石流沉积物、冰碛物等物源补给丰富多样，易于在沟道内形成局部堵塞溃决放大效应，引发下游滑坡群的复活失稳。模拟结果显示，次仁玛错冰湖溃决山洪泥石流对会樟木镇至中尼友谊桥1#、2#、3#和4#滑坡坡脚进行掏蚀，直接影响滑坡的稳定。

总体上看：①次仁玛错冰湖溃决在溃口侵蚀严重，大量物源参与洪水的演进，易演变成泥石流堵塞波曲河形成堰塞湖，上游水量不断累积，导致二次溃决，形成"流量放大"效应，带来的破坏更加严重。②樟藏布沟口—尼泊尔水电站，洪水、泥石流在此阶段为流通—堆积，侵蚀类型以侧蚀为主。沟道两岸滑坡较为发育，洪水掏蚀坡脚，给滑坡的稳定性构成威胁。③洪水水位略低于友谊桥桥面，次仁玛错冰湖再次溃决对其构成的影响较小。④尼泊尔水电站调洪能力有限，溃决洪水到达该位置时发生大量淤积，导致水电站於满失效。⑤尼泊尔境内有许多的村、镇、城市坐落于河流两岸，且人口密度大，次仁玛错冰湖溃决将导致下游水位暴涨，将淹没大部分村、镇城市。威胁众多居民的人身财产安全。

# 4.5　中尼交通网络口岸地质灾害

喜马拉雅山中段拥有面向南亚的中尼樟木、吉隆、陈塘（日屋）、里孜、普兰五个边境口岸，以及中印的亚东等边境口岸。中尼公路通过樟木友谊桥与318国道相连，形成了"尼泊尔—樟木—友谊桥—拉萨—内陆各省"的贸易通道，樟木作为该通道上的咽喉，是中国通向南亚次大陆最大的陆路开放口岸，其边境贸易口岸的作用非常突出（图4.1）。2015年"4·25"地震前，樟木口岸对尼贸易总值超过120亿元/a，占中国西藏外贸总值的80%以上（中尼贸易总值95%以上），其贸易额度在发展中呈井喷式增长并不断壮大，有力地拓展了中尼传统关系并强化了中尼经贸联系和互动。2015年4月25日，尼泊尔$M_S$ 8.1级地震之后，樟木口岸因地震地质灾害关闭，导致了边境贸易额度呈现断崖式下降。2019年5月30日，樟木口岸恢复货运功能的通关之后，逐渐恢复且增长势头依然强劲。中尼边境吉隆口岸和中印边境的亚东口岸目前正规划中尼（日喀则经吉隆至加德满都）和中印铁路（日喀则至亚东），其中，中尼铁路目前已经进入勘察设计阶段。

中尼交通网络地区地质条件复杂，地震活动强烈，地质灾害极为发育。有研究认为，2015年尼泊尔"4·25"地震标志着喜马拉雅造山带自1950年以来半个多世纪的平静期已经结束，开始进入新活动期，预计将持续十到几十年（刘静等，2015；吴中海和刘杰，2015），其防灾减灾任务更加繁重。根据2015年尼泊尔"4·25"地震诱发的地质灾害空间分布情况来看，最集中的区域主要分布在喜马拉雅山中段面向南亚的几个重要口岸，包括中尼的樟木口岸、吉隆口岸、日屋口岸、里孜口岸和普兰口岸，以及中印的亚东口岸，其中，樟木口岸所在的波曲河流域、吉隆口岸所在的吉隆藏布流域和日屋口岸所在的陈塘沟流域灾害最为发育。下面重点介绍樟木、吉隆和亚东等边境口岸的地质灾害情况（参见图4.1）。

## 4.5.1　樟木口岸

樟木地区地处喜马拉雅山南坡，为亚热带印度（洋）季风气候区。印度洋暖湿气流由南向北推进受到喜马拉雅山阻挡后，水汽上升冷却形成大量降水，喜马拉雅山南坡成为世界上降水最集中的地区之一。樟木口岸年降水表现为明显的季节性，且强降雨的频率高、雨量大。

波曲河从樟木地区西侧穿过，河流强烈下切形成"V"型谷，流经樟木地区的坡降约10%。根据不同的山地地貌特征，可进一步细化为极高山地貌、中高山地貌和低高山地貌，其中，极高山地貌分布在区域内广大基岩山区，包括波曲西部、东部基岩山区，属喜马拉雅山南坡，构造地貌主要表现为山体强烈隆升，河流深切，但下切速率小于山体隆升速率，山峰发育现代冰川，古冰碛十分发育，高山受构造控制明显，外力作用以冰雪作用和冻融风化作用为主；中高山地貌分布在南部的樟木镇和聂拉木镇以南一级分水岭到次级分水岭一带，高程为 4500m 左右，相对切深大于 1000m，山峰陡峭，以构造剥蚀作用为主；低高山地貌类型主要分布在该区北部的中喜马拉雅山一带，相对切深为 200～500m 左右，流水侵蚀和冻融风化作用是塑造山地形态的主要外营力。从喜马拉雅山南坡的聂拉木县城到樟木镇直线距离不足 18km，高差却达 2000m，区内的河谷地貌主要分布在波曲河谷地带，根据地貌环境特点，波曲河谷大致可以分为两种类型，即宽浅式河谷和狭窄式河谷，从曲乡电站至友谊桥为窄谷段，长约 16km，沿岸坡度为 35°～65°，谷底宽为 5～15m，沟床纵坡降为 6%～8%。

　　樟木口岸地区区域地层为前震旦系聂拉木群的曲乡组（AnZq）变质岩，分布于樟木镇南侧至康山桥兵站，其上部为江东组（AnZj），底部为友谊桥组（AnZy）。曲乡组总体呈灰-浅灰色，包括上部、中部、下部三段变质岩，区域出露厚度大于 4500m。根据钻孔揭露，滑坡区前震旦系聂拉木群曲乡组深变质岩以黑云斜长片麻岩为主，夹石榴黑云斜长片岩、二云斜长片麻岩、眼球状糜棱岩。樟木镇地处印度洋板块与亚欧板块碰撞形成的喜马拉雅地体的中部，高喜马拉雅的南缘，距离低喜马拉雅北缘的主中央断裂（MCT）直线距离仅几千米。高喜马拉雅变质单元的顶界为主中央断裂（MCT），南边为低喜马拉雅，底界为藏南拆离系（STDS）主拆离断裂，该断裂是高喜马拉雅变质单元与北喜马拉雅特提斯沉积岩带的分界线（图 4.31）（尹安，2006）。

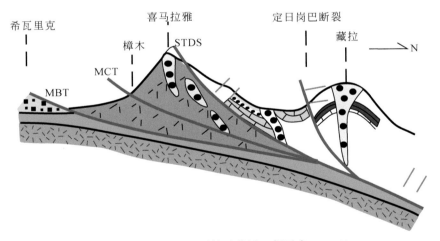

图 4.31　喜马拉雅地质构造简图（据尹安，2006）
MBT. 主边界断裂；MCT. 主中央断裂；STDS. 藏南拆离系；地层：N—Q

　　据不完全统计，2015 年 "4·25" 尼泊尔地震之前，樟木口岸范围内分布的有 63 处灾害点（泥石流 5 处、滑坡 35 处、崩塌 23 处）。根据 "4·25" 尼泊尔地震之后地质灾害应急排查结果，截至 2015 年 6 月，樟木口岸区域共有灾害点 115 处，其中滑坡 7 处、泥石流 22 处、崩塌 71 处、不稳定斜坡 15 处。"4·25" 尼泊尔地震后效应非常明显，受喜马拉雅山南坡丰沛降水的诱发，发生了大量地质灾害，尤其是高位远程地质灾害影响最为严重。2016 年 7 月 5 日，波曲河支流樟藏布流域贡巴沙通错冰湖溃决引发特大山洪泥石流灾害，堵塞波曲河后形成堵溃放大效应，对波曲河下游沟道岸坡造成强烈冲刷，导致 G318 沿线多处中断，樟木镇至友谊桥段滑坡群多处复活，造成 G318 线道路塌陷变形破坏，局部可以达到 10m 以上，樟木镇至友谊桥段道路中断。

## 4.5.2 吉隆口岸

吉隆口岸位于西藏吉隆县南部，属于亚热带山地季风气候区，年平均气温可达 10 ~ 13℃，最暖月气温 18℃以上，年降水量达 1000mm 左右，年无霜冻日天数在 200 天以上。印度洋暖湿气流向北推进，受喜马拉雅山阻挡后，成为西藏少有的降雨中心之一。吉隆口岸位于喜马拉雅山南坡高山河谷地区，吉隆镇地形较为平坦，以镇区为中心往东、往南较为开阔，最低高程在 2600m 左右。山地地貌分布于吉隆镇周围，高程一般不超过 4800m，山顶季节性积雪，剥蚀作用强烈。吉隆地区地表水系交错，主要河流有吉隆藏布和美多当千沟两条山区沟谷型河流，其中，吉隆藏布发源于大吉拉山南麓和吉拉山冰峰，位于喜马拉雅山南侧，属于西藏外河流之一，河流流向大致为由北向南，至边境热索桥流入尼泊尔王国境内，改称特尔苏里河，最后与恒河汇合注入印度洋；美多当千沟为吉隆藏布下游左岸一级支流，于吉隆镇区西南 500m 汇入吉隆藏布，河流由北向南。

吉隆地区内为一套经历多期区域变质作用和剪切作用改变的结晶岩基底。岩石类型以黑云斜二长变粒岩、透辉大理岩、片麻岩为主，尚见变质砾质杂砂岩、黑云石英片岩等。吉隆口岸位于属于喜马拉雅陆块（印度板块），雅鲁藏布江缝合带于研究区北部呈东西、近东西向通过。其中，F16 断层于朗格勒通过，该断层将喜马拉雅陆块分为南北两部分，北部为北喜马拉雅特提斯沉积褶冲带，南部为高喜马拉雅结晶岩带。第四纪以来，吉隆地区新构造运动具有间歇式上升的特点。由于区内强烈的地壳抬升，区内河流大多比降很大，河流流速很快，具有强烈的下蚀作用，形成了众多的深切河谷，岸坡陡立，并在多处形成了陡峻的峡谷。

根据现场调查，吉隆口岸与中尼规划铁路沿线（中国境内部分）共分布有地质灾害 191 处（参见图 4.1），其中，对口岸威胁最为严重的是美多当千泥石流。美多当千泥石流位于喜马拉雅山南坡南坡西藏日喀则地区吉隆县吉隆镇西北方向，沟口为吉隆镇，流域面积为 47.5km²，主沟长为 13.1km，主沟道出口处高程为 2842m（中尼公路桥），沟域源头俄玛汤最高高程为 5690m，发育两条支沟（参见图 4.2）。泥石流高差为 2954m，沟谷平均纵坡降平均为 208.9‰。沟道出山口之前段长为 10.9km，高差为 2858m，纵坡降平均值为 262.2‰。从形成流体来说，全流域可划分为清水区、形成流通区和堆积区。流域上游冰川作用形成的"U"型谷和悬谷地貌发育，流域堆积区冰川堆积及冰碛垄广泛分布。整个流域形态为长条形，上游发育有两条支沟，其中南侧侧支沟纵坡降为 150‰ ~ 200‰，上游发育有 1 处冰湖，支沟右岸为冰水成因的垅状堆积体，右岸为花岗岩斜坡崩塌堆积成因的碎块石土。2 号支沟位于沟谷中游的多木勒，该支沟发育宽度为 10 ~ 15m，流水断面发育宽度为 1 ~ 1.5m，支沟流域面积为 2.5km²，沟谷源头高程为 4700m，主要由沟谷源头冰雪融水及基岩裂隙水的补给。流域上游基岩出露，第四系覆盖厚度小，流域中、下游植被覆盖率大于 80%，植被类型为高大乔木。

特别值得注意的是，冰川堆积在该区广泛分布，尤其是流域下游吉隆镇、吉隆镇上游的冲堆及吉隆镇下游冲色等地。美多当千泥石流沟谷中下游尤其是出山口处发育分布大面积的冰川堆积。冰川堆积体颜色灰白色、灰色，岩性为砂卵石土，堆积体呈密实结构，自然斜坡稳定。堆积体层理不甚清晰，或者具备倾斜层理，分选性差，含块度 2～20m 不等的漂砾。美多当千泥石流堆积区从沟道出山口（中尼公路桥）起始，至主河道的吉隆藏布。从卫星影像上可以看出，出山口处距离吉隆藏布的直线距离仅 400m，高差为 85m，纵坡降为 212‰。然而美多当千泥石流其流向从沟道出山后并未沿最短的直线距离直接注入吉隆藏布，而是发生多次偏转变化，经过 2100m 的径流（沟道纵坡降为 62‰），进入主河吉隆藏布。究其原因主要有三个方面：其一，水流流量小；其二，流水出山口后由于地形开阔，流速显著降低；其三，出山口处的吉隆沟沟谷开阔，其地势北高南低、东高西低，流水出山后，由于其流速迅速降低，其主流向地势较低的南西方向发生偏转。之后沿场镇后山斜坡坡脚向南流动，与下游方向的沟谷汇合后，流量显著增大，之后再次偏转，沿北东东—南西西方向注入吉隆藏布。

吉隆场镇地形与吉隆藏布上游支沟及美多当千沟地质时期的冰川泥石流活动和塑造密不可分。而且从中尼公路桥开始至下游地形逐渐开阔，沟谷宽度和深度逐渐增加，宽度自 10m 增加至 100m。沟道深度也从 0.5～0.8m 过渡到 4.0m，进而逐渐增加至 25m。因而泥石流堆积区与目前吉隆场镇扩建区域多有重叠，因此对吉隆场镇的建设区构成了较大的威胁和危害。由于冰川堆积地层固结程度高，密实结构，稳定性高，该套地层整体稳定未见整体或局部滑塌现象，可不计入松散地层。美多当千沟为一老泥石流沟，曾于 20 世纪初期及 20 世纪八九十年代爆发，造成了一定的经济财产损失。受尼泊尔"4·25"地震影响，沟域内新增崩塌物源较多，总量为 175.8 万 m³，可参与泥石流活动的动储量为 23.2 万 m³，泥石流易发程度提高。

## 4.5.3　亚东口岸

亚东口岸是中印贸易的主要通道。位于日喀则市亚东县境内，地处喜马拉雅山脉中段南坡谷地，海拔 2800 多米，与印度、不丹两国接壤，当代的主要通道是乃堆拉山口。亚东口岸北部高程约在 4300m 以上，南部地势较低，自然条件相对优越，素有"西藏江南"之称，高程为 2500～3400m，最南端的下林玛瑭村帕里玛曲河谷高程仅 2000m。亚东口岸地处喜马拉雅山脉中段南坡，属喜马拉雅山高山地貌，区域地形为高山峡谷地带，介于喜马拉雅山主中央断裂与托丹-尼拉断裂带之间。该带为印度大陆北部边缘海之基底岩系。其南通过主中央逆冲断裂推覆于低喜马拉雅山构造带上，其北通主中央逆冲断裂被北喜马拉雅沉积带所推覆，该带断裂以逆掩构造为特征，在亚东所见震旦系—寒武系石英片岩是由北而南推覆于前震旦纪变质岩之上所形成的较大的推覆体，该类断裂走向多与岩层走向一致，断面多向北倾，由下向南推覆而形成叠瓦状构造。本区域古近纪、新近纪构造活动强烈，伴随构造运动的迹象，本区为构造相对稳定的地区。

根据现场调查，亚东口岸片区与规划中的日（喀则）亚（东）铁路沿线共分布有地质灾害点 251 处，其中，崩塌 32 处（大型 7 处、中型 12 处、小型 13 处），滑坡 62 处

（大型 2 处、中型 5 处、小型 55 处），泥石流 63 处（特大型 1 处、大型 4 处、中型 9 处、小型 49 处），不稳定斜坡 94 处（大型 2 处、中型 24 处、小型 68 处）。主要的高位地质灾害有林玛塘泥石流、尕乌沟泥石流、塘嘎布沟泥石流、切玛沟泥石流和仁青岗沟泥石流。

### 4.5.3.1　林玛塘泥石流

林玛塘泥石流位于亚东县上亚东乡汝丙岗村曲登嘎布，泥石流流域面积为 30.3km²，泥石流主沟长为 12.12km，源头最高高程为 4957m，沟口最低高程为 3355m，主沟平均纵坡降为 132.2‰，泥石流内支沟发育。小型崩塌较多，破碎岩石随处可见，为泥石流提供了丰富的物源补给，流通区形成区植被较发育，该泥石流正处于旺盛期，中易发小型泥石流，沟口及下游有居民居住，影响其生命财产安全（图 4.32）。

图 4.32　亚东林玛流域塘冰湖分布遥感影像图

### 4.5.3.2　尕乌沟泥石流

尕乌沟泥石流位于亚东县上亚东乡汝丙岗村，泥石流流域面积为 82.2km²，泥石流主沟长为 15.75km，源头最高高程为 5578m，沟口最低高程为 3884m，主沟平均纵坡降为 107.6‰。泥石流沟内支沟发育，如亚拉普、亚热普等较大支沟。物源区因冰川积雪的因素造成岩石破碎，崩塌发育。冰湖较发育，为泥石流暴发提供水源补给。泥石流处于旺盛期，属于中易发泥石流，规模为中型（图 4.33）。

### 4.5.3.3　塘嘎布沟泥石流

塘嘎布沟泥石流位于亚东县下司马镇增扎上游 500m，泥石流流域面积为 145km²，泥石流主沟长为 21.07km，源头最高高程为 5287m，沟口最低高程为 2995m，主沟平均纵坡降为 108.8‰。泥石流沟内支沟发育，物源区冰川冰湖发育，为泥石流提供了水源补给。泥石流流域内植被较多。该泥石流正处于旺盛期，属于中易发泥石流，主要诱发因素有暴雨、冰川，沟口及沟口下游有居民居住，影响着人们的生命财产安全（图 4.34）。

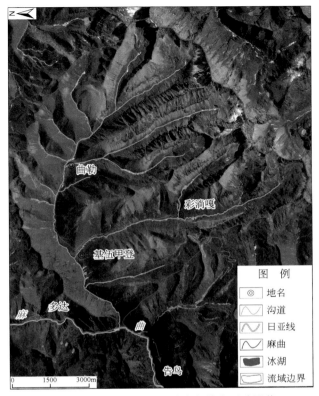

图 4.33　亚东尕乌沟流域冰湖分布遥感影像

图 4.34　亚东塘嘎布沟冰湖与泥石流遥感影像

### 4.5.3.4　切玛沟泥石流

切玛沟泥石流位于亚东县下亚东乡切玛村，泥石流流域面积为 51.2km²，泥石流主沟长为 14.09km，源头最高高程为 4953m，沟口最低高程为 2877m，主沟平均纵坡降为147.3‰。泥石流沟内有两条，物源区有小型冰川，冰湖发育，为泥石流提供了水源补给。泥石流流域内植被较多。该泥石流正处于旺盛期，属于中易发中型泥石流，主要诱发因素有暴雨、冰湖溃决，沟口及沟口下游有居民居住，影响着人们的生命财产安全。

### 4.5.3.5　仁青岗沟

仁青岗沟位于亚东县下亚东乡仁青岗村，泥石流流域面积为 53.9km²，泥石流主沟长为 13.03km，源头最高高程为 4967m，沟口最低高程为 2863m，主沟平均纵坡降为161.47‰。泥石流支沟发育，物源区有小型冰川，冰湖发育，为泥石流提供了水源补给。泥石流流域内植被较多。该泥石流正处于旺盛期，属于中易发中型泥石流，主要诱发因素有暴雨、冰湖溃决，沟口及沟口下游有居民居住，影响着人们的生命财产安全。

## 4.5.4　其他口岸

此外，中尼边境其他三个口岸也不同程度受到地质灾害的威胁，但总体上看，严重程度不大。

1. 里孜口岸

区域共分布有地质灾害 258 处，其中，崩塌 160 处（特大型 2 处、大型 17 处、中型62 处、小型 79），滑坡 58 处（特大型 3 处、大型 15 处、中型 21 处、小型 19 处），泥石流 40 处（特大型 13 处、大型 7 处、中型 16 处、小型 4 处）。

2. 日屋（陈塘）口岸

位于定结县的日屋（陈塘）口岸沿线共分布有地质灾害点 145 处，其中，崩塌 43 处（特大型 5 处、大型 16 处、中型 17 处、小型 5 处），滑坡 21 处（大型 3 处、中型 10 处、小型 8 处），泥石流 48 处（大型 15 处、中型 29 处、小型 4 处），不稳定斜坡 33 处（大型7 处、中型 16 处、小型 10 处）。

3. 普兰口岸

普兰口岸位于西藏自治区西南部阿里地区中国、印度、尼泊尔三国交界处的二类口岸，有陆路通道和水路通道。根据 2015 年尼泊尔 "4·25" 地震后开展的应急排查，对普兰口岸通道威胁的地质灾害点有 56 处，其中，崩塌 26 个、滑坡有 9 个、泥石流有 21 个。崩塌灾害中，大型崩塌 3 个，占崩塌总数的 11.54%；中型崩塌 5 个，占崩塌总数的19.23%；小型崩塌 18 个，占崩塌总数的 69.23%。滑坡灾害中，中型滑坡 2 个，占滑坡总数的 22.22%；小型滑坡 7 个，占滑坡总数的 77.78%。泥石流灾害中，中型泥石流 4个，占泥石流总数的 19.05%；小型泥石流 17 个，占泥石流总数的 80.95%。同时，这些灾害点可能对马甲藏布河道造成挤压或阻断，使下游受到洪水及次生灾害的威胁。

# 4.6 喜马拉雅山中段防灾减灾对策研究

高位远程地质灾害具有高势能和运动距离远的特点，具有极强的破坏力。因此，为更好应对藏南及中尼交通网络的高位远程地质灾害的风险，需要加强以下几个方面的工作：

1. 加强高位远程地质灾害成因分析与早期识别研究

结合高位远程地质灾害发育的地质、地理、气象水文、地貌、构造和水文地质条件等地质环境背景调查，加强高位远程地质灾害的成因分析；开展区域地质环境条件与地质灾害背景调查，对以前关注度较低的喜马拉雅地区开展一些基础性的普查和详勘工作，查明高位远程地质灾害分布，评估高位远程地质灾害的发展趋势和危险程度，为建立以地质灾害形成机理为基础的预警报方法提供基础。同时，充分发挥高精度光学遥感和合成孔径雷达干涉测量（InSAR）等技术手段的优势，加强高位远程地质灾害早期识别方法研究，为进一步提高高位远程地质灾害早期识别率提供可靠的支撑。

2. 建立基于多源信号的高位远程地质灾害监测预警体系

高位远程地质灾害，由于其发生过程中往往会伴随着较长距离的运动或者大规模滑移过程。因此，借着地震（包括微震监测方法或次声信号）、水文、气象、通信等基础监测站网的信号，充分挖掘地震台网的地表破坏振动、水利部门的堵江断流水文数据、气象部门的降水监测预警等多源信息建立综合性的高位远程地质灾害监测预警体系；但当前喜马拉雅地区在站网部署密度、监测自动化程度和通信信号覆盖方面有很多盲区。因此，建议从国家层面制定政策推动多源信号监测相关政策向喜马拉雅地区倾斜。

3. 加强高位远程地质灾害成灾机理基础研究

喜马拉雅地区地处高山峡谷和地震活跃区，高位远程地质灾害十分发育，防治难度极大，目前在基础理论和工程减灾方面仍有大量急待解决的关键科学和技术问题需要进一步加强研究。以冰湖溃决型泥石流为例，针对冰湖溃决泥石流的三种成因，基于次声或微震的冰崩、雪崩次声信号识别方法；溢流口水土耦合问题、岩土力学和堤下水文监测，冰碛坝稳定性评估；以及高寒浓雾山区激光可视化、溢流口坝体地温、气温、降雨量和水位监测，基于遥感冰川和冰湖区的温度变化的监测评估等。与此同时，高高程、低温、恶劣天气等多种因素对构建适应地理环境的监测阵列提出诸多挑战，设备的可靠性研发也有很多技术难关需要克服。而以高位远程滑坡为例，预警时效性、准确定位等也同样面临很多难题。

4. 加强高位远程地质灾害的治理技术的研发力度

高位远程地质灾害一般自身处于较大的相对高差，势能很大，从工程治理的角度面临很大的挑战，以高位远程崩塌、滑坡等为例，当前传统的防治措施在此类灾害面前往往就难以发挥应有的效果。因此，传统的防护网在面对冲击力极强的高位远程崩塌时，也难以取到很好的效果。

5. 建立多部门协调联动机制，确保边境城镇和国防设施的安全

在气候变暖的背景下，地处喜马拉雅山中段的喜马拉雅山腹地还有大量由于冰川消融

导致的冰湖快速扩张的情况，作者等中已经对其有代表性的波曲河流域开展了大量研究，但对于整个区域由于快速扩张导致溃决风险较高的冰湖溃决山洪地质灾害链对边境城镇和国防设施的危害问题，目前由于底数不清、防治难度也极大等因素的制约，尚未系统性开展研究工作，进而评估其潜在风险及其对影响仍存在较大的困难。同时，从行政管理的角度来说，冰湖扩张等问题属于水利部门，而其溃决在下游形成的泥石流等灾害属于自然资源部门管辖范围。因此，未来建议在系统开展防治技术研发和基础专项普查工作的基础上，建立并强化此类灾害链的跨部门协调机制，发挥多部门联动机制优势开展此类灾害链问题的防治。通过对聂拉木县城上游冲堆普流域嘎龙错冰湖溃决结果预测分析，位于青藏地区此类冰湖溃决型泥石流灾害链对当地边境城镇、国防通道的危害极大。因此，针对边境城镇面临的冰湖溃决型泥石流这类地质灾害，建议需要采取监测预警+工程治理相结合对其进行综合防控，确保下游县城和中尼贸易通道的安全。

# 4.7　小　　　结

喜马拉雅山中段地处高山峡谷和地震活跃区，高位远程地质灾害十分发育，防治难度极大，目前急需加强基础理论和工程减灾关键科学和技术问题的研究。以冰湖溃决型山洪泥石流为代表的高位远程地质灾害与前往南亚出口的战略通道分布发生重叠，在此背景下，受高高程、低温、恶劣天气等多种因素影响，此类型的灾害无论从监测预警，还是工程防治等防灾减灾措施的实施都提出了诸多挑战。

与此同时，随着樟木口岸货运功能的恢复和开通已经展开，随着南亚贸易的发展以及当前的国际、国内形势需求，以该口岸地质灾害综合整治与道路功能优化为支撑的传统口岸功能的全面恢复和升级需要尽快提上议事日程，进而拓展和提升中尼贸易规模和水平。在中尼公路保通和逐步恢复货运功能的基础上，采取"贸易与旅游分流"的交通升级方案，通过在樟木镇后山开辟国萨贸易新区，与尼泊尔境内的中尼公路对接，优化樟木口岸现在公路交通，避开现有穿越樟木镇中尼公路的堵点，彻底解决制约樟木口岸贸易发展体量受限的问题。

此外，当前在全球气候变暖背景下，喜马拉雅山中段冰湖溃决型泥石流诱发的灾害链问题对南亚和中尼交通网络通道的安全运营进一步构成了很大的威胁，尤其需要引起高度重视。为保证我国南亚通道、重要口岸与边境城镇的工程地质安全，需要系统开展综合研究，并尽快启动下列工作：

（1）充分利用国内外遥感卫星影像，加强喜马拉雅山南坡高危冰湖后缘冰川退缩及冰湖扩张的演化历史分析，为冰湖灾害风险的早期风险识别提供本底数据，进而针对威胁重要场镇的高危冰湖，结合现场踏勘，无人机倾斜摄影技术等手段，获取冰湖溢流口等重点位置的高清影像和局部地形，为下一步开展监测和工程干预提供基础数据支撑。

（2）加强冰湖溃决型泥石流灾害成因分析与评估；开展喜马拉雅山南中段冰湖溃决型泥石流灾害的早期识别和风险评估；开展冰湖冰碛坝体稳定性评估，分析和评估冰湖溃决风险及其影响的危险区域，为冰湖溃决灾害的应急预案危险区域划定提供科学的依据。

（3）针对威胁重点城镇和人口聚集区的重点冰湖开展水文气象、冰碛坝体土力学参数、溃决泥石流次声、泥位及综合监测预警，对部分库容极大且下游有重要场镇的冰湖尽快开展工程手段进行干预，降低水位和库容。

（4）加强基层冰湖溃决灾害链的科普宣传，建立临灾预案，提升基层规避此类自然灾害风险的能力。同时，要加强针对防范难度极大的高位远程地质灾害工程治理技术的研发和储备，降低中尼交通网络受高位远程崩塌、滑坡及溃决型灾害危害的风险。尼泊尔"4·2"地震后西藏自然资源部门已经对喜马拉雅山中段危害居民点和重要交通干线的重大地质灾害点开展了工程治理，对保障中尼贸易和南亚交通网络发挥了重要作用。但由于目前该区域仍然存在大量的地质灾害，急需建立从基础理论—监测预警体系—防治技术方案的综合防治方案。

（5）多部门联合，交通提前打通前往冰湖的施工便道，保障工程器械能够达到现场，通讯提前部署基站覆盖工作区域，与此同时，建议尽快将冰湖溃决型泥石流灾害链治理列入规划，尽快开展溃决泥石流治理立项，针对边境城镇防洪规划制定更高标准。

# 第5章 金沙江白格高位堵江滑坡及流域性地质灾害

## 5.1 概 述

白格滑坡发生在藏东横断山脉、金沙江上游的河谷地带，地理坐标为98°42′14.1″E，31°04′53.21″N。该滑坡分别于2018年10月10日和2018年11月3日间隔24天先后发生了两次大规模高位滑动，连续两次阻断金沙江干流河道，形成了典型的滑坡—堵江—溃决洪水流域性特大链式地质灾害，造成了极大的经济损失（王立朝等，2019；许强等，2018）。尤其是第二次滑坡堵江形成的堰塞湖库容达到5.79亿 m³，堰塞湖溃决后溃决洪水最大洪峰流量高达3.1万 m³/s，溃决洪水沿江演进长约500km，造成沿线公路、桥梁、水利、农田、房屋等严重损坏（张新华等，2020；Fan et al.，2019；Wang et al.，2020）。从地质角度来看，白格滑坡孕育于金沙江构造混杂岩带，属典型的高山峡谷地貌，该区内外地质作用强烈，具有高构造应力、强震频发、活动断裂分布密集等特征，区内地层多以蛇绿混杂岩带为主，岩性复杂多变且相互夹杂（邓建辉等，2019；Zhang et al.，2020b）。如此复杂的地质环境导致白格滑坡引起的特大地质灾害链变得十分复杂，尤其是在滑坡的成因、滑坡高位启动后运动的动力学过程等方面涉及复杂的物理力学机制，同时也为白格滑坡后期应急处置带来了很大难题。本章采用了综合的勘查手段、地表形变监测和数值模拟，基本查明了滑坡区地质环境条件，理清了两次滑坡基本特征，揭示了包含滑坡形成机理和滑坡运动的链动过程，同时对滑坡残留体边界条件、岩体结构和变形破坏特征进行了深入剖析，在此基础上介绍了滑坡残留体应急处置措施，并对处置效果和残留体后续发展趋势进行了宏观的评价。本章的研究结果可为金沙江构造混杂岩带滑坡灾害的防灾减灾提供较高的借鉴价值。

## 5.2 区域工程地质

### 5.2.1 地形地貌

滑坡区地处藏东横断山脉、金沙江上游的河谷地带，为典型的构造侵蚀地貌（图5.1）。新生代初期，广泛分布于川西高原上的高原期夷平面与邻侧的四川盆地边缘最高夷平面互相连续，具有较好的对应性，可视为一个统一的原始平面，同属一个剥夷准平原。自上新世末以来，川西高原和青藏高原急速抬升，致使该统一的原始平面开始解体，四川盆地各自沿着不同的进程继续发展。滑坡区在急速抬升过程迅速分解和深切峡谷发展，可以清晰地划分为三级夷平面（表 5.1）。

图 5.1　金沙江深切河谷地貌（镜向 180°）

**表 5.1　区域夷平面发育表**

| 夷平面级别 | 海拔/m | 发育特征 | 形成时代 |
|---|---|---|---|
| I 级 | 4600 ~ 4800 | 理塘期高原夷平面：准平原化夷平面，在工区金沙江两岸保存较好，呈平顶状或缓坡状起伏山脊或山顶，显示为明显的山顶平台地貌景观 | 渐新世 |
| II 级 | 4200 ~ 4400 | 山麓剥蚀面套生在 4600 ~ 4800m 理塘期高原夷平面之间，呈小面积谷肩式平台套生在分水岭之间，是高原夷平面破坏后、地壳抬升过程中停顿形成的次级夷平面，具有剥蚀面性质和特征。以谷肩式残留状分布 | 上新世 |
| III 级 | 3800 ~ 4000 | 与二级夷平面类似，表现为小面积谷肩式平台套生在分水岭及 4200 ~ 4400m 夷平面之间，属剥蚀面性质，以谷肩式残留状分布 | 早更新世 |

滑坡后缘为一走向 N19°E 的条形山脊，呈猪背脊状，且由南向北高程逐渐变低，山体逐渐变窄（图 5.2）。滑坡前缘为金沙江，水位高程为 2880m。滑坡区岸坡较为陡峻，平均坡度位 33°。发育三级平台：第一级最大，高程为 3550 ~ 3450m；第二级次之，高程为 3200 ~ 3100m；第三级很小，高程为 2940 ~ 2970m，位于滑坡剪出口右侧。各平台形态规整，顺坡向发育两条平行的浅小冲沟，无双沟同源现象，应为河流侵蚀平台。

图 5.2　白格滑坡后缘猪背脊状平台（镜向 180°）

## 5.2.2　区域地层岩性

根据1∶20万白玉幅区域地质调查报告（图5.3），滑坡周边区域出露的地层岩性按

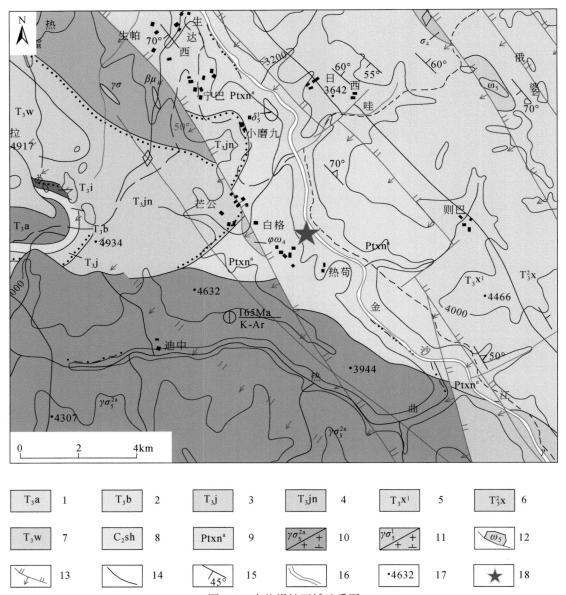

图 5.3　白格滑坡区域地质图

1. 上三叠统阿堵拉组泥质粉砂岩、钙质粉砂岩夹岩屑砂岩；2. 上三叠统波里拉组生物碎屑灰岩、灰岩、角砾状灰岩；
3. 上三叠统甲丕拉组岩屑砂岩、岩屑长石砂岩、钙质粉砂岩、砾岩；4. 上三叠统金古组岩屑砂岩、岩屑长石砂岩，夹生物碎屑灰岩；5. 上三叠统下逆松多组碎屑岩段，长石岩屑砂岩、粉砂岩、泥质板岩、含生物泥晶灰岩；6. 上三叠统下逆松多组碳酸盐岩段，细-粉晶灰岩、白云岩，夹生物碎屑灰岩；7. 上三叠统哇曲组玄武岩、集块岩、安山岩、英安岩；8. 中石炭统生帕群岩屑砂岩、砂质板岩、灰岩、粉砂岩、砂砾岩；9. 元古宇雄松群片麻岩组，含石榴黑云斜长片麻岩、角闪斜长片麻岩；10. 燕山期则巴超单元迪中花岗闪长岩单元（中细粒、中粗粒）；11. 印支期罗麦超单元木扎花岗闪长岩单元（细粒、中细粒）12. 外来岩块及时代、代号；13. 实测断层；14. 地层界线；15. 岩层产状；16. 河流；17. 高程点（m）；18. 滑坡位置

昌都–江达地层分区主要有三叠系金古组（$T_3jn$）灰岩带、元古宇雄松群（$Ptxn^a$）片麻岩组、燕山期戈坡超单元（$\eta\gamma_5^{2b}$）和则巴超单元（$\gamma\sigma_5^{2a}$）的花岗岩组、海西期蛇纹岩带（$\varphi\omega_4$）及三叠系下逆松多组（$T_3x$）的碳酸岩盐和碎屑岩段（按义敦–巴塘地层分区）。白格滑坡区出露地层岩性主要为元古宇雄松群（$Ptxn^a$）片麻岩组和海西期蛇纹岩带（$\varphi\omega_4$），其中片麻岩组片理产状 $180°\sim220°\angle36°\sim42°$，发育有 $60°\sim80°\angle75°\sim85°$、$100°\sim115°\angle80°$ 两组结构面。蛇纹岩带发育在斜坡中上部，在斜坡顶部结晶良好，墨绿色；中下部呈碎粉岩状，灰绿–绿白色，绿泥石化，具有多期、多次变形与变质特点。

## 5.2.3　区域地质构造

滑坡区位于金沙江构造混杂岩带上，山体走向与区域构造线方向大体一致，由于受多期构造运动的影响，区域构造形迹较为复杂，糜棱岩化和蚀变严重（邓建辉等，2019）。自海西旋回以来，滑坡区经受了印支运动、燕山运动及喜马拉雅运动等多次构造活动的改造（表5.2）。地层中褶皱、断裂构造发育，区内褶皱构造具有多期改造特点，褶皱构造以复式叠加褶皱为特征。区内断层构造以北西向为主，北西–西向次之。主要断裂构造形迹为近北南向的江达–波罗–金沙江断裂带及北西向断裂（图5.3）。

表5.2　区域地质演化史简表

| 演化阶段 | 构造旋回 | | 时代 | 演化特征 | 备注 |
|---|---|---|---|---|---|
| 陆内造山阶段（侏罗纪—第四纪） | 喜马拉雅旋回 | | 古近纪、新近纪—第四纪 | 喜马拉雅运动在工区表现为卡龙弄断陷和埃拉山推覆构造的形成。卡龙弄断陷自东西宽仅 10km，而垂向沉积了 4.5km 的红色碎屑岩。另外，该断陷西侧均为贡觉县下段不整合沉积于老地层之上，而东侧则是贡觉县上段不整合沉积于老地层之上，表现出沉积盆地由西向东的迁移 | |
| | 燕山旋回 | | 侏罗纪—白垩纪 | 燕山运动主要表现为古近系、新近系贡觉县和热鲁组不整合于下伏三叠系、石炭系、二叠系之上。本次运动应为江达复式地槽褶皱带的断裂、褶皱产生的主要时期 | |
| 大陆边缘分野发展演化、碰撞造山阶段 | 印支旋回 | 第四阶段 | 晚二叠世—三叠纪 | 发生在晚三叠世末和侏罗纪之间。其表现形式与本区第三幕相同 | 完成盆地–山地转换；扬子古板块西缘向板块内逆掩推覆，造就西高东低的阶梯状地貌 |
| | | 第三段 | | 发生在安尼克西之后，即江达组与下伏瓦拉寺组之间。在工区的表现特点是地层连续过渡，但在沉积相上由深海浊积相、放射虫硅质岩相急剧变为紫红色的河湖相；工区以西隆升成陆，形成了甲丕拉组与下伏的角度不整合 | |

| 演化阶段 | 构造旋回 | 时代 | 演化特征 | 备注 |
|---|---|---|---|---|
| 大陆边缘分野发展演化、碰撞造山阶段 | 印支旋回 | 晚二叠世—三叠纪（第二段） | 见于川藏公路17道班西5034山峰附近。下伏为下三叠统区侠弄组灰岩，产状为30°∠40°；上覆为中三叠统色融寺组砂板岩夹安山岩，产状为45°∠36°，两者之间为微角度不整合。此外，在江达县区侠弄见色融寺组与区侠弄组假整合接触，本次运动代表早三叠世与中三叠世之间的一次构造运动，其性质为超覆不整合-微角度不整合 | 完成盆地-山地转换；扬子古板块西缘向板块内逆掩推覆，造就西高东低的阶梯状地貌 |
| | | 第一阶段 | 在工区江达县古齿乡一带，见下三叠统普水桥组不整合覆于泥盆系及海西期冬普岩体之上。此外，在江达县古齿埃拉村至普水桥，长达31km范围内，普水桥组与海西期岩体不整合面可见7～400m厚的花岗质碎屑岩，为海西期花岗岩体古风化壳的残坡积物，这一不整合面虽然不能直接证明即是印支运动产物，但在同一构造带上见有三叠系与二叠系呈过渡关系的日厄达组存在 | |
| 被动大陆边缘发展阶段（震旦纪—早二叠世） | 海西旋回 | 晚古生代 | 海西运动是工区极为重要的构造运动。下伏为上泥盆统东拉祖上段的安山岩，产状为150°∠40°，上覆为下石炭统董雀组灰岩，产状为95°∠57°，为角度不整合接触。该不整合面代表了早海西期褶皱运动，结束了早海西期优地槽型沉积，而后为晚海西期准地台型沉积环境。伴随这次大规模的酸性岩浆岩侵入，形成了冬普、侧侠弄岩体，并有一次区域性变质作用发生 | 区域总体以频繁的升降运动为特点，显示稳定大陆边缘发展特征 |

在所有区域断裂中，位于白格滑坡后缘的波罗-木协断裂为白格控制性断裂，属娘西-戈坡岩浆弧构造行迹，断裂段中段向东呈弧形弯曲，总体走向330°左右，大致与滑坡后缘断壁平行。断裂面向西倾斜，倾角为50°～70°。南段和北段发育在元古宇雄松群中，中段对印支-燕山期花岗岩带和上石炭统生帕群有控制和后期破坏作用。该断裂位于雄松群复式背形构造的核部，经深层次韧性剪切作用，沿面理为变形面组成的背形转折部位发育纵向劈理，产生糜棱岩带和韧性变形，纵向劈理置换面理，纵向劈理近旁发育束状褶皱。劈理密集带进一步发展，转化为脆性变形，糜棱岩碎裂成角砾岩和碎粉岩，破碎带宽为100～300m。该断裂带受后期平移剪切作用，具有右旋走滑特点，断面平直，产状较陡。

## 5.2.4　新构造运动与地震

新构造运动主要表现为断裂的新活动、地震及新构造地貌等。区域新构造运动主要表现为大面积整体间歇性抬升和以大断裂为边界的断块之间的差异升降运动。具有以下特点：

（1）区域所属四川西部地区，第四纪大面积快速抬升平均幅度为 4000～5000m。

（2）区域新构造活动方式，在时间进程上有交替活动的趋势，即一个时期以差异抬升运动为主，另一个时期则以挤压水平滑动为主，主要表现在边界断裂上，前者控制断陷谷、断陷盆地的发生和发展，为物质堆积期，后者控制断裂带走滑活动的发生和发展，为物质变形期。

（3）新构造活动表现为明显的继承性，最显著的新构造活动都在深大断裂带上展开，但又不完全重复，在运动的性质、规模、方向等方面又表现出新生性的特点，如活动断裂的分段性、迁移性等、地震活动则相应表现出群集特点。

（4）断块活动随着时间进程变化，空间活动范围也发生一定变化，并受着区域主压应力场的严密控制。四川西部断块差异活动主要发生在青藏高原东边界的南北向边界断裂上，西部高原内部差异活动相对较弱。

据四川省地震局统计，波罗地区的最大震级为 $M_S = 5.0～5.9$，地震烈度为Ⅷ度。2013年8月12日5时23分，邻近的左贡县、芒康县交界处（98.0°E，30.0°N）曾发生6.1级地震。滑坡前区域无显著地震活动。

## 5.2.5 水文地质条件

### 1. 地下水类型

根据地下水赋存条件和含水介质特性、岩性及其组合特点，滑坡区地下水的类型主要可分为松散堆积层孔隙潜水、基岩裂隙水。

松散堆积层孔隙潜水：主要分布在坡体堆积、滑坡堆积物等各种成因的第四纪松散堆积体内。由于区内第四系松散堆积体规模不大、地下水赋存条件较差、孔隙水分布零星，富水程度往往受季节变化和地貌限制影响较大。

基岩裂隙水：主要是发育于变质岩中的构造裂隙水，由于变质岩赋水条件较好，故工区存在一定的构造裂隙水，基岩裂隙水进一步可分为浅层风化卸载裂隙水和深层承压裂隙水。

### 2. 地下水埋藏条件

#### 1）地下水埋藏类型

浅层地下水：埋藏较浅，直接受大气降水补给，季节性流量变化大，雨季水量较丰富，旱季则减少或干枯。主要储存于第四系松散堆积层、基岩风化裂隙带等。该类型地下水除少部分逸出地表外，大部分补给深层地下水。

深层地下水：埋藏较深，虽接受大气降水补给，但因埋深大、季节性变化小，地下水动态较稳定，大多形成地下伏流，地表泉水出露甚少。其地下水类型主要为基岩裂隙水；含水层分布具一定规律性，受地层岩性、地质构造控制而呈条带状分布。

2）地下水存储条件

第四系堆积层因结构较松散，孔隙较大，又出露于地表，故地下水埋藏较浅，直接受大气降水补给，季节性流量变化大，雨季水量较丰富，旱季则减少或干枯，是浅层地下水的主要存储场所；基岩裂隙水一般埋藏较深。虽接受大气降水补给。但因埋深大、季节性变化小，地下水动态也较稳定，人多形成地下伏流，地表泉水出露甚少，是深层地下水存储的主要场所。

基岩裂隙水主要受地层岩性、地质构造的控制。工区内岩性较单一，以变质岩占绝对优势。变质岩总体上透水性较差，其透水性由构造裂隙发育程度控制。工区变质砂岩、变质粉砂岩等岩石由于裂隙发育程度相对较高，而构成相对富水层，泥质板岩、泥质粉砂岩等含泥质较重的岩石，构成隔水层。

3. 地下水运动途径（补给、径流、排泄）

地下水的补给、径流和排泄均受控于大气降水（雪）、地形地貌、地层岩性、地质构造及含水层的展布等。区内地形陡、沟谷深切、地表排水能力强，地下水主要接受大气降水（雪）补给，含水层的含水介质主要为基岩裂隙水，主要储存运移于基岩构造裂隙之中，尤其是断层破碎带影响带及裂隙密集等及其交汇的部位，形成含水带，地下水的运动形式多为慢速扩张流。地下水排泄形式则与地下水类型有关，浅层地下水沿岸坡排泄，补给深层地下水，以泉的形式排泄至金沙江，其泉水动态变化受大气降水的控制，季节性变化明显；深层地下水往往沿含水层延伸方向以下降泉形式排泄，相对稳定。

# 5.3　滑坡易滑地质结构

## 5.3.1　工程地质勘查

第二次白格滑坡发生后，为了深入剖析白格滑坡的地质结构，在滑坡附近开展了滑坡后缘附近和滑坡堆积物的踏勘、钻探、槽探、物探等综合勘查工作。勘查剖面线主要围绕两次滑坡后残留在滑坡后缘的三块欠稳定残留体（即 K1、K2 和 K3，残留体的特征将在后面小节中介绍，这里不再赘述）布置。如图 5.4 所示，在滑坡附近一共布设了 18 个钻孔、13 个探槽和七条物探剖面线：

（1）钻孔过程中的漏浆、塌孔严重制约了钻进过程，钻孔深度普遍为 50～70m，最大深度为 100m。对于所有钻孔，钻孔岩心的产状、RQD、岩性及矿物成分均被编录。此外，为了定量评价岩体的质量，对 ZK1、ZK3、ZK5、ZK6、ZK9、ZK11 和 ZK12 还开展了钻孔岩体纵波波速测量。

（2）探槽的开挖深度在 1.5～4.2m，开挖揭露后编录了岩体产状、岩性及矿物成分。

（3）根据不同的探测深度，在勘查区分别进行了音频大地电磁测深（audio magnetotellurics，AMT）及高密度电阻率法（multi-electrode resistirity method，MEM）剖面测量两种物探方法，其中音频大地电磁测深重点查明区内深部地层、构造特征，从而对不同岩性地层的厚度、埋深、展布特征进行推断解释，而高密度电法剖面测量主要查明区内浅部地层和构造特征。这两种物探方法均沿着相同的七条物探剖面，总共的测量长度达到 5359m。

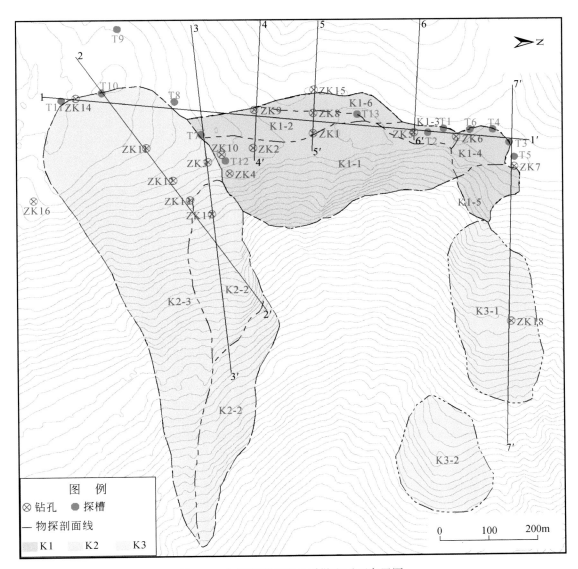

图 5.4　白格滑坡工程地质勘查平面布置图

## 5.3.2　地质构造

受到多期构造运动的影响，白格滑坡附近出露了大量诸如糜棱岩、韧性剪切带等局部构造痕迹，尤其在滑坡后缘有一宽度约 3～5m 的断层泥露头，沿着该断层泥倾斜方向，展现出十分密集且光滑的叶理面（图 5.5）。除此之外，如图 5.5 所示，描述了四条典型的物探解译剖面和对应的地质结构剖面，根据解译的物探二维反演电阻率剖面圈定的低阻异常体范围，可推断白格滑坡附近发育的断层或者破碎带。

滑坡后缘出露的断层泥

图 5.5　白格滑坡后缘出露的断层粉碎化岩带和泥化带

　　如图 5.6（a）所示，沿着大致平行于南北方向的剖面 1-1′，包含一段低电阻率和两段极低电阻率反射区域，分别由 AMT 剖面中的蓝色和浅绿色表示。这三段低电阻率反射区域被推断为三个陡倾的断层或破碎带，从南向北分别被命名为 F1、F2 和 F3。三条断层或破碎带都较为陡倾，F3 相对来说规模较小，呈现出向北倾斜的态势；F1 北倾、F2 南倾，且 F2 分布位置与现场调查中露头的断层泥（图 5.5）能够较好地吻合。F1 和 F2 造成了测线南侧存在大范围碎裂岩体区域，该区构造作用十分明显。此外，根据 AMT 剖面 2-2′解译的低电阻率反射区域的分布特征［图 5.6（b）中的浅绿色区域］，推断在该剖面下分布着一条断层或破碎带（F4）。F4 较为陡倾，呈现出向西倾斜的态势，F4 破坏作用明显，几乎影响了 K2 全部区域。而对于剖面 2-2′北侧的其余物探剖面，如图 5.6（c）、（d）的剖面 3-3′和剖面 7-7′所示，均存在一个分布类似于 F4 的低阻反射区，这些区域被推断为 F4 朝北的延伸。

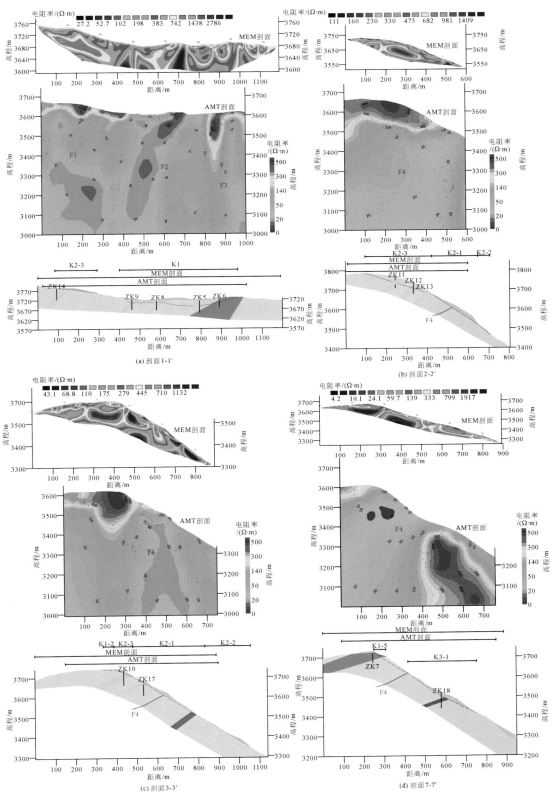

图 例 ▓ 碎石土 ▓ 片麻岩 ▓ 千枚岩 ▓ 蛇绿岩 ▓ 岩质板岩 ▓ 花岗斑岩

图 5.6 白格滑坡典型物探剖面解译结果和地质剖面

### 5.3.3　混杂岩带

　　白格滑坡区域属于金沙江混杂岩带，受到长期的变形变质作用，地层岩性表现出十分复杂的空间分布特征。本节主要通过钻孔揭露和滑坡堆积物露头调查对白格滑坡地层岩性和结构进行分析。如图 5.7 所示的钻孔编录结果，元古宇雄松群（Ptxn[a]）片麻岩组的岩性组成是多样化的，包含了超过 20 种岩石。这些岩石除了片麻岩在各个区域均有出露外，

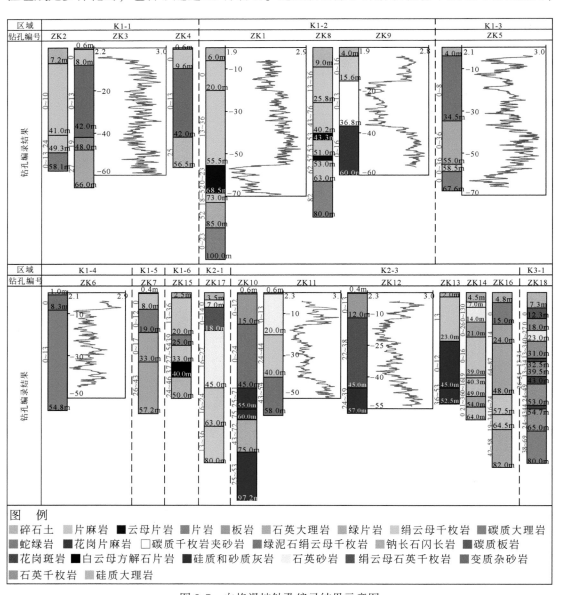

图 5.7　白格滑坡钻孔编录结果示意图

编录柱状图左侧红色数字表示 RQD 百分数（%）；ZK1、ZK3、ZK5、ZK6、ZK9 和
ZK11 右侧曲线表示钻孔纵波随着深度的变化

其余的岩石大都是零星分布在不同的区域，而糜棱岩、剪切带和断层是不同岩性之间的主要接触类型（陈菲等，2020；Zhang et al.，2020a）。分布于滑坡后壁的岩石主要为片麻岩和片岩并夹杂部分大理岩，这些岩石在滑坡北侧也有出露，但是存在不同的矿物成分和变质程度。此外，在滑坡北侧还分布着千枚岩、板岩、砂岩、花岗斑岩，尤其是蛇绿岩在该区域广泛出露。而在滑坡的南侧，最为显著的特征是广泛分布的碳质岩石，如 ZK9 和 ZK17 揭露的厚层碳质千枚岩和碳质板岩。同时，在距离滑坡南侧断壁约 380m 的 ZK16 中再次发现了蛇绿岩的踪迹。

图 5.8 为滑坡堆积物的开挖断面，从图中可以看出滑坡堆积物的岩层序列十分明显，从上至下分别为片岩−片麻岩、千枚岩、花岗斑岩、片岩−片麻岩和蛇绿岩，这些岩石是滑源区的主要成分。此外，对比滑坡堆积物的岩层序列（图 5.8）和钻孔编录结果（图 5.7）可以发现，白格滑坡在运动堆积过程中较好地保留了原始的岩层序列，即堆积物的岩层序列与滑源区的岩层序列保持一致。

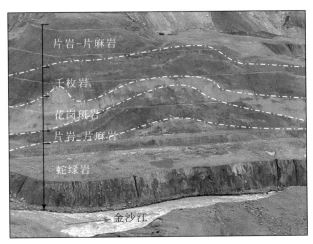

图 5.8　白格滑坡堵江堰塞体应急开挖断面

尽管白格滑坡地层岩性的组成和空间分布十分复杂，但是从易滑岩体结构角度来看，影响白格滑坡变形和破坏的几种岩石主要包括片岩−片麻岩、千枚岩、蛇绿岩。

片岩−片麻岩和千枚岩是构成白格滑坡的最主要岩石，该岩石遍布了滑坡的所有区域。片岩−片麻岩风化裂隙、构造裂隙发育，岩体极破碎，呈碎裂、碎块状，片理产状为 $150° \sim 220° \angle 35° \sim 62°$，倾向坡内。由于差异性风化，岩体 RQD 值（图 5.7）和完整性系数（表 5.2）在空间上存在较大的差异。

蛇绿岩由于抗风化能力很差，风化后的产物结构十分松散，主要包含滑石、水镁石和菱镁矿，水敏感性很强，导致其物理力学性质较差，因而被视为不利于结构稳定的岩石。综合现场勘查结果，蛇绿岩位于滑源区最底部，且在滑源区左侧有大规模分布，其埋深由前部向后部逐渐减少并且在坡顶露头。勘查表明，蛇绿岩呈块状构造，矿物成分以蛇纹石、滑石为主，风化裂隙、构造裂隙极其发育，RQD 值在 0 ~ 10%，完整性系数在 0.4 ~ 0.42，岩体极破碎，呈碎块状。此外，从表 5.3 中可以发现，由于长期剪切错动，导致蛇绿岩与其他岩石接触界面处存在一个低波速剪切破碎带。

**表 5.3　不同深度岩块与岩体的纵波波速与完整性系数表**

| 钻孔及深度 | 参数 | 地层 | 岩体的纵波波速/(km/s) | 岩体的纵波波速/(km/s) | 岩块的纵波波速/(km/s) | 完整性系数 |
|---|---|---|---|---|---|---|
| ZK1 | 6.0～55.4m | Ptxn$^a$ | | 2.56 | 3.93 | 0.42 |
| | 55.4～68.4m | Ptxn$^a$ | | 2.16 | 3.65 | 0.35 |
| | 68.4～77.0m | Ptxn$^a$ | | 2.61 | 3.97 | 0.43 |
| ZK3 | 4.0～8.0m | Ptxn$^a$ | | 2.55 | 3.94 | 0.42 |
| | 8.0～42.0m | Ptxn$^a$ | | 2.72 | 4.11 | 0.44 |
| | 42.0～48.0m | Ptxn$^a$ | | 2.65 | 4.02 | 0.43 |
| | 48.0～59.8m | Ptxn$^a$ | | 2.78 | 4.11 | 0.46 |
| ZK5 | 4.0～58.4m | Ptxn$^a$ | | 2.63 | 3.98 | 0.44 |
| | 58.4～66.2m | $\varphi\omega_4$ | 破碎带 | 2.47 | 3.81 | 0.42 |
| ZK6 | 4.0～8.2m | Ptxn$^a$ | 破碎带 | 2.65 | 4.03 | 0.43 |
| | 8.2～44.8m | $\varphi\omega_4$ | | 2.39 | 3.79 | 0.4 |
| ZK9 | 4.0～15.6m | Ptxn$^a$ | | 2.52 | 3.94 | 0.41 |
| | 15.6～36.8m | Ptxn$^a$ | | 2.14 | 3.64 | 0.35 |
| | 36.8～56.2m | Ptxn$^a$ | | 2.59 | 3.95 | 0.43 |
| ZK11 | 4.0～15.0m | Ptxn$^a$ | | 2.77 | 4.16 | 0.44 |
| | 15.0～40.0m | Ptxn$^a$ | | 2.57 | 3.95 | 0.42 |
| | 40.0～49.8m | Ptxn$^a$ | | 2.86 | 4.25 | 0.45 |
| ZK12 | 4.0～12.0m | Ptxn$^a$ | | 2.7 | 4.13 | 0.43 |
| | 12.0～45.0m | Ptxn$^a$ | | 2.55 | 3.93 | 0.42 |
| | 45.0～53.8m | Ptxn$^a$ | | 2.77 | 4.17 | 0.44 |

## 5.4　两次滑动堵江过程分析

### 5.4.1　第一次滑动堵江

根据现场调查、无人机影像和遥感解译，白格滑坡第一次滑动时滑坡后缘高程约为3718m，坡脚海拔约为2884m，滑坡落差为834m，主滑方向为S80°E［图5.9（a）、（b）和（f）］。滑坡体前缘地形坡度约为35°~65°，中后部地形坡度约为35°~55°，后壁局部达到75°，滑坡纵向长约1600m，最大宽度约700m，平均宽度约550m，推测平均厚度约40m，面积约0.88km²，体积约3500万m³。

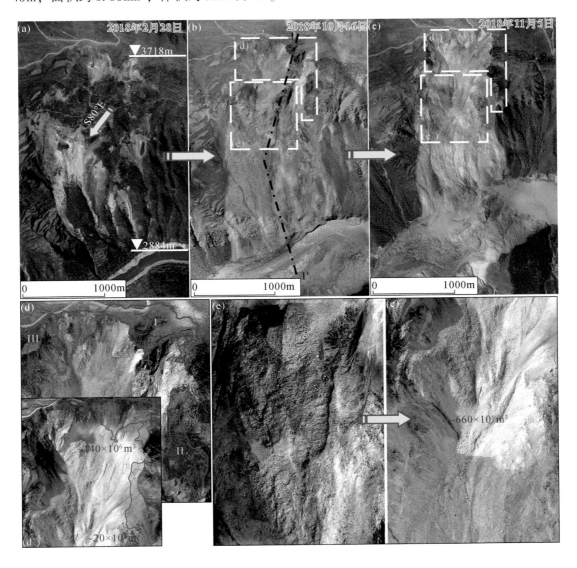

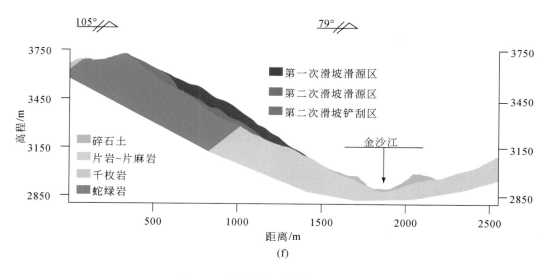

图 5.9　白格滑坡二次堵江堰塞过程

（a）滑坡前地形地貌；（b）第一次滑坡后；（c）第二次滑坡后；（d）、（d'）第二次滑源区局部示意图；

（e）、（e'）第二次铲刮区局部示意图；（f）典型剖面 1-1'

高位下滑后，形成涌浪冲击金沙江左岸，最大冲高为 160m，铲刮左岸坡积物垮塌堆积，并向右岸"八"字形回弹散落堆积，形成堰塞体堵江。堵江长度约 650m，横河向宽度约 200m，平均高度为 120m 左右，最低处高程约 2916m（图 5.10）。截至 10 月 12 日 16 时，堰塞湖水面壅高至 2915.12m。

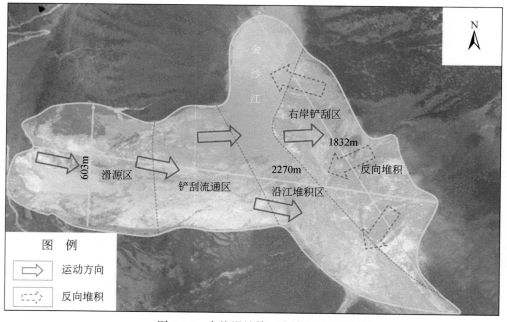

图 5.10　白格滑坡第一次堵江堰塞平面图

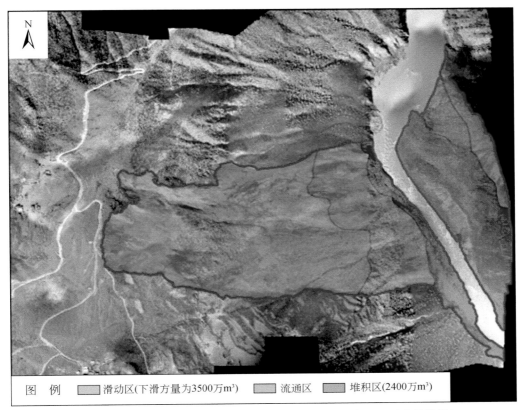

图例　▨ 滑动区(下滑方量为3500万m³)　▨ 流通区　▨ 堆积区(2400万m³)

图5.11　白格滑坡第一次滑动体积计算（2018年10月16日无人机数据）

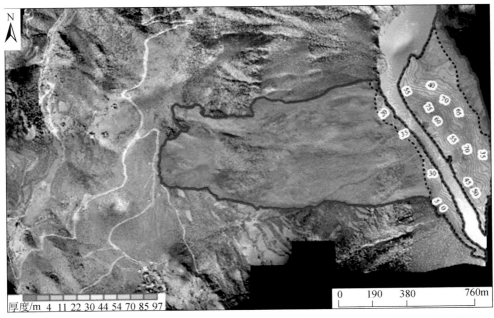

厚度/m　4 11 22 30 44 54 70 85 97

0　190　380　760m

图5.12　白格滑坡第一次滑动后堆积体厚度等值云图（2018年10月16日无人机数据；单位：m）

　　滑前数据采用滑前 ALOS-2 雷达数据获取的地形数据（10m 等高距），第一次滑坡后数据采用 2018 年 10 月 16 日（第一次滑后堵江后已自然泄洪）无人机航空摄影获取的地面高程模型（分辨率 5m）。将二期数据采用 ArcMap 的 3D Analyst 分析工具进行空间分析，计算第一次滑坡方量。结果表明，第一次下滑方量约 3500 万 m³，堰塞体积约 2400 万 m³（图 5.11），坡面残留约 1000 万 m³，泄洪后冲走约 300 万 m³（图 5.12），泄洪槽宽度约40m（图 5.13）。

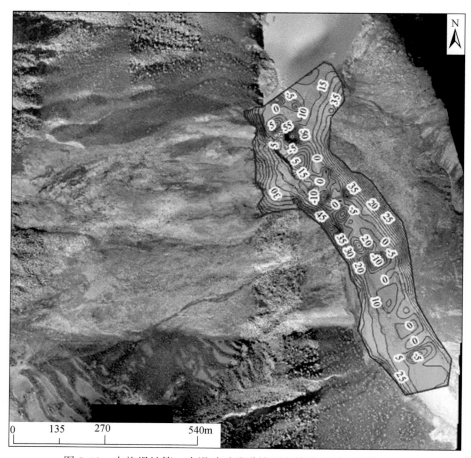

图 5.13　白格滑坡第一次滑动后泄洪槽厚度等值云图（单位：m）

## 5.4.2　第二次滑动堵江

　　11 月 3 日 17 时 15 分许，白格滑坡发生二次滑动，并再次堵江形成堰塞湖。航拍图像前后对比表明，第二次滑动主体为第一次滑坡后缘及两侧，形状不规则，如图 5.9（c）~（f）所示。第二次滑坡过程中，高位残留块体高速下滑撞击、铲刮下方第一次滑坡残留在坡面上的松散坡积块石土层，最终并堆积于原有坝顶。

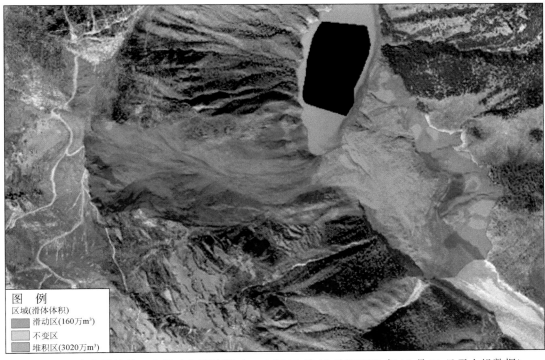

图 5.14　白格滑坡第二次滑动方量计算（2018 年 10 月 16 日和 2018 年 11 月 11 日无人机数据）

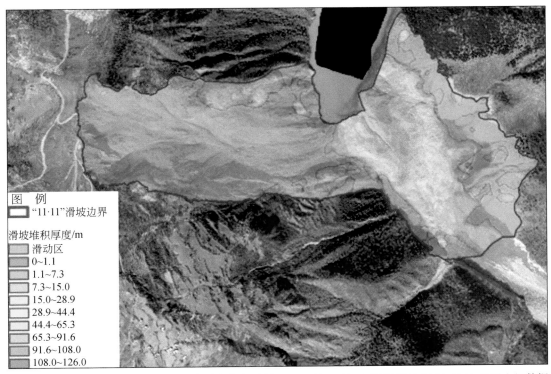

图 5.15　白格滑坡第二次滑动堵江堰塞厚度分布云图（2018 年 10 月 16 日和 2018 年 11 月 11 日无人机数据）

将第一次和第二次滑坡后的地形数据（分辨率均为5m）进行空间分析，计算第二次滑坡的方量。结果表明，第二次滑坡滑源区体积约160万 m³，铲刮坡面松散物质约660万 m³，滑坡共计约820万 m³（图5.14），入江堆积、堵塞已经形成的自然泄流通道，堆积体总方量约3020万 m³（图5.15）。11月14日，经人工干预，堰塞湖实现泄洪。泄流槽宽度约100m，堆积体冲走约775万 m³（图5.16）。

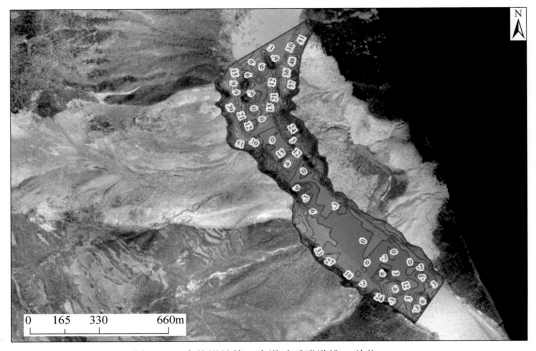

图5.16　白格滑坡第二次滑动后泄洪槽（单位：m）

## 5.5　白格滑坡—堰塞湖链动过程分析

白格滑坡两次滑动致灾过程具有明显的灾害链特征，且致灾范围极广。灾害链主要过程为滑坡—堰塞湖—溃决洪水灾害，而洪水是造成流域性损失的主要原因。这里主要分析白格滑坡灾害链中最复杂的两个链动环节：①第一次滑坡的变形破坏及内外扰动下滑坡的启动机理；②第二次白格滑坡运动的动力学过程。

### 5.5.1　变形演化过程与启动机理

大型滑坡失稳前常经历漫长的渐进式变形破坏演化过程。在这个过程中，受到复杂地质条件和内外营力的影响，滑坡的岩体会出现渐进式的破裂，并主要表现为两种响应机制：岩石内部原有的缺陷不断萌生、形成微破裂，微破裂不断扩张并形成裂缝；另外，裸露的基岩在长期日晒雨淋下，岩石本身物理力学性能不断弱化。这两种响应机制最终导致岩土体的物理力学性质不断下降，导致滑坡逐渐逼近临界滑动状态甚至失稳。对于白格滑坡变形调查最早为江达县国土资源局形成的"关于对波罗乡白格村山体滑坡的情况核查报告",其在文中描述:"距离白格村庄约 2.5km 处的山体上发现大面积横向裂缝,裂缝一直绵延至距村庄约 200m 处,部分地段裂缝宽度约 0.4m、深度约 1.5m,部分地段发现地面沉降,滑坡有继续发展形成大面积山体滑坡的可能,有约 50 亩土地受到威胁,12 户民房出现不同程度的裂缝。"白格滑坡发生前的基本特征如图 5.17 所示。

2013 年 4 月 27~29 日,由昌都地区国土资源局组织专业技术人员,对江达县波罗乡白格村滑坡展开了地质灾害实地调查,并形成"关于昌都地区江达县波罗乡白格村滑坡地质灾害的调查报告",报告提到:"该滑坡属于由北向南典型的牵引式滑坡群。滑坡后缘海拔为3590m,前缘海拔为 3400m,高差近 190m,坡度上下陡、中间缓,滑坡平均坡度为 40°。滑坡特征明显,在滑坡后缘及滑坡体内都有多处不同程度的拉张裂缝,裂缝大部分宽约 30~50cm,长为 5~7m。前缘出现高临空面。该滑坡长约 800m,宽为 350m,估计滑坡体积为300 万 m³。主要诱发因素为大自然强降雨及基岩裂隙渗水。该滑坡现正处于活动期"。

图 5.17　白格滑坡 2018 年 10 月 11 日失稳滑动前特征

白格滑坡长期的蠕滑变形破坏过程与滑坡体本身的地质结构和外界营力扰动密切相关。滑坡体内部高度发育的不连续面能显著破坏岩体结构,降低岩体的强度特性。高度变质的岩石,如片麻岩、千枚岩和蛇绿岩,内部的片理往往是岩体的薄弱面,控制了岩体的在外界扰动下的力学响应特征,而片理的产状与滑坡的变形破坏模式密切相关。对于白格滑坡,岩体内部的片理与坡面斜交且倾向坡内,如此的产状一旦存在于上硬下软的二元结构时有利于倾倒变形。其次,位于滑源区最底部且与滑床相接触的蛇绿岩由于易于风化的物理力学特性,对滑坡的变形破坏演化过程起到了至关重要的作用。此外，滑坡区附近广泛分布的不同尺度的构造痕迹，如断层、褶皱、剪切带等，一方面降低了滑坡岩体的力学性质，另一方面也表明滑坡区域构造营力十分活跃，为滑坡的变形破坏提供了外界动力因子。

根据白格滑坡所赋存的地质环境，可将滑坡启动前长期的变形破坏演化过程分成三个阶段（图5.18）：易滑岩体结构形成演化阶段、岩体渐进式变形破坏阶段和锁固段剪切破裂阶段。在白格滑坡开始蠕滑变形前，岩体结构可看成由元古宇雄松群片麻岩组和海西期侵入蛇纹岩组成的反倾互层结构，此时由于蛇绿岩并未完全风化，因此坡体结构处于相对稳定状态。然而，由于长期的风化作用，尤其是构造混杂岩带内活跃的构造运动导致蛇绿岩和片麻岩组之间以层间剪切的形式不断劣化形成破碎的岩体结构［图5.18（b）］，正如表5.2中蛇绿岩与片麻岩组之间的剪切破碎带所示。而破碎的蛇绿岩结构十分松散，且对水的软化作用十分敏感，极易形成较软的岩层，进而导致坡体演化为软硬互层的结构，即易滑岩体结构。遥感影像中最初的开裂范围［图5.18（a）］与蛇绿岩在活跃构造作用和水的软化作用下发生劣化密切相关。

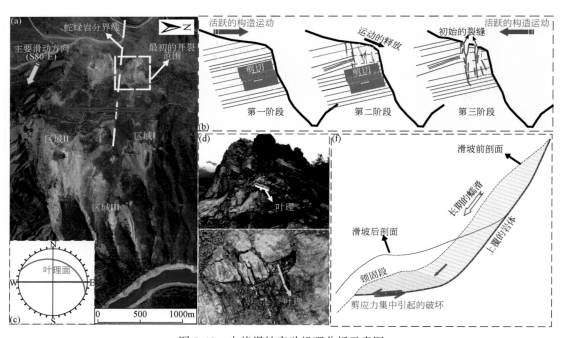

图5.18　白格滑坡启动机理分析示意图

坡体表面开裂后，有利于地表水汇集和入渗，同时伴随活跃的内外地质作用，岩体进一步被弱化，导致岩体不断破坏，滑坡不断变形开裂，而变形的特征与滑坡体内部片理的产状和蛇绿岩的分布密切相关。根据现场调查，白格滑坡变质岩基岩的片理产状为150°～220°∠35°～62°［图5.18（c）］，其走向与主滑方向（即S80°E）近似垂直，说明片理走向控制了白格滑坡长期蠕变的方向。另外，正如图5.18（d）、（e）所示，平行于片理面的破裂表明坡体是以倾倒变形的模式发生破坏，而片理倾角有利于倾倒变形的发生。此外，根据许强等（2019）和Fan等（2020）InSAR解译结果，白格滑坡在历史变形过程中，不同滑坡部位呈现出不同的变形量级，而结合现场勘查，推测出现这种现象的原因与蛇绿岩的分布密切相关。以蛇绿岩分布为分界线将滑坡体中后部分成区域Ⅰ和Ⅱ[图 5.18（a）]。由于区域Ⅰ是蛇绿岩广泛分布区，易于风化的特征导致该区变形更加明显。因此，在变形过程中区域Ⅰ会强迫挤压区域Ⅱ，正如图 5.18（e）所示的上部块体沿着片理面出现挤压旋转现象；反之，区域Ⅱ则会抑制区域Ⅰ持续变形。

除了区域Ⅰ和区域Ⅱ，在剪出口 2950m 高程附近还存在额外一个区域（区域Ⅲ）。从图 5.9 中可发现，该区的块体坐落于一个地形狭窄"隘口"，并且块体与底部滑面的接触面与水平面夹角很小。区域Ⅲ这种特殊的地形地貌条件有利于支撑整个坡体的稳定性，即区域Ⅲ充当锁固段的角色。然而，随着中上部岩体持续向下变形，上覆岩体不断挤压区域Ⅲ，导致区域Ⅲ岩体出现剪切鼓胀变形[图 5.18（a）]，以至于发生突然的剪切破坏进而导致了第一次白格滑坡的发生。

## 5.5.2　第二次滑动堵江动力学分析

第二次白格滑坡运动的动力学过程十分典型，滑源区约 160 万 m³ 的滑坡体高位启动后，迅速解体转化为碎屑流，具有较大的运动速度和较高的冲击能量，沿程铲刮约 660 万 m³ 的松散坡面堆积物，最终洒落堆积在第一次滑坡堰塞坝顶处，是整个链动过程中十分复杂且重要的一个环节。实际上，高位滑坡动力侵蚀铲刮现象十分普遍，表 5.4 统计了国内外典型高位滑坡灾害并计算了相应的铲刮率（Hungr，2006）。从表中可看出，这些典型滑坡的铲刮率分布在 0~8.2，主要集中于 0~1，而白格滑坡的铲刮率竟高达 3.3，这意味着白格滑坡沿程侵蚀铲刮效应十分突出，并且滑坡体物质与基底物质之间存在十分复杂的力学传递机制。然而，目前针对滑坡体物质与基底物质之间的力学模型的研究仍主要基于超孔隙水压力、剪应力传递的推断和试验模拟，滑坡体物质与基底物质之间力学传递机制通常简化为剪切面力，不能充分考虑冲击作用带来的动力侵蚀效应和堆积加载效应（殷跃平等，2017）。因此，这里采用离散元 EDEM 程序模拟第二次白格滑坡的动力学过程。EDEM 是一种基于颗粒流离散元方法的数值模拟商业程序，该程序通过牛顿第二运动定律计算质点间的相对位移和不平衡力，能记录和输出每个颗粒的物理信息和力，并通过每个时间步的迭代更新数据，以此来模拟崩塌、滑坡和泥石流的动力学行为，重要的是 EDEM 能充分考虑滑坡体颗粒物质与基底颗粒物之间相互作用的力学过程，因而能较好反映高位动力侵蚀效应和堆积加载效应。

表 5.4　国内外典型滑坡及其铲刮比（据 Zhang et al.，2020a）

| 序号 | 名称 | 位置 | 年份 | 滑源区方量/m³ | 侵蚀铲刮方量/m³ | 铲刮比 |
|---|---|---|---|---|---|---|
| 1 | Flims 滑坡 | 瑞士 | 1939 | $1.00×10^5$ | $2.75×10^5$ | 2.20 |
| 2 | Khait 滑坡 | 塔吉克斯坦 | 1949 | $5.40×10^7$ | $1.00×10^7$ | 0.15 |
| 3 | Modalen 滑坡 | 挪威 | 1953 | $1.00×10^4$ | $1.03×10^5$ | 8.20 |
| 4 | Huascarán 滑坡 | 秘鲁 | 1962 | $2.74×10^6$ | $9.57×10^6$ | 2.80 |
| 5 | Mount Ontake 滑坡 | 日本 | 1984 | $3.40×10^7$ | $1.35×10^7$ | 0.32 |

| 序号 | 名称 | 位置 | 年份 | 滑源区方量/m³ | 侵蚀铲刮方量/m³ | 铲刮比 |
|------|------|------|------|----------------|------------------|--------|
| 6 | Mount Cayley 滑坡 | 加拿大 | 1984 | $7.40 \times 10^5$ | $2.00 \times 10^5$ | 0.22 |
| 7 | Rabicano 滑坡 | 智利 | 1987 | $6.00 \times 10^6$ | $7.50 \times 10^6$ | 1.00 |
| 8 | Val Pola 滑坡 | 意大利 | 1987 | $4.00 \times 10^7$ | $8.00 \times 10^6$ | 0.16 |
| 9 | Nomash River 滑坡 | 加拿大 | 1999 | $3.00 \times 10^5$ | $3.25 \times 10^5$ | 0.87 |
| 10 | Eagle Pass 滑坡 | 加拿大 | 1999 | $7.50 \times 10^4$ | $2.63 \times 10^4$ | 0.28 |
| 11 | 易贡滑坡 | 中国 | 2000 | $1.00 \times 10^8$ | $1.75 \times 10^8$ | 1.40 |
| 12 | Zymoetz River 滑坡 | 加拿大 | 2002 | $7.20 \times 10^5$ | $5.00 \times 10^5$ | 0.56 |
| 13 | 谢家店子滑坡 | 中国 | 2008 | $5.00 \times 10^5$ | $4.75 \times 10^5$ | 0.76 |
| 14 | 鸡尾山滑坡 | 中国 | 2009 | $5.00 \times 10^6$ | $7.50 \times 10^5$ | 0.12 |
| 15 | 新磨滑坡 | 中国 | 2017 | $3.90 \times 10^6$ | $1.10 \times 10^7$ | 2.20 |
| 16 | 关岭滑坡 | 中国 | 2010 | $1.15 \times 10^6$ | $3.13 \times 10^5$ | 0.22 |
| 17 | 三溪村滑坡 | 中国 | 2013 | $1.47 \times 10^6$ | $6.25 \times 10^4$ | 0.03 |
| 18 | 白格滑坡 | 中国 | 2018 | $1.60 \times 10^6$ | $6.60 \times 10^6$ | 3.30 |

在建模过程中，输入 EDEM 程序的数据主要是栅格文件和颗粒数据。栅格文件通常用于生成滑坡路径地形和颗粒工厂。颗粒工厂通常表现为一种封闭的容器，它决定了颗粒产生的位置、时间和方式。在 CAD 软件上通过初始建模生成栅格文件，然后将栅格文件导入 EDEM。在第二次白格滑坡模拟中，滑坡路径地形的原始数据来自于滑坡前和滑坡后的数字高程模型。基于现场调查同时考虑到计算时间限制，颗粒半径在 0.2~1.0m 随机分布。

在 EDEM 中，通过接触本构模型实现了离散颗粒之间的力学关系的传递。EDEM 的内置接触本构模型有 Hertz-Mindlin（无滑移）、Hertz-Mindlin（有黏结）、线性黏结等。由于 Hertz-Mindlin（无滑移）模型的力计算准确有效，因此在模拟过程中被选择作为颗粒与颗粒以及颗粒与滑床之间的接触模型。如图 5.19 所示，该接触模型由法向力、切向力分量和阻力组成。法向力和切向力分量基于 Hertz 接触理论和 Mindlin-Deresiewicz 理论，二者都有阻尼分量，分别为法向阻尼力和切向阻尼力，其中阻尼系数与恢复系数有关。阻力受库仑静摩擦系数和滚动摩擦系数的限制。上述力学指标的计算模型为

$$
\begin{cases}
F_n = \dfrac{4}{3} E \sqrt{R'} \delta_n^{\frac{3}{2}} \\
F_t = -8\delta_t G^t \sqrt{R' \delta_n} \\
F_n^d = -2\sqrt{\dfrac{5}{6}} \dfrac{\ln e}{\sqrt{\ln^2 e + \pi^2}} \sqrt{S_n m'} \, \overline{v_n^{rel}} \\
F_t^d = -2\sqrt{\dfrac{5}{6}} \dfrac{\ln e}{\sqrt{\ln^2 e + \pi^2}} \sqrt{S_t m'} \, v_t^{rel} \\
T_r = -u_r F_n R_i \omega_i \\
T_s = -u_s F_n
\end{cases}
,
$$

式中，$F_n$ 是法向力分量，是法向接触位移的函数；$E$ 和 $R'$ 是等价杨氏模量和杨氏模量、泊松比和接触颗粒半径导出的等效半径；$F_t$ 是切向力分量，是切向接触位移 $\delta_t$ 和切向刚度 $G^t$ 的函数；$F_n^d$ 是法向阻尼力，该参数与回弹系数 $e$、法向刚度 $S_n$、等价质量 $m'$ 及相对速度法向分量 $v_n^{\overline{rel}}$ 密切相关；类似于 $F_n^d$，切向阻尼力 $F_t^d$ 与回弹系数 $e$、切向刚度 $S_t$、等价质量 $m'$ 和相对速度切向分量 $v_t^{\overline{rel}}$ 密切相关；$T_s$ 是与库仑静摩擦系数 $u_s$ 有关的静阻力；$T_r$ 滚动阻力，其量值取决于滚动摩擦系数 $u_r$、接触点到质心的距离 $R_i$ 和物体在接触点的单位角速度矢量 $\omega_i$。

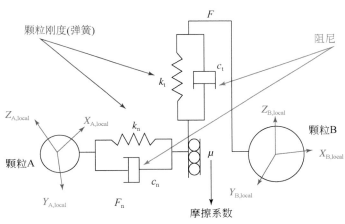

图 5.19　Hertz-Mindlin（无滑移）接触模型

通过大量试算，用于模拟第二次白格滑坡的主要力学参数如表 5.5 所示。

表 5.5　细观接触模型参数

| 参数 | 取值 |
| --- | --- |
| 滑坡体/滑床的密度/（kg/m³） | 2600/2600 |
| 滑坡体/滑床的泊松比 | 0.2/0.35 |
| 滑坡体/滑床的剪切模量/GPa | 22/6.9 |
| 滑坡体/滑床的静摩擦系数 | 0.5/0.9 |
| 滑坡体/滑床的滚动摩擦系数 | 0.03/0.06 |
| 滑坡体/滑床的恢复系数 | 0.5/0.3 |

图 5.20 和图 5.21 呈现了采用 Hertz-Mindlin（无滑移）接触模型第二次白格滑坡运动过程 EDEM 数值模拟结果。红色颗粒代表第二次白格滑坡滑源区物质，黄色颗粒代表铲刮区物质，黑色颗粒代表第一次滑坡堆积于河道的堆积体。

图 5.20（a）和图 5.21（a）描述了第二次滑坡在 0s 时的模拟结果。此时，第二次滑坡的滑源区刚开始滑动，坡面上的原始堆积物是第一次滑坡中残留在相对平坦的沟槽地形上碎屑物质（范围 B—C）。范围 D—E 是第一次滑坡堆积在金沙江河道内堆积物的残留体。

　　图 5.20（b）和图 5.21（b）描述了第二次滑坡在 10s 时刻的模拟结果。滑坡体在这个时刻已经解体，并且转化成了快速运动的碎屑流。碎屑流前缘的运动速度为 17m/s，并逐渐加载到坡面堆积物上（范围 B—C）。

　　图 5.20（c）和图 5.21（c）描述了第二次滑坡在 20s 时刻的模拟结果。由于上部碎屑流的动力冲击和加载，坡面堆积物被推挤，导致滑坡的体积和速度迅速增加，前缘峰值的速度达到 48m/s。

　　图 5.20（d）和图 5.21（d）描述了第二次滑坡在 30s 时刻的模拟结果。由于地形起伏的影响，随着前缘坡度的增加，峰值速度达到了 62m/s。同时，滑坡的前缘与残留在河道的第一次滑坡堆积体重叠，巨大的能量夹带堆积体表面物质，并发展成为了一个自然斜坡，运动的滑坡物质沿着这个斜坡向上飞跃。

　　图 5.20（e）和图 5.21（e）描述了第二次滑坡在 40s 时刻的模拟结果。随着前缘的地形逐渐升高，滑坡物质呈现出爬升的姿态。在这个时刻，滑坡物质的能量逐渐耗散，峰值速度迅速下降到 20m/s 以下。

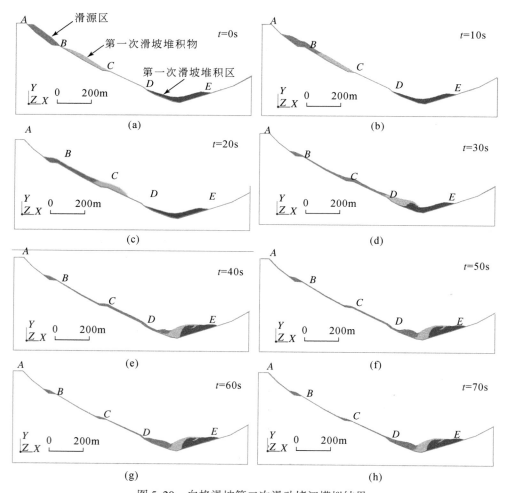

图 5.20　白格滑坡第二次滑动堵江模拟结果

图 5.20（f）和图 5.21（f）描述了第二次滑坡在 50s 时刻的模拟结果。除了后部一些速度约为 40m/s 的颗粒外，其余滑坡物质基本上是静止的。此时，滑坡物质堆积在金沙江河道内，致使河道的堰塞坝平均高度增加了 50m 以上。

图 5.20（g）和图 5.21（g）描述了第二次滑坡在 60s 时刻的模拟结果。此刻，除了后部速度约为 20m/s 的一些还在运动的颗粒外，其余颗粒均已停积。直到 70s，所有颗粒的速度均趋于 0m/s，滑坡物质完全静止，大部分滑坡物质堆积在河道中，除了小部分停积在 B 点和 C 点的平台上［图 5.20（h）和图 5.21（h）］。

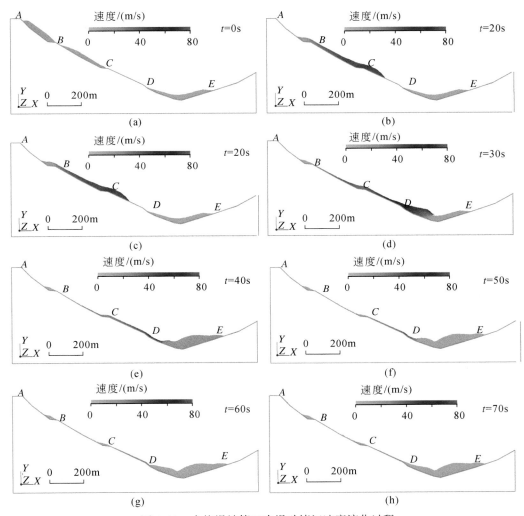

图 5.21　白格滑坡第二次滑动堵江速度演化过程

以上数值模拟结果充分展示了由于冲击引起的累积加载效应而产生的二次滑动过程。冲击加载引起的二次滑动是一种典型的动力侵蚀铲刮模式［图 5.22（d）］，相较于完整岩体强烈冲击铲刮基底物质［图 5.22（a）］、破碎的滑坡颗粒物质冲击犁切基底物质［图 5.22（b）］和流态化的滑坡物质逐渐侵蚀基底物质［图 5.22（c）］这三种模式，冲击加载引起的铲刮模式主要是由上部滑坡的重力引起的，且上部滑坡物质与下部基底物质之间的距离很短。

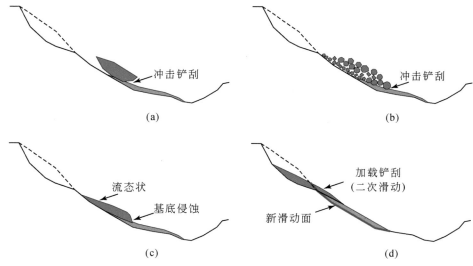

图 5.22 四种主要的动力侵蚀模式

（a）较完整岩块强烈冲击铲刮基底物质；（b）破碎的滑坡颗粒物质冲击犁切基底物质；
（c）流态状滑坡逐渐侵蚀基底物质；（d）累积加载引起的二次滑动

　　为了进一步验证上述 EDEM 颗粒流模型中的累积加载效应的模拟结果，采用雪橇模型（Scheidegger，1973）和 DAN-W 程序（Hungr，1995）计算了第二次白格滑坡运动过程，并对比三种方法计算确定的第二次白格滑坡滑动距离与最大速度。

　　雪橇模型可以很方便地用来估计不同位置的滑动速度，计算公式为

$$V=\sqrt{2g(H-f\times L)}$$

式中，$g$ 为重力加速度；$H$ 为滑坡启动到估算点的高差；$L$ 为滑坡启动点到估算点的水平距离；$f$ 为滑坡最大垂直高度与最大水平距离的比值，这里取 0.4。

　　DAN-W 程序是基于流变模型开发的程序，这里选择程序中内置的摩擦模型和 Voellmy 模型模拟滑坡物质与滑床之间的阻力。通过大量试算，最终确定的计算第二次白格滑坡运动过程的参数如表 5.6 所示。

表 5.6　DAN-W 程序计算参数

| 滑坡区域 | 模型 | $\Phi/(°)$ | $f$ | $\xi$ | 最大侵蚀深度/m |
|---|---|---|---|---|---|
| 滑源区 | 摩擦模型 | 10.5 | — | — | 0 |
| 铲刮区 | Voellmy 模型 | — | 0.2 | 200 | 20 |
| 堆积区 | Voellmy 模型 | — | 0.2 | 200 | 20 |

　　图 5.23 记录了三种方法计算的第二次白格滑坡运动过程中的最大速度随距离的关系。从图中可以看出，第二次滑坡滑源区物质失稳启动转化为碎屑流后速度不断增加，并且在

加载和铲刮区的速度仍然保持增加的趋势。同时，堆积于坡面的基底物质的速度由于受到累积加载效应也不断增加。受到地形变陡等因素的影响，滑坡碎屑物质和基底物质最大速度分别达到峰值62m/s和42m/s。然后，由于金沙江河道阻塞引起的能量耗散，速度迅速下降。对比发现，EDEM计算的最大速度随着路径距离的变化趋势与DAN-W基本一致，且二者均小于雪橇模型计算结果。然而，EDEM程序模拟的第二次滑坡最大速度可以达到较高的峰值，甚至超过雪橇模型的最大计算值。

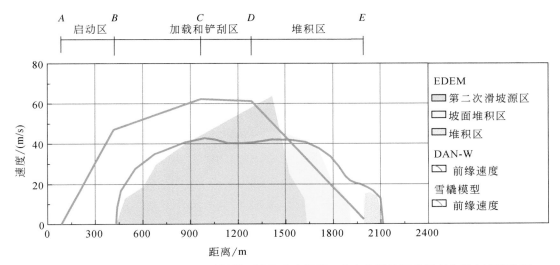

图5.23　基于EDEM、DAN-W和雪橇模型计算确定的第二次白格滑坡运动距离和最大速度关系

# 5.6　白格滑坡后缘残留体与稳定性

## 5.6.1　滑坡残留体基本特征

### 5.6.1.1　残留体分区

白格滑坡经两次滑动后，松散物质已大为减少，但滑坡体对山体扰动作用巨大，滑坡周边由于临空卸荷作用不断加强，变形迹象十分明显，后缘及两侧发育多条深大裂缝，切割形成了大量残留体。根据勘查，按残留体变形特征及空间位置关系基本原则，将残留体分为三个区块（图5.4、图5.24）：滑坡后缘为K1残留体、滑坡下游侧边界为K2残留体、滑坡上游侧边界为K3残留体，共计约940.83万m³（表5.7）。其中，K1残留体可细分为K1-1、K1-2、K1-3、K1-4、K1-5、K1-6；K2残留体细分为K2-1、K2-2、K2-3；K3残留体细分为K3-1、K3-2。

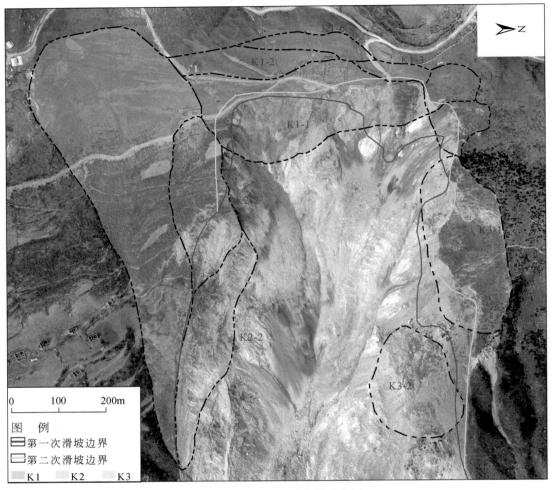

图 5.24　白格滑坡残留体分布图

**表 5.7　白格滑坡残留体方量统计**

| 编号 | K1-1 | K1-2 | K1-3 | K1-4 | K1-5 | K1-6 | K2-1 | K2-2 | K2-3 | K3-1 | K3-2 | 合计 |
|---|---|---|---|---|---|---|---|---|---|---|---|---|
| 方量/万 m³ | 145.35 | 34.31 | 7.93 | 13.58 | 10.35 | 14.68 | 74.14 | 56.84 | 464.09 | 73.58 | 45.98 | 940.83 |

### 5.6.1.2　残留体裂缝发育特征及边界

**1. K1 残留体裂缝发育特征及边界**

根据勘查，K1 残留体主要受两次滑坡牵引卸荷形成，按地质结构和变形发育特征可分为 K1-1、K1-2、K1-3、K1-4、K1-5、K1-6。图 5.25 是 K1 残留体上裂缝分布和发育特征，从图中可看出，K1 上分布着大量不同尺寸的弧形裂纹，其中大部分为张拉应力引起的。分布于 K1 上的张拉裂缝普遍平行于滑坡后缘断壁，表现为近南北走向（如 K1-1 ~ K1-4 和 K1-6）或者东西走向（如 K1-5），这些张拉裂缝有利于不稳定块体朝向临空方向变形的释放，不利于块体稳定。在靠近临空面附近，大量小尺度叠瓦状裂缝将前缘切割成大小不一的块体［图5.25（b）、（j）］，而在这些叠瓦状裂缝后面往往分布着大尺度的横向裂缝，如C10、C12、C19、C32和C32-1［图5.25（a）］。C10作为K1上一条规模最大的裂缝，其延伸长度达到了约176m，从北向南C10的扩展趋势不断减少，最大的扩展宽度和深度出现在北侧分别是54cm和125cm［图5.25（d）］，而在南侧则表现为明显下错，最大错距达1.9m［图5.25（e）］。另外两条大型裂缝（C32和C32-1）界定了K1-5左右两侧的后缘边界，分别长约105m和113m。此外，由于强烈的张拉牵引作用，在K1-5处分布着一个宽度约1.7m的拉陷槽［图5.25（i）］，在拉陷槽的西侧是K1-5的后缘断壁，其下错距离达到了4.5m［图5.25（i）］。

| 裂缝 | 力学特性 | 特征 | | | | |
|---|---|---|---|---|---|---|
| | | 走向/(°) | 角度/(°) | 长度/m | 宽度/cm | 深度/cm |
| C6-1 | 剪切 | 60 | 105 | 23 | 5 | 36 |
| C7 | 张拉 | 310~345 | 45~70 | 23 | 9 | 50 |
| C8 | 张拉 | 354 | 55 | 84 | 15~22 | 27~45 |
| C9 | 张拉 | 3 | 80 | 92 | 21 | 52 |
| C9-1 | 张拉 | 5 | 85 | 68 | 10~35 | 35~70 |
| C10 | 张拉 | 350~15 | 75~105 | 176 | 54 | 125 |
| C10-1 | 张拉剪切 | 300 | 45 | 18 | 20~45 | 30~48 |
| C11 | 张拉剪切 | 5 | — | 118 | 7 | 66 |
| C12 | 张拉剪切 | 3 | 85 | 177 | 4~18 | 15~37 |
| C13 | 张拉剪切 | 358 | 91 | 31 | 3~12 | 20~37 |
| C14 | 张拉 | 6 | 90 | 43 | 5~20 | 18~45 |
| C15 | 张拉 | 350~15 | 75~105 | 64 | 10~23 | 35~50 |
| C16 | 张拉 | 3 | 85 | 65 | 18~35 | 40~65 |
| C16-1 | 张拉剪切 | 310 | 45 | 13 | 8 | 52 |
| C17 | 张拉 | 358 | 86 | 48 | 5~20 | 18~45 |
| C18 | 张拉 | 340~10 | 68~95 | 68 | 8~27 | 24~58 |
| C19 | 张拉 | 359~10 | 88~105 | 133 | 5~16 | 18~32 |
| C20 | 剪切 | 98 | 100 | 15 | 5~8 | 17~30 |
| C32 | 张拉 | 76 | 105 | 39 | 35 | 62 |
| C32-1 | 张拉剪切 | 22 | 113 | 0 | 21 | 115 |
| C33 | 张拉剪切 | 91 | 106 | 80 | 15 | 65 |
| C33-1 | 张拉剪切 | 150 | 145 | 46 | 25~53 | 85 |

图5.25　白格滑坡K1残留体裂缝发育特征

　　K1-1残留体由滑坡牵引卸荷形成，前缘高程为3565m，后缘高程为3695m，相对高差约130m，整体坡度约36°。平面形态呈不规则圈椅状，残留体纵向长约160m，横向宽约

460m，面积为 72673m²，滑体厚度约 10~30m，平均厚度约 20m，规模约为 145.35 万 m³。K1-1 边界范围如下：

西侧（后缘）边界：以产生第一级贯通裂缝 C9、C10、C17、C19 为界，长约 500m；

东侧（前缘）边界：以产生渗水点的陡坎为界，长约 480m；

北侧（左侧）边界：以后缘左侧第一级裂缝向下延伸，长约 60m；

南侧（右侧）边界：以后缘右侧第一级裂缝向下延伸，长约 160m。

K1-2 残留体直接由 K1-1 块体变形牵引卸荷形成，整体平缓。平面形态呈长条状，纵向长约 60m，横向宽约 300m，面积为 17157m²，滑体厚度约 10~30m，平均厚度约 20m，规模约为 34.31 万 m³。K1-2 边界范围如下：

后缘边界：以产生最后一级裂缝 L12 延伸为界，长约 330m；

前缘边界：以 K1-1 后缘第一级贯通裂缝为界，长约 320m；

左侧边界及右侧边界：以最后一级裂缝 C14 延伸方向为界，与后缘边界界线不明显。

K1-3 残留体直接由第二次白格滑坡及 K1-1 块体变形牵引卸荷形成。平面形态呈不规则长条状，纵向长约 35m，横向宽约 180m，面积为 5289m²，滑体厚度约 10~20m，平均厚度约 15m，规模约为 7.93 万 m³。K1-3 边界范围如下：

后缘边界：以产生最后一级裂缝 C19 延伸为界，长约 180m；

前缘边界：以 K1-1 后缘第一级贯通裂缝为界，长约 165m；

左侧边界及右侧边界：以最后一级裂缝延伸方向为界，与后缘边界界线不明显。

K1-4 残留体直接由第二次白格滑坡及 K1-5 块体变形牵引卸荷形成。平面形态呈不规则圈椅状，纵向长约 85m，横向宽约 105m，面积为 9056m²，滑体厚度约 10~20m，平均厚度约 15m，规模约为 13.58 万 m³。K1-4 边界范围如下：

后缘边界：以产生最后一级裂缝延伸为界，长约 65m；

前缘边界：以 K1-5 右侧缘陡坎为界，长约 80m；

左侧边界：以最后一级剪切裂缝 L20 为界，与后缘边界界线不明显；

右侧边界：以最后一级裂缝延伸方向为界，与后缘边界界线不明显。

K1-5 残留体直接由第二次白格滑坡及 K3 块体变形牵引卸荷形成，前缘高程为 3650m，后缘高程为 3695m，相对高差约 45m，整体坡度约 34°。平面形态呈不规则圈椅状，纵向长约 85m，横向宽约 1205m，面积为 10346m²，滑体厚度约 8~20m，平均厚度约 10m，规模约为 10.35 万 m³。K1-5 边界范围如下：

后缘边界：以产生最后一级裂缝延伸 L32 为界，长约 65m；

前缘边界：以产生渗水点的陡坎为界，长约 120m；

左侧边界：以剪切裂缝 L32-1 延伸为界，长约 70m；

右侧边界：以下错陡坎为界，长约 85m。

K1-6 残留体直接由第二次白格滑坡及 K1-2 块体变形牵引卸荷形成。平面形态呈不规则长条状，纵向长约 40m，横向宽约 220m，面积为 9786m²，滑体厚度约 10~20m，平均厚度约 15m，规模约为 14.68 万 m³。K1-6 边界范围如下：

后缘边界：以产生最后一级裂缝 C11 延伸为界，长约 125m；

前缘边界：以 K1-2 后缘第一级贯通裂缝为界，长约 220m；

左侧边界及右侧边界：以最后一级裂缝延伸方向为界，与后缘边界界线不明显。

2. K2 残留体裂缝发育特征及边界

根据勘查，K2 残留体主要受两次滑坡牵引卸荷及刮铲形成，按地质结构和变形发育特征，可分为 K2-1、K2-2、K2-3。K2 残留体上的裂缝发育特征如图 5.26 所示。在 K2 残留体上，不同走向的裂缝对应不用的力学特性，包含近南北走向的张拉裂缝、近南东–北西走向的张拉剪切裂缝和近东西走向的剪切裂缝。在 K2-1 下错陡坎后方，发育了大量近南北走向的密集弧形裂缝，这些裂缝迫使 K2-1 浅表层的不稳定块体在横向上发生分离，从而可以观察到了一个局部的小滑坡［图 5.26（b）］。此外，在北侧也出现的密集弧形裂

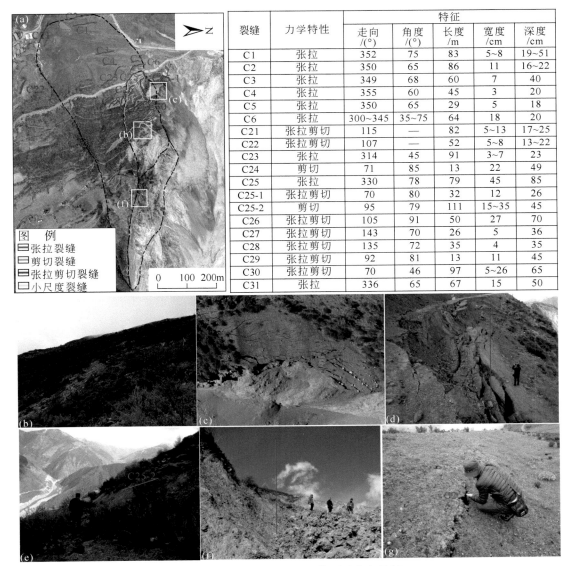

| 裂缝 | 力学特性 | 特征 | | | | |
|---|---|---|---|---|---|---|
| | | 走向/(°) | 角度/(°) | 长度/m | 宽度/cm | 深度/cm |
| C1 | 张拉 | 352 | 75 | 83 | 5~8 | 19~51 |
| C2 | 张拉 | 350 | 65 | 86 | 11 | 16~22 |
| C3 | 张拉 | 349 | 68 | 60 | 7 | 40 |
| C4 | 张拉 | 355 | 60 | 45 | 3 | 20 |
| C5 | 张拉 | 350 | 65 | 29 | 5 | 18 |
| C6 | 张拉 | 300~345 | 35~75 | 64 | 18 | 20 |
| C21 | 张拉剪切 | 115 | — | 82 | 5~13 | 17~25 |
| C22 | 张拉剪切 | 107 | — | 52 | 5~8 | 13~22 |
| C23 | 张拉 | 314 | 45 | 91 | 3~7 | 23 |
| C24 | 剪切 | 71 | 85 | 13 | 22 | 49 |
| C25 | 张拉 | 330 | 78 | 79 | 45 | 85 |
| C25-1 | 张拉剪切 | 70 | 80 | 32 | 12 | 26 |
| C25-2 | 剪切 | 95 | 79 | 111 | 15~35 | 45 |
| C26 | 张拉剪切 | 105 | 91 | 50 | 27 | 70 |
| C27 | 张拉剪切 | 143 | 70 | 26 | 5 | 36 |
| C28 | 张拉剪切 | 135 | 72 | 35 | 4 | 35 |
| C29 | 张拉剪切 | 92 | 81 | 13 | 11 | 45 |
| C30 | 张拉剪切 | 70 | 46 | 97 | 5~26 | 65 |
| C31 | 张拉 | 336 | 65 | 67 | 15 | 50 |

图 例
张拉裂缝
剪切裂缝
张拉剪切裂缝
小尺度裂缝

0　100　200m

图 5.26　白格滑坡 K2 残留体裂缝发育特征

缝强烈地切割岩体，导致 K2-1 前缘块体逐渐向临空方向发生变形和崩解 ［图 5.26 （c）］。在 K2-1 的后缘，受到 C25 的切割下形成了一个高达 8m 的下错陡坎 ［图 5.26 （d）］。随着 C25 向东延伸，发育了 C25 的一条东西方向的衍生裂缝（命名为 C25-2），这条裂缝作为一个侧向剪切面，被视为 K2-1 的侧向边界 ［图 5.26 （e）］。K2-2 和 K2-3 的裂缝都比较分散，没有集中分布。仅在 K2-2 右侧发现一个陡坎，最大高度约为 4m ［图 5.26 （f）］，而在 K2-3 后缘 ［图 5.26 （g）中的 C2］ 和 K2-1 头部陡坎后面 ［图 5.26 （a）］ 分布有少量张拉或张拉剪切裂缝。

K2-1 残留体由滑坡牵引卸荷形成，前缘高程为 3440m，后缘高程为 3690m，相对高差约 240m，整体坡度约 33°。平面形态呈舌状，纵向长约 360m，横向宽约 140m，面积为 37071m²，滑体厚度约 10 ~ 30m，平均厚度约 20m，规模约 74.14 万 m³。K2-1 的边界范围如下：

后缘边界：以产生连续错坎滑壁 C25 为界，长约 120m；

前缘边界：以产生渗水点的陡坎为界，长约 400m；

左侧边界：以最后一级裂缝延伸方向为界，与后缘边界界线不明显；

右侧边界：以最后一级剪切裂缝 C25-2 向下延伸为界，长约 390m。

K2-2 残留体由第二次滑坡刮铲形成，前缘高程为 3160m，后缘高程为 3440m，相对高差约 280m，整体坡度约 32°。平面形态呈不规则长条状，水平长约 490m，横向宽约 105m，面积为 37890m²，滑体厚度约 5 ~ 20m，平均厚度约 15m，规模约 56.84 万 m³。K2-2 边界范围如下：

后缘边界：以产生 K2-1 前缘下错陡坎为界，长约 180m；

前缘边界：以产生渗水点的陡坎为界，长约 600m；

左侧边界：以后缘下错陡坎延伸方向为界，与后缘边界界线不明显；

右侧边界：以最后一级剪切下错陡坎为界，长约 490m。

K2-3 残留体由滑坡牵引卸荷形成，整体坡度约 32°。平面形态呈不规则长条状，水平长约 700m，横向宽约 300m，面积为 154695m²，滑体厚度约 15 ~ 40m，平均厚度约 30m，规模约 464.09 万 m³。K2-3 边界范围如下：

后缘边界：以产生最后一级裂缝 C2、C21 为界，长约 310m；

前缘边界：以 K2-1、K2-2 滑动产生的陡坎为界，长约 800m；

左侧边界：以最后一级裂缝延伸方向为界，与后缘边界界线不明显；

右侧边界：以老滑坡堆积体冲沟为界，长约 820m。

3. K3 残留体裂缝发育特征及边界

根据勘查，K3 残留体主要受两次滑坡牵引卸荷及刮铲形成，按地质结构和变形发育特征，可分为 K3-1、K3-2。K3 残留体上的裂缝发育特征如图 5.27 所示。从图 5.27 中可以看出，K3 上裂缝分布特征较为清晰，由近南北走向的张拉剪切裂缝和张拉裂缝及北侧的一条陡倾东西向剪切裂缝组成（图 5.27）。在 K3-1 的顶部，大量弧形张拉裂缝发育，导致岩体被拉开，从而形成很多滑坡陡坎 ［图 5.27 （b）、（d）］。在 K3-1 的中部，出现了明显的鼓胀变形 ［图 5.27 （e）］，这是由于不稳定块体向东扩展 ［如图 5.27 （f）中密集的弧形张拉裂缝所示］ 过程中受到了前缘结构相对完整的岩体的阻挡。在 K3-1 左侧，观察到一条长度超过 300m 的剪切裂缝，这条裂缝被视为 K3-1 的侧向边界。此外，在 K3-1 前缘和 K3-2 后缘之间 [图 5.27 (g)]，还分布着长约 80m 的下错陡坎。

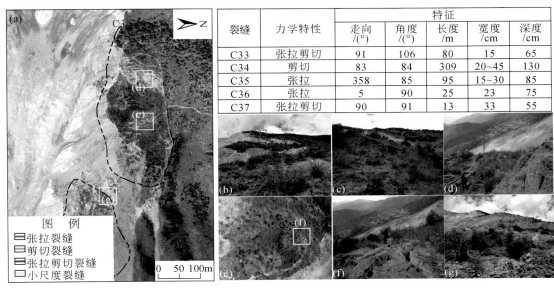

| 裂缝 | 力学特性 | 特征 | | | | |
| --- | --- | --- | --- | --- | --- | --- |
| | | 走向 /(°) | 角度 /(°) | 长度 /m | 宽度 /cm | 深度 /cm |
| C33 | 张拉剪切 | 91 | 106 | 80 | 15 | 65 |
| C34 | 剪切 | 83 | 84 | 309 | 20~45 | 130 |
| C35 | 张拉 | 358 | 85 | 95 | 15~30 | 85 |
| C36 | 张拉 | 5 | 90 | 25 | 23 | 75 |
| C37 | 张拉剪切 | 90 | 91 | 13 | 33 | 55 |

图 例
▭ 张拉裂缝
▭ 剪切裂缝
▬ 张拉剪切裂缝
▭ 小尺度裂缝

0　50　100m

图 5.27　白格滑坡 K3 残留体裂缝发育特征

根据勘查，K3-1 残留体总体与两次滑坡同期变形，局部受第二次滑坡牵引卸荷形成。前缘高程为 3334m，后缘高程为 3594m，相对高差约 260m，整体坡度约 34°。平面形态呈舌状，纵向长约 450m，横向宽约 145m，面积为 49055m²，滑体厚度约 10~20m，平均厚度约 15m，规模约为 73.58 万 m³。K3-1 边界范围如下：

后缘边界：以产生最后一级贯通裂缝为界，长约 120m；

前缘边界：以产生溜滑的陡坎为界，长约 380m；

右侧边界：以最后一级裂缝延伸方向为界，与后缘边界界线不明显；

左侧边界：以最后一级剪切裂缝向下延伸为界，长约 500m。

K3-2 残留体前缘高程为 3390m，后缘高程为 3280m，相对高差约 110m，整体坡度约 34°。平面呈舌状，纵向长约 230m，横向宽约 140m，面积为 30655m²，滑体厚度约 10~20m，平均厚度约 15m，规模约为 45.98 万 m³。K3-2 的边界范围如下：

后缘边界：以下错滑壁为界，长约 90m；

前缘边界：以产生溜滑的陡坎为界，长约 210m；

左侧及右侧边界：以后缘滑壁向两侧延伸产生溜滑的陡坎为界，与后缘边界界线不明显。

### 5.6.1.3　残留体岩体结构特征

1. K1 残留体潜在滑体和滑面

1）潜在滑体结构

根据工程地质测绘、钻探及探槽等工作手段揭露的地层可知（勘查布置如图 5.4 所示），K1 残留体的物质组成从上至下主要由第四系残积块碎石土、元古宇雄松群片麻岩和千枚岩（Ptxn$^a$）及海西期侵入蛇纹岩（$\varphi\omega_4$）构成。勘查表明 K1-1、K1-2、K1-3、K1-6 残留体滑体物质组成相似，主要由第四系残积块碎石土（表层为草甸土层）、元古宇雄松群片麻岩和千枚岩（Ptxn$^a$）组成（图 5.7、图 5.28）。①草甸土（厚 0.15 ~ 0.35m）：棕褐、黄褐色，干燥–稍湿，可塑，无摇震反应。土体中碎石含量 2% ~ 5%，粒径一般为 2 ~ 5cm；块体呈棱角状，个别呈亚圆状，母岩成分以片麻岩为主；表层植物根系丰富。②块碎石土（厚 0.5 ~ 7.5m）：棕褐色，湿润，松散。土体中碎石含量 10% ~ 15%，粒径一般为 2 ~ 5cm，最大粒径为 10cm；块石含量为 10% ~ 20%，粒径一般为 20 ~ 30cm，最大粒径可见 60cm；块体呈棱角状，个别呈亚圆状，母岩成分以片麻岩为主。③强风化片麻岩组：岩性以二云母角闪斜长片麻岩为主，浅灰色，表层风化呈灰白色，片状构造，鳞片状变晶结构，矿物成分以云母、石英、斜长石为主，风化裂隙、构造裂隙发育，岩体极破碎，呈碎裂、碎块状，片理产状为 150° ~ 185°∠36° ~ 42°。④强风化千枚岩组：岩性以绢云母石英千枚岩为主，深灰色、灰黑色，变余泥状结构，千枚状构造，矿物成分以绢云母为主，含少量石墨、石英，钻孔岩心断口有光泽，岩质较软，含碳有机质，易沾手，含泥质矿物敲击易碎，岩心多呈短柱状。

(a) T13 探槽揭露的草甸土层及强风化片麻岩　　　　　(b) ZK1 钻孔揭露强风化片麻岩

图 5.28　白格滑坡 T13 探槽和 ZK1 钻孔勘察揭露的岩土体结构

K1-4 和 K1-5 残留体滑体物质由第四系残积块碎石土（表层为草甸土层）、海西期侵入蛇纹岩（$\varphi\omega_4$）组成（图 5.7、图 5.29）。①草甸土（厚 0.15 ~ 0.35m）：棕褐、黄褐色，干燥–稍湿，可塑，无摇震反应。土体中碎石含量为 2% ~ 5%，粒径一般为 2 ~ 5cm；块体呈棱角状，个别呈亚圆状，母岩成分以片麻岩为主；表层植物根系丰富。②块碎石土（厚 0.5 ~ 2.5m）：棕褐色，湿润，松散。土体中碎石含量为 10% ~ 15%，粒径一般为 2 ~ 5cm，最大粒径为 10cm；块石含量为 10% ~ 20%，粒径一般为 20 ~ 30cm，最大粒径可见 60cm；块体呈棱角状，个别呈亚圆状，母岩成分以蛇绿岩主。③全–强风化基岩：岩性为蛇绿岩，深灰绿色，表层风化呈浅绿–浅白色，纤状鳞片状变晶结构；块状构造，矿物成分以蛇纹石、滑石为主，风化裂隙、构造裂隙发育，岩体极破碎，呈碎块状。

图 5.29　T4 探槽揭露的草甸土层（a）、T4 探槽揭露的强风化蛇绿岩（b）、TC04 揭露
的块碎石土层及全风化蛇绿岩（c）及 ZK6 钻孔揭露的强风化蛇绿岩（d）

2）潜在滑面结构

勘查表明 K1-1、K1-2、K1-3、K1-6 残留体潜在滑面物质组成相似。根据 ZK8 钻孔揭示，钻探至 26m 处钻孔漏浆严重，岩心断面有摩擦滑面，滑面光亮厚约 0.2mm（图 5.30），潜在滑带为元古宇雄松群（Ptxn[a]）千枚岩组：岩性以绢云母石英千枚岩为主，深灰色、灰黑色，变余泥状结构，千枚状构造，矿物成分以绢云母为主，含少量石墨、石英。

图 5.30　ZK8 钻孔揭露的 K1-1、K1-2、K1-3、K1-6 残留体潜在滑面

K1-4 和 K1-5 潜在滑面根据 ZK5 钻孔揭露。当 ZK5 钻探至 58.5m 以下为全风化风化蛇绿岩，潜在滑带为片麻岩与侵入蛇纹岩接触面；岩性以全–强风化蛇绿岩为主，深灰绿色，风化呈浅绿–浅白色，呈碎块石土状（图 5.31）。

图 5.31    ZK5 钻孔揭露的 K1-4、K1-6 残留体潜在滑面

**2. K2 残留体潜在滑体和滑面**

**1）潜在滑体结构**

K2-1 残留体滑体物质由第四系残破积块碎石土、元古宇雄松群（$Ptxn^a$）片麻岩、千枚岩和碳质板岩组成（图 5.7、图 5.32）。①块碎石土（厚 0.5～1.5m）：棕褐色，湿润，松散。土体中碎石含量为 10%～15%，粒径一般为 2～5cm，最大粒径为 10cm；块石含量为 10%～20%，粒径一般为 20～30cm，最大粒径可见 60cm；块体呈棱角状，个别呈亚圆状，母岩成分以片麻岩为主。②强风化片麻岩组：岩性以二云母角闪斜长片麻岩为主，浅灰色，表层风化呈灰白色，片状构造，鳞片状变晶结构，矿物成分以云母、石英、斜长石为主，风化裂隙、构造裂隙发育，岩体极破碎，呈碎裂、碎块状，片理产状为 150°∠42°。

图 5.32    K2-1 残留体中部出露的块碎石土（a）及 ZK17 钻孔揭露的强风化片麻岩（b）

K2-2 残留体滑体物质由第四系滑坡堆积块碎石土组成。块碎石土（厚 5～30m）：棕褐色，湿润，松散。土体中碎石含量为 30%～45%，粒径一般为 2～5cm，最大粒径为

10cm；块石含量为 10% ~ 20%，粒径一般为 20 ~ 30cm；块体呈棱角状，个别呈亚圆状，母岩成分以千枚岩为主。

　　K2-3 残留体滑体物质由第四系残破积块碎石土、元古宇雄松群（Ptxn[a]）片麻岩和千枚岩组成（图 5.7、图 5.33）。①块碎石土（厚 0.5 ~ 4.5m）：棕褐色，湿润，松散。土体中碎石含量文 10% ~ 15%，粒径一般为 2 ~ 5cm，最大粒径为 10cm；块石含量为 10% ~ 20%，粒径一般为 20 ~ 30cm，最大粒径可见 60cm；块体呈棱角状，个别呈亚圆状，母岩成分以片麻岩为主。②全-强风化片麻岩组：岩性以二云母角闪斜长片麻岩为主，浅灰色，表层风化呈灰白色，片状构造，鳞片状变晶结构，矿物成分以云母、石英、斜长石为主，风化裂隙、构造裂隙发育，岩体极破碎，呈碎裂、碎块状，片理产状为 150°∠42°。

图 5.33　K2-1 残留体中部出露的块碎石土（a）及 ZK17 钻孔揭露的全-强风化片麻岩（b）

　　2）潜在滑面结构

　　根据 ZK17 钻孔及深部位移监测，在 15m 处卡钻及深部位移计卡管特征明显。判定 K2-1 残留体潜在滑带为碳质板岩：呈深灰色、灰黑色，变余泥状结构，矿物成分以绢云母为主，含少量石墨、石英（图 5.7、图 5.34）。K2-2 残留体潜在滑面为块碎石土层与强

图 5.34　白格滑坡 K2-1 残留体潜在滑面出露

风化千枚岩基覆界面。K2-3 残留体潜在滑面不明显。

3. K3 残留体潜在滑体和滑面

1）潜在滑体结构

K3-1 残留体滑体物质由第四系残破积块碎石土、元古宇雄松群（Ptxn$^a$）片麻岩（图 5.7、图 5.35）。块碎石土（厚 5～30m）：棕褐色，湿润，松散。土体中碎石含量为 10%～15%，粒径一般为 2～5cm，最大粒径为 10cm；块石含量为 10%～20%，粒径一般为 20～30cm；块体呈棱角状，个别呈亚圆状，母岩成分以片麻岩为主。

　　(a) K3-1残留体滑体中部强风化片麻岩　　　　　(b) ZK18钻孔揭露的滑体中部强风化片麻岩

图 5.35　白格滑坡岩土结构特征

K3-2 残留体滑体物质由第四系残破积块碎石土。棕褐色，湿润，松散。土体中碎石含量为 10%～15%，粒径一般为 2～5cm，最大粒径为 10cm；块石含量为 10%～20%，粒径一般为 20～30cm；块体呈棱角状，个别呈亚圆状，母岩成分以片麻岩为主。

2）潜在滑面结构

根据调查和前后两次滑动地形对比，K3-1 残留体 ZK18 钻孔及深部位移监测在 22m 处卡钻及深部位移计卡管特征明显，潜在滑带为元古宇雄松群（Ptxn$^a$）片麻岩强风化层；K3-2 残留体推测滑带为第二次滑动堆积体与原始斜坡接触面。

### 5.6.1.4　残留体形成机制分析及稳定性评估

由于斜坡地质结构的不同，K1 残留体左侧山体 K1-1、K1-2、K1-4 为构造破碎的片麻岩和千枚岩构成的逆斜向坡（即岩层走向坡向交角在 30°～60°），加之垂直坡向的及平行坡向的两组节理较为发育，斜坡极易发生倾倒-拉裂破坏，易发生较大规模的滑坡；K1 残留体右侧的 K1-5 上部为构造破碎的片麻岩逆斜向坡、下部为风化破碎的海西期侵入蛇纹岩，斜坡极易沿侵入岩接触软弱面发生滑移破坏；K1-3、K1-6 残留体主要为风化破碎的海西期侵入蛇纹岩山体，新鲜蛇绿岩抗风化能力较弱，产生还原反应能力强，全风化后的蛇绿岩为近似砂层，为松散结构，其抗剪强度极差，其破坏模式与土质滑坡相似，易沿最大剪应力面发生蠕动变形破坏。

K2 残留体由于岩体结构不同，已发生不同程度的变形破坏。K2-1 不稳定残留体形成机制与 K1-1、K1-2、K1-4 残留体相似，也是由构造破碎的片麻岩和千枚岩构成的逆斜向坡，垂直与平行坡向的两组节理较为发育，易发生整体楔形体破坏；K2-2 不稳定残留体主要为已产生滑移破坏的松散块碎石土（块碎石含量>90%），其破坏机制主要为前缘溜滑牵引后部岩土体沿原滑面渐进性破坏。

K3 残留体受两次滑坡的影响程度小于 K1 和 K2 残留体，根据历史遥感影像对比分析，K3 残留体变形破坏历史基本与"10·11"滑坡同期开始。K3 残留体主要岩性较为均一的片麻岩组逆斜坡（岩层倾向与坡向交角在 120°～150°），岩体破碎–极破碎，表层风化呈碎块石状，根据其裂缝分布及发育情况，其下部为主要的应力集中区，变形破坏模式主要为牵引式破坏。

综上，残留体变形潜在变形破坏模式及稳定性评价如表 5.8 所示。

表 5.8　白格滑坡残留体稳定性分析评价

| 编号 | 稳定性分析 | 定性评价 |
| --- | --- | --- |
| K1-1 | 坡体结构为构造破碎的片麻岩和千枚岩构成的逆斜向坡，垂直坡向的及平行坡向的两组节理较为发育，易发生倾倒-拉裂破坏；<br>由前述变形体的变形破坏特征可知，后缘及中部产生深大贯通性拉张裂缝，前缘块碎石土层密集网状裂缝以及小规模溜滑，前缘坡度较陡，临空条件好，受岩体结构控制，从新近的滑塌及裂缝的变形迹象可以推测，变形体正在进一步发展之中，目前整体处于欠稳定状态 | 欠稳定状态 |
| K1-2 | 坡体结构为构造破碎的片麻岩和千枚岩构成的逆斜向坡，垂直坡向的及平行坡向的两组节理较为发育，易发生倾倒-拉裂破坏；<br>由前述变形体的变形破坏特征可知，后缘及中部产生非连续性拉张裂缝，正在进一步发展之中，目前整体处于基本稳定状态 | 基本稳定状态 |
| K1-3 | 坡体结构为风化破碎的海西期侵入蛇纹岩山体，全风化后的蛇绿岩为近似砂层，为松散结构，其抗剪强度极差，其破坏模式与土质滑坡相似，易沿最大剪应力面发生蠕动变形破坏；<br>由前述变形体的变形破坏特征可知，滑体下错后缘形成高约 4m 的滑壁，滑体发育密集网状裂缝，后缘牵引拉张贯通性裂缝发育，目前整体处于欠稳定状态 | 欠稳定状态 |
| K1-4 | 坡体结构为构造破碎的片麻岩和千枚岩构成的逆斜向坡，垂直坡向的及平行坡向的两组节理较为发育，易发生倾倒-拉裂破坏；<br>由前述变形体的变形破坏特征可知，后缘形成连续性拉张裂缝，正在进一步发展之中，目前整体处于基本稳定状态 | 基本稳定状态 |
| K1-5 | 坡体结构为上部为构造破碎的片麻岩逆斜向坡、下部为风化破碎的海西期侵入蛇纹岩，斜坡极易沿侵入岩接触软弱面发生滑移破坏；<br>由前述变形体的变形破坏特征可知，后缘形成连续性拉张裂缝，正在进一步发展之中，目前整体处于基本稳定状态 | 基本稳定状态 |
| K1-6 | 坡体结构为风化破碎的海西期侵入蛇纹岩山体，全风化后的蛇绿岩为近似砂层，为松散结构，其抗剪强度极差，其破坏模式与土质滑坡相似，易沿最大剪应力面发生蠕动变形破坏；<br>由前述变形体的变形破坏特征可知，后缘形成非连续性拉张裂缝，目前整体处于基本稳定状态 | 基本稳定状态 |

续表

| 编号 | 稳定性分析 | 定性评价 |
|---|---|---|
| K2-1 | 坡体结构为构造破碎的片麻岩和千枚岩构成的逆斜向坡，垂直与平行坡向的两组节理较为发育，易发生整体楔形体破坏；<br>由前述变形体的变形破坏特征可知，坡体发育大量横向、纵向拉张裂缝，后缘发育贯通性拉张裂缝，右侧发育贯通性剪切裂缝，目前整体出于欠稳定状态 | 欠稳定状态 |
| K2-2 | 坡体结构为已产生滑移破坏的松散块碎石土（块碎石含量超过90%），其破坏机制主要为前缘溜滑牵引后部岩土体沿原滑面渐进性破坏；<br>由前述变形体的变形破坏特征可知，后缘及右侧下错，前缘溜滑，目前整体处于欠稳定状态 | 欠稳定状态 |
| K3 | 坡体结构为较为均一的片麻岩组逆斜坡（岩层倾向与坡向交角在120°～150°），岩体破碎-极破碎，表层风化呈碎块石状，其变形破坏模式主要为向临空方向的牵引式；<br>由前述变形体的变形破坏特征可知，主要为向河谷临空方向发生的蠕滑变形，变形为坡体发育大量横向、纵向拉张及鼓胀裂缝，左侧发育贯通性剪切裂缝，目前整体出于欠稳定状态 | 欠稳定状态 |

## 5.6.2 白格滑坡残留体变形监测

"11·3"白格滑坡发生后，自然资源部立即组织相关单位对白格滑坡后缘残留体开展应急监测。应急工作结束后，有中国地质调查局成都地质调查中心牵头组织相关单位开展专业监测。

### 5.6.2.1 监测原则

白格滑坡长期监测遵循延续、节约、实用可靠和长期监测等的原则，以实现科学预报，监测成果可综合利用的目的。

（1）延续性原则。以应急监测点为基础点和资料，针对长期监测的目的，延续开展长期监测。

（2）节约原则。能充分利用的应急监测点，能不动的尽量不动，能维护好的和可移动优化的尽量利用。

（3）实用可靠的原则。针对本滑坡的特征和可准确预警预报的目的采用成熟实用的方法，开展点面相结合、数据与影像结合、机器自动与人工干预相结合。

（4）可长期监测的原则。尽量减少人工监测的工作量，充分利用自动监测手段，以达到长期监测的目的。

### 5.6.2.2 监测目的任务

本次监测预警依据长期监测的目标任务，充分利用已有监测设备，结合现今和未来滑坡变形趋势，合理增加和调整工作部署，综合采用地表位移和深部位移、裂缝监测等设备（监测网络如图5.36所示），自动传输与人工动态观测相结合、自动预报与人工研判相结合，对滑坡失稳时间、失稳方量进行准确预测预报和为治理提供依据的目的，预警、预报由专业人员完成，并由西藏自然资源厅组成预警、预报协调小组，将监测预警数据及时提供给勘查、应急处置方案施工等参与单位。

### 5.6.2.3　残留体变形特征成果分析

图 5.36 统计了 GNSS 仪器从安装完成到 2020 年 10 月 31 日的月平均位移量值和变形矢量方向。根据统计的结果，可以发现大部分监测点的变形方向均指向沟槽，且 K1 残留体变形量较低，而 K2 和 K3 残留体变形量较大。在 K1 残留体中，除了 K1-4 的 G6 监测点和 K1-5 的 G7 监测点位置的月平均位移量较大外，其余子区域监测点的月平均位移量均处于较低的水平，集中在 3.9～116.0mm。相比之下，较大的月平均位移量出现在 K2 和 K3 残留体是十分普遍的，尤其是 K2-1、K2-2 和 K3-1，这些子区域中 GNSS 记录的月平均位移量均大于 40.0mm，G24 监测点的月平均位移量甚至超过了 1219.0mm。分析同一个子区域月平均位移量值的空间分布规律可以发现，K2-1 内监测点的月平均位移量从后缘的 504.8mm（G18）逐渐降低至前缘的 46.9mm（G14）。由此可以推断 K2-1 是推移式的变形模式，其前缘锁固段支撑上覆岩体并阻止上覆岩体变形。然而，K3-1 表现出相反的趋势，K3-1 的月平均位移量从后缘 G28 处的 81.7mm 逐渐增加到前缘 G24 处的 160.7mm，表明了该该子区域表现出牵引式的变形破坏模式。

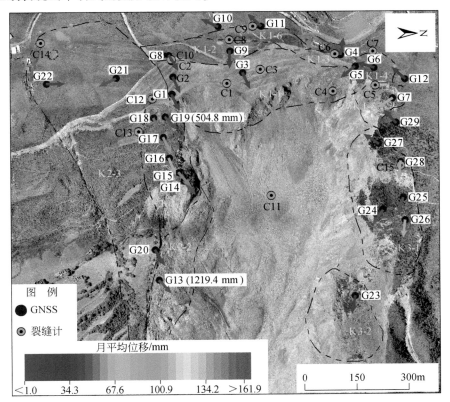

图 5.36　白格滑坡残留体实时监测点与位移矢量图

箭头的颜色和方向分别表示该点累积位移量值和方向，统计时间截至 2020 年 10 月 31 日

为分析各个残留体变形的时空演化特征，统计了 GNSS 和伸缩仪的监测数据随着时间的变化过程，结果如图 5.37 ~ 图 5.39 所示。从监测曲线中可以发现，K1-1、K1-2、K1-3、K1-6、K2-3 变形量较低，监测曲线总体上表现出收敛的趋势，而其余子区域变形量均不收敛，特别是 K1-5、K2-1、K3-1 变形量呈现出持续的激增。

从变形随着时间演化的角度来看，对于第二次滑坡后立刻安装的监测点（如 G6、G9、G18 和 G24），监测曲线首先记录了一段短暂但非常迅速的变形，这个变形过程与两次滑坡引起的岩体剧烈卸荷密切相关。随后，残留体变形表现为对外界扰动的响应过程。第一个雨季（2019 年 5 ~ 10 月）对 K1 残留体的扰动并不明显，监测曲线未出现明显的波动（图 5.37）。然而，第一个雨季却加剧了 K2 残留体的变形，尤其是 K2-1 和 K2-2，这个两个子区域的变形以较高速率保持不断增加的趋势（图 5.38）。与 K2 残留体不同，第一个雨季导致 K3 残留体出现了一个短暂的"阶梯状"变形，随后监测曲线保持平缓的变化趋势（图 5.39）。在第二个雨季到来之前，白格滑坡后缘 K1-1、K1-3 和 K2-1 完成了削方减载施工，有效地减缓了施工区域的持续变形。正如 G9 监测点［图 5.37（a）］，变形量值停止增加，甚至出现了负增长的情况。随着第二个雨季到来（2020 年 5 ~ 11 月），除 K1-5 外，其余子区域对降雨的扰动仍然不明显（图 5.37）。但是对蛇绿岩覆盖的 K1-5，第二个雨季导致该区域出现了变形量的激增，正如 G7 监测点的累积位移从 80cm 突然增加到 920cm，表现出

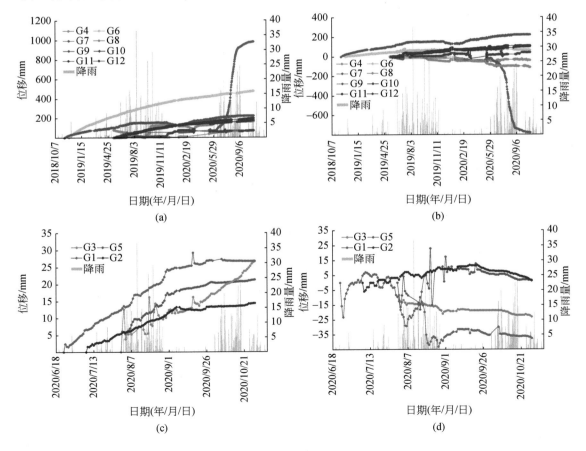

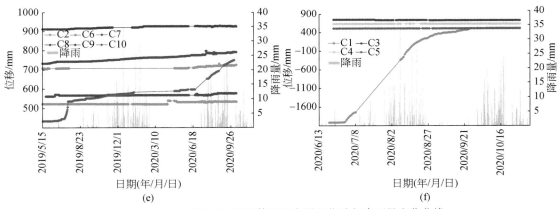

图 5.37　白格滑坡 K1 残留体监测点累积位移与降雨量变化曲线

（a）、（c）水平位移；（b）、（d）垂直位移；（e）、（f）裂缝计位移

脆性断裂的特征，随后变形速率随着降雨量减少逐渐恢复到稳定的状态 ［图 5.37（a）］。对于 K2 残留体而言，第二个雨季对 K2-3 几乎没有任何影响，但是导致 K2-1 和 K2-2 的变形再次被"激发"，以至于 K2-2 上的 G13 监测点发生失稳 ［图 5.38（c）］。此外，正如图 5.39

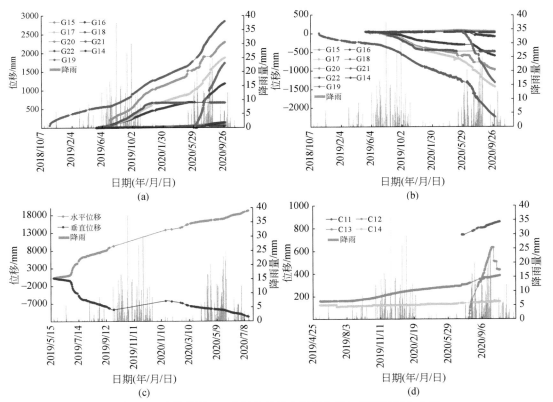

图 5.38　白格滑坡 K2 残留体监测点累积位移与降雨量变化曲线

（a）水平位移；（b）垂直位移；（c）G13 监测点（失稳）；（d）裂缝计位移

所示，K3 区域对第二次降雨的响应过程与第一次降雨类似，监测曲线仍然表现出短暂的"阶梯状"变形，但是变形的量级较第一个雨季更加明显。

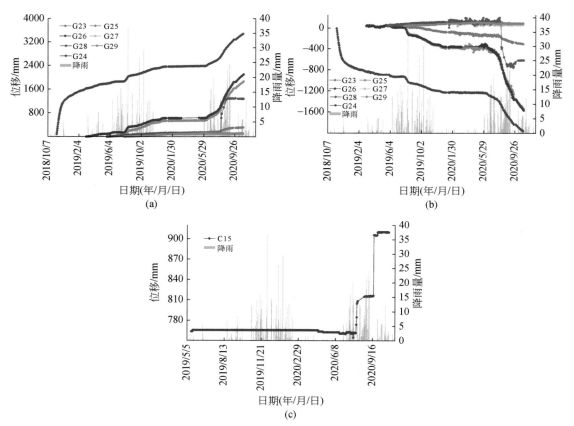

图 5.39　白格滑坡 K3 残留体监测点累积位移与降雨量变化曲线
（a）水平位移；（b）垂直位移；（c）裂缝计位移

## 5.7　白格滑坡应急处置

白格滑坡的处置主要分为两个方面，分别为白格滑坡后缘残留体的处置及金沙江河道堰塞体的处置。针对白格滑坡后缘残留体的处置工作主要目标是尽量降低 K1 和 K2 残留体在 2019 年发生大规模滑动堵江的可能性，滑坡整体的稳定性则由后期综合治理来保证，而应急处置为综合治理提供空间支持。应急处置采用的具体案为：裂缝封填+截排水沟+削方减载。针对金沙江河道内残存的堰塞体，考虑在进入主汛期后，堰塞河段安全度汛形势将更加严峻，应及早对该河段左岸堰塞残体进行开挖处置，大大提高水流下泄能力，增大滑坡物质堆积空间，降低再次滑坡堵江的风险。

## 5.7.1　白格滑坡后缘残留体应急处置

### 5.7.1.1　削方减载

1. 削方区范围选择

根据勘查成果，针对后缘残留体按最后一级贯通性深大裂缝和自然休止角确定潜在滑面，并进行稳定性评价。结果表明 K1-1 和 K2-1 残留体在暴雨等不利工况下处于不稳定状态。

在 K1 残留体削方区，削方对象以产生贯通性裂缝圈闭的不稳定块体为主，对表层残积土、裂缝完全贯通块体、中部破碎基岩锲形体进行清除，放缓整体坡度，使得坡体形成天然休止角（30°左右）。

在 K2 残留体削方区，削方对象以 K2-1 牵引产生裂缝圈闭的不稳定块体和 K2-1 残留体为主，对表层滑坡堆积体、全风化至强风化破碎基岩进行清除，顺平 K2 潜在滑面使得坡体形成天然休止角（30°左右）。

2. 削方边坡设计

根据地形条件，对 K1-1 残留体 1∶1.7～1∶1.3 坡率进行削坡，分 1～8 级，坡高为 8m，马道宽为 5～6m；对 K2-1 残留体按 1∶1.5～1∶1.2 坡率进行削坡，分 8～17 级，坡高为 8m，马道宽为 4m。削方区开挖土石方较大，弃渣主要以推入已滑坡体为主；削方开挖土石可先堆于设计弃渣区，剩余开挖的土石方待河道堰塞体清淤完成后推入已滑坡体及沟槽。

3. 削方方量计算

K1 残留体削方减载主要为由前缘贯通性深大裂缝形成的 K1-1 区，K2 残留体削方减载主要为滑坡区 K2-1 和后缘牵引区，开挖面积共计 79445.64m²。根据控制法断面法，削方减载开挖土石方共计 690868.33m³，其中，K1 残留体削方为 374129.62m³，K2 残留体削方为 316738.71m³。

4. 弃土处置方式设计

削方区开挖土石方较大，弃渣主要以推入已滑坡体为主。设计弃渣区可堆放弃土约 4.7 万 m³，削方开挖土石可先堆于设计弃渣区，剩余开挖的土石方待河道堰塞体清淤完成后推入已滑坡体及沟槽。

根据现场调查，K1-1、K2-1 前缘经常发生小规模滑塌，滑塌体多堆积于陡坎前缘，仅少部分块碎石沿已滑凹槽滚落至 3200m 高程左右的缓坡平台，极少部分滚落至金沙江一级岸坡（3000m 高程）。可见，削方堆积体主要停留在滑坡形成沟槽缓坡平台，整体滑入金沙江的方量较少、可能性低，后期主要以坡面流、局部溜滑等方式进入金沙江。

### 5.7.1.2　设置截排水沟、封填裂缝

设置截排水沟，在 K1、K2 不稳定块体中后部和 K3 不稳定块体中后部分别修建截排

水沟至滑坡区外围的自然冲沟内，防止和减少截排水沟以上的地表水及积水沿斜坡坡表下渗或径流至 K2 和 K3 不稳定块体中，以提高残留不稳定块体及滑坡体的稳定性。主要工程量包括：土石方开挖 1067.89m³；土工布（500g）3225.20m²；M7.5 水泥砂浆（5cm）584.21m²；预制混凝土盖板 5.28m³。

对于封填裂缝，对滑坡区后部的主要深大裂缝进行黏土封填，防止和减少地表水的下渗，以提高滑坡的稳定性。主要工程量包括：封填裂缝总长约 1595m，土方开挖 910.77m³；土方回填 827.97m³；土工布（500g）2711.50m²。

### 5.7.1.3　白格滑坡残留体治理效果评价

**1. 削方减载工程**

设计削方区主要为 K1-1 残留体、K1-3 残留体和 K2-1 残留体上部，施工完成的削方范围、方量、坡比基本满足方案设计要求（图 5.40）；弃渣区前缘设置格宾石笼网防护工作结构符合设计要求，坡面按设计进行了土工布防护。

图 5.40　白格滑坡后缘残留体削方后效果图

**2. 截排水和裂缝封填**

截排水工程位置、结构基本满足设计，有效的将后缘降雨地表径流排至滑坡体外 [图 5.41（a）]。对 K1 残留体后缘深大裂缝按设计进行了夯填，减少了地表水入渗坡体。一定程度避免了地表水由此入渗而造成坡体稳定性的进一步降低 [图 5.41（b）]。

| (a) 裂缝夯填工程 | (b) 截排水工程 |

图 5.41　白格滑坡后缘应急排水工程

## 5.7.2　滑坡堵江堰塞体应急处置

2019 年，在进入汛期前，根据堰塞体位置、形态等参数，处置方案主要针对四川省一侧开展，主要是为了降低了堰塞体整体高度，大大提高了水流下泄能力，增大了滑坡物质堆积空间，降低了再次滑坡堵江的风险。具体方案为将堰塞体残体靠近河道侧不小于40.0m 范围内且 2920m 高程以上的残体全部清除。开挖设计方案如图 5.42（a）所示，共设计四级马道，马道宽度为 2.0m，放坡坡比为 1∶2.0，每一级台阶高度为 20m，总开挖方量约 245.1 万 m³。堰塞体应急处置治理后效果如图 5.42（b）所示。

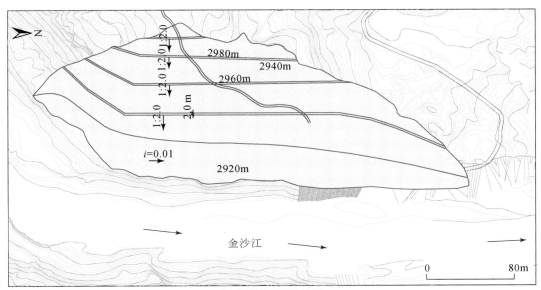

(a) 堰塞体开挖设计图

(b) 堰塞体处理后效果图

图 5.42　白格滑坡堰塞体应急处置

# 5.8　白格滑坡后缘残留体风险评价

　　白格滑坡后缘经应急处置后,后缘残留体变形发展趋缓,在一定程度上降低了短期再次滑坡堵江的风险。然而,随着雨季降水日渐丰富,地表水形成的汇流冲刷、地下水下渗软化岩土体及地下径流通道逐步贯通等对滑坡残留体变形影响显著,外营力作用持续影响残留体稳定性。本节根据应急治理完工后的三次现场跟踪调查结果,对仍残留在后缘的残留体后续发展趋势进行评价。

## 5.8.1　白格滑坡残留体变形破坏特征

### 5.8.1.1　K1 残留体

　　K1 残留体后续变形主要出现在 K1-1、K1-4 和 K1-5 这三块残留体。K1-1 残留体变形集中于前缘因削坡堆填而形成的填土边坡处,如图 5.43 (a) ~ (c) 所示。该填土边坡土体松散,下部支撑条件差,施工完成后一方面土体自然沉降,另一方面滑坡沟槽部位缓慢下滑,其变形一直在持续,后缘最大错落高度为 4m,滑坡体拉张、剪切裂缝发育,发育成边界相对完整的填土滑坡,呈不规则半圆形,平面投影面积为 4135m²,厚度为 20 ~ 35m,整体方量约 15 万 m³。

K1-4 因滑体和滑面几乎全是由蛇绿岩组成，原发育的裂缝较少，但一旦出现裂缝极易出现脆性破坏导致裂缝快速贯通。如图 5.43（d）、（e）所示，2019 年 10 月在后缘发育一贯通裂缝，至目前已经下滑，体积约 0.5 万～1.0 万 m³。K1-5 的滑体以前缘较完整的片麻岩和中后部强－全风化的蛇绿岩组成，由于蛇纹岩固有的易风化特性，K1-5 变形破坏范围不断扩大并延伸至后缘，导致后缘不断形成新的裂缝并逐渐向 K1-4 扩展 ［图 5.43（f）～（h）］。

图 5.43　白格滑坡 K1 区残留体持续变形破坏特征

（a）～（c）K1-1 变形破坏特征；（d）、（e）K1-4 变形破坏特征；（f）～（h）K1-5 变形破坏特征

### 5.8.1.2　K2 残留体

根据调查，K2 残留体中 K2-1 变化较大。在 K2-1 后缘发育了新的弧形展布状张拉裂缝，该裂缝不断扩张并与原有 C25-2 剪切裂缝相贯通 ［图 5.44（a）～（d）］，构成了闭合的后缘失稳边界。同时，K2-1 前缘锁固体不断解体导致陡坎处鼓胀裂缝非常发育 ［图 5.44（e）］，并且在雨季前缘有地下水连续出渗，而地下水持续软化碳质板岩并带出了大量的淤泥质黑色黏土 ［图 5.44（f）］，表明底部滑面已经基本贯通。由此推断 K2-1 残留体后缘边界和底部滑面边界已经基本形成，存在进一步变形失稳的趋势。

图 5.44　白格滑坡 K2-1 区残留体持续变形破坏特征

(a) ～ (c) 后缘弧形展布张拉裂缝变化趋势；(d) 弧形张拉裂缝与 C25-2 剪切裂缝相贯通；
(e) 前缘鼓胀裂缝；(f) 前缘地下水出渗带出黑色淤泥质黏土

#### 5.8.1.3　K3 残留体

K3 残留体中，K3-2 残留体变化不大，K3-1 残留体变形变大。但是如图 5.45 所示，K3-1 后续变化主要以逐级解体和前缘的逐级滑塌为主。

(a) 逐级解体　　　　　　　　　　　　　　(b) 前缘逐渐滑塌

图 5.45　白格滑坡 K3-1 残留体持续变形破坏特征

## 5.8.2　残留体失稳趋势及风险

综合分析，K1 残留体后部变形趋缓，其前部受削方施工影响右侧滑坡槽形成填土滑坡不断变形，但不足以造成堵江灾害；左侧 K1-4、K1-5 位于蛇绿岩脆性变形区，蛇绿岩风化裂隙面的存在使得拉裂一直持续发展，其圈椅状滑坡形态继续发展，变形可能从浅表性向纵深发展，该处形成整体性规模滑坡取决于前部锁骨体强度。K2 残留体中 K2-1 变形强烈，已经形成相对完整的失稳边界，据估算方量为 5 万 m³；K2-1 下部零星滑塌仍在持续，同时其下部高程约 3500m 位置形成地下水浸润线，岩性为黑色淤泥质黏土（碳质板岩风化物），具备整体滑动的条件，需要重点关注剪出口的变化。K3 残留体周边剪切裂缝近期变形不大，其前部受牵引影响形成台阶状下错坎，该处局部坡体稳定性很差。该处残坡积土体整体性滑面形成较困难，以前缘逐步解体下滑、牵引上部块体逐步变形为主。

　　白格滑坡残留体堵江趋势概率在降低，但是残留体仍然处于调整应力和变形过程，局部变形仍然持续，导致各残留体失稳精确预判难度加大。为此根据潜在的各种失稳组合，做出了堵江风险的可能性和预警级别的宏观研判（表 5.9）。

**表 5.9　白格滑坡残留体潜在失稳组合及堵江危险性评价表**

| 序号 | 滑源区组合 | 滑源区+铲刮区组合 | 方量估算/万 m³ | 失稳运动说明 | 危险性评价 | 预警级别 |
|---|---|---|---|---|---|---|
| 1 | K1-1-K1-2-K1-3 | 滑源区+滑坡槽+"11·3"江边残留体 | 250（100+100+50） | 剪断下方锁骨体沿滑坡槽下滑，铲刮物质为滑坡槽清方体，"11·3"滑坡后，多次滑坡残留体 100 万 m³，下部第二次滑坡残留物质 50 万 m³，自身滑坡物质 100 万 m³ | 整体性失稳可能性较小，属于碎石土滑坡，沿滑坡槽能量损失较大，沿滑坡槽铲刮运动轨迹能量损失较大，抛射平台具备较大缓冲作用，堵江可能性一般 | 黄色（Ⅲ级） |
| 2 | K2-1-K2-2 | 滑源区+"11·3"后滑坡右侧残留体 | 181（131+50） | K2-1 沿临空面和黑色淤泥质粉土下滑，对下部 K2-2 形成推动，共同顺坡垂直于等高线滑动，前缘滑坡抛射平台高度较大，产生势能具备一定刮铲能力，整体为顺坡向滑动，不易产生飞跃冲击动能 | 顺坡松散物质失稳，局部为基岩整体滑崩，运动轨迹较好，沿程铲刮效果加好，堵江可能性较大 | 橙色（Ⅱ级） |
| 3 | K1-4-K1-5-K2-K1 | 滑源区+K1、K2 松散物质 | 220（20+200） | 滑源区成分为块状基岩，具备较大势能和整体性，为崩滑体；经两次滑动，方量已较小，估算方量 20 万 m³；K2 缓慢解体，滑坡槽内松散物质缓慢堆积，估计方量为 200 万 m³；由于高位的滑源具备极强的铲刮能力，堵江可能较大 | 滑源区为蛇纹岩块状基岩，形成崩滑体，刮铲能力强，滑源区整体方量较小，K2 松散物质较大，具备堵江可能 | 橙色（Ⅱ级） |

| 序号 | 滑源区组合 | 滑源区+铲刮区组合 | 方量估算/万 m³ | 失稳运动说明 | 危险性评价 | 预警级别 |
|---|---|---|---|---|---|---|
| 4 | K1-4–K1-5-K3 | 滑源区+K3 残留体+锁固段 | 133（14+119） | 滑源区（K1-4–K1-5）为蛇纹岩块状基岩，其前端为片麻岩锁固段，迫使原滑坡偏向南 60°，在变形中若剪断锁固段，将对下部 K3 残留体造成推挤、刮铲、冲击，则可能形成失稳堵江，且下部江面狭窄，堵江可能极大 | 滑源区为蛇纹岩块状基岩，片麻岩锁固段方量较小，与下部 K3 残留体相对高差约 200m，力学效应为推挤、刮铲、冲击，且下部江面狭窄，堵江可能极大 | 红色（Ⅰ级） |

# 5.9　小　　结

通过综合的勘查手段、地表形变监测和数值模拟，对白格滑坡区地质环境条件、滑坡基本特征、形成机理、运动的动力学过程以及滑坡残留体的应急处置开展了深入研究，主要结论如下：

（1）白格滑坡孕育于金沙江构造混杂岩带，区内构造活跃，发育了大量诸如断层、褶皱、柔性剪切带等构造行迹，滑坡地层岩性主要为元古宇雄松群（Ptxnᵃ）片麻岩组和海西期蛇纹岩带（$\varphi\omega_4$）。组成滑坡体的岩石变形变质程度不一、复杂多变且相互夹杂，岩体结构总体较为破碎，尤其蛇绿岩内部风化裂隙、构造裂隙极其发育。

（2）白格滑坡启动前经历了长期的蠕变过程，根据白格滑坡所赋存的地质环境，可将滑坡启动前长期的变形破坏演化过程分成三个阶段：易滑岩体结构形成演化阶段、岩体渐进式变形破坏阶段和锁固段剪切破裂阶段。活跃的构造运动是驱使变形的主要外界因子，变质岩基岩的片理面控制了变形的方向和模式，而蛇绿岩的分布和易于风化的固有属性主导了第一个演化阶段并且影响了随后的变形过程。

（3）通过颗粒流离散元程序 EDEM 对第二次白格滑坡运动的动力学过程进行了数值模拟，着重分析了滑坡体物质与坡面基底物质的相互作用过程。数值模拟结果表明，冲击引起的累积加载效应是导致白格滑坡出现较大铲刮比的主要原因，颗粒流数值模拟方法能够较好的揭示这一过程。

（4）两次滑动发生后，白格滑坡后缘仍然残存大量的残留体，并可将其分成 K1、K2 和 K3 三个区域，现场调查和监测数据表明，残留体依然存在明显的变形失稳迹象。为降低再次发生堵江的风险，对后缘残留体及堰塞坝进行了应急处置：对后缘残留体采取裂缝封填、设置截排水沟及削方减载的应急处置措施，以降低残留体再次失稳的风险；对金沙江河道中堰塞体对其进行了开挖清除，以降低了堰塞体整体高度，提高水流下泄能力，增大滑坡物质堆积空间。通过综合应急治理后，白格滑坡残留体堵江趋势概率明显降低。

# 第6章 堵江滑坡灾害光学遥感早期识别

## 6.1 概 述

堵江滑坡事件是斜坡或边坡岩土体在地震、降雨、人类活动等外力地质作用下发生崩塌、滑坡、泥石流而造成江河堵塞和回水的现象。江河堵塞分两类：一是堵断江河水体，使下游断流，上游积水成湖，称为完全堵江；二是失稳坡体挤压河床或导致河床上拱，使过流断面的宽度或深度明显变小，上游形成塞水，称为不完全堵江（柴贺军和刘汉超，1983）。从现状来看，目前国内外对滑坡堵江的研究主要集中在堵江滑坡的识别、形成机制、特征研究、堵江事件的识别、堵江形成的影响因素、天然堆石坝的基本特征等方面。而专门针对堵江滑坡灾害光学遥感早期识别研究还处于探索阶段。同时，滑坡堵江的发育分布规律，滑坡堵江的形成条件，滑坡堵江事件由滑坡→堵江→回水淹没→溃决洪水所产生的各种灾害或灾害链及其对生态、环境产生的各种环境效应或环境效应链，尤其是在堵江堰塞湖的形成和溃决过程中，由于水-岩相互作用所诱发的地震灾害和崩滑灾害及其环境效应等问题，均缺乏较为深入系统的研究。

滑坡堵江在世界各国的山区时有发生，造成了非常严重的灾害。这些滑坡堵江形成的天然堆石坝高达几米至几百米；堰塞湖的体积从几十万立方米至上百亿立方米，大者足以与人工水库相媲美；存在时间由数小时至数百年甚至上千年，堰塞湖内的沉积物厚达几米至上百米，有些给人类的工程活动带来较大的影响。因此，滑坡堵江事件所造成的灾害较之非堵江事件要严重得多，尤其是那些大型滑坡堵江事件的影响更是深远。因此，开展堵江滑坡灾害光学遥感早期识别、滑坡堵江事件的环境效应、堵江危险度和灾害预测的研究不仅有助于深入认识这类地质现象，对推动滑坡研究更深入地发展具有学术价值和理论价值，而且有助于水利水电、交通航运、旅游等事业的发展，在减灾防灾、大型天然水体的合理开发利用和治理等方面均有广阔的应用前景。

## 6.2 堵江滑坡遥感识别标志与调查方法

堵江滑坡遥感调查首先是建立堵江滑坡遥感识别标志及堵江滑坡判识模式；其次是开展堵江滑坡识别，确定堵江滑坡分布位置、边界、规模；在此基础上，结合野外验证工作及高分辨率卫星影像，开展堵江滑坡地质灾害隐患要素特征及承灾体信息详细解译，编制堵江滑坡分布图。

# 6.2.1　堵江滑坡遥感识别标志及判识模式

堵江滑坡主要包括两个阶段：滑坡堵江滑动前阶段及滑坡堵江滑动后阶段。滑坡堵江滑动前阶段滑坡判识根据斜坡地形地貌、斜坡物质、斜坡类型、软弱结构面及临空面等不利条件组合而成的堵江滑坡隐患遥感综合判释标志，以及滑坡的滑坡壁、滑动面、滑坡床、滑坡舌、滑坡台阶、滑坡周界、滑坡洼地、滑坡鼓丘、滑坡裂缝等组成的直接判识标志组成。滑坡堵江滑动后阶段滑坡判识主要根据堵江滑坡体、滑坡壁、滑坡形态、堵江河道弯曲等判识标志。

堵江滑坡隐患早期识别以遥感技术为主要手段，研究滑坡形成早期斜坡岩土体变形、形成地质条件遥感特征，建立早期遥感识别标志，解译滑坡隐患分布发育特征。堵江滑坡判识模式包括直接判识法和综合判识法。

## 6.2.1.1　堵江滑坡滑动早期判识

堵江滑坡滑动早期判识模式包括直接判识法和综合判识法。

1. 直接判识法

1）判识标志

滑坡发育阶段划可分为蠕滑、滑动、剧滑和趋稳四个阶段，其中，各阶段地表裂缝、地貌形态、滑动面、滑坡体运动形态、触发因素的作用、伴生现象、稳定系数、发育历时等特征不尽相同（陈自生，1991）。从遥感技术角度，遥感图像可识别的滑坡特征主要为拉张裂缝、地貌形态的变化。

因此，滑坡隐患早期判识标志主要有变形标志（拉张裂缝、剪切裂缝、扇形裂缝、滑坡壁）、影像结构标志、平面形态、地貌形态（后缘洼地、滑坡鼓丘、滑坡台阶、滑坡舌）等（表6.1）。

**表 6.1　滑坡隐患判识标志及影像特征**

| 判识标志 | | 影像特征 |
|---|---|---|
| 变形标志 | 拉张裂缝 | 颜色为灰色、黄褐色；有阴影；形态主要有弧形、直线形、带状 |
| | 剪切裂缝 | 颜色为灰色、灰白色褐色等；形态呈线状，羽毛状排列 |
| | 扇形裂缝 | 颜色为灰色、黄褐色；形态主要有弧形、扇形 |
| | 滑坡壁 | 颜色为灰白色、黄褐色、绿色等，并与两侧坡体色调呈现明显反差或有带状阴影；形态主要有弧形、半圆形、直线形、线形陡坎状、陡坡或陡崖状，分段排列，侧壁形态有为线状支沟形态 |
| 影像结构标志 | | 多为扇形、圆弧形块状，纹理较粗，滑体上常有斑点状影纹出现 |
| 平面形态 | | 形态主要有弧形、圈椅形、马蹄形、新月形、梨形、漏斗形、葫芦形、舌形等 |

| 判识标志 | | 影像特征 |
|---|---|---|
| 地貌形态 | 滑坡台阶 | 颜色为灰白色、灰色、绿色等（根据季节颜色有变化）；形态主要有三角形、带状、不规则状等 |
| | 滑坡舌 | 形态呈舌形，前缘突出，挤压河道 |
| | 滑坡鼓丘 | 颜色为灰色、灰白色、灰褐色等；形态主要有圆形、丘状、矩形、椭圆形等 |
| | 后缘洼地 | 颜色为灰色、绿色等；形态呈带状；常有积水；分布在滑坡体与滑坡壁之间或滑坡体的后缘 |

变形标志：主要为拉张裂缝，是滑坡隐患早期识别的重要标志，包括拉张裂缝、剪切裂缝、扇形裂缝等。在蠕滑变形阶段主要形成拉张裂缝，在巨型滑坡后缘出现拉陷槽，如五里坡滑坡见数米宽的拉陷槽；在滑动阶段，前期拉张裂缝进一步扩大、并形成贯通裂缝，在前缘形成鼓胀裂缝；在剧滑阶段，进一步形成拉张裂缝，后界、侧界拉张裂缝明显并可能形成滑坡壁，中段拉张裂缝发育，前段出现扇形（放射状）裂缝。

影像结构标志：多为扇形、圆弧形块状，纹理较粗，滑体上常有斑点状影纹出现。

平面形态：在蠕滑变形阶段地貌形态无明显变化，在滑动阶段可见滑坡雏形，而在剧滑阶段滑体形态明显，土质滑坡的平面形态主要有弧形、圈椅形、马蹄形、新月形、梨形、漏斗形、葫芦形、舌形等。

地貌形态：在蠕滑变形阶段地貌形态无明显变化，滑动阶段地貌上显露滑坡总体轮廓、纵向上可见斜坡解体现象，剧滑阶段地形地貌变化明显，出现后缘洼地、滑坡鼓丘、滑坡台阶、滑坡舌等微地貌。

2）滑坡影像特征

通过高分辨率卫星影像及无人机航测影像可获取滑坡要素影像特征。在光学卫星影像及无人机航测影像上其特征如下：

高分辨率卫星影像通常是多光谱合成的彩色影像，影像的色彩不是地物的真实彩色，但是，这"假彩色"合成影像可增强对滑坡直接判识标志的识别能力。岩质滑坡直接判识标志，如滑坡壁、滑坡台阶、滑坡舌、滑坡鼓丘、拉张裂缝、剪切裂缝、扇形裂缝、后缘洼地、公路错断、地面塌陷等变形特征，均能不同程度的在高分辨率卫星影像上识别。由于滑坡直接判识标志在形状、大小、色彩、阴影、纹理、图案、相关体、位置、排列和组合、地貌、水系、植物、人类活动痕迹等方面存在差异，其判识结果及精度也有差异。光学卫星影像滑坡壁［图 6.1（a）］呈多种形态，有弧形、直线形、锯齿状等，滑坡壁两侧颜色差异较大，滑坡壁后侧往往颜色较深，临近滑坡体颜色较浅（灰白色、白色等）；滑坡台阶呈灰白色、灰色，带状分布；滑坡舌、滑坡鼓丘、拉张裂缝［图 6.1（b）］、剪切裂缝［图 6.1（c）］、扇形裂缝、后缘洼地［图 6.1（f）］、公路错断［图 6.1（e）］、地面塌陷［图 6.1（d）］等变形特征明显。

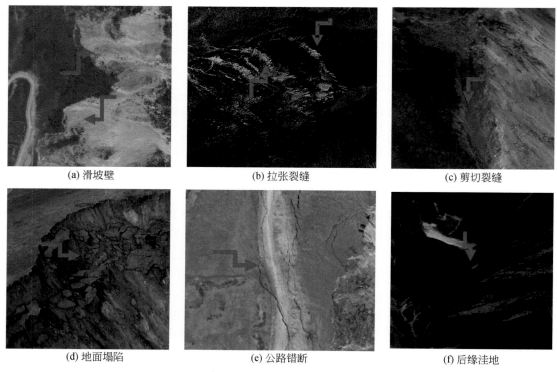

(a) 滑坡壁　　　　　　　　　　(b) 拉张裂缝　　　　　　　　　(c) 剪切裂缝

(d) 地面塌陷　　　　　　　　　(e) 公路错断　　　　　　　　　(f) 后缘洼地

图 6.1　典型滑坡光学卫星影像要素图

　　河流、水系异常也是判断滑坡的重要标志之一，如金沙江沿岸圭利滑坡（HP02）、敏都滑坡（HP05）、麦绿席滑坡（HP06）、拍若滑坡（HP08），前缘挤压河道弯曲形成跌水现象（图 6.2 ~ 图 6.5）。

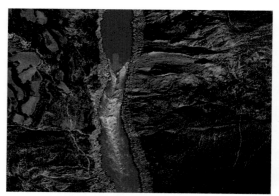

图 6.2　金沙江敏都滑坡挤压金沙江形成跌水（HP05）

图 6.3　金沙江圭利滑坡挤压金沙江（HP02）

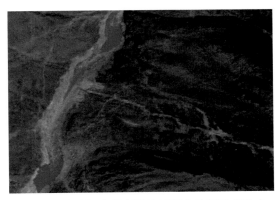

图 6.4　金沙江麦绿席滑坡挤压金沙江形成跌水　　　图 6.5　金沙江拍若滑坡挤压金沙江
（HP06）　　　　　　　　　　　　　　　　　　形成跌水（HP08）

　　无人机航测影像是天然彩色像片（真彩色像片），反映了滑坡直接判识标志的实际颜色特征，更有助于直接判识标志的识别。由于无人机航测影像精度极高，滑坡壁、滑坡台阶、滑坡舌、滑坡鼓丘、拉张裂缝、剪切裂缝、扇形裂缝、后缘洼地、公路错断、地面塌陷等变形特征均能较好的识别（图 6.6 ~ 图 6.11）。

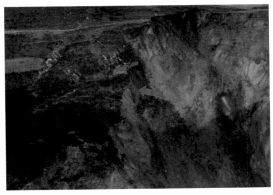

图 6.6　滑坡后壁无人机航测影像　　　　　　　图 6.7　滑坡侧壁无人机航测影像

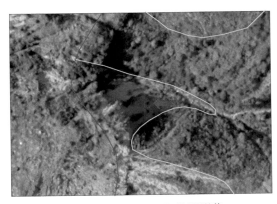

图 6.8　滑坡台阶无人机航测影像　　　　　　　图 6.9　滑坡舌无人机航测影像

图 6.10　滑坡后部拉张裂缝无人机航测影像　　　图 6.11　滑坡中前部拉张裂缝无人机航测影像

**2. 综合判识法**

滑坡形成的地质环境条件主要包括斜坡岩土类型、地质构造、地形地貌、水文地质等。对于已发生蠕滑、滑动等的斜坡体宜采用直接判识法进行滑坡隐患的识别，而对于无变形迹象与地形地貌变化的滑坡应根据滑坡形成的地质环境条件进行综合判识。因此，滑坡隐患的遥感综合判识指标包括地形坡度、斜坡物质、斜坡类型、软弱结构面及临空条件等。

**1）土质滑坡隐患遥感综合判识指标**

通过对金沙江沿岸土质滑坡的斜坡物质组成、地形坡度等地质环境条件的综合研究，以及对土质滑坡形成条件、高分辨率卫星图像的深入分析，土质滑坡隐患遥感综合标志分为地形坡度、斜坡物质组成及临空条件。

地形坡度：土质滑坡隐患发育的地形坡度在 $15° \sim 45°$。

斜坡物质组成：包括滑坡堆积、冰水堆积和半胶结地层。冰水堆积在遥感图像上呈块状、椭圆形、不规则状分布（图 6.12），半胶结地层在遥感图像上呈椭圆形、矩形、不规则状分布（表 6.2，图 6.13）。

临空条件：如陡崖、陡坎、人工开挖边坡等。陡崖、陡坎在遥感图像上呈直线状影像（表 6.2）。

**表 6.2　土质滑坡隐患综合判识指标及影像特征**

| 综合判识指标 | | 影像特征 |
| --- | --- | --- |
| 地形坡度 | 坡度 $15° \sim 45°$ | 利用数字高程模型（DEM），提取滑坡区坡度值 |
| 斜坡物质组成 | 冰水堆积 | 呈块状、椭圆形、不规则状分布，颜色为灰黄色、黄色、绿色，影像上可见冲沟、耕地、居民点 |
| | 滑坡堆积 | 呈扇形、椭圆形、不规则状分布，颜色为深灰色、灰色、黑色等，影像上可见扇形堆积体，后缘陡壁、陡坎状 |
| | 半胶结地层 | 呈椭圆形、矩形、不规则状分布，颜色为灰色、黄色、黄褐色、绿色等，影像上可见耕地、居民点、局部崩滑破坏等 |

续表

| 综合判识指标 | | 影像特征 |
|---|---|---|
| 临空条件 | 陡崖、陡坎 | 近直线状影像，坡度陡 |
| | 人工开挖边坡 | 坡度大，有公路、铁路、房屋等 |

图 6.12　冰水堆积卫星影像特征 图 6.13　半胶结地层卫星影像特征

2）岩质滑坡隐患遥感综合判识指标

通过对金沙江沿岸岩质滑坡斜坡类型、软弱结构、地形坡度等地质环境条件的综合研究，以及对金沙江沿岸堵江岩质滑坡形成条件、滑前机载 LiDAR 数据、无人机航测数据及高分辨率卫星图像的深入分析，认为岩质滑坡隐患遥感综合判识指标主要包括斜坡类型、易滑地层（岩组）、软弱结构面、地形坡度及临空条件（表6.3）。

表 6.3　岩质滑坡隐患综合判识指标及影像特征

| 综合判识指标 | | 影像特征 |
|---|---|---|
| 地形坡度 | 坡度 15°~45° | 利用数字高程模型（DEM）提取滑坡区坡度值 |
| 易滑地层 | 软弱碎屑岩组 | 呈带状分布，颜色为灰色、灰褐色，影像上可见表部松散、扒皮破坏 |
| | 软硬相间碎屑岩组 | 呈块状、矩形、不规则状分布，颜色为灰色、绿色、灰褐色等，影像上可见冲沟发育，其次梯状斜坡 |
| | 半胶结地层 | 呈椭圆形、矩形、不规则状分布，颜色为灰色、黄色、黄褐色、绿色等，影像上可见耕地、居民点、局部崩滑破坏等 |
| 斜坡类型 | 顺向坡 | 呈块状、带状、不规则状，颜色为灰色、深灰色、绿色，影像上斜坡坡度平缓 |
| | 逆向坡 | 呈带状、不规则状，颜色为深灰色、绿色，有阴影，可见陡坎，坡度一般较陡 |
| | 似层状岩质斜坡 | 呈块状、椭圆形、不规则状，颜色为绿色、深灰色、黑色等 |
| 软弱结构面 | 岩层层面 | 包括同一地层内不同岩性的沉积界面、不同地层间的整合、不整合、假整合面 |
| | 软弱夹层面 | 如泥岩、凝灰岩夹层 |
| | 断层面、破碎带 | 呈线状、带状分布，颜色呈深灰色、褐色，有阴影，延伸长，局部可见断层三角面、槽谷 |
| | 节理、裂隙 | 呈线状分布，颜色呈深灰色、黑色，延伸短，密度大 |

| 综合判识指标 | | 影像特征 |
|---|---|---|
| 临空条件 | 陡崖、陡坎 | 近直线状影像，坡度陡 |
| | 人工开挖边坡 | 坡度大，有公路、铁路、房屋等 |

地形坡度：岩质滑坡隐患发育的地形坡度在 15°~45°。

易滑地层：包含软弱碎屑岩组、软硬相间碎屑岩组、半胶结地层等。

软弱结构面：包括岩层层面、软弱夹层面、断层面、破碎带，以及节理、裂隙等。例如，五里坡滑坡原始斜坡发育两组节理［北西-南东向和近东西向（图6.14和图6.15①②），北东-南西向（图6.14和图6.15③④）］，并受层面控制（层面岩层产状为110°∠16°）岩土体被节理切割形成块体，导致其稳定性降低（图6.14、图6.15）。

图 6.14　滑坡控制性结构面滑前遥感影像

图 6.15　滑坡控制性结构面滑后无人机影像

斜坡类型：对金沙江沿岸滑坡与斜坡结构类型的关系研究表明：该地区易发滑坡的斜坡类型主要为顺向坡、逆向坡、似层状岩质斜坡。

临空条件：包含陡崖、陡坎和人工开挖边坡。五里坡滑坡前缘临空面为陡坎（图6.16）。

图 6.16　滑坡临空条件遥感影像

### 6.2.1.2　堵江滑坡遥感解译

滑坡滑动后，形成堵江堰塞体，对滑坡滑动后堵江阶段遥感解译主要包括：对滑坡滑源区、滑坡堆积区、铲刮区、后缘拉裂变形区等的详细解译；圈定分区边界，分析分区影像特征，通过对分区面积计算、堆积体厚度估算等方式，初步分析滑坡堆积体体积；通过高分辨率无人机航测影像解译，圈定滑坡拉裂变形分布区域，分析滑坡拉裂变形发展趋势。

## 6.2.2　堵江滑坡遥感识别

据堵江滑坡遥感识别标志及判识模式，可圈定堵江滑坡位置、边界、规模。滑坡解译主要包括滑坡体所处位置、地貌、前后缘高程、沟谷发育状况、植被发育状况等，滑坡体范围、形态、坡度、总体滑坡方向，以及滑坡与重要建筑物的关系、影响程度等。

解译出的滑坡最小上图精度为 $4mm^2$，图上面积大于最小上图精度的应勾绘出其范围和边界，小于最小上图精度的用规定的符号表示。定位时，滑坡点定在滑坡后缘中部。

## 6.2.3　野外验证

考虑到工作区位于艰险地区，大部分地区交通难以到达，对遥感解译结果的验证采用野外实地调查验证和亚米级高分辨率卫星遥感图像核查验证两种方式进行。

### 6.2.3.1　野外验证目的

野外验证目的是进一步完善解译标志、对不能确定属性的遥感地质要素进行野外调查、对解译过程中遇到的地质问题进行实地观察、对遥感初步解译图进行系统检查和修改。

**6.2.3.2　野外验证内容**

野外验证主要包括对区域地质环境条件、人类工程活动和堵江滑坡遥感解译标志，工作区遥感解译或收集掌握的典型、重大地质灾害点，以及工作区重点村镇、重要工程设施等开展的现场查证工作。结合相关技术规范，野外验证堵江滑坡灾害的特征及堵江滑坡形成的地形地貌、地质构造、岩（土）体类型、人类工程活动等地质环境背景条件，确定解译标志是否正确、定位是否准确等，分析堵江滑坡形成机制及诱发因素。

野外验证包括堵江滑坡验证调查和地质环境背景条件验证调查。

堵江滑坡验证调查，主要为确定解译的堵江滑坡类型、边界、规模、形态特征，分析其位移特征、活动状态、发展趋势，并评价其危害范围和程度；分析堵江滑坡的成因及发育规律；填写堵江滑坡遥感调查记录表。

地质环境背景条件验证调查，主要调查与堵江滑坡发育有关的地貌类型、地质构造、岩（土）体类型、水文地质现象和地表覆盖类型等内容。

地貌类型：确定主要地貌形态及其成因类型，解译河道、沟谷和斜坡的形态特征。

地质构造：确定主要断裂构造和褶皱构造，及活动断裂构造和区域性节理裂隙密集带的分布位置、发育规模、展布特征；解译新构造活动形迹在影像上的表现。

岩（土）体类型：解译岩（土）体岩性类型及分布，必要时划分岩（土）体的工程地质岩组类型，及解译黄土、红黏土、冻土等特殊土体的分布发育特征。

水文地质现象：解译有明显地表特征的水文地质现象，分析地表水和地下水的赋存条件；圈定泉群、地下水溢出带、渗失带等各富水地段，以及古故河道带的分布位置；解译各种岩溶现象的分布，分析其发育规律。

地表覆盖类型：解译区内森林植被、水体、耕地、荒坡地、城镇、交通等用地类型和分布现状，分析人类经济活动引起或可能引起的地质环境条件的变化。

**6.2.3.3　野外验证阶段**

野外验证分为踏勘阶段解译标志的野外验证及遥感初步解译后的野外验证两个阶段。

1. 踏勘阶段解译标志的野外验证

在完成遥感初步解译成果后开展野外踏勘，目的是建立和修正各种解译标志，提高解译成果的可靠性和实用性。踏勘工作尽可能覆盖所有地质环境单元和堵江滑坡主要发育地段；至少安排一条贯穿全区的踏勘路线，通过踏勘了解工作区地形地貌、植被、地质构造等地质环境条件，了解区内堵江滑坡发育现状等；系统建立各类地质要素的解译标志，为详细解译作准备；以遥感初步解译成果为基础，结合踏勘路线观察，建立或者修正各种解译标志；为可解译程度的分区、解译质量的确定及后期的详细解译工作提供依据。

2. 遥感初步解译后的野外验证

对室内解译成果进行实地验证，对堵江滑坡的定性、定位、特征判别是否准确及孕灾条件解译是否正确进行调查；对属性不明和具有多解性的影像体要进行重点观察，填写堵江滑坡及地质环境条件遥感验证记录卡片；未参与野外验证工作的解译人员应与验证人员进行充分交流，了解解译过程中存在疑问的地质现象的野外观察情况，对前期解译成果的错误或不足之处进行修改、补充。

## 6.2.4　堵江滑坡详细解译

堵江滑坡详细解译包括堵江滑坡地质灾害隐患要素及承灾体信息两部分。

堵江滑坡地质灾害隐患要素包括滑坡圈椅、后缘壁、洼地或弧形裂隙、后缘平台、滑坡台坎、主滑体、堆积区、前缘、滑舌等（图6.17），以及主滑方向、坡度、滑坡体斜坡结构等。

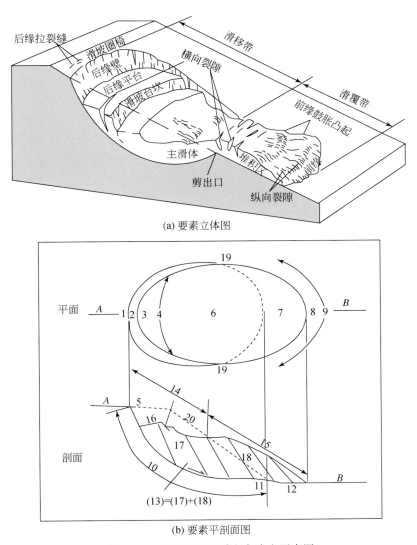

(a) 要素立体图

(b) 要素平剖面图

图6.17　堵江滑坡地质灾害隐患要素图

1. 滑坡圈椅；2. 后缘壁；3. 洼地或弧形裂隙；4. 后缘平台；5. 滑坡台坎；6. 主滑体；7. 堆积区；8. 前缘；9. 滑舌；
10. 滑动面；11. 剪出口；12. 滑覆面；13. 滑坡体（主滑体+堆积体）；14. 滑移带；15. 滑覆带；16. 后缘反倾平台；
17. 主滑体；18. 堆积体；19. 侧缘壁；20. 原地面

承灾体信息包括对滑坡体周边及威胁范围内威胁对象的信息解译，如房屋、耕地、基础设施（公路、输电线路）、水利水电设施等。

# 6.3　金沙江上游堵江滑坡遥感早期识别

## 6.3.1　金沙江上游堵江滑坡遥感影像特征

### 6.3.1.1　堵江滑坡平面形态影像特征

金沙江上游堵江滑坡平面形态主要包括扇形、舌形、半圆形、梨形、倒梨形、簸箕形、矩形、复合型等平面形态，其中，扇形 29 处、舌形 4 处、半圆形 12 处、梨形 2 处、倒梨形 1 处、簸箕形 1 处、矩形 32 处、复合型 2 处。

1. 扇形

堵江滑坡扇形的影像特征主要表现为平面形态呈扇形，上部窄、下部宽，颜色呈灰褐色、灰色、浅绿色等。这类滑坡滑动后挤压河道或者堵塞河道，挤压河道的滑坡体前缘河道中多呈现跌水现象，堵塞河道的滑坡形成堰塞湖或者上游侧可见湖相沉积物（图 6.18、图 6.19）。

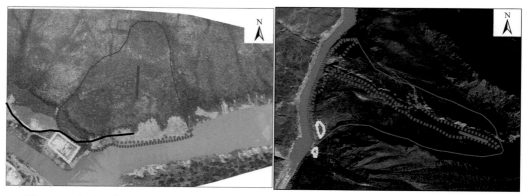

图 6.18　金沙江藏曲河口扇形滑坡（HP01）　　　图 6.19　金沙江麦绿席扇形滑坡（HP06）

2. 舌形

堵江滑坡舌形的影像特征主要表现为平面形态呈舌形，上部窄且长，下部宽呈扇形堆积，颜色呈灰白色、灰色、浅绿色等。这类堵江滑坡主要表现为上部危岩崩滑破坏、碎屑流沿斜坡或冲沟滑动后呈扇形堆积于斜坡前部，滑坡堆积体挤压河道，河道可见跌水现象（图 6.20、图 6.21）。

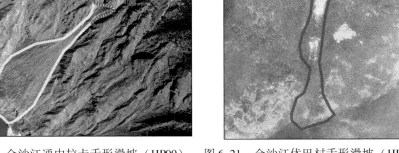

图 6.20　金沙江通中拉卡舌形滑坡（HP09）　　图 6.21　金沙江优巴村舌形滑坡（HP22）

### 3. 半圆形

堵江滑坡半圆形的影像特征主要表现为平面形态呈半圆形，上部滑坡边界呈半圆弧形，下部沿河道分布，颜色呈灰褐色、灰白色、灰色、浅绿色等。这类堵江滑坡主要表现为上部滑坡边界或滑坡壁呈弧形、半圆形展布，中部发育拉张裂缝，中前部局部崩滑破坏，滑坡体挤压河道，河道见跌水现象（图 6.22、图 6.23）。

图 6.22　金沙江底巴半圆形滑坡（HP45）　　图 6.23　金沙江下缺所半圆形滑坡（HP19）

### 4. 梨形

堵江滑坡梨形的影像特征主要表现为平面形态呈梨形，上部窄、下部宽，颜色呈灰褐色、灰白色、灰色、浅绿色等。这类堵江滑坡主要表现为上部滑坡边界或滑坡壁呈尖弧形展布，中部发育拉张裂缝，中前部局部崩滑破坏，滑坡体挤压河道，河道见跌水现象（图 6.24、图 6.25）。

### 5. 倒梨形

堵江滑坡倒梨形的影像特征主要表现为平面形态呈倒梨形，上部宽、下部窄，颜色呈灰白色、白色、浅绿色等。这类堵江滑坡主要表现为上部滑坡边界或滑坡壁呈弧形展布，中部发育拉张裂缝，前部崩滑碎屑流沿支沟及斜坡呈带状堆积（图 6.26）。

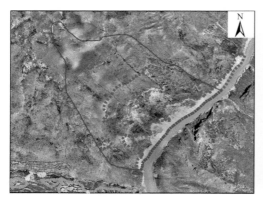
图 6.24　金沙江色拉梨形滑坡（HP04）

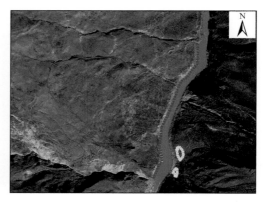
图 6.25　金沙江瓦堆村梨形滑坡（HP07）

图 6.26　金沙江东仲倒梨形滑坡（HP55）

## 6. 簸箕形

堵江滑坡簸箕形的影像特征主要表现为平面形态呈簸箕形，上部较下部略窄，颜色呈灰白色、白色、深绿色等。这类堵江滑坡主要表现为上部滑坡边界或滑坡壁呈弧形展布，中前部崩滑碎屑流沿斜坡呈扇形堆积（图 6.27）。

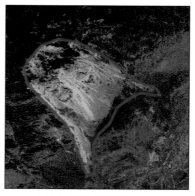
图 6.27　金沙江岗苏村簸箕形滑坡（HP17）

7. 矩形

堵江滑坡矩形的影像特征主要表现为平面形态呈矩形，上部、下部及滑坡两侧边界近于平行，颜色呈灰白色、白色、深绿色等。这类堵江滑坡主要表现为上部滑坡边界或滑坡壁呈弧形或锯齿状展布，中前发育弧形拉张裂缝，前部崩滑破坏，挤压河道，河道见跌水现象（图 6.28、图 6.29）。

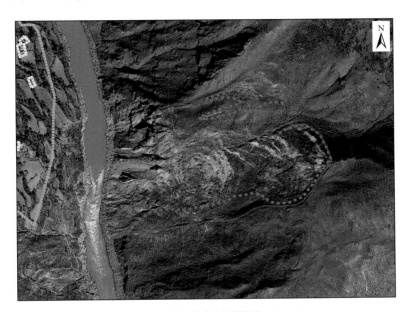

图 6.28　金沙江敏都矩形滑坡（HP05）

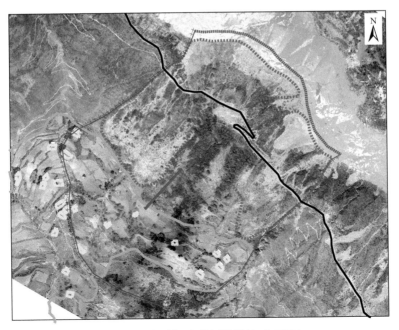

图 6.29　金沙江圭利矩形滑坡（HP02）

**8. 复合型**

堵江滑坡复合型的影像特征主要表现为平面形态呈不规则状，滑坡上部呈弧形或不规则状弧形，前部以崩滑破坏堆积为主，颜色呈灰白色、白色、深绿色等；滑坡前部崩滑破坏，挤压河道，河道见跌水现象（图6.30、图6.31）。

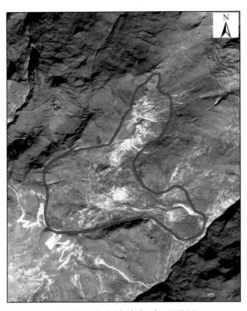 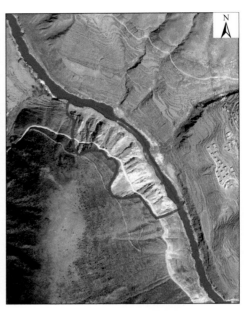

图6.30　金沙江扎木塘隆复合型滑坡（HP18）　　　图6.31　金沙江僧提复合型滑坡（HP82）

### 6.3.1.2　堵江滑坡变形影像特征

堵江滑坡变形标志主要包括滑坡壁、拉张裂缝、剪切裂缝、崩滑破坏等，是堵江滑坡发生变形破坏在遥感影像上直接判识指标，也是识别堵江滑坡及其稳定性的重要特征。其在遥感影像上反映的形态、颜色及其他相关影像特征有明显的差异。

**1. 滑坡壁**

滑坡壁主要分布在滑坡后部及两侧，是堵江滑坡平面形态的重要组成部分，在遥感影像上多呈弧形、半圆形、矩形、锯齿状等线状分布特征，颜色呈灰褐色、黑色、灰白色等（图6.32、图6.33）。

**2. 拉张裂缝**

拉张裂缝主要分布在滑坡后部、侧壁及滑坡体中部，在遥感影像上多呈弧形、锯齿状等线状分布特征，颜色呈灰褐色、黑色、灰白色等。拉张裂缝是滑坡体变形破坏的表现形式之一，是识别滑坡变形阶段及过程的重要标志（图6.34、图6.35）。

**3. 剪切裂缝**

剪切裂缝主要分布在滑坡前缘剪出口及侧壁，在遥感影像上多呈锯齿状分布特征，颜色呈灰褐色、黑色、灰白色等。剪切裂缝也是滑坡体变形破坏的表现形式之一，是识别滑坡变形阶段及过程的重要标志，同时也是判定滑坡剪出口位置的重要依据之一（图 6.36、图 6.37）。

图 6.32 金沙江敏都滑坡滑坡壁（HP05）

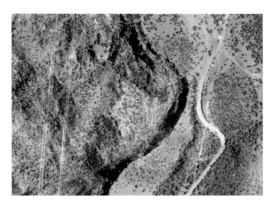
图 6.33 金沙江特米滑坡滑坡壁（HP11）

图 6.34 金沙江白格滑坡拉张裂缝（HP30）

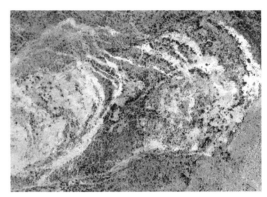
图 6.35 金沙江敏都滑坡拉张裂缝（HP05）

图 6.36 金沙江上缺所村滑坡剪切裂缝（HP20）

图 6.37 金沙江敏都滑坡剪切裂缝（HP05）

4. 崩滑破坏

崩滑破坏主要分布在滑坡后壁及前缘，在遥感影像上多呈不规则状、扇形等形态特征，颜色呈白色、灰白色等。崩滑破坏是在拉张变形基础上更为强烈的变形活动，是滑坡体变形破坏的表现形式之一，是识别滑坡变形阶段及过程的重要标志（图 6.38、图 6.39）。不同物质组成、不同结构、不同地貌特征的滑坡，崩滑破坏的位置、规模在遥感影像上特征不一样。通常，土质或堆积体滑坡崩滑破坏主要分布在滑坡前缘剪出口附近，而岩质滑坡则在前、后缘均不同程度发育局部崩滑破坏特征。

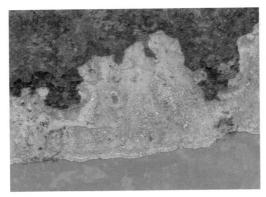 

图 6.38　金沙江藏曲河口滑坡前缘崩滑（HP01）　　　　图 6.39　金沙江沃达滑坡前缘崩滑（HP41）

### 6.3.1.3　堵江滑坡地貌形态影像特征

滑坡地貌形态是滑坡变形特征的综合反映。堵江滑坡的地貌形态包括滑坡台阶、滑坡舌、滑坡鼓丘、后缘洼地、滑坡堰塞湖等。滑坡台阶发育区是拉张裂缝、崩滑破坏发育区域，主要分布在滑坡的中部、中前部，呈台坎状分布，颜色呈灰褐色、灰白色（图 6.40、图 6.41）。后缘洼地主要分布在滑坡中后部，呈负地形，颜色呈灰褐色、深绿色，其后为滑坡壁及其崩滑破坏堆积体（图 6.42、图 6.43）。滑坡舌分布在滑坡前缘，是滑坡体前缘部分，挤压河道，局部崩滑破坏，河道中见跌水现象（图 6.44）。滑坡鼓丘分布在滑坡前部，呈拢状、丘状、矩形、椭圆形等，鼓丘表部多发于剪切裂缝及扇形裂缝，颜色呈灰黑色、灰白色、深绿色。滑坡堰塞湖是滑坡滑动堵塞河道形成天然湖泊的地貌景观，是识别堵江滑坡的重要间接标志之一（图 6.45、图 6.46）。滑坡堰塞湖湖相沉积是滑坡堵江堰塞湖自然沉积形成的沉积物，通常沿堰塞湖两岸斜坡堆积（图 6.47）。

 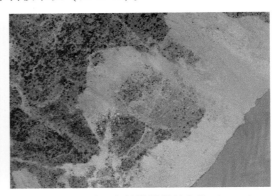

图 6.40　金沙江上缺所村滑坡滑坡台坎（HP20）　　　　图 6.41　金沙江色拉滑坡滑坡台坎（HP04）

图 6.42　金沙江特米滑坡后缘洼地（HP11）

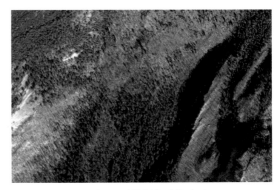

图 6.43　金沙江通错滑坡后缘洼地（HP16）

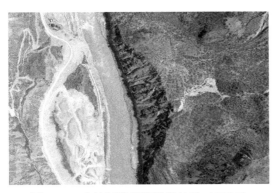

图 6.44　金沙江特米滑坡滑坡舌（HP11）

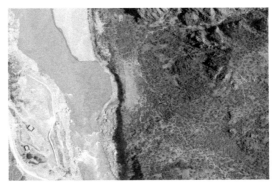

图 6.45　金沙江特米滑坡堰塞湖湖相沉积（HP11）

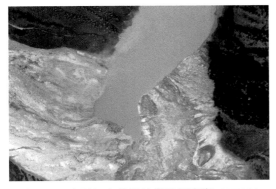

图 6.46　金沙江白格滑坡滑坡堰塞湖（HP30）

图 6.47　金沙江通错滑坡滑坡堰塞湖（HP16）

## 6.3.2　金沙江上游堵江滑坡遥感早期识别

### 6.3.2.1　堵江滑坡类型

在建立堵江滑坡遥感解译标志的基础上，采用多源、多期遥感数据，开展了金沙江上游堵江滑坡遥感解译，共识别出 84 处堵江滑坡（图 6.48）。

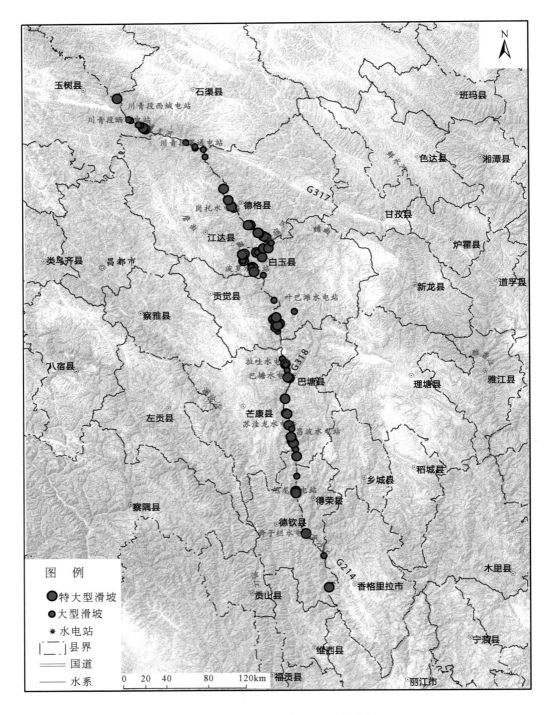

图 6.48　金沙江上游堵江滑坡分布图

　　金沙江上游堵江滑坡遥感调查包括两种类型：①已发生滑动形成堵江的堵江滑坡；②滑坡体局部发生变形，但整体未发生滑动的潜在堵江滑坡。遥感解译堵江滑坡 84 处，其中已发生堵江滑坡 9 处，潜在堵江滑坡 75 处。9 处已发生堵江滑坡中堵塞金沙江的有 6 处（图 6.49），分别是特米滑坡（HP11）、岗达滑坡（HP26）、王大龙滑坡（HP27）、旺各滑坡（HP28）、白格滑坡（HP30）、昌波滑坡（HP71）；堵塞金沙江支流的有 3 处（图 6.50），分别是通错滑坡（HP16）、上卡岗滑坡（HP31）、苏洼龙滑坡（HP70）。

　　根据滑坡物质及结构因素，可分为岩质滑坡（图 6.51）、堆积层（土质）滑坡（图 6.52）。金沙江上游遥感解译堆积层（土质）滑坡 37 处、岩质滑坡 47 处。

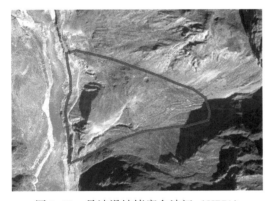

图 6.49　昌波滑坡堵塞金沙江（HP71）

图 6.50　苏洼龙滑坡堵塞金沙江支流（HP70）

图 6.51　岩质滑坡——岗苏村滑坡（HP17）

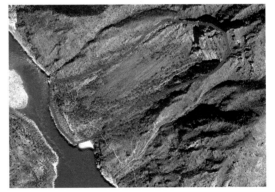

图 6.52　堆积层（土质）滑坡——下松哇对岸滑坡（HP65）

### 6.3.2.2　堵江滑坡规模及稳定性

　　根据遥感解译的堵江滑坡平面面积及估算的滑坡平均厚度，可计算出遥感解译堵江滑坡体积，按照滑坡规模划分标准，金沙江上游堵江滑坡主要为大型、特大型，其中大型 37 处，占解译总数的 44%；特大型 47 处，占解译总数的 56%。根据遥感解译堵江滑坡在遥感影像上的变形特征分析，将堵江滑坡稳定性判断为三个状态：稳定、不稳定、极不稳定，其中极不稳定 10 处（特大型 6 处、大型 4 处）、不稳定 41 处（特大型 18 处、大型 23

处）、稳定 33 处（特大型 23 处、大型 10 处）（表 6.4）。对于处于极不稳定的堵江滑坡，包括白格滑坡（HP30）、色拉滑坡（HP04）、热公滑坡（HP50）、汪布顶滑坡（HP52）、挡底滑坡（HP57）、敏都滑坡（HP05）、东仲滑坡（HP55）、擦塘滑坡（HP56）、莫罗宫滑坡（HP58）、沙东滑坡（HP87）等，应加强监测预警工作。

**表 6.4 金沙江上游堵江滑坡规模及其稳定性统计分析** （单位：处）

| 规模 | 稳定性 | | | 合计 |
| --- | --- | --- | --- | --- |
| | 稳定 | 不稳定 | 极不稳定 | |
| 大型 | 10 | 23 | 4 | 37 |
| 特大型 | 23 | 18 | 6 | 47 |
| 合计 | 33 | 41 | 10 | 84 |

#### 6.3.2.3 堵江滑坡危害对象

通过资料收集及遥感影像识别，金沙江沿岸主要承灾体包括：在建或拟建的重大工程建设（水利水电工程、川藏铁路、川藏高速、滇藏铁路、滇藏高速、输变电线路等），县、乡公路，沿江城镇，耕地等。自上游至下游，规划西绒、晒拉、果通、岗托、岩比、波罗、叶巴滩、拉哇、巴塘、苏洼龙、昌波、旭龙和奔子栏"一库十三级"布局。目前叶巴滩、拉哇、巴塘、苏洼龙水电站已核准在建；岗托、波罗、昌波、旭龙、奔子栏正在开展前期工作，五个梯级电站均完成了预可行性研究阶段的勘测设计研究工作。

## 6.3.3 金沙江上游堵江滑坡发育分布特征

#### 6.3.3.1 堵江滑坡行政区划分布特征

金沙江上游堵江滑坡分布在青海、四川、西藏、云南四个省（自治区）12 个市（县）（表 6.5）。其中，西藏自治区 42 处、四川省 40 处、青海省 1 处、云南省 1 处。

**表 6.5 金沙江上游堵江滑坡行政区划分布统计表** （单位：处）

| 省（自治区） | 市（县） | 规模 | | |
| --- | --- | --- | --- | --- |
| | | 大型 | 特大型 | 小计 |
| 青海 | 玉树市 | 1 | | 1 |
| | 小计 | 1 | 0 | 1 |
| 四川 | 石渠县 | 11 | 3 | 14 |
| | 白玉县 | 4 | 4 | 8 |
| | 巴塘县 | 7 | 7 | 14 |
| | 得荣县 | 1 | 3 | 4 |
| | 小计 | 23 | 17 | 40 |

续表

| 省（自治区） | 市（县） | 规模 | | |
| --- | --- | --- | --- | --- |
| | | 大型 | 特大型 | 小计 |
| 西藏 | 江达县 | 5 | 16 | 21 |
| | 贡觉县 | 5 | 8 | 13 |
| | 芒康县 | 2 | 5 | 7 |
| | 察雅县 | 1 | | 1 |
| | 小计 | 13 | 29 | 42 |
| 云南 | 德钦县 | | 1 | 1 |
| | 小计 | | 1 | 1 |
| 总计 | | 37 | 47 | 84 |

### 6.3.3.2　堵江滑坡流域分布特征

金沙江上游堵江滑坡按照金沙干流及其支流分布特征为：①金沙江干流分布 67 处，其中左岸分布 29 处、右岸分布 38 处；②金沙江支流分布 17 处，其中左岸支流分布 6 处、右岸支流分布 11 处。

### 6.3.3.3　堵江滑坡的地层岩性发育特征

金沙江上游堵江滑坡主要分布在三叠系拉纳山组（$T_3l$）、曲嘎寺组（$T_3q^{2-1}$、$T_3q^{2-2}$）、巴塘群（$T_3bt^2$、$T_3bt^3$），克南群（$T_3kn^1$、$T_3kn^3$）、下逆松多组（$T_3x^2$）碳酸盐岩段、图姆沟组（$T_3t^1$、$T_3t^2$）、中心绒群（$T_{1-2}zh^2$、$T_{1-2}zh^1$）；二叠系冈达概组（$P_2g$）、冉浪组（$P_1a$）、嘎金雪山群上段（$Pgj^1$）、冰峰组上段（$P_1c$）、冰峰组中段（$P_1b$）、额阿钦群（$P_1eq^1$、$P_1eq^2$）；石炭系—二叠系（C—P）；下泥盆统（$D_1$）；元古宇雄松群（$Ptxn^a$）片麻岩组。

金沙江上游堵江滑坡在雄松群（$Ptxn^a$）片麻岩组发育 22 处、拉纳山组（$T_3l$）发育 13 处、嘎金雪山群上段（$Pgj^1$）地层发育 7 处、图姆沟组（$T_3t^1$、$T_3t^2$）发育 7 处、巴塘群（$T_3bt^2$、$T_3bt^3$）发育 5 处、额阿钦群（$P_1eq^1$、$P_1eq^2$）发育 4 处、中心绒群（$T_{1-2}zh^2$、$T_{1-2}zh^1$）发育 3 处、克南群（$T_3kn^1$、$T_3kn^3$）发育 2 处、下逆松多组碳酸盐岩段（$T_3x^2$）、冈达概组（$P_2g$）、冉浪组（$P_1a$）、石炭系—二叠系（C—P）、下泥盆统（$D_1$）各发育 1 处（表6.6）。

表6.6　金沙江上游堵江滑坡地层分布统计表　　　　　（单位：处）

| 地层 | | 规模 | | 合计 |
| --- | --- | --- | --- | --- |
| | | 大型 | 特大型 | |
| 三叠系 | 拉纳山组（$T_3l$） | 4 | 9 | 13 |
| | 曲嘎寺组（$T_3q^{2-1}$、$T_3q^{2-2}$） | 7 | | 7 |

续表

| 地层 | | 规模 | | 合计 |
|---|---|---|---|---|
| | | 大型 | 特大型 | |
| 三叠系 | 巴塘群（$T_3bt^2$、$T_3bt^3$） | 3 | 2 | 5 |
| | 克南群（$T_3kn^1$、$T_3kn^3$） | 1 | 1 | 2 |
| | 下逆松多组（$T_3x^2$）碳酸盐岩段 | 1 | | 1 |
| | 图姆沟组（$T_3t^1$、$T_3t^2$） | 2 | 5 | 7 |
| | 中心绒群（$T_{1-2}zh^2$、$T_{1-2}zh^1$） | | 3 | 3 |
| 小计 | | 18 | 20 | 38 |
| 二叠系 | 冈达概组（$P_2g$） | | 1 | 1 |
| | 冉浪组（$P_1a$） | 1 | | 1 |
| | 嘎金雪山群上段（$Pgj^1$） | 3 | 4 | 7 |
| | 冰峰组上段（$P_1c$）、中段（$P_1b$） | 2 | 7 | 9 |
| | 额阿钦群（$P_1eq^1$、$P_1eq^2$） | 3 | 1 | 4 |
| 小计 | | 9 | 13 | 22 |
| 石炭系—二叠系 | 石炭系—二叠系（C—P） | 1 | | 1 |
| 泥盆系 | 下泥盆统（$D_1$） | | 1 | 1 |
| 元古宇 | 雄松群（$Ptxn^a$）片麻岩组 | 8 | 14 | 22 |
| 合计 | | 36 | 48 | 84 |

## 6.4　金沙江上游堵江滑坡动态变化

采用2002~2020年多源、多期中、高分辨率遥感数据开展了金沙江上游84处堵江滑坡遥感动态分析研究。研究内容包括滑坡区地形地貌、斜坡物质、斜坡类型、软弱结构面及临空面等地质环境条件标志，滑坡的滑坡壁、滑动面、滑坡床、滑坡舌、滑坡台阶、滑坡周界、滑坡洼地、滑坡鼓丘、滑坡裂缝等滑坡要素标志，以及堰塞体、堰塞湖、承灾体等。

## 6.4.1　堵江滑坡动态变化影响因素分析

金沙江上游堵江滑坡动态变化是由多种因素综合作用所形成，其主要原因可分为地质结构内因和触发因素外因。

### 6.4.1.1　地质结构

（1）金沙江上游处于青藏高原东部，位于金沙江结合带，呈由北西向转为近南北向的弧带状，是昌都-思茅陆块与德格-中甸陆块汇聚的缝合带，主要表现为构造混杂岩建造。金沙江中上游主要受金沙江-红河断裂带控制，属新构造运动较强烈地区。

（2）青藏高原的隆升和断裂活动控制了金沙江及其支流的发育，导致了强烈的河流侵蚀，形成了众多的河曲和断层崖，外动力条件下有利于形成大规模的滑坡和崩塌，进而形成堰塞湖。

（3）高位远程滑坡在该区发育，因为区内河流从宽谷进入峡谷的转折部位，这一部位坡度陡、卸荷强、风化深，外动力作用响应突出。另外，高位坡体对垂直和水平地震加速度具有放大作用，往往在坡顶岩体产生大于地表 1~2 倍的地震加速度，这也是高位滑坡发育的主要原因，其积蓄的能量较大可将通过灾害的运动、转化得到释放，是灾害链生成的原因之一。

（4）坡度效应在一定程度上促进了灾害链的生成，分析表明，0~20°斜坡区主要发育泥石流灾害；20°~40°斜坡区各类型地质灾害均有发育；>40°斜坡区主要发育崩塌灾害，地形起伏较大可导致不同灾害复合发生。金沙江上游微地貌以陡坡、陡崖为主，易于滑坡、崩塌灾害发育。

（5）该区片麻岩、砂岩、片岩、板岩、千枚岩等为主，片理、裂隙发育，风化较强烈，表层透水性强，特别是片岩或千枚岩等岩石遇水易软化，滑坡的形成是灾害链的启动因子，进而带动其他灾害的链式反应。

### 6.4.1.2　触发因素

（1）地震。金沙江上游地震频发，在脆弱、复杂的地质环境条件下产生了一系列地质灾害，导致大量山体震裂松动与崩滑堵江事件。上述特征显示了地震地质灾害的关联性与渗透性，如山体震裂后进一步演化，可为滑坡，亦可为崩塌，其堆积物处于沟谷或河谷地带且达到一定规模可能堵塞沟道或河道形成堰塞坝，堰塞坝溃决后导致洪水灾害。

（2）暴雨。暴雨是灾害链演化重要的激发动力因素。对于金沙江上游，由于高海拔、深切割、强风化，坡体强度较低，所需降雨强度也显著降低，因此灾害链成灾剧增。

（3）人类工程活动。研究区内人类工程活动主要包括常规的耕地、矿山开发、修建房屋、道路等，同时，区内规划和在建大量重大工程，包括川藏铁路、川藏高速公路、水利水电站、输变电站等。这些人类工程活动不可避免地会扰动原本脆弱的地质环境，导致一些重大灾害的发生，特别是滑坡、崩塌灾害。

## 6.4.2　堵江滑坡动态变化特征模式分析

金沙江上游堵江滑坡灾害发育，一旦滑动形成堰塞湖，必然导致链式灾害。根据研究区内已发生的堵江滑坡灾害链特征，可分为以下两种成灾模式：

（1）滑坡—堰塞湖—堰塞坝溃决—洪水灾害。滑坡滑动后堵塞河道或支沟，形成堰塞湖，堰塞湖满库后导致堰塞坝溃决，下游形成洪水灾害，淹没村庄、耕地、公路、桥梁等，造成人员和财产损失。

（2）滑坡—堰塞湖。滑坡滑动堵塞河流或支沟，堰塞坝形成天然重力坝，处于稳定状态，堰塞湖自然渗漏或漫流，形成平衡状态。

## 6.4.3　金沙江上游典型堵江滑坡动态变化

典型案例选择原则首先是已发生堵江的滑坡，包括滑坡—堰塞湖—堰塞坝溃决—洪水链式灾害和滑坡—堰塞湖链式灾害两类；其次是变形强烈、堵江风险高的潜在堵江滑坡。根据上述原则，选取了白格滑坡、特米滑坡、沙东滑坡、热公滑坡、敏都滑坡和色拉滑坡作为典型案例进行分析。

### 6.4.3.1　白格滑坡

#### 1. 概述

2018 年 10 月 11 日，白格滑坡发生失稳滑动，堵塞金沙江；2018 年 10 月 13 日，白格滑坡堰塞体自然溃决；2018 年 11 月 3 日，白格滑坡后缘再次发生垮塌破坏，堵塞金沙江，通过人工开挖导流槽，于 2018 年 10 月 12 日堰塞湖导流槽开通。白格滑坡两次发生大规模滑动，阻断金沙江干流形成堰塞湖，堰塞湖及泄洪引发的洪峰导致西藏自治区、四川省、云南省金沙江沿岸道路桥梁工程、水利工程、房屋建筑等严重受损，给临江乡镇群众造成了重大的经济损失，直接经济损失上百亿元。采用 2017 年 12 月 21 日、2018 年 10 月 12 日、2018 年 10 月 14 日、2018 年 10 月 16 日、2018 年 10 月 17 日、2018 年 10 月 24 日、2018 年 11 月 1 日、2018 年 11 月 5 日、2018 年 11 月 9 日、2018 年 11 月 11 日、2018 年 11 月 13 日、2018 年 11 月 14 日、2019 年 2 月 3 日、2019 年 6 月 28 日等多源、多期次卫星遥感数据、无人机航测遥感影像，开展了白格滑坡灾害链式特征研究（表 6.7）。

**表 6.7　白格滑坡灾害链式特征研究遥感数据源统计表**

| 序号 | 数据类别 | 日期（年-月-日） | 卫星名称或采集方式 | 分辨率/m | 数据来源 |
|---|---|---|---|---|---|
| 1 | | 2009-12-04 | RapidEye-1 | 5 | PLANET |
| 2 | | 2011-03-04 | Google Earth | 0.5 | Google |
| 3 | | 2011-11-25 | RapidEye-2 | 5 | PLANET |
| 4 | | 2012-10-21 | RapidEye-4 | 5 | PLANET |
| 5 | 滑坡前 | 2013-10-13 | RapidEye-4 | 5 | PLANET |
| 6 | | 2013-12-28 | 高分二号 | 1 | 中国地质调查局国土资源航空物探遥感中心 |
| 7 | | 2014-04-30 | RapidEye-3 | 5 | PLANET |
| 8 | | 2014-10-31 | 高分二号 | 1 | 中国地质调查局国土资源航空物探遥感中心 |
| 9 | | 2015-01-25 | 高分一号 | 2 | 中国地质调查局国土资源航空物探遥感中心 |
| 10 | | 2015-03-30 | Google Earth | 0.5 | Google |

续表

| 序号 | 数据类别 | 日期<br>（年-月-日） | 卫星名称<br>或采集方式 | 分辨率/m | 数据来源 |
|---|---|---|---|---|---|
| 11 | 滑坡前 | 2015-11-19 | RapidEye-5 | 5 | PLANET |
| 12 | | 2015-11-24 | 高分二号 | 1 | 中国地质调查局国土资源航空物探遥感中心 |
| 13 | | 2016-10-20 | PLANETSCOPE | 3 | PLANET |
| 14 | | 2017-01-15 | 高分二号 | 1 | 中国地质调查局国土资源航空物探遥感中心 |
| 15 | | 2017-10-16 | PLANETSCOPE | 3 | PLANET |
| 16 | | 2017-10-18 | 高分二号 | 1 | 中国地质调查局国土资源航空物探遥感中心 |
| 17 | | 2017-11-07 | 高分二号 | 1 | 中国地质调查局国土资源航空物探遥感中心 |
| 18 | | 2017-11-21 | PLANETSCOPE | 3 | PLANET |
| 19 | | 2017-12-12 | 高分一号 | 2 | 中国地质调查局国土资源航空物探遥感中心 |
| 20 | | 2017-12-17 | PLANETSCOPE | 3 | PLANET |
| 21 | | 2017-12-21 | 高分二号 | 1 | 中国地质调查局国土资源航空物探遥感中心 |
| 22 | | 2017-12-22 | 高分二号 | 1 | 中国地质调查局国土资源航空物探遥感中心 |
| 23 | | 2018-01-04 | 北京二号 | 0.8 | 二十一世纪空间技术应用股份有限公司 |
| 24 | | 2018-01-17 | PLANETSCOPE | 3 | PLANET |
| 25 | | 2018-02-03 | PLANETSCOPE | 3 | PLANET |
| 26 | | 2018-02-28 | 高分二号 | 1 | 中国地质调查局国土资源航空物探遥感中心 |
| 27 | | 2018-03-14 | PLANETSCOPE | 3 | PLANET |
| 28 | | 2018-04-16 | PLANETSCOPE | 3 | PLANET |
| 29 | | 2018-05-20 | PLANETSCOPE | 3 | PLANET |
| 30 | | 2018-06-10 | PLANETSCOPE | 3 | PLANET |
| 31 | | 2018-07-25 | PLANETSCOPE | 3 | PLANET |
| 32 | | 2018-08-21 | PLANETSCOPE | 3 | PLANET |
| 33 | | 2018-09-03 | PLANETSCOPE | 3 | PLANET |
| 34 | | 2018-09-24 | PLANETSCOPE | 3 | PLANET |
| 35 | | 2018-09-27 | PLANETSCOPE | 3 | PLANET |
| 36 | 第一次<br>滑坡 | 2018-10-12 | PLANETSCOPE | 3 | PLANET |
| 37 | | 2018-10-12 | 北京二号 | 0.8 | 二十一世纪空间技术应用股份有限公司 |
| 38 | | 2018-10-12 | 无人机航测遥感影像 | 0.16 | 四川省测绘地理信息局 |
| 39 | | 2018-10-12 | 遥感卫星 | | 航天系统部 |
| 40 | | 2018-10-14 | 天绘卫星 | 2 | 自然资源卫星影像云服务平台 |
| 41 | | 2018-10-14 | 无人机航测遥感影像 | 0.16 | 四川省测绘地理信息局 |
| 42 | | 2018-10-16 | 无人机航测遥感影像 | 0.16 | 四川省川核测绘地理信息有限公司 |
| 43 | | 2018-10-17 | PLANETSCOPE | 3 | PLANET |
| 44 | | 2018-10-17 | 高景一号 | 0.6 | 中国地质调查局国土资源航空物探遥感中心 |

| 序号 | 数据类别 | 日期<br>(年-月-日) | 卫星名称<br>或采集方式 | 分辨率/m | 数据来源 |
|---|---|---|---|---|---|
| 45 | 第一次<br>滑坡 | 2018-10-24 | 高分一号 | 2 | 中国地质调查局国土资源航空物探遥感中心 |
| 46 | | 2018-11-01 | 高分二号 | 1 | 中国地质调查局国土资源航空物探遥感中心 |
| 47 | 第二次<br>滑坡 | 2018-11-05 | 无人机航测遥感影像 | 0.16 | 四川省川核测绘地理信息有限公司 |
| 48 | | 2018-11-09 | 无人机航测遥感影像 | 0.16 | 四川省川核测绘地理信息有限公司 |
| 49 | | 2018-11-11 | 无人机航测遥感影像 | 0.16 | 四川省川核测绘地理信息有限公司 |
| 50 | | 2018-11-13 | 无人机航测遥感影像 | 0.16 | 四川省川核测绘地理信息有限公司 |
| 51 | | 2018-11-14 | 无人机航测遥感影像 | 0.16 | 四川省川核测绘地理信息有限公司 |
| 52 | | 2019-02-03 | 高分二号 | 1 | 中国地质调查局国土资源航空物探遥感中心 |
| 53 | | 2019-06-28 | 无人机航测遥感影像 | 0.16 | 四川省川核测绘地理信息有限公司 |

**2. 动态变化特征**

通过多源、多期遥感数据分析，白格滑坡灾害链式特征为滑坡—堰塞湖—堰塞坝溃决—洪水灾害。该类型链式灾害主要经历以下几个阶段：

1）滑坡堵江形成堰塞湖阶段

通过 2017 年 12 月 22 日、2018 年 10 月 12 日多源、多期遥感数据分析，白格滑坡灾害链式特征表现为滑坡滑动后堵塞金沙江，堰塞体上游形成堰塞湖。由于堰塞湖段金沙江峡谷的地貌特征，公路及耕地主要沿金沙江两岸分布，随着堰塞湖逐渐水位升高，淹没金沙江沿线公路、耕地、房屋等；同时救灾道路中断，破坏严重。根据 2017 年 12 月 22 日高分一号卫星影像，白格滑坡滑体至波罗乡金沙江干流水面面积为 171.6 万 m²；根据 2018 年 10 月 12 日北京二号卫星影像，白格滑坡滑体至波罗乡金沙江干流水面面积为 517.2 万 m²；水面面积增加了 345.6 万 m²。

2）堰塞坝溃决泄流阶段

通过 2018 年 10 月 14 日、2018 年 10 月 16 日、2018 年 10 月 17 日、2018 年 10 月 24 日、2018 年 11 月 1 日多源、多期遥感数据分析，白格滑坡第一次堵江自然溃决过程中造成的灾害主要为：①上游堰塞湖受水位急剧下降影响，岸坡两侧呈带状出现大量塌岸破坏，造成公路、耕地等损毁。②下游水流急剧增加，增大了对岸坡掏蚀作用，进一步加剧了下游沿线滑坡变形，同时也新增一部分塌岸破坏；受水位急剧上升的影响，白格滑坡下游金沙江段局部公路、耕地受到淹没破坏。

3）二次滑坡堵江形成堰塞湖阶段

通过 2018 年 11 月 5 日、2018 年 11 月 9 日、2018 年 11 月 11 日多源、多期遥感数据分析，白格滑坡后缘局部再次发生滑塌破坏，滑坡碎屑流铲刮中部斜坡体，形成滚雪球效应，滑体堵塞自然形成的通道掩盖于第一次滑坡堆积体上，最后堵塞金沙江。从 2018 年 11 月 5 日无人机航测影像上可见，堆积范围小于第一次，但是其堆积高度较第一次大。堰塞湖水位逐渐升高，2018 年 11 月 11 日滑坡体至波罗乡段河面面积比第一次堰塞湖面积增加，堰塞湖淹没金沙江沿线公路、耕地、房屋、波罗乡乡镇府等，同时救灾道路中断，破坏严重。同时，影像上可见人工开挖导流槽施工过程，从 2018 年 11 月 6 日施工开始至 2018 年 11 月 13 日导流槽贯通。

　　4）堰塞体泄流洪水阶段

　　通过 2018 年 11 月 14 日、2019 年 2 月 3 日、2019 年 6 月 28 日多源、多期遥感数据分析，白格滑坡第二次堵江人工泄流后，泄流过程中造成的灾害主要为：①上游堰塞湖受水位急剧下降影响，岸坡两侧呈带状出现大量塌岸破坏，造成公路、耕地等损毁，破坏区较第一次溃决范围有所增加。②下游水流急剧增加，增大了对岸坡掏蚀作用，进一步加剧了下游沿线滑坡变形，同时也新增一部分塌岸破坏；受水位急剧上升的影响，白格滑坡下游金沙江段国道、普通道路局部被冲毁，耕地被淹没。

　　滑坡—堰塞湖—堰塞坝溃决—洪水链式灾害特征不是白格滑坡独有的，而是金沙堵江滑坡主要的灾害链式特征之一。

### 6.4.3.2　特米滑坡

#### 1. 概述

　　特米滑坡位于四川省巴塘县拉哇乡，金沙江左岸，坐标为 99°3′21″E，29°58′34″N。滑坡区为高山峡谷地貌，滑坡前缘高程为 2541m，后缘高程为 3013m，高差为 472m，纵向长为 997m，平均横宽为 398m，主滑方向为 260°。采用 2009 年 4 月 3 日、2010 年 3 月 11 日、2016 年 10 月 15 日高分辨率卫星影像及 2019 年 5 月 27 日无人机航测影像（表 6.8），对特米滑坡地质灾害链式特征进行分析。

表 6.8　金沙江特米滑坡多期遥感数据一览表

| 序号 | 日期（年-月-日） | 数据类型 | 分辨率 |
| --- | --- | --- | --- |
| 1 | 2009-04-03 | 高分辨率卫星影像（Google Earth） | 0.51 |
| 2 | 2010-03-11 | 高分辨率卫星影像（Google Earth） | 0.51 |
| 3 | 2016-10-15 | 高分辨率卫星影像（Google Earth） | 0.51 |
| 4 | 2019-05-27 | 无人机航测影像 | 0.2 |

#### 2. 灾害链式特征

　　特米滑坡表现为滑坡—堰塞湖—堰塞坝溃决—洪水链式灾害特征（图 6.53）。

　　根据 2009 年 4 月 3 日高分辨率卫星影像解译，特米滑坡发生破坏后完全堵江，从湖相沉积厚度及分布范围可见，特米滑坡形成堰塞湖，滑坡右岸残留少量滑坡物质，滑坡体左岸堆积厚度大，堰塞湖长时间稳定，右岸低洼处逐渐漫流、掏蚀堆积体，最终前部溃决，形成洪水对下游两岸造成破坏。

　　根据 2009 年 4 月 3 日、2010 年 3 月 11 日、2016 年 10 月 15 日高分辨率卫星影像及 2019 年 5 月 27 日无人机航测影像解译，特米滑坡前缘受金沙江掏蚀作用，以表部崩塌、坠落、滑塌等方式破坏；滑坡后缘分布有拉张裂缝，是滑坡滑塌破坏过程中和后部陡坎逐渐变形形成的，同时，滑坡右侧也出现局部崩滑破坏（图 6.54、图 6.55）。

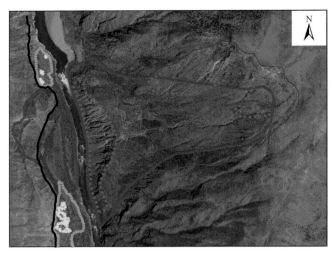

图 6.53　金沙江特米滑坡遥感解译图（2009 年 4 月 3 日）

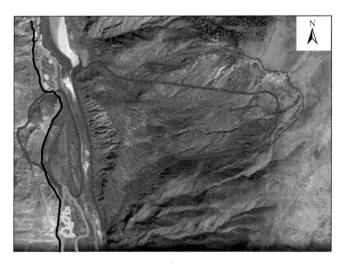

图 6.54　金沙江特米滑坡遥感解译图（2010 年 3 月 11 日）

特米滑坡滑塌形成的堰塞坝坝体稳定性较好，能够在一定时间内保持坝体不受上游堰塞湖的破坏，但堰塞湖漫流后，逐渐掏蚀坝体，使河面不断加宽，这个过程中洪水灾害规模受河道的流量及流速影响较大。

### 6.4.3.3　敏都滑坡

1. 滑坡概况

敏都滑坡位于西藏贡觉县敏都乡麦巴村，坐标为 98°55′54″E，30°33′54″N。滑坡位于金沙江左岸第一斜坡带，滑坡前缘至江面，后缘至斜坡坡顶，坡脚高程为 2645m，坡顶高程为 3030m，高差约 385m，滑坡平面形态呈不规则状（图 6.56）。采用 2011 年 11 月 20

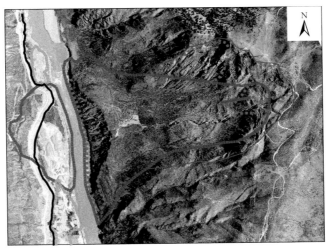

图 6.55　金沙江特米滑坡遥感解译图（2019 年 5 月 27 日）

日、2018 年 12 月 21 日的高分辨率卫星影像和 2019 年 7 月、2020 年 6 月的无人机航测影像进行分析，滑坡主滑方向为 255°，滑坡体纵长约 680m，底部横宽约 240m，中部宽约 345m，上部宽约 405m，坡度约 36°，后缘基岩光壁约 42°。滑坡平面面积约 19.5 万 $m^2$，按照平均厚度 25m 计算，滑坡体积约为 487.5 万 $m^3$，为大型滑坡。

2. 地质条件

滑坡区主要出露二叠系和三叠系嘎金雪山岩群岗托岩组，主要由钠长绿帘阳起透闪片岩、绿泥钠长片岩、钠长绿泥二云石英片岩、白云石英片岩、大理岩等组成，岩体破碎，节理裂隙发育，岩层产状为 65°∠35°。

滑坡处于金沙江断裂带内，从遥感解译结果来看，滑坡区发育一系列北西-南东向的裂隙，裂隙走向与坡向近垂直，尤其滑坡后缘基岩光壁裂隙较明显。

3. 遥感解译

采用 2011 年 11 月 20 日、2018 年 12 月 21 日的高分辨率卫星影像和 2019 年 7 月、2020 年 6 月和 2020 年 8 月的无人机航测影像进行解译，卫星影像分辨率为 0.6～0.8m，无人机航测影像分辨率为 0.2m。从各期影像上来看（图 6.57），滑坡形态明显，由于各期影像时节不一致，影像色调差异较大，2010 年滑坡影像为灰褐色块状图斑，后缘陡坎和下游侧阴影较明显，滑坡上游侧冲沟边界和后缘陡坎边界明显。

从各期卫星影像上均能识别滑坡形态和边界，能够看出滑坡上游侧多期变形迹象与圈椅状陡坎。从无人机航测影像上看，滑坡前缘发生滑塌和拉裂变形，中部发育裂缝，拉裂陡坎明显。从地形阴影图上看（图 6.58），滑坡形态更为明显，两侧冲沟和后缘陡坎为滑坡边界，滑坡体可见多级拉裂陡坎。

图 6.56　金沙江敏都滑坡三维立体图

(a) 2011年11月20日卫星影像

(b) 2018年12月21日卫星影像

(c) 2019年7月无人机影像     (d) 2020年无人机影像

图 6.57 金沙江敏都滑坡影像图

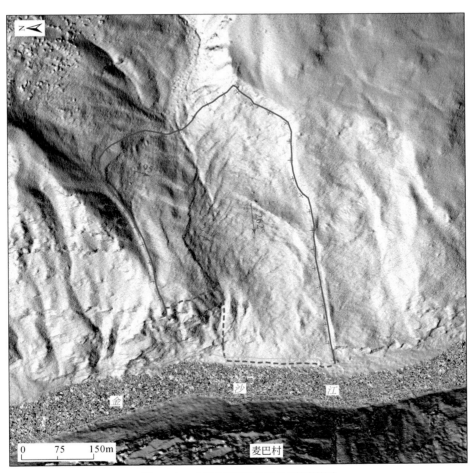

图 6.58 金沙江敏都滑坡地形阴影图

采用2020年无人机航测影像对滑坡进行精细解译，分析了滑坡地质条件与变形特征。根据变形特征，将滑坡分布为Ⅰ区、Ⅱ区两个大区、六个亚区。

4. 发展趋势

该滑坡在重力作用下局部发生垮塌，沿斜坡堆积，并受到江水冲刷。滑坡所在斜坡为一斜向坡，岩层倾向坡外，岩体风化破碎，受断层影响，节理裂隙发育，滑坡前缘强烈变形，拉张裂缝宽2~5m，形成多级拉裂陡坎，破坏模式类似白格滑坡。滑坡前缘变形如果进一步扩展，将形成牵引式的大规模滑坡（图6.59）。

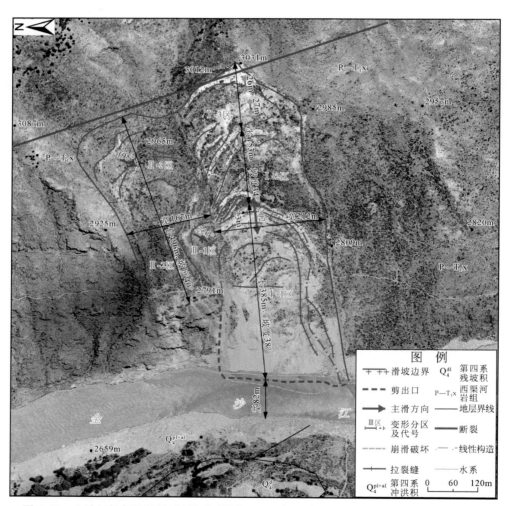

图6.59 金沙江敏都滑坡遥感精细解译图（2020年6月无人机影像，空间分辨率0.2m）

### 6.4.3.4 色拉滑坡

1. 概述

色拉滑坡位于西藏贡觉县沙东乡雄巴村下游约2km处，地理坐标为98°55′18″E，

30°34′54″N。滑坡位于金沙江右岸第一斜坡带，滑坡前缘至江面，后缘至斜坡坡顶，坡脚高程为2660m，坡顶高程为3610m，高差约950m，滑坡平面形态呈舌型（图6.60）。采用2011年11月20日、2018年12月21日的高分辨率卫星影像和2019年7月、2020年6月和2020年8月的无人机航测影像进行解译，滑坡主滑方向为145°，纵长约1780m，底部横宽约974m，中部宽约750m，上部宽约580m；滑坡体坡度约35°，后缘基岩光壁约50°。滑坡平面面积约163万m²，按照平均厚度40m计算，滑坡体积约为5860万m³，为特大型滑坡（朱赛楠等，2021）。

图6.60　金沙江色拉滑坡三维立体图

2. 地质条件

滑坡区主要出露二叠系和三叠系嘎金雪山岩群岗托岩组，主要由钠长绿帘阳起透闪片岩、绿泥钠长片岩、钠长绿泥二云石英片岩、白云石英片岩、大理岩等组成，岩体破碎，节理裂隙发育，岩层产状为205°∠25°。

滑坡处于金沙江断裂带内，从遥感解译结果来看，滑坡区发育一系列北西-南东向的裂隙，裂隙走向与坡向近垂直，尤其滑坡后缘基岩光壁裂隙较明显。

3. 遥感解译

采用2011年11月20日、2018年12月21日的高分辨率卫星影像和2019年7月、2020年6月和2020年8月的无人机航测影像进行解译，卫星影像分辨率为0.6～0.8m，无人机航测影像分辨率为 0.2m。从各期影像上来看（图 6.61），滑坡形态明显，由于各期影像时节不一致，影像色调差异较大，2010 年滑坡影像为灰褐色块状图斑，后缘陡坎和下游测阴影较明显，滑坡上游侧冲沟边界和后缘陡坎边界明显。

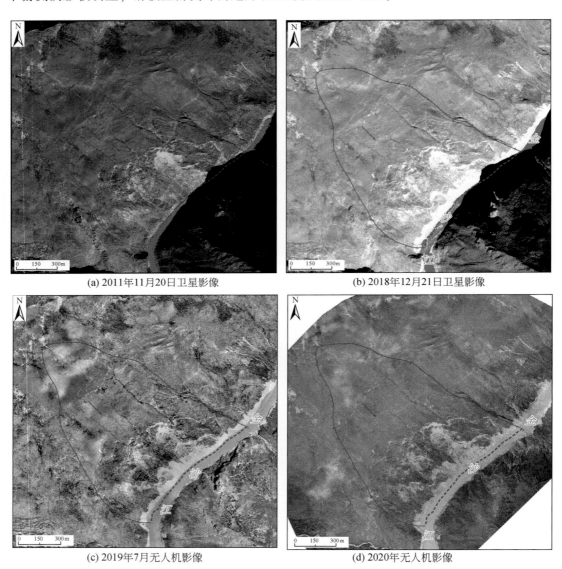

(a) 2011年11月20日卫星影像　　　　　　(b) 2018年12月21日卫星影像

(c) 2019年7月无人机影像　　　　　　(d) 2020年无人机影像

图 6.61　金沙江色拉滑坡影像图

从各期卫星影像上均能识别滑坡形态和边界，能够看出滑坡上游侧多期变形迹象与圈椅状陡坎。从无人机航测影像上看，滑坡前缘发生滑塌和拉裂变形，中部发育裂缝，拉裂陡坎明显。从地形阴影上看（图 6.62），滑坡形态更为明显，两侧冲沟和后缘陡坎为滑坡边界，滑坡体可见多级拉裂陡坎。

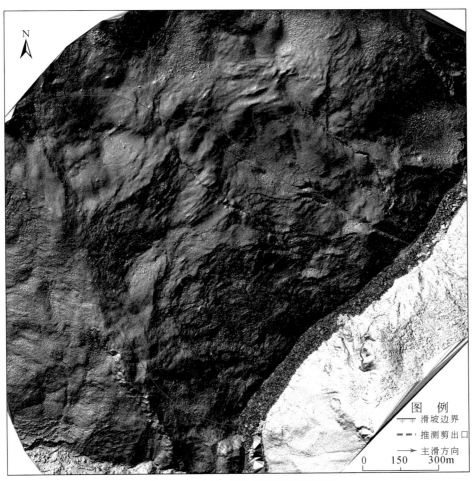

图 6.62　金沙江色拉滑坡地形阴影图

　　采用 2020 年无人机航测影像对滑坡进行精细解译，分析了滑坡区地质条件与变形特征。根据变形特征，将滑坡分为Ⅰ区、Ⅱ区和Ⅲ区三个区域（图 6.63）。

　　Ⅰ区主要分布在上游侧，该区域变形较强烈，坡体发生多次滑动。根据变形特征又将该区分为两个亚区：Ⅰ-1 区和Ⅰ-2 区。Ⅰ-1 区（上游强变形区）主要分布在滑坡下部上游侧，该区属于强变形区，前缘受江水冲刷发生溜滑，溜滑区呈灰白色带状，沿坡向长约40～90m。发育多级圈椅状陡坎，从陡坎和裂缝可以将滑坡分为两级滑动，形成了两个次级滑体：③号次级滑体和④号次级滑体。④号次级滑体分布在③号次级滑体内部，后缘错落陡坎明显，错落高约 10～20m，坡体呈散体状，发育多级拉张裂缝，滑体长约 220m，宽约 360m，平面面积为 7.5 万 m²，按照平均厚度 30m 计算，体积约为 225 万 m³。该次级滑体整体滑动可能性大。③号次级滑体分布在Ⅰ-1 区中前部，后缘陡坎呈驼峰状，可见多级拉张裂缝，宽约 2～5m，两侧剪切裂缝明显，滑体长约 490m，宽约 530m，平面面积为25 万 m²，按照平均厚度 25m 计算，体积约为 625 万 m³。该次级滑体坡体破碎，多处发生

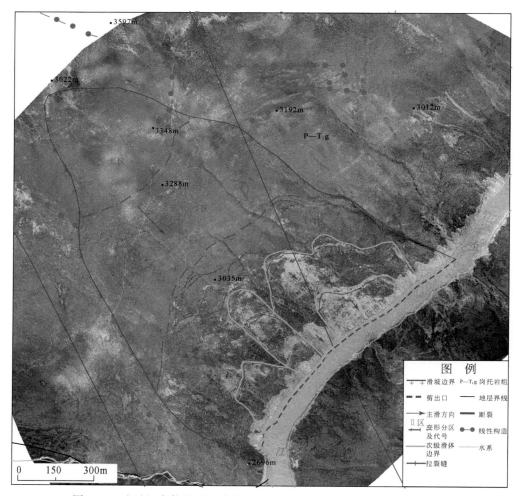

图 6.63　金沙江色拉滑坡遥感精细解译图（据 2020 年 6 月无人机影像）

滑塌，逐步解体破坏。Ⅰ-2 区（下游强变形区）分布于滑坡下部下游侧，该区域呈矩形，下游侧为基岩山脊，中部和Ⅰ-1 区以冲沟为界，该区坡体破碎，裂缝发育，从变形可以明显划分出两个次级滑体：①号次级滑体和②号次级滑体。①号次级滑体分布在下游侧前缘，该次级滑体后缘形成明显的滑坡壁，宽约 15m，分布巨石；次级滑体长约 260m，宽约 230m，平面面积为 5.5 万 m²，按照平均厚度 30m 计算，体积约为 165 万 m³。该次级滑体可能发生整体滑动。②号次级滑体位于Ⅰ-2 区和Ⅰ-1 区交界处，平面形态呈长条形，后缘圈椅状拉裂陡坎，坡体发育多级拉张裂缝，次级滑体长约 560m，宽约 130m，平面面积为 8.2 万 m²，按照平均厚度 30m 计算，体积约为 246 万 m³。该次级滑体可能发生多级滑动。

　　Ⅱ区主要分布在滑坡体中部，该区域变形相对Ⅰ区较弱。坡体发育冲沟和多级陡坎，未有明显的裂缝。

　　Ⅲ区分布在滑坡后部，发生局部溜滑，形成明显的滑坡壁，该区较稳定，坡体无变形迹象。

结合 2011 年、2018 年、2019 年和 2020 年的多期影像对滑坡前缘变形特征进行分析，其中，①号次级滑体边界范围逐步扩大（图6.64），在 2011 年仅有滑坡前缘局部圈椅状的滑动，2018 年边界向左后缘扩展，形成圈椅状拉裂陡坎。2019 年滑坡边界向右侧和后缘扩展，后缘发生明显的滑塌。2020 年滑坡后缘形成明显的滑坡壁，左侧边界裂缝扩展，与②号次级滑体联通，后缘形成长 17m 的滑坡壁，前缘发生滑塌。③号次级滑体逐年扩展，2011 年仅有中部形成长条状变形区，2018 年前部形成局部滑塌，2019 年滑坡后缘拉裂变形，发育多处拉张裂缝，边界向左侧扩展，2020 年 6 月滑坡后缘形成连续的拉裂陡坎，次级滑体边界大规模扩展，2020 年 8 月拉裂变形加大，拉张裂缝宽为 2～5m，后缘形成滑坡光壁，长为 17～20m，前缘滑塌体变形达到 35m（图6.65、图6.66）。

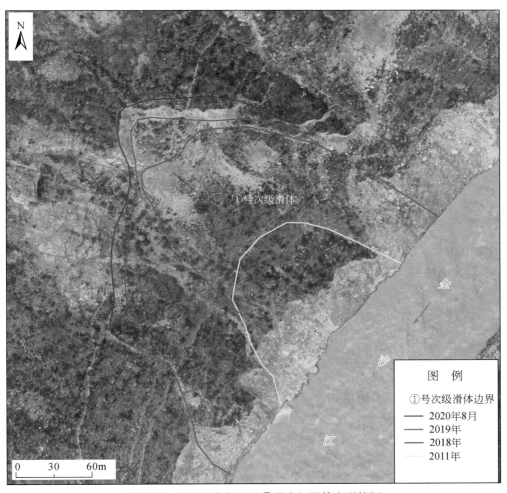

图 6.64 金沙江色拉滑坡①号次级滑体变形特征

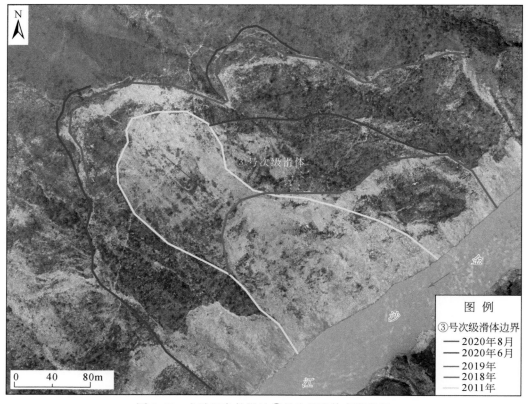

图 6.65　金沙江色拉滑坡③号次级滑体变形特征

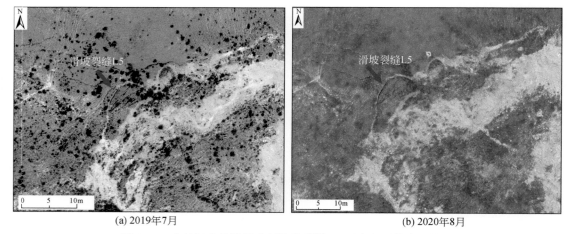

(a) 2019年7月　　　　　　　　　　　　(b) 2020年8月

图 6.66　金沙江色拉滑坡中部拉张裂缝 L5 无人机影像变形特征

## 4. 发展趋势

该滑坡在重力作用下局部发生垮塌，沿斜坡堆积，并受到江水冲刷。滑坡所在斜坡为一斜向坡，岩层倾向坡外，岩体风化破碎，受断裂影响，节理裂隙发育，滑坡前缘发生强烈的变形，拉张裂缝宽为 2～5m，形成多级拉裂陡坎，破坏模式类似白格滑坡。滑坡前缘变形如果进一步扩展，将形成牵引式大规模滑坡。

### 6.4.3.5　沙东滑坡

1. 概述

沙东滑坡位于西藏贡觉县沙东乡雄巴村，坐标为98°54′33″E，30°36′18″N。滑坡位于金沙江右岸第一斜坡带，滑坡前缘至江面，后缘至斜坡坡顶，坡脚高程为2660m，坡顶高程为3810m，高差约1150m，滑坡平面形态呈不规则矩形。采用2011年11月20日、2018年12月21日高分辨率卫星影像和2019年7月、2020年6月无人机航测影像进行解译，主滑方向为50°，纵长约1980m，底部横宽约2150m，中部宽约2530m，上部宽约2680m；坡度约37°，后缘基岩光壁约45°。滑坡平面面积约580万 m²，按照平均厚度20m计算，滑坡体积约为11600万 m³，为巨型滑坡（图6.67）。

图 6.67　金沙江沙东滑坡三维立体图

2. 地质条件

滑坡区地处横断山脉北端东坡，属高山峡谷区。滑坡所处斜坡坡顶高程为4056m，坡脚巴曲河谷高程为2763m，高差达1293m。斜坡地形陡—缓—陡呈折线形，坡度为10°～40°，局部大于60°，平均坡度为23°，斜坡坡向为38°～72°。滑坡前缘受金沙江河水冲刷，垮塌现象严重，坡度一般为 40°～60°。出露地层主要为第四系滑坡堆积（Qh$^{del}$）碎块石土、第四系全新统残积层（Qh$^{el}$）碎石土、第四系冲洪积堆积（Qh$^{apl}$）卵砾石土、二叠系、下三叠统岗托岩组（P—T$_1$g）云母石英片岩等。岩体破碎，节理裂隙发育，岩层产状为 235°∠25°。

　　沙东滑坡主要受洛纳–布虚断裂影响。洛纳–布虚断裂呈近南北向弯曲延伸，北延与邻幅祝尼玛–波罗断裂相连，断裂两盘岩层产状紊乱，褶皱强烈，节理、劈理及片理等发育。沿断裂两侧岩浆活动强烈。断裂通过处形成丫口、山谷等一系列负地形地貌，局部可见断层三角面，多见泉水呈线状排列。断裂航、卫片解译标志明显，显示为清晰的阴影状线型影像密集带。断裂地表标志特征为一组由东向西推移的糜棱岩带和脆性断裂组成的叠瓦状构造。据糜棱岩中碎斑剪切指向，有左行走滑和推覆两种反映，断裂面倾向东，倾角为 40°～65°，为一压扭性走滑和逆掩推覆断裂。滑坡位于断裂东侧约 6km 处，受断裂影响，滑坡区岩体结构破碎，堆积体结构松散。

3. 遥感解译

　　采用 2011 年 11 月 20 日、2018 年 12 月 21 日的高分辨率卫星影像和 2019 年 7 月、2020 年 6 月和 2020 年 8 月的无人机航测影像进行解译，卫星影像分辨率为 0.6～0.8m，无人机航测影像分辨率为 0.2m。从各期影像上来看（图 6.68），滑坡形态明显，由于各

(a) 2011年11月20日卫星影像

(b) 2018年12月21日卫星影像

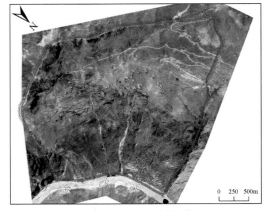
(c) 2019年7月无人机影像

(d) 2020年无人机影像

图 6.68　金沙江沙东滑坡影像图

期影像时节不一致，影像色调差异较大，2010年滑坡影像为灰褐色块状图斑，后缘陡坎和下游测阴影较明显，滑坡上游侧冲沟边界和后缘陡坎边界明显。

从各期卫星影像上均能识别滑坡形态和边界，能够看出滑坡上游侧多期滑坡变形迹象与圈椅状陡坎。从无人机航测影像上看，滑坡前缘发生滑塌和拉裂变形，中部发育裂缝，拉裂陡坎明显。从地形阴影上看（图6.69），滑坡形态更为明显，两侧冲沟和后缘陡坎为滑坡边界，滑坡体可见多级拉裂陡坎。

图6.69　金沙江沙东滑坡地形阴影图

采用2020年无人机航测影像对滑坡进行精细解译，分析了滑坡区地质条件与变形特征。根据滑坡的变形特征，将滑坡分布为三个大区：Ⅰ区、Ⅱ区和Ⅲ区。

4. 发展趋势

该滑坡在重力作用下局部发生垮塌，沿斜坡堆积，并受到江水冲刷。滑坡后缘斜坡较陡，发育大量的危岩带，一旦发生较大规模的崩滑失稳，滑塌体将会铲刮中下部堆积体，形成大规模滑坡，破坏模式类似白格滑坡（图6.70）。

### 6.4.3.6　热公滑坡

1. 概述

热公滑坡位于西藏江达县汪布顶乡燃灯村安置点上游约500m处，坐标为98°28′45″E，31°45′56″N。滑坡位于金沙江右岸（凹岸）第一斜坡带，前缘至江面，后缘至斜坡顶，坡

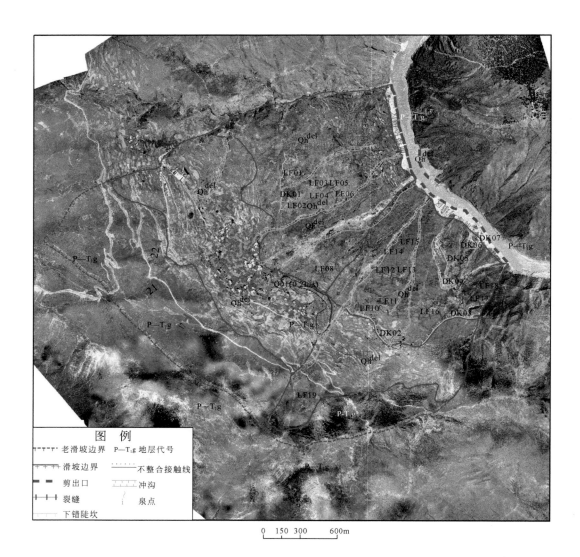

图 6.70　金沙江沙东滑坡遥感精细解译图（据 2020 年 6 月无人机影像，空间分辨率 0.2m）

脚高程为 3065m，坡顶高程为 3685m，高差约 620m，滑坡平面形态近似矩形（图 6.71）。热公滑坡下游侧发育一小型滑坡（H02），滑坡前缘为至汪布顶乡的村道，滑坡下游侧阶地上分布燃灯村移民安置区。采用 2010 年 11 月 28 日、2013 年 12 月 26 日、2014 年 12 月 19 日的 Google Earth 卫星影像和 2020 年 6 月 16 日无人机航测影像进行解译，滑坡体纵长约 1005m，底部横宽约 450m，中部宽约 514m，上部宽约 585m；滑坡体坡度约 35°，后缘基岩光壁约 60°。滑坡平面面积约 46.5 万 m²，按照平均厚度 15m 计算，滑坡体积约为 697.5 万 m³，为大型滑坡。

图 6.71　金沙江热公滑坡三维立体图

## 2. 地质条件

滑坡区主要出露三叠系曲嘎寺组（$T_3q$）和图姆沟组（$T_3t$），为一套巨厚的碎屑岩–碳酸盐岩建造，主要由砂板岩夹灰岩、安山岩等。滑坡上下游侧和对岸缓坡为阶地，主要为第四系冲洪积的砂卵石层，地表覆盖主要为灌丛和草地，有少量耕地。滑坡顶部平缓地带上覆第四系残坡积的碎石土，目前主要为耕地和居民房屋。

滑坡处于金沙江断裂带内，距离断层约 1km，从遥感解译结果来看，滑坡区斜坡发育一系列北西–南东向的裂隙，裂隙走向与坡向近垂直，尤其滑坡后缘基岩光壁裂隙较明显。

## 3. 遥感解译

采用 2010 年 11 月 28 日、2013 年 12 月 26 日、2014 年 12 月 19 日的 Google Earth 卫星影像及 2020 年 6 月 16 日无人机航测影像进行解译，卫星影像分辨率为 0.6～0.8m，无人机航测影像分辨率为 0.2m。从各期影像上来看（图 6.72），滑坡形态明显，由于各期影像时节不一致，影像色调差异较大，2010 年滑坡影像为灰褐色块状图斑，后缘陡坎和下游测阴影较明显，滑坡上游侧冲沟边界和后缘陡坎边界明显。

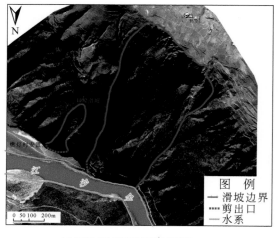

(a) 2010年11月28日卫星影像

(b) 2013年12月26日卫星影像

(c) 2014年12月19日卫星影像

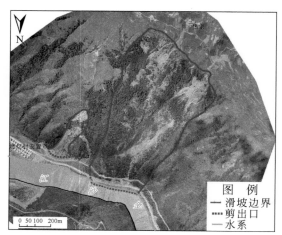

(d) 2020年6月16日无人机影像

图 6.72　金沙江热公滑坡影像图

　　从各期卫星影像上均能识别滑坡形态和边界，能够看出滑坡上游侧多期滑坡变形迹象，多期圈椅状陡坎。从无人机航测影像上看，滑坡前缘发生鼓胀，中部发育裂缝，后部有明显的崩塌堆积体。从地形阴影上看（图 6.73），滑坡形态更为明显，两侧冲沟和后缘陡坎为滑坡边界。

　　采用 2020 年无人机航测影像对滑坡进行精细解译，分析了滑坡区地质条件与变形特征。根据滑坡的变形特征，将滑坡分布为两个大区：Ⅰ区和Ⅱ区。

　　其中，Ⅰ区主要分布在上游侧滑坡体，该区域变形较强烈，坡体发生多次滑动。根据变形特征又将该区分为三个亚区：Ⅰ-1 区、Ⅰ-2 区和Ⅰ-3 区。Ⅰ-1 区（中部强变形区）主要分布在滑坡中部的中下段，属于强变形区，区域发育多级圈椅状陡坎，按照陡坎和裂

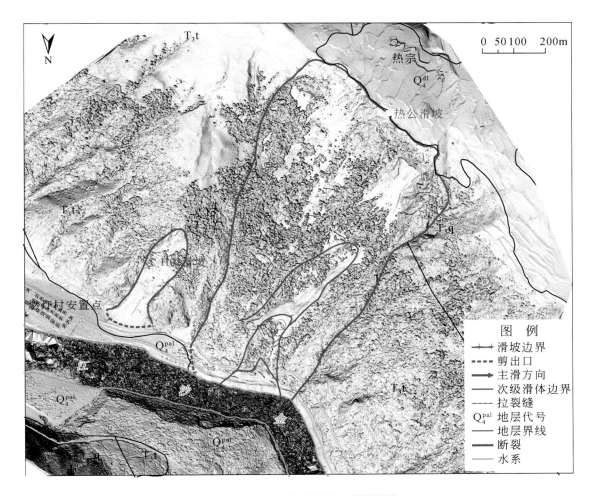

图 6.73　金沙江热公滑坡地形阴影图

缝分布将滑坡分为三级滑动，形成了三个次级变形体，目前前缘次级滑体①变形最强烈，形成了连续拉裂陡坎，高约 0.2~1m，错断了公路，发育四条裂缝。次级滑体②主要分布在公路以上，坡体灌丛覆盖，后部发育四条拉张裂缝。次级滑体③分布在Ⅰ-1 区中后部，两侧错动裂缝明显，后缘发育三条拉张裂缝，圈椅状拉裂陡坎明显。Ⅰ-2 区（上游稳定区）分布于上游侧边界附近，该区域呈长条形，无变形迹象，坡体较稳定。Ⅰ-3 区（上游后部崩滑区）主要分布在上游侧后部，该区后缘发育明显的陡坎，陡坎高约 50m，坡度大于 55°，下部分布大量崩滑堆积体，以块石碎石为主（图 6.74）。

　　Ⅱ区主要分布在下游侧滑坡体，该区域变形相对Ⅰ区较弱。根据地形和变形特征又将该区分为三个亚区：Ⅱ-1 区、Ⅱ-2 区和Ⅱ-3 区。Ⅰ-1 区（前部缓坡区）主要分布在滑坡下游侧底部，该区地形较缓，坡体无变形。Ⅰ-2 区（下游中部堆积区）分布于下游侧中部，该区域主要为崩滑堆积体，主要为块石碎石，堆积厚度较大，下游边界在中段收窄，

图 6.74　金沙江热公滑坡遥感精细解译图（据 2020 年 6 月无人机影像）

对该区域堆积体有锁固作用，该区域变形较小，发育三条裂缝。Ⅰ-3 区（下游后部崩滑区）主要分布在下游侧后部，该区后缘发育明显的陡坎，陡坎高约 40m，坡度大于 50°，发育大量危岩，裂缝发育，近期崩滑明显。

**4. 发展趋势**

该滑坡是在重力作用下局部发生垮塌，沿斜坡堆积，并受到江水冲刷，加之坡脚修筑公路，堆积体前缘局部发生滑塌变形。滑坡后缘斜坡较陡，发育大量的危岩带，一旦发生较大规模崩滑失稳，滑塌体将会铲刮中下部堆积体，形成大规模滑坡，破坏模式类似四川茂县新磨滑坡（殷跃平等，2017；图 6.75）。

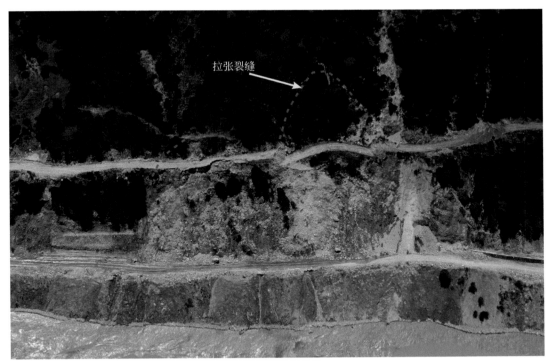

图 6.75　金沙江热公滑坡前缘多级溜滑变形

# 6.5　小　　结

　　初步建立了高山、极高山区高海拔、深切割、复杂气候、复杂地质环境条件下的卫星遥感、无人机航摄及贴近摄影方法为一体的堵江滑坡平面形态、变形、地貌形态等识别标志及其综合判识方法。

　　采用"空-天-地"一体化的多源、多期遥感数据开展了金沙江上游堵江滑坡识别，共识别出 84 处堵江滑坡，其中已发生堵江滑坡 9 处、潜在堵江滑坡 75 处。解译了不同时间段堵江滑坡地质环境条件、滑坡要素及承灾体的变化，并分析了堵江滑坡变形过程，根据堵江滑坡的变形程度、破坏阶段，初步判断堵江滑坡的稳定性。初步总结了金沙江上游堵江滑坡灾害链影响因素，提出了两类堵江滑坡灾害链式特征类型，分别是滑坡—堰塞湖—堰塞坝溃决—洪水灾害链式灾害、滑坡—堰塞湖链式灾害。

# 第7章 中高山区高位地质灾害 InSAR 识别与监测

## 7.1 概 述

### 7.1.1 金沙江上游中高山区地质灾害的现状及特点

藏东金沙江中高山区位于金沙江构造带上（图7.1），整个构造带呈北北西向展布。由于金沙江构造带自古生代以来经历了扩张—闭合—消减—封闭的演化过程，以及后期的逆冲推覆和平移剪切作用，形成由数条断裂和构造块体组成的并经多期变质变形的复杂构

图 7.1 藏东金沙江中高山区研究区范围图

造带。该地区地质灾害存在以下三个特点：①点多面广。集中分布在金沙江干流及支流两岸。工作区以高山峡谷为主，斜坡高陡，为地质灾害孕育提供了基础条件。②规模较大。易形成灾害链。规划区内大型以上地质灾害达 50 处（大型 45 处、特大型 5 处），危害较大可能堵江形成灾害链的滑坡地质灾害达 20 处。滑坡变形破坏将造成堵江断道，形成堰塞体，导致上游区域回水淹埋河道、场镇，溃决后形成溃决洪水冲击沿岸场镇、桥梁及大型电站等重大工程。③地处偏远、防治难度大。金沙江沿岸分布的高陡斜坡，地质环境脆弱，成灾因素复杂，是地质灾害发育的基础条件，加之治理工程存在可利用施工期短，交通运输条件差、材料运输距离远、环境保护要求高、治理工程成本高等不利条件，给防治工作带来很大的难度。

由于该区复杂的地质地貌环境，艰险的地质调查勘查条件及高位远程流域性成灾的模式，难以仅用常规的地质工作方法开展工作。因此，本章将在光学遥感的基础上，以金沙江中高山区为重点，探讨和改进基于 InSAR 技术的大型高位滑坡等灾害体早期识别和监测预警方法。

## 7.1.2　中高山区地质灾识别与监测问题

根据多年的数据统计，诱发滑坡的因素有很多，包括自然因素（气候变化、火山活动和地质运动等）和人为因素（采矿、地下水枯竭和植被破坏等）。但是，无论滑坡是由哪种因素诱发，在边坡宏观失稳之前，其表面都会先发生微小位移。因此，形变位移监测就成为滑坡监测的重要技术方法。

一般来说，常规的滑坡形变监测技术包括 GNSS 测量、测斜仪测量和水准测量等，这些技术最大优点是能获取高精度形变量。但是，在藏东金沙江中高山区地质灾害监测过程中，这些技术的应用存在一定的局限性：①常规的形变监测技术只能应用于已知滑坡点，无法解决隐患点早期识别的问题；②研究区域地形环境复杂，在很多区域难以或完全不能布设测量设备，无法开展形变测量工作。因此，为了有效地研究目标区域滑坡的触发机理，解决隐患点早期识别和重点滑坡监测的问题，还需要结合其他的技术，对目标区域开展全覆盖、长时间、连续和高精度的形变监测。

近年来，作为一种遥感高精度形变监测方法，星载 InSAR 技术得到了迅猛的发展。与其他测量技术的对比，它有以下优点。

### 1. 非接触式测量

在形变监测过程中可无须接近目标，危险系数较低，特别适合对偏远的山体滑坡开展监测。

### 2. 全天时、全天候

星载 SAR 系统发射微波信号，在夜晚、大雾、云和雨等条件下也能对目标进行形变监测，具备长时间连续工作的能力。但是，在极恶劣天气条件下，相位信息受噪声影响较大，形变测量精度可能会降低。

### 3. 覆盖范围广

星载 SAR 系统的成像范围可达上千平方千米，数据分辨率可以达到米量级，非常适合针对大面积区域开展全面监测。

4. 高精度

InSAR 技术通过相位信息进行形变监测，精度可达毫米量级，在良好天气条件情况下，精度甚至可达亚毫米量级。

针对现阶段我国在西部高山峡谷区的滑坡灾害监控和预警方向的重大需求，考虑到 InSAR 形变测量技术存在其他技术不具备的特点，它在滑坡隐患点的早期识别和重点滑坡的监测方面存在较大的应用潜力，完全有能力为滑坡地质灾害监测和预警提供可靠的技术支持。

# 7.2　SAR 形变监测和早期识别技术

## 7.2.1　InSAR 形变监测技术

### 7.2.1.1　传统 InSAR 技术的基本原理

传统的 InSAR 形变测量技术最早由 Massonnet 等（1993）在 1993 年应用于地震形变研究，其基本思想是利用地表变化前后的两幅 SAR 图像生成干涉相位图，再利用事先获取的 DEM 数据模拟干涉相位图，最后从干涉相位图中减去模拟的干涉相位图，就可以得到地表形变信息。

图 7.2 显示了传统 InSAR 形变测量技术的几何模型。$M$ 和 $S$ 分别为形变发生前后 SAR 卫星的位置。在实际情况下，两颗卫星不是完全重轨，一般都存在一定的空间基线 $B$。在形变发生前，目标点位于位置 $A$，形变发生后，目标点移动到位置 $A'$。在干涉相位中去除模拟的地形相位后，目标点在 SAR 视线（LOS）向的形变量（$\Delta r$）与形变相位（$\varphi_{\mathrm{def}}$）的关系可以表示为

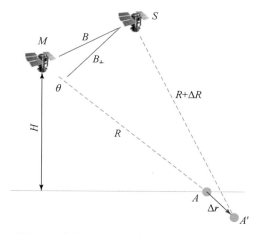

图 7.2　传统 InSAR 形变测量技术几何模型

$$\varphi_{\text{def}} = -\frac{4\pi}{\lambda}\Delta r \tag{7.1}$$

式中，$\lambda$ 表示雷达信号的波长，InSAR 技术的形变测量精度与雷达波长相关。

### 7.2.1.2　PS-InSAR 技术及处理流程

在差分干涉的处理过程中，进行干涉的两幅 SAR 影像一般具有较长的时间间隔。在这段时间内，地物的散射特性和大气条件通常会发生较大变化，使得干涉相位中存在严重的失相干噪声，进而导致常规差分合成孔径雷达干涉测量（different interferometric synthetic aperture radar，D-InSAR）技术不能准确获取地表形变量。但是，一些地面"硬目标"，如房屋、桥梁、裸露的岩石及人工安置的角反射器等，它们的散射特性一般较稳定，雷达信号较强，信噪比较高，在长时间段内仍然能保持较好的相干性。因此，可先选出研究区域内散射特性较稳定、对雷达波反射较强的地面"硬目标"，通过对它们的一系列观测值（即干涉相位）进行时间序列分析，提取其形变量，进而获得研究区域的地表形变场。这就是永久散射体合成孔径雷达干涉测量（persistent scatterer InSAR，PS-InSAR）的理论基础，而那些散射特性较稳定、对雷达波反射较强的"硬目标"就称为永久散射体（persistent scatterer，PS）。

根据 PS-InSAR 原理（Ferretti *et al.*，1999，2004；Hooper *et al.*，2004；Kampes，2006；Costantini *et al.*，2008），基于 $K+1$ 幅 SAR 单视复数影像，经配准、辐射定标、PS 探测和干涉处理，并借助已知 DEM 进行差分干涉处理，可得到 $K$ 幅干涉和差分干涉图、$H$ 个 PS 点及各 PS 点在各差分干涉图中的差分干涉相位集。在考虑地表形变、高程误差、大气影响及失相关的情况下，对 PS 点进行时间和空间域的形变计算，最终获取高精度时序变形信息。

PS-InSAR 数据处理流程如图 7.3 所示，主要包含数据预处理、差分干涉计算、时间及空间形变量估算、形变量计算等步骤。

## 7.2.2　Offset-tracking 形变监测技术

像素偏移量跟踪（Offset-tracking）技术利用影像互相关算法，通过追踪雷达幅度影像中特征目标的位置变化来监测地表形变。Offset-tracking 算法的基本思路是对形变前后的图像进行粗配准和空间重采样后，选用大小合适的滑动窗口，计算子像元间的相关性，分别针对方位向和距离向提取偏移量，同时拟合并去除由于两幅图像成像时间和空间不同所带来的系统误差偏移值，最后得到方位向和距离向地表形变信息。

Offset-tracking 技术的测量精度比 InSAR 技术低一个数量级，其测量精度与 SAR 图像的分辨率相关，约为 SAR 影像分辨率单元大小的 1/20 至 1/10。当图像分辨率为 3m 时，形变测量精度可达 15cm。但是，与 InSAR 数据处理需要积累大量 SAR 图像的条件不同，Offset-tracking 技术只需要两幅 SAR 图像就能开展形变监测，且不存在周期模糊现象，即使在干涉失相干的条件下，也能在方位向和距离向上获取几米至数十米的二维剧烈形变信息。因此 Offset-tracking 技术适合针对短期内存在快速形变的目标开展监测。

运用 Offset Tracking 技术测量目标形变的算法流程如图 7.4 所示。

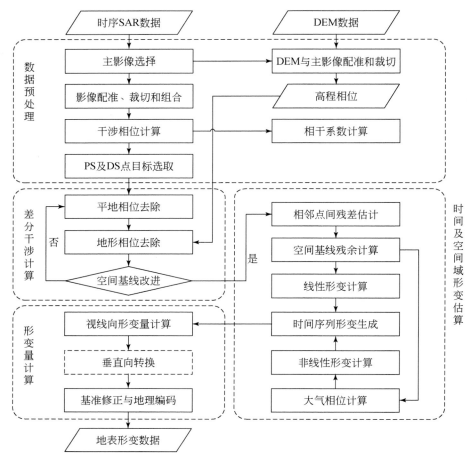

图 7.3 PS-InSAR 技术数据处理流程

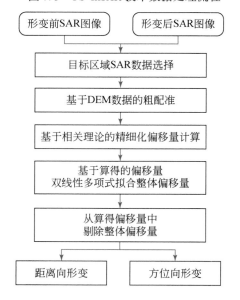

图 7.4 Offset-tracking 算法基础处理流程

（1）选取目标区域在形变前后的 SAR 图像，在结合外部 DEM 数据的情况下，以一幅图像为主图像，将另一幅图像粗配准并重采样至主图像相同的尺寸，消除由空间基线导致的目标点在主辅图像中位置变化的影响。

（2）以一定的距离和方位间隔在图像中选取像素点，并基于像素点的幅度信息，利用幅度互相关理论计算每个像素点的偏移量。

（3）基于算得的偏移量，采用双线性多项式拟合的方法，计算图像的整体偏移量。

（4）将每个像素点的偏移量减去图像整体偏移量，计算每个像素点在距离向和方位向的位移。

## 7.2.3　隐患点早期识别和分析技术

### 7.2.3.1　智能化形变区域识别

采用 SAR 形变测量技术（InSAR 和 Offset-tracking）获取目标区域的地面形变信息后，就能够筛查出存在潜在风险的区域。考虑到形变数据量较大，如果采用传统的人工解译方法，工作量巨大，且主观性较强。因此，自动或半自动的智能化形变区域初步筛查方法，就成为 InSAR 大数据分析的重点研究方向（Bovenga et al., 2012；Costantini et al., 2014；Tazio et al., 2018；Beladam et al., 2019；邢学敏，2011；葛大庆，2013）。

智能化形变区域识别的目标为搜索并确定形变区域的位置和空间范围。为此，数据处理分为两个阶段：

1. 滤波并分析 InSAR 数据库的噪声特征

一般来说，在 InSAR 形变数据库中，存在一定数量的噪声 PS 点，它们可能会在形变区域识别过程中引起虚警现象。因此，在进行数据分析前，应该结合 PS 数据的时空特征，对 InSAR 数据库进行滤波，剔除受噪声影响较大的 PS 点。然后，针对剩余的 PS 点，在数据库中选择形变相对稳定的区域，统计其形变速率的分布特征，并参考标准差或者四分位距（interquartile range，IQR）理论，分析该 InSAR 数据库中 PS 点形变速率的噪声水平。算法的处理流程如图 7.5 所示。

2. 形变区域初步识别

形变区域初步识别的流程如图 7.6 所示。选定相应的形变速率阈值 $v_{Th}$ 后，就可以在滤波后的 InSAR 形变数据库中选出形变速率超过 $v_{Th}$ 的 PS 点。然后，对选出 PS 点对其进行聚类，将空间临近且形变速率超过 $v_{Th}$ 的 PS 点聚集为一个 PS 点集合，并将其外接多边形标定为一个候选形变区域。接着，针对每个获取的候选形变区域，统计区域内速率超过 $v_{Th}$ 的 PS 点数量占比。考虑到 PS 点的速率测量值存在偏差，还需在形变噪声水平修正后，统计区域内速率超过 $v_{Th}$ 的 PS 点数量占比。最终，将形变速率超过 $v_{Th}$ 且经噪声修正后形变速率超过 $v_{Th}$ 的 PS 点数量占比分别大于相应占比阈值的候选形变区域识别为重点形变区域。

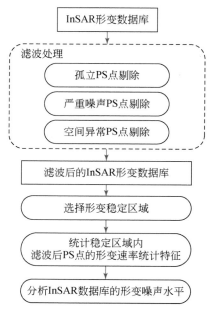

图 7.5　滤波并分析 InSAR 数据库噪声特征的流程

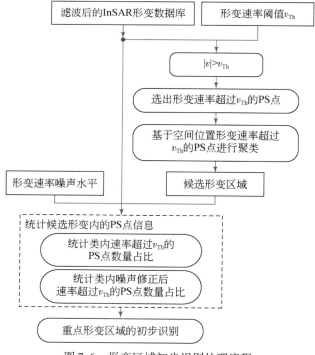

图 7.6　形变区域初步识别处理流程

#### 7.2.3.2　滑坡准三维形变分析

　　根据 InSAR 基本原理，InSAR 测得的是雷达视线（LOS）向形变量。为了更好地分析滑坡形变特征，研究滑坡机理，需要首先提供目标区域的三维形变信息。因此，可根据目标区域的数据情况（同时存在升、降轨数据，仅存在升轨或降轨数据），采用不同的方法，获取目标区域的准三维形变信息。然后，再依据准三维形变分析结果，基于地质专家输入的剖面矢量线，可对沿剖面线的形变开展精细分析。

　　1. 升、降轨模式下准三维形变分析

　　升、降轨模式下准三维形变分析方法主要包括三个步骤：主滑剖面高程及坡度信息提取、主滑剖面升、降轨形变分解和主滑剖面形变和地形综合分析。

　　1）主滑剖面高程及坡度信息提取

　　基于主滑剖面数据和外部 DEM 数据，采用反距离权重（inverse distance weighte，IDW）插值的方法，计算主滑剖面上不同位置的高程值和坡度信息。

　　2）主滑剖面升、降轨形变分解

　　根据 InSAR 基本原理，InSAR 测得的是雷达视线（LOS）向形变量。为了更好地开展滑坡稳定性分析，基于目标区域的升、降轨联合形变观测结果，分别提取主滑剖面上沿水平和竖直方向的形变信息。InSAR 升、降轨形变测量几何模型分别如图 7.7（a）、（b）所示，图中 $d_A$ 和 $d_D$ 分别表示在升轨和降轨条件下 InSAR 测得的形变量。$d_V$ 和 $d_H$ 则分别表示在主滑剖面内竖直和水平方向的形变量。

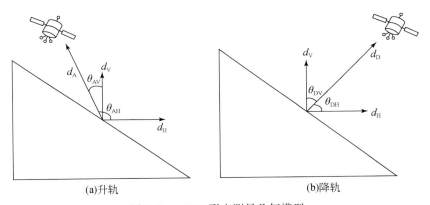

　　　　　　　　(a)升轨　　　　　　　　　　　　　　(b)降轨

图 7.7　InSAR 形变测量几何模型

　　以降轨几何条件为例，LOS 向分别与竖直和水平方向夹角（$\theta_{DV}$ 和 $\theta_{DH}$）的计算公式如下：

$$\cos\theta_{DV} = \frac{\boldsymbol{n}_D \cdot \boldsymbol{n}_V}{|\boldsymbol{n}_D||\boldsymbol{n}_V|} \tag{7.2}$$

$$\cos\theta_{DH} = \frac{\boldsymbol{n}_D \cdot \boldsymbol{n}_H}{|\boldsymbol{n}_D||\boldsymbol{n}_H|} \tag{7.3}$$

$$d_D = d_V\cos\theta_{DV} + d_H\cos\theta_{DH} \tag{7.4}$$

式中，$n$ 表示相应方向的单位向量。同时，对于升轨数据，相关的方程同样成立，通过联立升、降轨方程，可得

$$\begin{bmatrix} d_{\mathrm{D}} \\ d_{\mathrm{A}} \end{bmatrix} = \begin{bmatrix} \cos\theta_{\mathrm{AH}} & \cos\theta_{\mathrm{AV}} \\ \cos\theta_{\mathrm{DH}} & \cos\theta_{\mathrm{DV}} \end{bmatrix} \begin{bmatrix} d_{\mathrm{H}} \\ d_{\mathrm{V}} \end{bmatrix} \tag{7.5}$$

基于所述方程，最终可算得主滑剖面内竖直和水平方向的形变量 $d_{\mathrm{V}}$ 和 $d_{\mathrm{H}}$，最终可获取主滑剖面内每个观测点的形变矢量（包含形变方向和形变量）。

3）主滑剖面形变和地形综合分析

基于前两个步骤，分别获得了主滑剖面不同位置的高程值、坡度值及形变矢量测量结果。通过对比主滑剖面不同位置处的地形和形变信息，初步识别滑坡类型，并标识滑坡驱动块体和关键块体的位置，分析其形变矢量，为滑坡早期形变机理的研究提供数据支持。

2. 单轨模式下准三维形变分析

与升、降轨联合监测相似，针对单轨监测结果的形变分析方法也包括三个步骤：主滑剖面高程及坡度信息提取、主滑剖面形变投影分析和主滑剖面形变和地形综合分析。

1）主滑剖面高程及坡度信息提取

该步骤与升、降轨联合监测模式下的步骤相同。

2）主滑剖面形变投影分析

由于只存在单一方向上的形变监测结果，无法在主滑剖面内进行水平和竖直两个方向的形变分解。如图 7.8 所示，可假定形变方向在主滑剖面内沿坡度向下，进而将 LOS 向的形变投影至斜坡方向。其计算公式如下：

$$d_{\mathrm{Slope}} = \frac{d_{\mathrm{LOS}}}{\cos\theta} \tag{7.6}$$

式中，$\theta$ 为 LOS 向与斜坡方向的夹角。

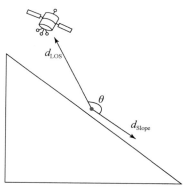

图 7.8　单轨条件下 InSAR 形变分解几何示意图

3）主滑剖面形变和地形综合分析

在前两个阶段，分别获得了主滑剖面不同位置处的高程值、坡度值和形变值（沿斜坡方向），进而可标识边坡上的重点形变区域，为边坡稳定性研究提供数据支撑。

# 7.3　金沙江上游地质灾害变形和隐患 InSAR 综合分析

## 7.3.1　基于 InSAR 技术的地质灾害隐患点分析技术流程

InSAR 滑坡形变综合分析的总体技术框架如图 7.9 所示。首先，基于 Sentinel 数据集，采用 PS-InSAR 技术，获取目标区域的形变数据库。然后，针对形变数据库，识别潜在隐患区域，并分析其形变特征，这个过程主要分为两个模块：①形变区域的初步识别和分级；②滑坡力学模型约束下的 InSAR 形变估计。最后，形成的主要成果包括三类主要图件：①形变区域风险图；②形变空间分布图；③剖面形变分析图。

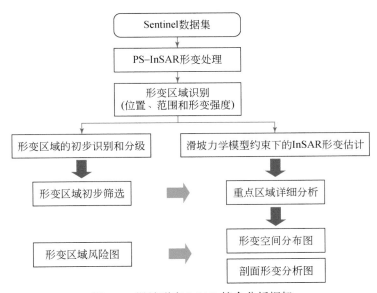

图 7.9　滑坡形变 InSAR 综合分析框架

## 7.3.2　金沙江上游区域形变监测和隐患点分析成果

### 7.3.2.1　SAR 数据基本信息

金沙江白格—石鼓段重点区域数据处理范围如图 7.10 所示。其中，SAR 数据同时选用了 Sentinel 升轨和降轨数据，其详细列表如表 7.1 所示。

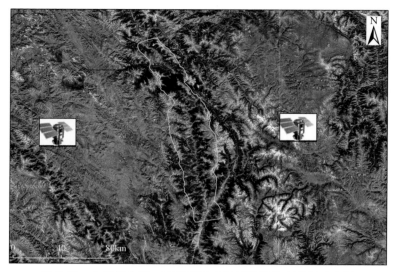

图 7.10　金沙江白格—石鼓段重点区域数据处理范围示意图

表 7.1　金沙江白格—石鼓段重点区域升、降轨 InSAR 数据基本信息

| 参数 | 升轨 | 降轨 |
| --- | --- | --- |
| 卫星类型 | Sentinel | Sentinel |
| 空间分辨率/m | 5×20 | 5×20 |
| 极化方式 | HH | HH |
| 中心下视角/(°) | 37 | 43.92 |
| 影像数量/个 | 82 | 79 |
| 监测起始日期 | 2014 年 10 月 31 日 | 2014 年 11 月 5 日 |
| 监测终止日期 | 2018 年 11 月 27 日 | 2018 月 12 月 2 日 |

#### 7.3.2.2　重点形变区识别

目标区域的升、降轨 InSAR 形变测量结果如图 7.11 （a）、（b） 所示。以 18mm/a 为形变速率阈值，可自动识别出形变速率大于阈值的区域。经分析，在金沙江白格—石鼓段共检测出多处重点形变区，它们分布在圭利滑坡附近区域和色拉滑坡附近区域。图 7.12 ～图 7.13显示了其中两处重点形变区的具体位置，下文将针对色拉滑坡区域开展详细分析。同时，可以明显看出，分别由升轨和降轨识别出的形变区域存在明显差异。这主要是因为 InSAR 技术测量的是 LOS 向的形变，升、降轨的 LOS 向不同，真实形变在升、降轨 LOS 向上的投影会存在明显差异。

图例
形变速率/(mm/a)
● <-36.0
● -36.0~-28.0
● -28.0~-20.0
● -20.0~-12.0
● -12.0~-4.0
● -4.0~4.0
● 4.0~12.0
● 12.0~20.0
● 20.0~28.0
● 28.0~36.0
● >36.0

(a) 降轨

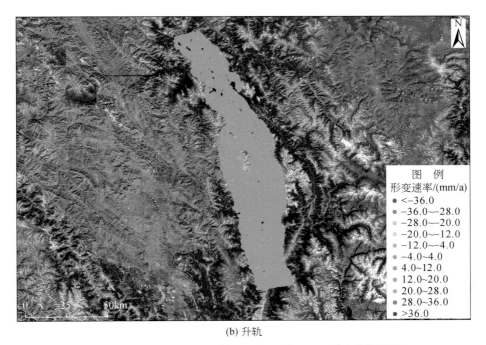

图例
形变速率/(mm/a)
● <-36.0
● -36.0~-28.0
● -28.0~-20.0
● -20.0~-12.0
● -12.0~-4.0
● -4.0~4.0
● 4.0~12.0
● 12.0~20.0
● 20.0~28.0
● 28.0~36.0
● >36.0

(b) 升轨

图 7.11　金沙江白格—石鼓段重点区域 InSAR 形变监测结果

图 7.12　金沙江圭利滑坡附近区域显著形变区域识别（形变速率大于 18mm/a）

图 7.13　金沙江色拉滑坡附近区域显著形变区域识别（形变速率大于 18mm/a）

### 7.3.2.3　滑坡形变分析

图 7.14 分别显示了在色拉滑坡区域升、降轨 LOS 向的 InSAR 形变测量结果。以 18mm/a 为阈值，分别在升、降轨结果中标识出形变速率大于阈值的区域。同时，基于边坡的坡度坡向信息可知，升轨的几何关系非常适合该区域的形变监测。因此，升轨数据识别出了大量潜在隐患区域。

(a) 降轨

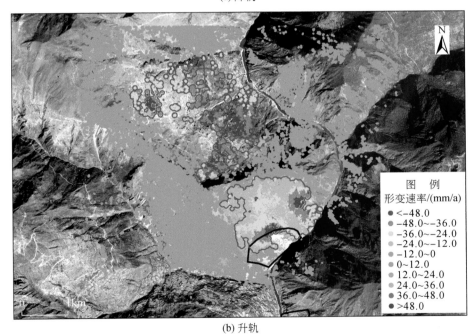

(b) 升轨

图 7.14　金沙江色拉滑坡附近区域 InSAR 形变监测结果

　　经过对比分析，可筛选出 3 处存在显著形变的区域，在图 7.15 中标记出它们的具体位置。为了叙述方便，下文将这些区域分别标识为 A ~ C 形变区，并开展重点分析。基于当地 DEM 信息及 InSAR 升、降轨联合形变监测结果，可获取色拉滑坡附近区域的准三维形变信息。图 7.16 分别显示了该区域在水平方向和竖直方向的形变。其中，水平方向是指沿坡向构成平面内的水平方向，平面内沿坡向向下的水平方向为正（蓝色），反方向为负（红色）。而在竖直方向，沿沉降方向为负（红色），沿隆起方向为正（蓝色）。该区域的准三维形变监测结果如图 7.17 所示。经数据统计，该区域最大形变速率为 169.1mm/a。

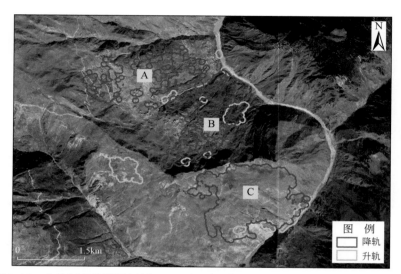

图 7.15　金沙江色拉滑坡区域 InSAR 识别显著形变区（形变速率大于 18mm/a）

(a) 水平方向

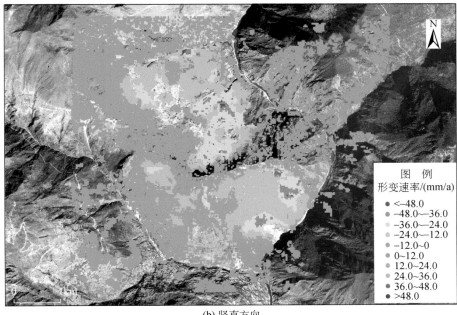

(b) 竖直方向

图 7.16 金沙江色拉滑坡附近区域形变分解结果

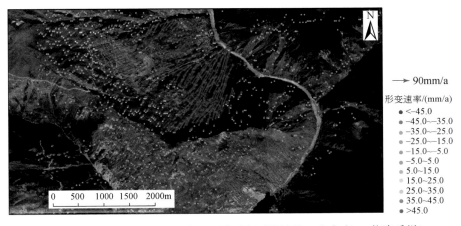

图 7.17 金沙江色拉滑坡区域准三维形变测量结果（点密度 10 倍降采样）

### 1. A 形变区

A 形变区的准三维形变测量结果如图 7.18 所示，经数值统计，该形变区的最大形变速率为 104.8mm/a。图 7.19 显示了在该形变区选取的主滑剖面，其剖面的平均坡度为 22.5°。在此基础上可获取剖面不同位置的形变速率，其结果分布如图 7.20 所示。可以明显看出，沿剖面线方向，在坡体中部，形变速率最大，而在坡体前缘，形变速率存在减缓的趋势。

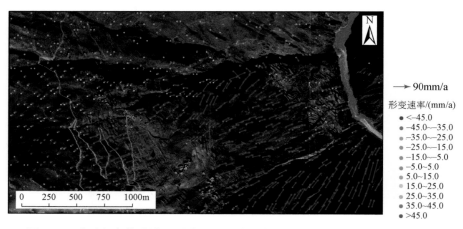

图 7.18　金沙江色拉滑坡 A 形变区准三维形变测量结果（点密度 8 倍降采样）

图 7.19　金沙江色拉滑坡 A 形变区主滑剖面空间分布图

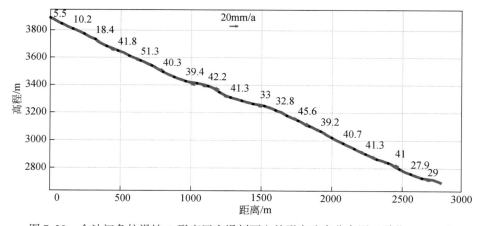

图 7.20　金沙江色拉滑坡 A 形变区主滑剖面上的形变速率分布图（单位：mm／a）

在 A 形变区选择形变速率最大的测量点，其位置如图 7.21 所示，该点（点 1）在水平和竖直方向的形变演化历史分别如图 7.22（a）、（b）所示。通过水平和竖直方向形变量对比可知，该点水平方向的形变占主导。

2. B 形变区

B 形变区的准三维形变测量结果如图 7.23 所示，经数值统计，该形变区的最大形变速率为 169.1mm/a。图 7.24 显示了在该形变区选取的主滑剖面，其剖面的平均坡度为 25.1°。在此基础上可获取剖面不同位置的形变速率，其结果分布如图 7.25 所示。可以明显看出，沿剖面线方向，在坡体中部，形变速率开始增大，而在坡体前缘，形变速率相对减小，坡体上大形变目标均存在明显沿水平方向的形变分量。

图 7.21　金沙江色拉滑坡 A 形变区形变速率最大点位置（底图为水平方向形变速率）

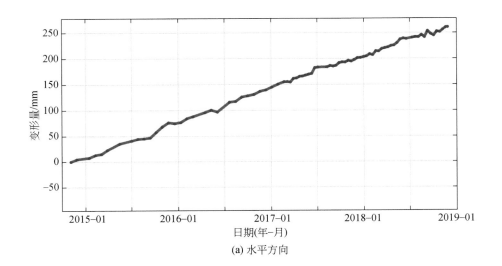

(a) 水平方向

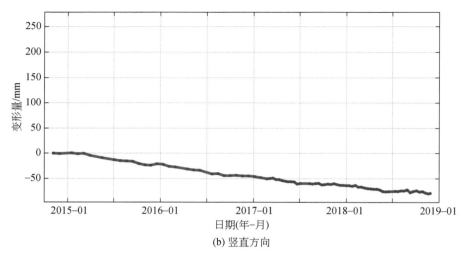

(b) 竖直方向

图 7.22　金沙江色拉滑坡 A 形变区形变最大点形变历史

图 7.23　金沙江色拉滑坡 B 形变区准三维形变测量结果（点密度 8 倍降采样）

图 7.24　金沙江色拉滑坡 B 形变区主滑剖面空间分布图

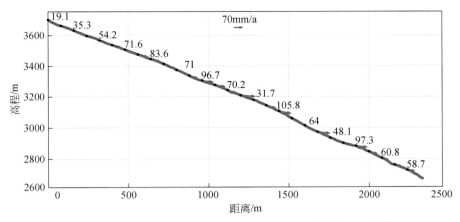

图 7.25　金沙江色拉滑坡 B 形变区主滑剖面上的形变速率分布图（单位：mm/a）

在 B 形变区选择形变速率最大的测量点，其位置如图 7.26 所示。该点在水平和竖直方向的形变演化历史分别如图 7.27（a）、（b）所示。通过水平和竖直方向形变量对比可知，该点水平方向的形变占主导。

3. C 形变区

C 形变区的准三维形变测量结果如图 7.28 所示，经数值统计，该形变区的最大形变速率为 92.7mm/a。图 7.29 显示了在该形变区选取的主滑剖面，其剖面的平均坡度为 22.2°。在此基础上可获取剖面不同位置的形变速率，其结果分布如图 7.30 所示。可以明显看出，沿剖面线方向，在坡体中部，形变速率开始增大，此处沉降方向形变速率占主导，而在坡体前缘，也存在一定的形变速率，此处水平方向形变速率占主导。

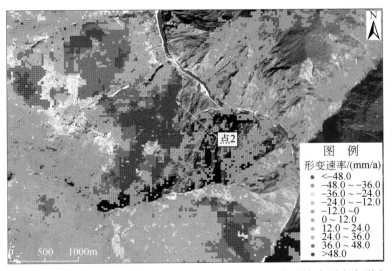

图 7.26　金沙江色拉滑坡 B 形变区形变速率最大点位置（底图为水平方向形变速率）

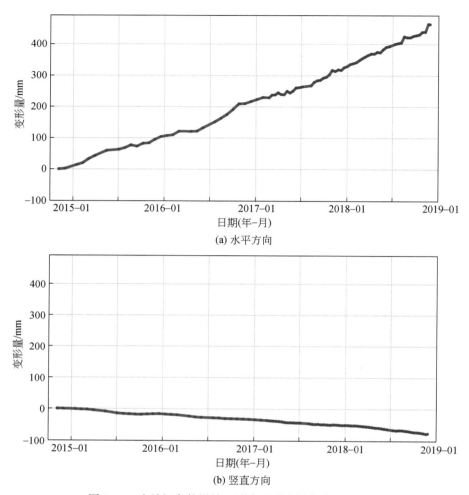

(a) 水平方向

(b) 竖直方向

图 7.27　金沙江色拉滑坡 B 形变区形变最大点形变历史

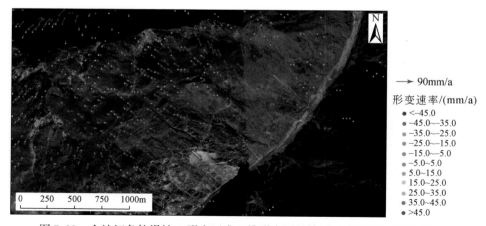

图 7.28　金沙江色拉滑坡 C 形变区准三维形变测量结果（点密度 8 倍降采样）

图 7.29　金沙江色拉滑坡 C 形变区主滑剖面空间分布图

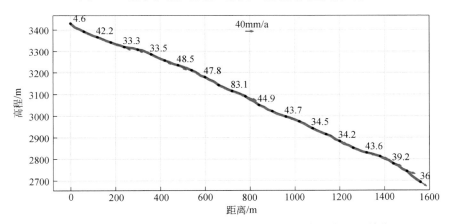

图 7.30　金沙江色拉滑坡 C 形变区主滑剖面上的形变速率分布图（单位：mm/a）

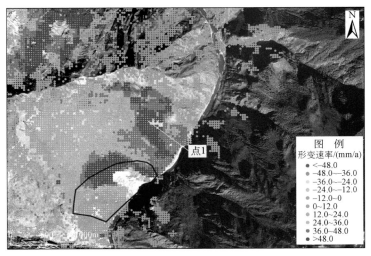

图 7.31　金沙江色拉滑坡 C 形变区形变速率最大点位置（底图为水平方向形变速率）

在 C 形变区选择形变速率最大的测量点，其位置如图 7.31 所示，该点（点 1）在水平和竖直方向的形变演化历史分别如图 7.32（a）、（b）所示。通过水平和竖直方向形变量对比可知，该点水平方向的形变占主导。

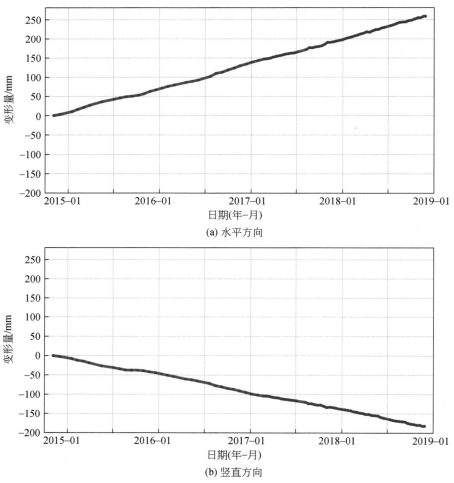

(a) 水平方向

(b) 竖直方向

图 7.32　金沙江色拉滑坡 C 形变区形变最大点形变历史

## 7.4　基于偏移量追踪技术的重点目标形变监测和风险识别

### 7.4.1　基于偏移量追踪（Offset-tracking）技术的重点目标分析技术流程

Offset-tracking 数据处理方案流程如图 7.33 所示，其中主要包含三个步骤：①时间相邻 SAR 数据 Offset-tracking 处理；②Offset-tracking 结果空间插值处理；③Offset-tracking 结果时序处理。

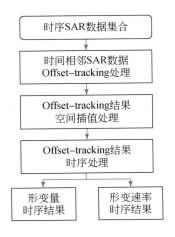

图 7.33　Offset-tracking 数据处理方案流程图

1. 时间相邻 SAR 数据 Offset-tracking 处理

Offset-tracking 通过计算两幅 SAR 图像窗口内幅度数据的相关性来获取目标的偏移量。从理论上讲，任何两幅图像都可以进行处理。但考虑到目标区边坡不稳定的实际情况，如果两幅 SAR 图像间的时间基线过长，目标区域可能已经发生明显的变化，此时采用窗口幅度数据相关性的方法来搜索偏移量可能难以取得较好的效果。因此在数据处理过程中选择时间相邻的 SAR 图像开展 Offset-tracking 形变监测。

2. Offset-tracking 结果空间插值处理

考虑到各种非理想因素（卫星定轨误差、空间基线、小型滑坡导致的地形变化）的影响，在不同 SAR 图像对获取的 Offset-tracking 形变监测结果中，测量点的位置和测量点的数量都存在差异，为了更好地对比分析不同时期的形变监测数据，需要将每个时间段获取的形变监测结果进行空间维插值。

3. Offset-tracking 结果时序处理

为了更好地研究目标区域在长时间范围内的形变特征，可将不同时期的测量结果进行时序处理，获取目标区域不同位置的形变演化特征，并计算等效形变速率。由于 Offset-tracking 技术与 InSAR 技术的原理不同，它们时序演化结果的定义也存在区别，主要可归纳为两个方面：

（1）Offset-tracking 技术测得的形变序列不是测量点的形变序列，而是空间位置的形变序列。当边坡上发生滑动后，后续测量结果依旧表征的是原位发生的形变，而非滑动点发生的持续形变。为了更新地描述，将 Offset-tracking 测得的累积形变定义为空间累积形变。

（2）Offset-tracking 技术测量的是两个观测时刻之间的形变。考虑到雷达数据采集在时间上不是均匀的，为了更好地对比不同时间段的形变状态，在此定义等效形变速率为

$$v_{\text{eq}} = \frac{\Delta d}{T} \tag{7.7}$$

式中，$\Delta d$ 为测得的形变量；$T$ 为时间间隔。但需要注意的是，在这段时间内，目标点发生的可能是匀速形变，也可能是在某个时刻发生的瞬时形变。因此等效形变速率与目标点真实形变速率在概念上存在差异。

## 7.4.2　白格滑坡形变监测和风险识别分析成果

### 7.4.2.1　SAR 数据基本信息

在白格滑坡区域，由于形变速率过大，受到失相干的影响，如果采用 InSAR 形变测量方法，在滑坡体上几乎无法获取 PS 点。为了研究白格滑坡的形变特征，本章节基于 COSMO-SkyMed 高分辨率数据，运用 Offset-tracking 方法，对白格滑坡区域开展了持续监测，COSMO-SkyMed 数据的覆盖范围如图 7.34 所示，所用 SAR 数据的详细列表如表 7.2 所示。

图 7.34　金沙江白格滑坡 COSMO-SkyMed 数据分析范围示意图

**表 7.2　白格滑坡 COSMO-SkyMed 数据基本信息**

| 参数 | 数值 |
| --- | --- |
| 卫星类型 | COSMO-SkyMed |
| 轨道 | 升轨 |
| 空间分辨率/m | 1×1.7 |

续表

| 参数 | 数值 |
|---|---|
| 极化方式 | HH |
| 中心下视角/(°) | 23.9 |
| 影像数量/个 | 35 |
| 监测起始日期 | 2018 年 10 月 22 日 |
| 监测终止日期 | 2019 年 10 月 7 日 |

#### 7.4.2.2　滑坡形变分析

**1. 第二次滑坡（2018 年 11 月 3 日）事件前形变回溯分析**

在第二次滑坡（2018 年 11 月 3 日）事件前，COSMO-SkyMed 卫星系统分别于 2018 年 10 月 22 日和 2018 年 10 月 30 日在目标区域拍摄了高分辨率 SAR 图像。经过 Offset-tracking 数据处理，如图 7.35、图 7.36 所示，获取了白格滑坡区域的距离向和方位向的二维形变测量结果。

白格滑坡区域 2018 年 10 月 22 日至 2018 年 10 月 30 日的二维空间累积形变示意如图 7.37 所示，可以明显看出，在坡体的顶部，存在明显的形变区域。其中形变最大点位于坡体顶部，监测时间段内，空间累积形变（距离向和方位向合成后的形变量）达 9.6m（8 天）。

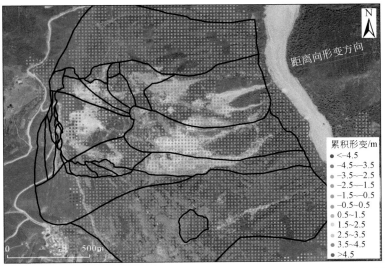

图 7.35　金沙江白格滑坡 2018 年 10 月 22 日至 2018 年 10 月 30 日距离向空间累积形变

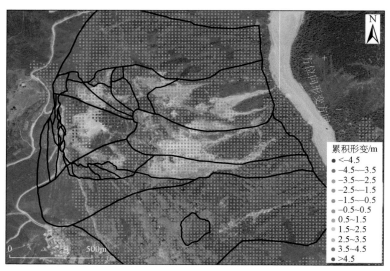

图 7.36　金沙江白格滑坡 2018 年 10 月 22 日至 2018 年 10 月 30 日方位向空间累积形变

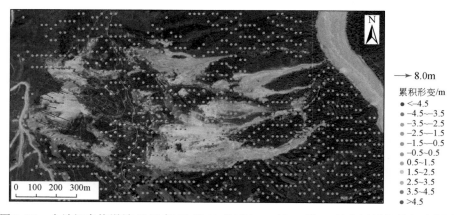

图 7.37　金沙江白格滑坡 2018 年 10 月 22 日至 2018 年 10 月 30 日空间累积形变示意图
（点密度 3 倍降采样）

## 2. 第二次滑坡（2018 年 11 月 3 日）事件后持续形变监测分析

在第二次滑坡（2018 年 11 月 3 日）后，COSMO-SkyMed 卫星对白格滑坡区域开展了持续监测，SAR 数据拍摄的详细列表如表 7.3 所示。

表 7.3　金沙江白格滑坡 COSMO-SkyMed 数据拍摄详细信息（2018 年 11 月 3 日后）

| 编号 | 日期（年-月-日） | 模式 | 升、降轨 |
| --- | --- | --- | --- |
| 1 | 2018-11-07 | SLC | 升轨 |
| 2 | 2018-11-10 | SLC | 升轨 |
| 3 | 2018-11-22 | SLC | 升轨 |

续表

| 编号 | 日期（年-月-日） | 模式 | 升、降轨 |
|---|---|---|---|
| 4 | 2018-11-26 | SLC | 升轨 |
| 5 | 2018-11-30 | SLC | 升轨 |
| 6 | 2018-12-12 | SLC | 升轨 |
| 7 | 2018-12-16 | SLC | 升轨 |
| 8 | 2018-12-24 | SLC | 升轨 |
| 9 | 2018-12-28 | SLC | 升轨 |
| 10 | 2019-01-09 | SLC | 升轨 |
| 11 | 2019-01-25 | SLC | 升轨 |
| 12 | 2019-02-10 | SLC | 升轨 |
| 13 | 2019-02-26 | SLC | 升轨 |
| 14 | 2019-03-06 | SLC | 升轨 |
| 15 | 2019-03-30 | SLC | 升轨 |
| 16 | 2019-04-07 | SLC | 升轨 |
| 17 | 2019-04-23 | SLC | 升轨 |
| 18 | 2019-05-25 | SLC | 升轨 |
| 19 | 2019-06-02 | SLC | 升轨 |
| 20 | 2019-06-10 | SLC | 升轨 |
| 21 | 2019-06-18 | SLC | 升轨 |
| 22 | 2019-06-26 | SLC | 升轨 |
| 23 | 2019-07-03 | SLC | 升轨 |
| 24 | 2019-07-12 | SLC | 升轨 |
| 25 | 2019-07-19 | SLC | 升轨 |
| 26 | 2019-07-28 | SLC | 升轨 |
| 27 | 2019-08-04 | SLC | 升轨 |
| 28 | 2019-08-13 | SLC | 升轨 |
| 29 | 2019-08-20 | SLC | 升轨 |
| 30 | 2019-08-29 | SLC | 升轨 |
| 31 | 2019-09-05 | SLC | 升轨 |
| 32 | 2019-09-21 | SLC | 升轨 |
| 33 | 2019-10-07 | SLC | 升轨 |

注：SLC. 单视复数影像，single look complex。

经过 Offset-tracking 全流程数据处理，获取了白格滑坡区域在 2018 年 11 月 7 日至 2019 年 10 月 7 日近一年时间内的形变信息。其中，距离向和方位向的空间累积形变分别如图 7.38、图 7.39 所示。可以明显看出，在二次滑坡后近一年的时间内，白格滑坡的坡顶和坡体中部依然存在较大程度的形变。该区域合成的空间累积形变及形变方向示意如图 7.40 所示。其中，最大空间累积形变达 55m。

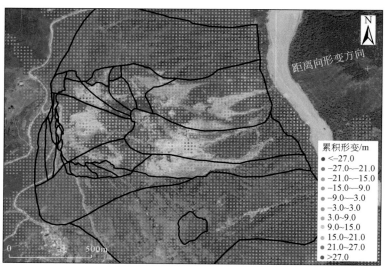

图 7.38　金沙江白格滑坡 2018 年 11 月 7 日至 2019 年 10 月 7 日距离向空间累积形变

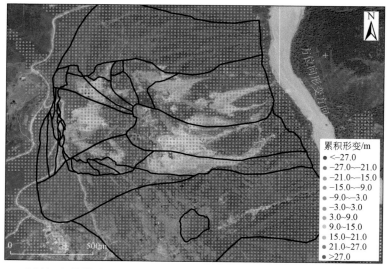

图 7.39　金沙江白格滑坡 2018 年 11 月 7 日至 2019 年 10 月 7 日方位向空间累积形变

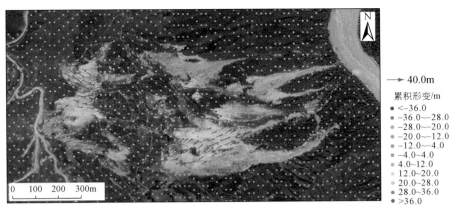

图 7.40　金沙江白格滑坡 2018 年 11 月 7 日至 2019 年 10 月 7 日空间累积形变示意图
（点密度 3 倍降采样）

根据距离向和方位向空间累积形变监测结果，在滑坡体上共有 5 处形变明显的区域。为了叙述方便，用 1～5 号区块对其进行标识，它们的具体位置如图 7.41 所示。

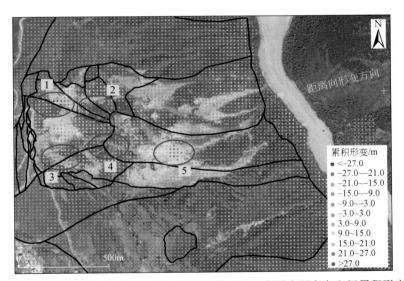

图 7.41　金沙江白格滑坡上 5 处形变明显的区块（底图为距离向空间累积形变）

其中，1 号区块在距离向和方位向空间累积形变历史曲线分别如图 7.42（a）、（b）所示。可以明显看出，1 号区块的目标位置在距离向沿正向运动，在方位向沿负向运动，且距离向和方位向的空间累积形变基本相同。同时，该位置在两个方向的等效形变速率曲线分别如图 7.43（a）、（b）所示，在 2018 年 11～12 月和 2019 年 8 月两个时间段内，距离向和方位向的等效形变速率较大（在 2019 年 8 月，距离向等效形变速率达 0.7m/d，方位向等效形变速率达 0.35m/d）。而在其他时间段，目标位置的等效形变速率相对较小，但也存在一定的持续形变现象。

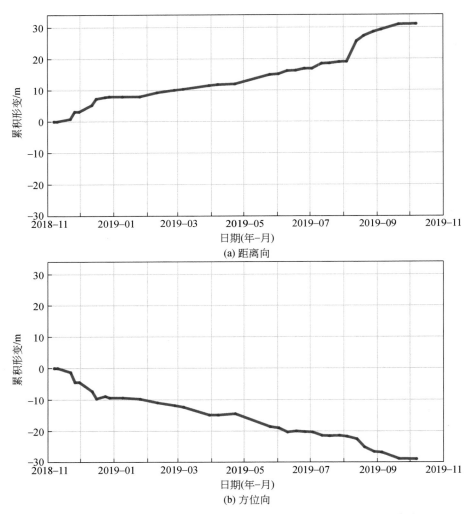

图 7.42 金沙江白格滑坡 1 号区块目标位置的空间累积形变历史曲线

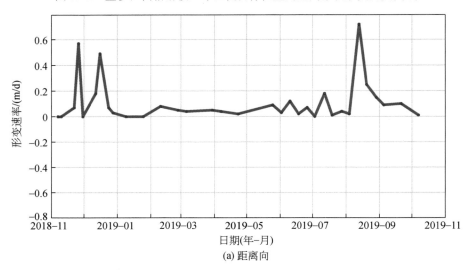

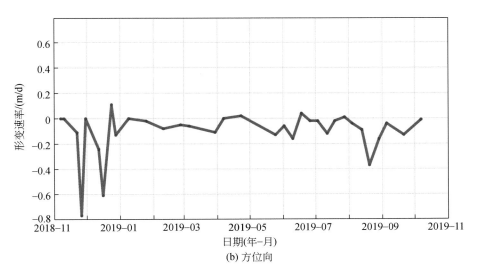

图 7.43　金沙江白格滑坡 1 号区块目标位置的等效形变速率历史

　　2 号区块在距离向和方位向的空间累积形变历史曲线分别如图 7.44（a）、（b）所示。可以明显看出，2 号区块的目标位置在距离向沿正向运动，在方位向沿负向运动，且距离向和方位向的空间累积形变基本相同。同时，该位置在两个方向的等效形变速率曲线分别如图 7.45（a）、（b）所示，在 2018 年 11～12 月和 2019 年 7 月两个时间段内，距离向和方位向的等效形变速率较大（在 2019 年 7 月，距离向等效形变速率达 0.8m/d，方位向等效形变速率达 1.4m/d）。而在其他时间段，目标位置的形变相对较小，但也存在一定的持续形变现象。

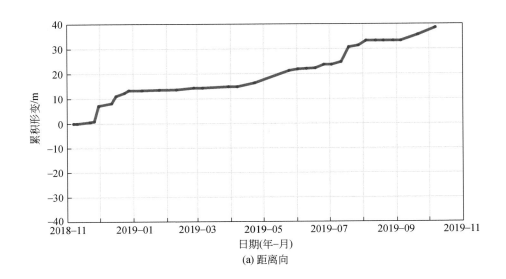

(a) 距离向

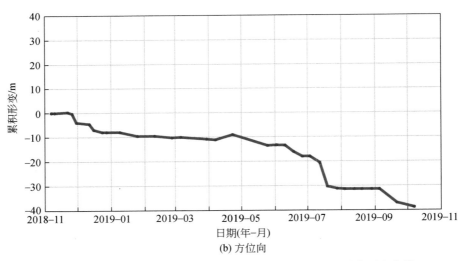

(b) 方位向

图 7.44　金沙江白格滑坡 2 号区块目标位置的空间累积形变历史曲线

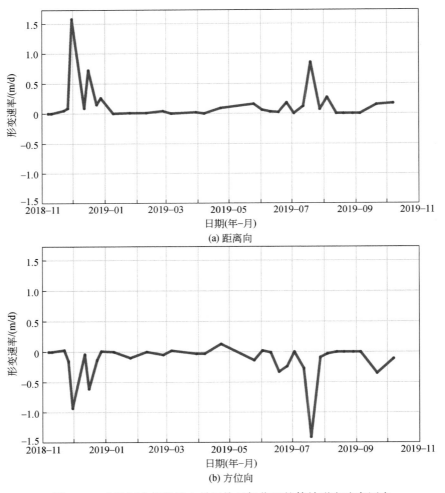

(a) 距离向

(b) 方位向

图 7.45　金沙江白格滑坡 2 号区块目标位置的等效形变速率历史

3 号区块在距离向和方位向的空间累积形变历史曲线分别如图 7.46（a）、（b）所示。可以明显看出，3 号区块的目标位置在距离向沿正向运动，在方位向运动不明显。同时，该位置在两个方向的等效形变速率曲线分别如图 7.47（a）、（b）所示，在 2018 年 11～12 月和 2019 年 7～9 月两个时间段内，距离向等效形变速率较大（在 2019 年 8 月，距离向等效形变速率达 0.4m/d，此时间段内方位向存在负向形变，等效形变速率达 0.5m/d）。而在其他时间段，目标位置的形变相对较小，但也存在一定的持续形变现象。

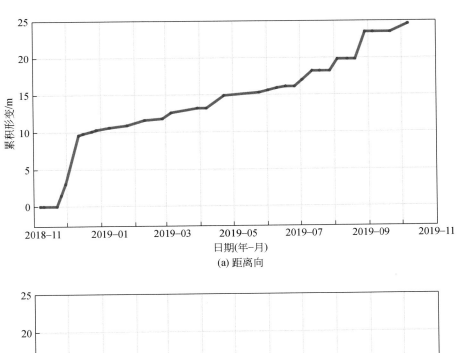

(a) 距离向

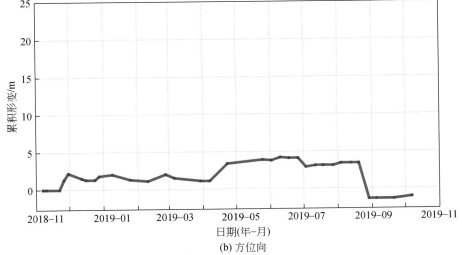

(b) 方位向

图 7.46　金沙江白格滑坡 3 号区块目标位置的空间累积形变历史曲线

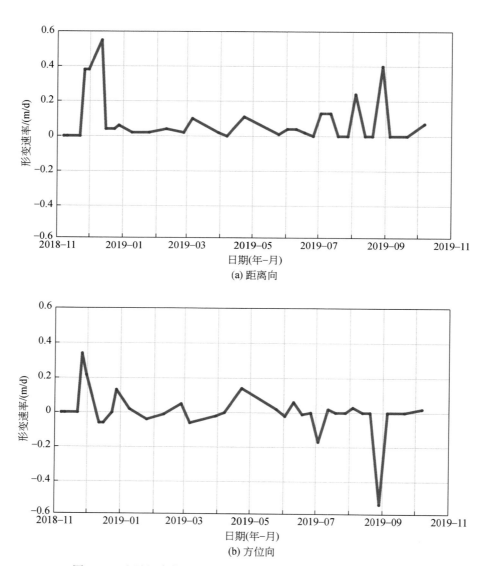

图 7.47　金沙江白格滑坡 3 号区块目标位置的等效形变速率历史

　　4 号区块的距离向和方位向的空间累积形变历史曲线分别如图 7.48（a）、（b）所示。可以明显看出，4 号区块的目标位置在距离向沿正向运动，在方位向沿负向运动，且距离向和方位向的形变量基本相同。同时，该位置在两个方向的等效形变速率曲线分别如图 7.49（a）、（b）所示，在 2018 年 11～12 月和 2019 年 7～9 月两个时间段内，距离向和方位向等效形变速率较大（在 2019 年 8 月，距离向等效形变速率达 0.6m/d，方位向等效形变速率达 0.7m/d）。而在其他时间段，目标位置的形变相对较小。

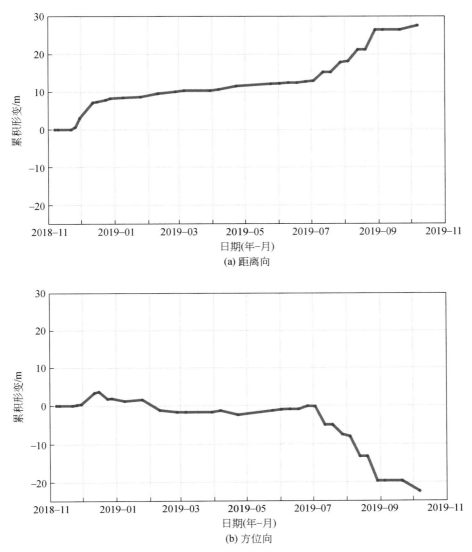

图 7.48　金沙江白格滑坡 4 号区块目标位置的空间累积形变历史曲线

　　5 号区块在距离向和方位向的空间累积形变历史曲线分别如图 7.50 （a）、（b） 所示。可以明显看出，5 号区块的目标位置在距离向沿正向运动，在方位向几乎不存在明显的形变。同时，该位置在两个方向的等效形变速率曲线分别如图 7.51 （a）、（b） 所示，在 2019 年 4~8 月，距离向等效形变速率较大（在 2019 年 8 月，距离向等效形变速率达 0.7m/d，但在 2019 年 6 月和 2019 年 8 月，方位向出现了形变跳变）。而在其他时间段，目标位置的形变相对较小，但也存在一定的持续形变现象。

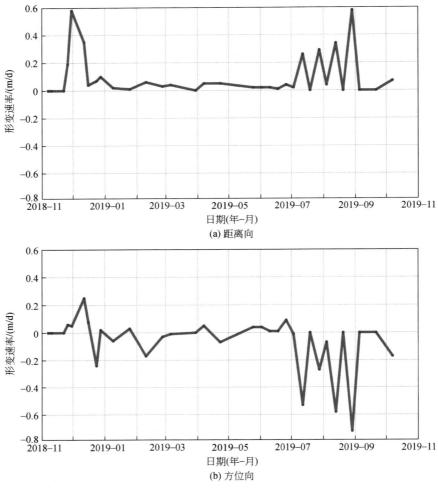

图 7.49　金沙江白格滑坡 4 号区块目标位置的等效形变速率历史

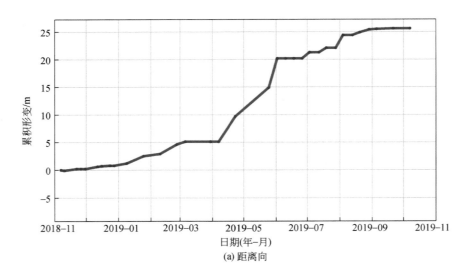

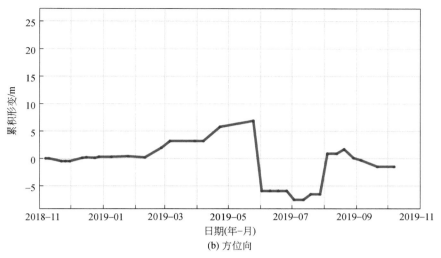

(b) 方位向

图 7.50　金沙江白格滑坡 5 号区块目标位置的空间累积形变历史曲线

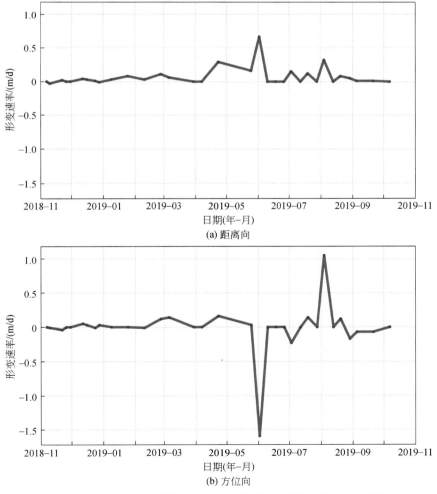

(a) 距离向

(b) 方位向

图 7.51　金沙江白格滑坡 5 号区块目标位置的等效形变速率历史

# 7.5　小　　结

本章介绍了适用于青藏高原中高山区大型高位滑坡早期识别和监测预警 InSAR 技术新方法。针对不同类型的形变特征，分别采用了升、降轨法和偏移量跟踪法反演滑坡的形变信息，实现了从大面积区域到重点滑坡，从长期缓慢形变到短期快速形变不同时空维度下的全面形变监测，提出了一套基于 SAR 技术的中高山区大型高位滑坡形变监测方法。

（1）基于 2014 年 10 月至 2018 年 12 月 Sentinel 卫星的 SAR 数据，采用升、降轨法开展了金沙江流域大面积区域的长期缓慢形变监测，并对金沙江圭利和色拉等典型滑坡的形变场及速度场进行了分析，获取了滑坡的三维形变信息，精确提取了形变速率和形变方向。其中，色拉滑坡最大变形区位于滑坡中前部，最大形变速率为 169.1mm/a。

（2）基于 2018 年 10 月至 2019 年 10 月 COSMO-SkyMed 卫星的 SAR 数据，采用偏移量跟踪法对金沙江白格滑坡第二次滑动前后开展了短期快速形变监测。结果显示，2018 年 10 月 22～30 日，白格滑坡最大形变区域位于后缘，累积形变达 9.6m。2018 年 11 月至 2019 年 10 月，滑坡后缘最大累积形变达 55m。

（3）传统 InSAR 方法能够获取大面积区域的形变信息，较好地对潜在滑坡进行早期识别，但该方法也存在一些局限性。当滑坡在短期内发生较大形变时，可能会导致失相干现象，进而难以准确反演滑坡的形变信息。偏移量跟踪法利用 SAR 图像相关特征获取地面的形变信息，对快速变形具有较好的反演效果，能够弥补传统 InSAR 方法的局限性。

# 第 8 章  高山峡谷区地质灾害
# InSAR 识别与监测

## 8.1  概　　述

西藏南部地区属喜马拉雅山南侧的高山峡谷区，区域内冰川地貌分布广泛，地质构造复杂且稳定性差，加之新构造运动强烈，致使该区域地质环境十分脆弱，是我国地质灾害最为严重的地区之一。近年来随着城镇建设的迅速发展及"一带一路"倡议的实施，人类工程活动趋于频繁，加之全球气温升高导致的冰川消融加速等因素，藏南高山区滑坡、泥石流、塌岸及冰川湖灾害日渐活跃。2015 年 4 月 25 日，喜马拉雅山南麓的尼泊尔境内博克拉发生 $M_s$ 8.1 级地震。与之毗邻的我国藏南地区也受到严重影响，滑坡诱发、交通被迫中断、通关口岸关闭，地震致使西藏喜马拉雅山区地质灾害风险进一步提高。

藏南高山峡谷区范围辽阔、植被茂密、地势陡峭、地势落差大，沟谷纵横交错，人不易至，甚至不能至，传统的人工排查早期识别方法较难实施，尤其是开展大范围的滑坡、冰川等地质灾害隐患排查工作就更加困难。随着空间对地观测技术的发展，以遥感技术为主要手段的灾害调查模式应运而生。光学遥感解译是目前滑坡、冰川等地质灾害隐患大范围早期识别主要手段之一，但其受云雾影响较大，且往往只能对较大地貌特征进行定性解译。合成孔径雷达干涉测量（InSAR）技术作为一种先进的空间对地观测新技术，具有覆盖范围广、监测精度高、全天时、全天候、高空间分辨率、准动态且无须人员到达的优点。同时，InSAR 技术可以克服地质灾害调查中光学遥感易受云雾遮蔽、地面传感器点位稀疏、人工调查通达不易等困难，极大地拓展了地质灾害调查与信息获取的能力。因此，InSAR 技术可在藏南高山区地质灾害识别、调查、稳定性分析、监测预警等领域发挥重要作用。

## 8.2  高山峡谷区 InSAR 监测技术

InSAR 技术是以合成孔径雷达复数据提取的相位信息为信息源获取地表的三维信息和变化信息的一项技术。1989 年，Gabriel 等（1989）首次论证了 D-InSAR 技术用于探测厘米级的地表形变的可能性。1993 年 *Nature* 刊登了 Massonnet 等（1993）对 1992 年美国加利福尼亚州兰德斯（Landers）地震的 InSAR 监测结果之后，其科学价值极大地轰动了整个地学界，之后各国学者掀起了对 InSAR 技术的研究热潮。至此，D-InSAR 技术被认为是一种重要的地表变形监测的空间对地观测技术，并逐渐成为研究的热点。然而，随着研究的深入，学者们发现常规 D-InSAR 技术受到影像失相干和大气延迟效应两个主要误差的影响。为解决这些问题，堆叠（Stacking）InSAR 技术、永久散射体合成孔径雷达干涉测量

（PS-InSAR）技术、短基线集合成孔径雷达干涉测量（SBAS-InSAR）技术等相继被提出。针对藏南高山区地质灾害的识别与监测，将以这些时间序列分析 InSAR 技术为基础，结合区域监测环境条件和各技术的适用条件开展调查研究。

## 8.2.1　SBAS-InSAR 技术

SBAS-InSAR 技术是针对覆盖同一区域的多个 SAR 影像按照一定的时间基线和空间基线条件进行干涉组合，并对多个干涉图解缠后相位进行最小二乘求解，消除或削弱解缠粗差，并削弱或减少大气的误差因素的影响，从而更高精度地获取自起始影像时间到每一景影像获取时间段内的累计地面沉降形变量。

Berardino 等（2002）、Usai（2001）和 Lanari 等（2004）提出的短基线集（SBAS）方法主要研究低分辨率、大尺度上的形变。SBAS 方法将所有获得的 SAR 影像进行任意组合成若干个集合，原则是集合内 InSAR 像对基线距小，集合间的 SAR 图像基线距大。利用常规差分干涉测量方法对基线小于一定阈值的干涉图进行处理，根据相干性识别出具有稳定相位的相干目标，得到相干目标在干涉对时间间隔内的地表形变信息。按照每个干涉像对覆盖时间的相关关系，将多时相形变信息组合，减弱随机噪声误差和大气误差对形变信号的影响。对每个小集合的地表形变时间序列可以很容易利用最小二乘方法得到，但是当单个集合内时间采样不够时方程存在无数解。为了解决这个问题，利用奇异值分解（singular value decomposition，SVD）方法将多个短基线集联合起来求解。具体原理及流程如下：

假设获取了覆盖同一区域 $N+1$ 幅 SAR 影像，按时间序列排序为

$$\boldsymbol{T}=[T_0,T_1,\cdots,T_N]^{\mathrm{T}} \tag{8.1}$$

按照一定规则，选取某一影像作为主影像进行配准，得到 $M$ 个干涉对，$M$ 满足

$$\frac{N+1}{2}\leqslant M\leqslant\frac{N(N+1)}{2} \tag{8.2}$$

通过设定时空阈值，得到相干性较好的 $M$ 对干涉对，再通过精密轨道文件及高精度数字高程模型去除轨道误差，平地效应及地形相位的影响后得到 $M$ 幅差分干涉图及解缠后的形变相位。

假设 $t_0$ 时刻作为起始时间，将该时刻研究区域的位移视为 0，则第 $i$ 幅干涉图中（$1\leqslant i\leqslant m$）的某个像素相对于起始点的相位为

$$\Delta\varphi_i=\varphi_{t_1}-\varphi_{t_2}\approx\Delta\varphi_{i_{\mathrm{def}}}+\Delta\varphi_{i_{\mathrm{topo}}}+\Delta\varphi_{i_{\mathrm{atm}}}+\Delta\varphi_{i_{\mathrm{noise}}} \tag{8.3}$$

式中，$\varphi_{i_{\mathrm{topo}}}$ 为地形相位；$\varphi_{i_{\mathrm{atm}}}$ 为大气延迟造成的相位；$\varphi_{i_{\mathrm{noise}}}$ 为相干噪声引起的相位。分别可表示为

$$\left.\begin{aligned}\Delta\varphi_{i_{\mathrm{def}}}(x,r)&=\frac{4\pi}{\lambda}[d(t_2)-d(t_1)],i=1,2,\cdots,m\\\Delta\varphi_{i_{\mathrm{topo}}}(x,r)&=\frac{4\pi}{\lambda}\cdot\frac{B_\perp\Delta h}{r\sin\theta}\\\Delta\varphi_{i_{\mathrm{atm}}}(x,r)&=\varphi_{\mathrm{atm}}(t_2)-\varphi_{\mathrm{atm}}(t_1)\end{aligned}\right\} \tag{8.4}$$

式中，$\lambda$ 为波长；$\theta$ 为雷达入射角；$\Delta h$ 为外部 DEM 误差；$r$ 为雷达到目标物体的斜距；$d(t_2)$ 与 $d(t_1)$ 分别表示 $t_2$ 与 $t_1$ 时刻像元相对于起始时间 $t_0$ 在雷达视线向的形变累积量。假设干涉对影像时间间隔内地表形变满足线性变化，将对相位时间序列的求解转变为相位变化速率的求解，可得

$$\boldsymbol{V}^{\mathrm{T}} = \left[ v_1 = \frac{\varphi_1 - \varphi_0}{t_1 - t_0}, v_2 = \frac{\varphi_2 - \varphi_1}{t_2 - t_1}, \cdots, v_n = \frac{\varphi_n - \varphi_{n-1}}{t_n - t_{n-1}}, \cdots, v_N = \frac{\varphi_N - \varphi_{N-1}}{t_N - t_{N-1}} \right] \tag{8.5}$$

则 $\Delta\varphi_{\mathrm{def}}$ 可表示为 $\Delta\varphi_{\mathrm{def}} = \boldsymbol{B}$，其中，矩阵 $\boldsymbol{B}$ 为系数矩阵，每行一一对应干涉像对。矩阵的元素中主影像系数为 1，辅影像系数为 $-1$，其他系数为 0。

因此，在不考虑大气相位与噪声的情况下，联合式（8.1）～式（8.5）可得

$$\boldsymbol{BV} + \boldsymbol{C}\Delta h = \Delta\varphi \tag{8.6}$$

式中，$\boldsymbol{C}^{\mathrm{T}} = \left[ \dfrac{4\pi}{\lambda} \cdot \dfrac{B_1^{\mathrm{T}}}{r\sin\theta}, \dfrac{4\pi}{\lambda} \cdot \dfrac{B_2^{\mathrm{T}}}{r\sin\theta}, \cdots, \dfrac{4\pi}{\lambda} \cdot \dfrac{B_L^{\mathrm{T}}}{r\sin\theta} \right]$，式（8.6）可采用最小二乘法进行求解，并使用 SVD 解决子集间联合求解存在的秩亏问题。进而得到形变的时间序列结果，流程示意图见图 8.1。

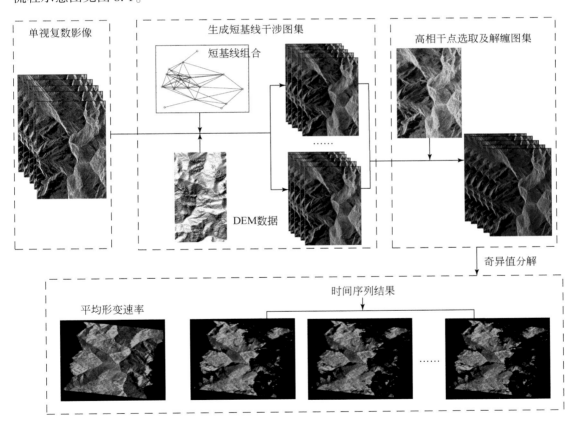

图 8.1　短基线干涉图集技术流程示意图

## 8.2.2　PS-InSAR 技术

2001 年，Ferretti 和 Prati 等提出了永久散射体 InSAR 技术（PS-InSAR）。这种技术需要同一区域的多幅 SAR 影像，参考每幅 SAR 影像的多普勒中心参数与获取时间等因素，选取其中一幅作为主影像，将剩余影像与主影像精密配准并进行干涉生成干涉图。在 SAR 影像或干涉图中提取出后向散射特性稳定并且能在较长时间仍可以保持高相干性的像元，即永久散射体（PS）。由于这些离散的 PS 点的后向散射特性稳定，在长时间基线与空间基线的情况下仍能保持较高的相干性，因此在差分干涉处理后可以高质量地获取形变相位。由于大气相位（atmospheric phase screen，APS）在时间序列上不具有相关性，则可以通过时间域低通滤波而减小大气的影响，再对这些 PS 点的相位信息进行时间序列分析，就可以精确获得这些 PS 点上的形变信息、DEM 误差及大气相位。

其基本原理如下，在第 $i$ 幅差分干涉图上点 $(x, y)$ 的相位值可以表示如下：

$$\phi_i(x,y;\Delta T) = \frac{4\pi}{\lambda \cdot R \cdot \sin\theta} \cdot B_i^\perp \cdot \varepsilon(x,y) + \frac{4\pi}{\lambda} \cdot \Delta T \cdot v(x,y) + \varphi_i^{\text{res}}(x,y;\Delta T) \quad (8.7)$$

式中，$\lambda$ 为雷达波长；$R$ 为传感器到目标的距离；$\theta$ 为雷达入射角；$\Delta T$ 为两景影像的时间基线；$B_i^\perp$ 为垂直基线；$\varepsilon(x, y)$ 为 DEM 的高程改正；$v(x, y)$ 为每一点的形变速度；$\varphi_i^{\text{res}}(x, y; \Delta T)$ 为残留相位。

在对选出的 PS 点组网作点间的二次差分可得

$$\Delta\phi_i(x_l,y_l;x_p,y_p;\Delta T) = \frac{4\pi}{\lambda \cdot \bar{R} \cdot \sin\bar{\theta}} \cdot \bar{B}_i^\perp \cdot \Delta\varepsilon(x_l,y_l;x_p,y_p)$$

$$+ \Delta\varphi_i^{\text{res}}(x_l,y_l;x_p,y_p;\Delta T) + \frac{4\pi}{\lambda} \cdot \Delta T \cdot \Delta v(x_l,y_l;x_p,y_p) \quad (8.8)$$

式中，$\Delta\varepsilon(x_l, y_l; x_p, y_p)$ 为高程改正值的差值；$\Delta v(x_l, y_l; x_p, y_p)$ 为 PS 点组网时组成一个弧段的两个 PS 点的差值；$\bar{R}$、$\bar{\theta}$、$\bar{B}_i^\perp$ 均是两点间的平均参数。

假设有 $n$ 个干涉对，那么就有 $n$ 个 $\Delta T$、$B_i^\perp$，每一个弧段就有 $n$ 个 $\Delta\phi_i(x_l, y_l; x_p, y_p; \Delta T)$，则可以根据解空间搜索的方法得到 $\Delta v(x_l, y_l; x_p, y_p)$、$\Delta\varepsilon(x_l, y_l; x_p, y_p)$。

由于存在误差使得 $\sum \Delta v \neq 0$，这时就可以通过间接平差的处理则可以得到最后的速度值，可以利用模型为

$$L = UX \quad (8.9)$$

式中，$L$ 为每一个弧段的 $\Delta v$ 组成的矩阵；$U$ 为由 1，−1 组成的大型稀疏矩阵；$X$ 为每一个点的速度 $V$ 组成的矩阵，那么式（8.9）可变形为

$$L_0 + \Delta L = UX \quad (8.10)$$

由最小二乘原理可得

$$\Delta L^{\mathrm{T}} P \Delta L = \min \quad (8.11)$$

式（8.10）对 $X$ 求导可得

$$U^{\mathrm{T}} P \Delta L = 0 \quad (8.12)$$

将 $\Delta L$ 代入式（8.12）可得

$$X = (U^T P U)^{-1} U^T P L_0 \qquad (8.13)$$

由一个形变量已知的点，根据式（8.13）可以求得每一个 PS 点的线性形变速度。再通过对残余相位进行滤波处理获取非线性形变部分，与线性形变相加即可获取每一 PS 点的时间序列形变，流程示意图见图 8.2。

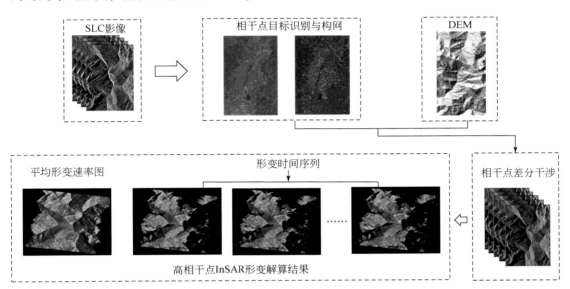

图 8.2　PS-InSAR 数据处理流程

## 8.2.3　Stacking-InSAR 技术

Stacking-InSAR 是求取形变速率一种常见的方法，是通过对相互独立的干涉图相位进行平均以达到削弱空间上不相关的噪声，包括大气效应，从而获取更为精确的地表形变信息（Zebker *et al.*，1997；Sandwell and Price，1997；Williams *et al.*，1998）。Stacking-InSAR 数据处理的基础是进行常规二轨差分 InSAR 技术处理。通过常规二轨差分 InSAR 技术处理，在设置一定的时间基线和空间基线阈值的条件下，挑选出相干性较好的干涉相位图，从而得到多期间隔时间内的地表形变信息。在此基础上，对连续多期的干涉图像进行叠加，即可获得监测周期内地表形变总量。Stacking-InSAR 技术削弱大气影响的主要原理是假定大气相位可看作是时间上的随机信号，即各干涉对的大气延迟相位是相互独立的，而形变则表现为线性变化，当对多幅解缠相位进行平均，大气随机误差则被极大削弱（Wright，2004）。在进行干涉图堆叠前，需将所有 SAR 影像采样至同一 SAR 坐标系，或将所有解缠差分干涉图转换至地理坐标系进行最小二乘处理，Stacking 的数学模型可以写为（Sandwell and Price，1997）

$$ph_{\mathrm{rate}} = \left( \sum_{i-1}^{n} w_i * ph_i \right) \Big/ \sum_{i-1}^{n} w_i \qquad (8.14)$$

式中，$ph_{\mathrm{rate}}$ 为年沉降相位速率；$w_i = \Delta t^{-1}$（$\Delta t$ 为干涉对时间基线，以年为单位）为加权因

子；$ph_i$ 为干涉对解缠相位值。Stacking-InSAR 法能将大气延迟影响削弱到原始影像的 $1/\sqrt{N}$，但无法完全消除。实际数据处理中，若在干涉相位图中存在明显的大气效应影响，则应将其剔除。Stacking-InSAR 法在灾害的调查中发挥了极其重要的作用。

## 8.2.4　偏移量跟踪（Offset-tracking）技术

偏移量跟踪（Offset-tracking）技术可以同时获取地表二维形变场：斜距向（卫星视线方向）及方位向（卫星飞行方向）形变量（Werner et al.，2005）。与 InSAR 相比，此方法不需要解缠，适合应用于形变量较大，超过 InSAR 技术可监测形变梯度的情况。偏移量反映了地表点在两幅影像中的位置偏差。在不考虑大气（电离层、对流层等）、地形等情况下，其主要包含了两部分内容：系统偏移量和局部偏移量。系统偏移量包含了跟基线和雷达侧视角相关的轨道偏移量，影像的匹配即是针对系统偏移量来进行的，通常使用二维多项式函数拟合得到，其配准精度可达到 1/8 像元（Hanssen，2001）；局部偏移量主要由地表形变引起，运用偏移量跟踪方法可以使影像在距离向与方位向的配准精度都优于 1/30 像元，即理论上运用偏移量跟踪技术方法求取的形变量精度可达到 1/30 像元（Wegmüller et al.，2002）。

Offset-tracking 算法的基本思路是利用 SAR 图像对，以一定长和宽的范围为滑动窗口模板，对图像对进行互相关计算，找到地表形变导致的偏移量和卫星顺轨上的距离导致的偏移量之和。该算法有两种实现方法：强度追踪法和相干性追踪法，需要根据 SAR 图像对相干性和强度对比度的大小来选择不同的实现方法（Strozzi et al.，2002）。①强度追踪法利用的是 SAR 图像的幅度信息，需要图像对有一定的对比度，对相干性没有什么要求，抗相关性较强。算法的核心是寻找强度互相关系数峰值的过程。它借鉴了传统的光学影像匹配方法，利用了 SAR 图像的斑点噪声。如果图像对的斑点噪声类型相似，那么配准的两图像就强度高度相关，尤其是短基线的图像对斑点噪声的空间几何相干性更好。②相干性追踪法利用的是 SAR 图像的干涉相位信息，需要图像对保持一定的相干性。算法的核心是寻找干涉相位相干峰值的过程。先对单视复数据进行滑动窗口运算，把两幅图像在窗口内的数据块进行共轭相乘生成干涉条纹图，再搜索相干峰值的位置。接下来本书中所提及的 Offset-tracking 法将只针对强度追踪法。

偏移量跟踪法的核心是寻找两幅图像的像元之间互相关系数的峰值过程。选择其中一幅为主图像，则另外一幅为从图像。选取主图像中的某一点为中心，设定一定大小的搜索窗口和步长，按照设定的步长在图像上移动中心点的位置，计算两幅图像搜索窗口内像元强度的互相关系数，互相关系数峰值处的两图像坐标差值即为偏移量。在计算过程中，将图像通过傅里叶变换转换到频率域，根据傅里叶变换的相移原理，频率域中相关功率谱的相位差就是两幅图像像元间的偏移量（Reddy and Chatterji，1996）。转换过程如下：

假设两幅图像 $f_1$ 和 $f_2$ 只存在位移关系，位移大小为 $(x_0, y_0)$，则

$$f_2(x, y) = f_1(x-x_0, y-y_0) \tag{8.15}$$

进行傅里叶变换后

$$F_2(\xi, \eta) = e^{-j2\pi(\xi x_0 + \eta y_0)} \cdot F_1(\xi, \eta) \tag{8.16}$$

定义图像 $f_1$ 和 $f_2$ 在频域对应的相关功率谱为

$$\frac{F_1(\xi,\eta)F_2^*(\xi,\eta)}{|F_1(\xi,\eta)F_2^*(\xi,\eta)|} = \mathrm{e}^{\mathrm{j}2\pi(\xi x_0 + \eta y_0)} \tag{8.17}$$

式中，$F_2^*$ 为 $F_2$ 的复共轭，将相关功率谱进行傅里叶反变换，可以得到一个脉冲函数，即

$$F^{-1}\{\mathrm{e}^{\mathrm{j}2\pi(\xi x_0 + \eta y_0)}\} = \delta(x-x_0, y-y_0) \tag{8.18}$$

该脉冲函数在偏移处值非零有峰值，非偏移处的值为零，所以计算出非零处的坐标值即为两幅图像的偏移量。

上述计算结果得到的是像元间的偏移量，偏移量的大小是像元大小的整数倍，精度依赖于两幅图像配准的精度和像元的分辨率大小。为了提高偏移量估算的精度，可以把图像进行过采样，将偏移量估算提高到亚像元级，过采样系数根据实际需要可以设定为 2，4，8，…（Werner *et al.*，2005）。假设过采样系数为 $N$，相关功率谱的傅里叶反变换为

$$c(x,y) = \frac{\sin(\pi(Nx-x_0))}{\pi(Nx-x_0)} \cdot \frac{\sin(\pi(Ny-y_0))}{\pi(Ny-y_0)} \tag{8.19}$$

图像重采样之后，亚像元级的偏移量为 $x_0/N = x_m + \delta x$，$y_0/N = y_m + \delta y$，将 $(x_m, y_m)$、$(x_m+1, y_m)$、$(x_m, y_m+1)$ 代入式（8.19），得到亚像元级偏移量为

$$\delta x = \frac{c(x_m+1, y_m)}{c(x_m+1, y_m) \pm c(x_m, y_m)} \tag{8.20}$$

$$\delta y = \frac{c(x_m, y_m+1)}{c(x_m, y_m+1) \pm c(x_m, y_m)} \tag{8.21}$$

运用 Offset-tracking 技术获取形变场的具体步骤如下：

（1）选取主影像与从影像的公共重叠区，需要进行精细的配准，然后将从影像重采样为主影像相同尺寸大小。

（2）基于强度信息，利用强度互相关计算由于卫星两次成像时间不同、空间不同造成的两幅图像之间的整体偏移量，拟合出双线性多项式系数。

（3）设定起始中心点的坐标，搜索窗口的大小 $Y \times X$（Range×Azimuth），步长 $a \times b$，利用强度追踪算法计算每个搜索窗口内精确的局部偏移量，以复数形式保存。

（4）从精确的偏移量中扣除以双线性多项式拟合的轨道偏移量，得到仅与形变有关的偏移量。

（5）将偏移量从复数形式进行实部虚部分离，实部为距离向偏移量，虚部为方位向偏移量，最后进行地理编码，得到距离向和方位向形变场。

## 8.2.5　藏南高山峡谷区 InSAR 监测条件分析

由于星载 SAR 采用侧视成像的方式，雷达波束斜向照射地表时会导致雷达成像出现距离向透视收缩、阴影或顶底倒置等几何畸变（李振洪等，2019），如图 8.3 所示。在高山峡谷区域几何畸变尤为严重，将会造成无效的监测盲区（张路等，2018）。

当坡面朝向卫星时，若坡角小于入射角时，沿坡面向下的形变在视线（LOS）向上会表现为靠近卫星 [图 8.3（a）]，且坡体会发生透视收缩，这一部分往往表现为较高的亮

度。如果坡角过大（超过卫星入射角），则会发生顶底倒置的成像，沿坡面向下的变形在LOS向上会表现为远离卫星［图 8.3（b）］，因此在图像的距离方向，山顶与山底的相对位置出现颠倒。当坡面背向卫星时，若坡角较大（大于入射角的余角），此时坡面会位于阴影区域，无法被卫星照射产生回波信号，整个坡面无法被测量［图 8.3（c）］。

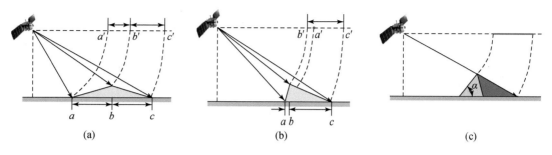

图 8.3　透视收缩（a）、顶底倒置（b）和阴影（c）几何示意图

　　从定量关系上来看，根据 Sentinel-1 卫星轨道参数信息与坡体坡度信息进行测算，Sentinel-1 升轨数据的卫星飞行方向是自南向北，沿着方位向-12.6°飞行，雷达入射角为36.8°。由于 SAR 采用侧视成像，当坡体朝向卫星的时候，若坡度角处于 0°~36.8°时，会出现透视收缩（距离压缩）的几何畸变；当坡体背向卫星的时候，若坡度角的绝对值大于53.2°时，会出现阴影的几何畸变。Sentinel-1 降轨数据的卫星飞行方向是自北向南，沿着方位向-167.4°飞行，雷达入射角为 39.7°。由于 SAR 采用侧视成像，当坡体朝向卫星的时候，若坡度角处于 0~39.7°时，会出现距离压缩的几何畸变；当坡体被向卫星的时候，若坡度角的绝对值大于50.3°时，会出现阴影的几何畸变。

　　在现有 SAR 卫星系统飞行轨道差异性有限的情况下，高山峡谷区域单轨道监测可能会由于 SAR 成像几何畸变造成部分不稳定坡体被"漏检"，只有通过升、降轨数据结合的方式，才能较为全面覆盖监测区域，在一定程度上补偿单一成像几何带来的几何畸变问题，才能实现全面准确的滑坡灾害隐患早期识别（李振洪等，2019；Dai *et al.*，2020）。

　　除此之外，在高山峡谷区利用 InSAR 技术监测时，存在的问题及改进措施见表 8.1 和表 8.2。

**表 8.1　沿江流域滑坡灾害监测工作总结及改进**

| 环境特点 | 造成的影响 | 可能的解决思路 |
| --- | --- | --- |
| 高海拔深切割区域和 SAR 成像几何条件的限制 | 容易形成阴影 | （1）采用升、降轨 SAR 数据联合监测；<br>（2）选取长波段 SAR 数据或选取短时空基线的干涉对等可削弱植被覆盖对 InSAR 干涉失相干的影响；<br>（3）采用干涉图堆叠（Stacking）技术削弱各类误差对 InSAR 结果的影响，便于滑坡灾害点的判识；<br>（4）采用基于 SAR 像元偏移量跟踪（Offset-tracking）技术有助于恢复大位移量级的滑坡形变 |
| 剧烈的地形变化 | SAR 影像叠掩、阴影，造成滑坡的漏判 | |
| 茂密的植被 | 导致 SAR 影像的失相干 | |

**表 8.2　高寒山区冰川位移、冰湖监测工作总结及改进**

| 环境特点 | 造成的影响 | 可能的解决思路 |
|---|---|---|
| 大面积的冰雪覆盖 | 容易引起 SAR 影像的失相干，导致相位监测失败 | （1）选取长波段 SAR 数据或选取短时空基线的干涉对等可削弱冰雪对 InSAR 干涉失相干的影响； |
| 冰川大量级位移 | InSAR 相位测量形变失相干 | （2）冰川位移相位测量与基于 SAR 像元偏移量跟踪（Offset-tracking）技术多基线组合测量（SBAS）相结合，有助于恢复大位移量级的冰川位移形变时间序列； |
| 形变量分解为距离向和方位向 | 非 InSAR 行业人员不易理解 | （3）根据 SAR 成像几何关系，构建冰川多维度位移分解，并将合成的形变结果转换到地形方向 |

# 8.3　藏南高山区典型冰川变化 InSAR、SAR 动态监测

　　冰川是水的一种存在形式，是雪通过一系列变化转变而来的。冰川运动是冰川变化的一种重要表现形式。冰川运动是冰川流域物质交换的基础，当外部气温持续升高时，冰川底部冻结点上移，以及融水产生，从而使得冰川加速消融，不仅对冰川流域水资源供给产生影响，而且极易诱发诸多次生灾害（谢自楚和刘潮海，2010）。以青藏高原为核心的高亚洲地区的冰川总计 46298 条，冰川面积为 59406km²。这些冰川以喜马拉雅山、念青唐古拉山、昆仑山、喀喇昆仑山和天山等几个山系为中心集中分布（姚檀栋等，2004）。因此，以青藏高原为中心的冰川群是整个高亚洲地区冰川的核心，而西藏南部的冰川主要位于喜马拉雅山脉地区，喜马拉雅山脉是地球上最年轻和最雄伟的褶皱山系，发育了许多规模巨大的现代冰川、冰斗、冰碛丘陵和冰碛台地等冰川地貌（刘春玲等，2016）。

　　喜马拉雅山地区地势总体西高东低，北高南低。由西向东，呈阶梯式递减，西部平均海拔 5000m 以上，东部平均海拔 4700m。气候环境上，喜马拉雅山地区位于西藏高原南部，在高空西风带北移和东南部盛行风向偏南的环流影响下，印度洋暖湿气流大多被高耸的喜马拉雅山脉所阻挡，只有少数部分气流沿着南北向谷地深入高原腹地，从而在喜马拉雅山脉南坡和南迦巴瓦峰地区出现温暖多雨天气。冬季气候受对流层的副热带西风带、极地西风带和平流层西风带等干冷西风带的控制，气候寒冷，干燥少雨，多大风（童立强等，2013）。

　　喜马拉雅山地区各类冰湖上千个，涉及现代冰川本身的有冰面湖、冰内湖、冰坝湖等；涉及现代冰川退缩的有冰川终碛湖等。迄今为止所知，喜马拉雅山的冰湖溃决都是冰川终碛湖溃决。冰川终碛湖受形成条件和自然环境的影响，往往发生溃决，造成洪水和泥石流灾害，严重威胁人类生产和生活、生存和发展，成为喜马拉雅山地区重大地质灾害隐患。因此，对含有冰碛湖的冰川运动监测至关重要。本节选取聂拉木县东南区域和定日县西南区域的交接处的错朗玛冰川为研究对象，该冰川发育有多条冰湖，最大的湖泊名为玛朗错冰湖。通过利用 InSAR、SAR 技术对其进行监测，分析该冰川的运动特征，为喜马拉雅山地区冰川运动及冰碛湖形成条件提供技术参考。

### 8.3.1　错朗玛冰川研究概况

错朗玛冰川位于喜马拉雅山中段北坡，地理位置及数据覆盖如图 8.4 所示。该区域属于喜马拉雅山－喀喇昆仑山地带，气候为亚热带季风气候，主要受西风控制（Bolch *et al.*，2012），夏季高温多雨，冬季干燥少雨。最高海拔达 6500m，最低海拔为 5500m。该冰川属于夏季积累性冰川，呈南北走向，前缘横向裂隙发育，冰舌低海拔地区孕育冰碛湖的生长及发育（童立强等，2018）。资料显示（吕儒仁，1999），曾在 7000 年前全新世初期的高温期，该冰川末端曾发生冰湖溃决洪水事件。

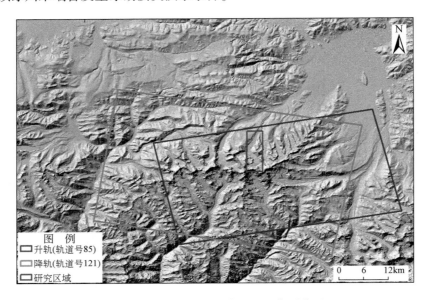

图 8.4　错朗玛冰川区域 SAR 影像覆盖图

研究数据采用了 2018 年 1～12 月的 30 景升轨和 30 景降轨 Sentinel-1A 数据，详细参数信息如表 8.3 所示，距离向分辨率为 2m，方位向分辨率为 13m。为了保证配准精度，采用了欧洲航天局（European Space Agency，ESA，简称欧空局）提供的精密轨道数据及 30m 分辨率的 SRTM DEM 数据。

**表 8.3　Sentinel-1A/B SAR 数据参数**

| 轨道方向 | 升轨 | 降轨 |
|---|---|---|
| 轨道号 | 85 | 121 |
| 入射角/(°) | 39.339 | 39.279 |
| 方位角/(°) | −9.880 | −169.804 |
| 影像数量/个 | 30 | 30 |
| 日期范围 | 2018 年 1 月 10 日—2018 年 12 月 25 日 | 2018 年 1 月 3 日—2018 年 12 月 28 日 |

## 8.3.2　错朗玛冰川二维–三维监测方法

### 1. 偏移量跟踪（Offset-tracking）技术

偏移量跟踪技术可以同时获取地表二维形变场，即斜距向及方位向形变量，适合形变量较大的变形。偏移量反映了地表点在两幅影像中的位置偏差，在不考虑大气、地形等情况下，包含系统偏移量和局部偏移量。其中系统偏移量包含了轨道偏移量，影像的匹配是针对系统偏移量来进行的，配准精度一般在 1/10 像元（刘国祥，2006）；局部偏移量主要是由地表形变引起的，运用偏移量跟踪方法可以使得影像精度在方位向和距离向都达到 1/30 个像元（Wegmüller et al.，2002）。

偏移量跟踪方法包含相干性追踪（coherence tracking）和强度追踪（intensity tracking），其中相干性追踪是利用影像的相位信息，核心是通过搜索移动窗口内干涉相位对应的相干系数均值的峰值，峰值最大处对应方位向、距离向的偏移量。该方法适合于相干性较高的区域。强度跟踪法是寻找强度互相关系数峰值的过程，相当于小窗口内的影像匹配过程，一般采用傅里叶变换的方法进行。由于冰川变化较快，容易造成失相干现象，因此，采用强度跟踪法。

### 2. 短基线集（SBAS）方法

短基线集方法是设置时间阈值与空间阈值，形成短基线 SAR 影像对组合来生成影像对组合，进而增加了用于地表形变监测的影像对数量，也有助于克服时空失相干对干涉图质量的影响。因此，基于短基线集的思想，通过设置时空阈值，形成多个影像对，从而降低时空失相干对生成偏移量的影响。

### 3. 像素偏移量–短基线集（pixel-offset small baseline subset，PO-SBAS）方法

PO-SBAS 方法是基于短基线集的偏移量形变时序方法，结合了偏移量跟踪方法和短基线集方法的优点，在满足短时间间隔和短空间基线的条件下，获取每一个影像对的偏移量跟踪结果，并按照 SBAS 方法对多基线偏移量跟踪结果进行处理，从而获得高质量的冰川二维–三维时序运动结果。二维时序运动监测是在单一 SAR 数据集下进行的，当研究区域同时有升、降轨数据时，可以利用 PO-SBAS 方法获得冰川三维时序运动。技术流程如图 8.5 所示，主要包含三个关键步骤：①利用偏移量跟踪技术获取距离向与方位向位移量；②融合升、降轨距离向与方位向位移进行三维形变分解；③利用像素偏移量–短基线集（PO-SBAS）技术获取三维时序形变（李佳等，2013）。

## 8.3.3　错朗玛冰川二维–三维监测结果

### 1. 错朗玛冰川二维形变场

首先，基于偏移量跟踪技术，分别采用升、降轨 Sentinal-1A 数据，获得错朗玛冰川 2018 年四个不同方向上的速率场，图 8.6（a）、（b）分别为升轨数据的方位向与距离向流速，（c）、（d）分别为降轨数据的方位向与距离向流速。将图 8.6 中两处运动明显的冰

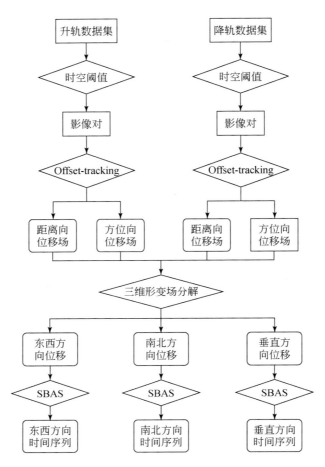

图 8.5 PO-SBAS 方法技术流程

川分别命名为冰川 1 号和冰川 2 号。在升轨数据结果中,沿方位向(近北向)和距离向(近东向)结果为正。在降轨结果中,沿方位向(近南向)和距离向(近西向)结果为正。图 8.6 的方位向 [(a)、(c)] 结果显示,图中冰川 1 号和冰川 2 号向北和向南流动最大速率均达到 20m/a,而距离向 [(b)、(d)] 上没有监测到明显的冰川运动。因此,

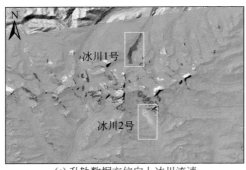

(a)升轨数据方位向上冰川流速

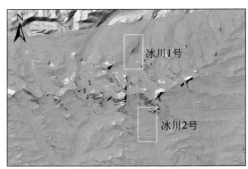

(b)升轨数据距离向上冰川流速

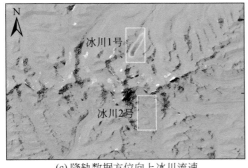
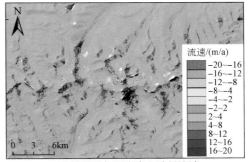

（c）降轨数据方位向上冰川流速　　　　　　　　（d）降轨数据距离向上冰川流速

图 8.6　错朗玛冰川二维流速场

可以得出，一般使用传统的 InSAR 技术只能监测到雷达视线方向上（即距离向）的形变，且对于南北走向的冰川运动而言，InSAR 技术不仅受到失相干的限制，而且无法完整精确监测到冰川的运动。所以，使用多轨道 SAR 数据及偏移量跟踪技术，能够获得冰川的二维运动信息，捕获完整有效的运动。

2. 错朗玛冰川三维时间序列

利用升、降轨 Sentinel-1A 数据，构建了如式（8.22）所示的三维分解的方程。最终得到错朗玛冰川的三维流速场，如图 8.7 所示，（a）为研究区域垂直向上流速，（b）为研究区域东西向上流速，（c）为研究区域南北向上流速，可以看出错朗玛冰川在垂直向上流速主要分布在冰川的顶部及冰川 1 号的冰舌部分，流速在 4m/a 以内。东西向上，冰川 1 号向东运动分布在末端的低海拔冰舌部分，而冰川 2 号向东运动分布在顶端的高海拔粒雪盆区域。南北方向上，错朗玛冰川有明显的运动特征，冰川 1 号冰舌部分向北运动，最大运动速率达到 15m/a，且监测到冰川 2 号完整的向南运动，最大运动速率达 15m/a，且流速较快的运动分布在冰川的顶部。

$$\boldsymbol{BX} = \boldsymbol{L} \tag{8.22}$$

其中，

$$\boldsymbol{B} = \begin{bmatrix} -\cos\theta^{A} & \sin(\alpha^{A}-3\pi/2)\cdot\sin\theta^{A} & -\cos(\alpha^{A}-3\pi/2)\cdot\sin\theta^{A} \\ 0 & -\cos(\alpha^{A}-3\pi/2) & \sin(\alpha^{A}-3\pi/2) \\ -\cos\theta^{D} & \sin(\alpha^{D}-3\pi/2)\cdot\sin\theta^{D} & \cos(\alpha^{D}-3\pi/2)\cdot\sin\theta^{D} \\ 0 & -\cos(\alpha^{D}-3\pi/2) & \sin(\alpha^{D}-3\pi/2) \end{bmatrix}$$

$$\boldsymbol{L} = \begin{bmatrix} D_{LOS}^{A} & D_{AZ}^{A} & D_{LOS}^{D} & D_{AZ}^{D} \end{bmatrix}^{T}$$

$$\boldsymbol{X} = \begin{bmatrix} D^{U} & D^{E} & D^{N} \end{bmatrix}^{T}$$

式中，$\theta^{A}$ 为升轨数据的入射角；$\theta^{D}$ 为降轨数据的入射角；$\alpha^{A}$ 为升轨数据的轨道飞行方位角；$\alpha^{D}$ 为降轨数据的轨道飞行方位角；$D_{LOS}^{A}$、$D_{AZ}^{A}$、$D_{LOS}^{D}$、$D_{AZ}^{D}$ 分别为升轨数据 LOS 向位移、升轨数据方位向位移、降轨数据 LOS 向位移、降轨数据方位向位移；和用偏移量跟踪得到的四个不同方向位移量构成观测矩阵 $\boldsymbol{L}$；代求矩阵 $\boldsymbol{X}$ 分量分别为垂直方向上位移、东西方向上位移及南北方向上位移。

由于基于 PO-SBAS 方法可以获取冰川的三维形变时间序列结果，按照如图 8.5 所示流程最终获得了错朗玛冰川 2018 年的三维运动时间序列结果，图 8.8 ～图 8.10 分别为该冰川在南北向上、东西向上和垂直向上的运动时间序列结果，形变值为正表示冰川分别向东、向北和向上的运动。结果显示，该区域上错朗玛冰川在三个不同方向上的空间分布特征大不相同。

南北向上，冰川 1 号和冰川 2 号分别向北、向南运动，形变量在（-20m, 20m）以内。且随着时间推移，向北、向南运动量加大，揭示了冰川南北向上的物质迁移过程。东西向上，研究区域冰川运动量较小，冰川 1 号向东运动主要体现在末端冰舌部分，而冰川 2 号向东运动主要分布在冰川顶端高海拔区域，运动量在（-12m, 12m）以内。垂直向上，研究区域冰川向下运动主要分布在众多冰川顶部，分析原因是顶部海拔较高、气温较低，存在大量的积雪覆盖。在冰雪覆盖达到一定程度时，以及高海拔的地势条件，根据冰川学理论（谢自楚和刘潮海，2008），使得冰川顶部向下运动明显。同时，垂直向上的运动包含三个方面：其一是因冰川向下倾斜的坡面流动引起；其二是外力导致的局部下沉或抬升作用；其三是冰体内部或者冰下消融加强导致的厚度减薄。因此，整个研究区域垂直向上的变化较为复杂。

为了分析研究区域冰川上不同位置的时空演变过程，分别选取了冰川 1 号和 2 号顶部、中部和末端的六个特征点 P1 ～ P6，特征点位置如图 8.7（d）所示，特征点的三维时间序列形变如图 8.11 所示。

（1）P1 点位于冰川 1 号顶部。南北向上时间序列形变呈线性分布，最大形变量在 2018 年 12 月 25 日达到 6.0m。东西向上向西运动明显，最大形变量在 2018 年 12 月 25 日达到 2.2m，且在 2018 年 2 月 16 日至 2018 年 5 月 23 日 96 天的时间内，东西向上运动量从 0.3m 增长到 1.8m，增长率达 83%。垂直向上运动整体在 0.5m 以内。

（2）P2 点位于冰川 1 号中部。南北向上最大运动量在 2018 年 12 月 25 日达 9.7m，且时间序列形变呈线性增长。东西向上，向东最大运动量在 2018 年 3 月 24 日达 0.75m。垂直方向上，向上运动在 2018 年 5 月 23 日达 0.52m。

（3）P3 点位于冰川 2 号末端。南北向上最大运动量达到 2.8m，不同于其他两个点的是，该点在东西方向上和垂直方向上具有明显的运动特征。东西方向上，发生明显的向东运动，最大向东运动达 1.2m，自 2018 年 6 月 28 日至 2018 年 9 月 8 日 72 天的时间内，运动量自 0.18m 增长至 0.72m，增长率达 75%。值得注意的是，冰川 1 号在末端出现明显的向下运动，反映了该冰川在冰舌部分发生了明显的厚度减薄、退缩等现象，其中最大向下形变量在 2018 年 10 月 26 日达到 0.5m。分析原因可能是冰川 1 号末端的物质累计量远远小于物质损失量，即物质积累值为负值，出现物质损失，使得冰舌部分厚度不断减薄，物质平衡线不断上移，导致冰川退缩。

（4）P4 点位于冰川 2 号顶部。南北向上向南运动时间序列呈线性增长，最大形变量达 10.1m，向东运动最大形变量达 3.6m，垂直向上保持稳定。

（5）P5 点位于冰川 2 号的中部。向南运动在 2018 年 12 月 25 日达到 4.5m，东西向上运动自 2018 年 8 月 3 日开始向东发生物质迁移，最大累计形变量在 2018 年 12 月 25 日达到 0.32m。同时，在顶部发生明显的向下运动，自 2018 年 5 月 23 日至 2018 年 8 月 27 日 96 天的时间内，垂直向上，运动自向上 0.02m 变化到向下 0.5m。

（6）P6 点位于冰川 2 号的末端。向南运动的最大累计形变量达 3.2m，并且时间上自 2018 年 6 月 4 日至 2018 年 12 月 25 日 204 天的时间内自 0.9m 达到 3.2m。东西方向上和南北方向上，时间序列变化相似，且末端最大向下运动达 0.7m。

综上所述，冰川 1 号的运动在南北向上呈现自顶部向末端呈现增大—降低的运动规律，南北向上运动量在中部达到最大。而冰川 2 号南北向上呈一直降低的趋势，运动量在冰川顶部最大，到末端逐渐减小。而垂直向上，两条冰川均为明显向下运动趋势，体现了该区域错朗玛冰川的厚度减薄，呈不断退缩的趋势。

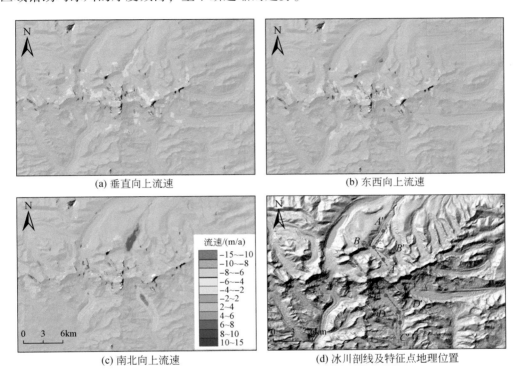

图 8.7　错朗玛冰川三维流速场

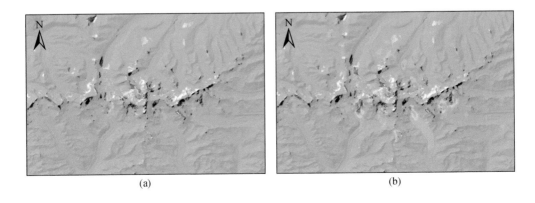

（a）　　　　　　　　　　　　　　　　　　　　（b）

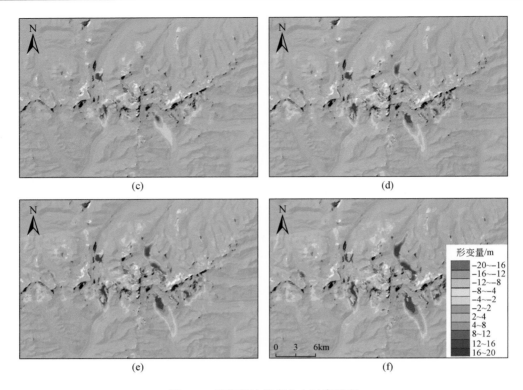

图 8.8　错朗玛冰川南北向时序形变

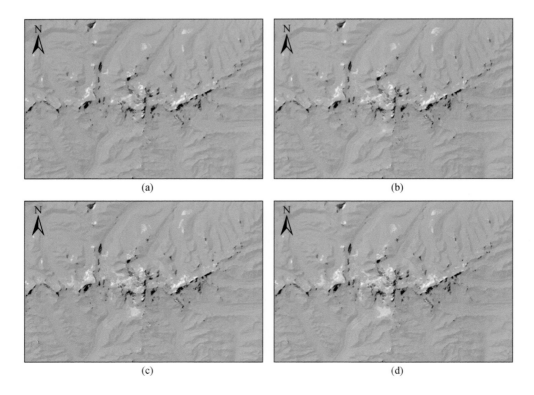

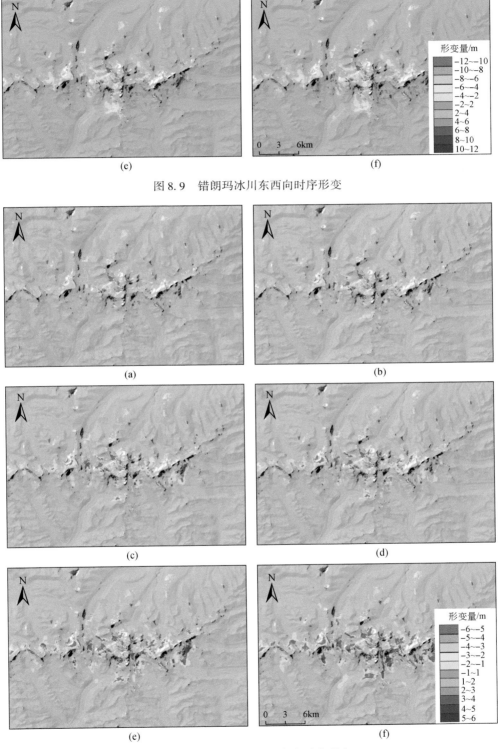

图 8.9　错朗玛冰川东西向时序形变

图 8.10　错朗玛冰川垂直向时序形变

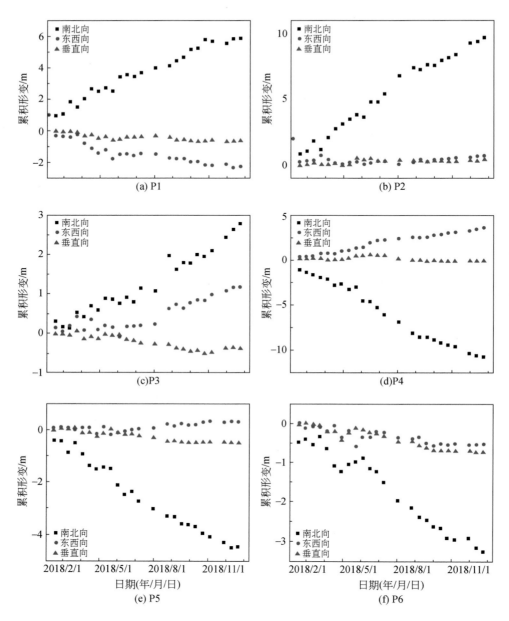

图 8.11　错朗玛冰川典型特征点三维时间序列形变

## 8.3.4　玛朗错冰湖成因分析

错朗玛冰川 1 号末端低海拔区域形成冰碛湖泊，如图 8.12 所示，湖面面积为 384 万 $m^2$，湖口高程为 5340m，山峰高程为 7070m。光学遥感显示，在沟口处有明显的 "扇形" 堆积体。终碛上有多个塌陷坑，且有明显的溃口和 "U" 型冲沟。

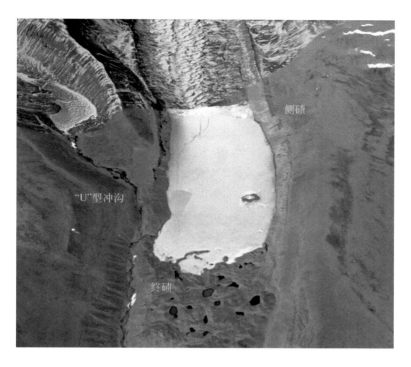

图 8.12　玛朗错冰湖 Landsat-8 影像

　　玛朗错冰湖是冰川 1 号在一定时间内保持稳定，冰川刨蚀形成洼地，搬运物形成终碛堤坝，然后温度升高冰川退缩形成积水空间最终形成冰川冰碛湖，即玛朗错冰湖是冰川形成、运动、退缩消亡过程的产物。多数冰湖后缘与现代冰川相连或距离现代冰川冰舌较近，在现代冰川前进或跃动、冰舌断裂、冰湖岸坡出现崩塌或滑坡。当温度骤减趋势增加时，导致冰川融化加速、湖口溯源侵蚀加剧、坝体下部管涌引起塌陷等诸多可能因素的影响冰湖溃决（童立强，2013）。

　　由于玛朗错冰湖的补给来源主要是冰雪融水，它的分布区域往往与错朗玛冰川的分布紧密相连。错朗玛冰川在运动过程中，不仅强烈掏蚀下垫冰床和沟床，并且作用于运动过程中的两侧谷坡，不断改造槽谷形态，因此，会在冰川不同的位置上形成不同类型的冰湖。

## 8.4　中尼拟建铁路沿线断裂地面形变 InSAR 监测

　　中尼铁路工程地质环境特征呈典型的"六极四高"特征，即地形切割极为强烈、气候条件极为恶劣多变、水文条件极为特殊多样、岩性条件极为混杂多变、构造条件极为复杂活跃、地震效应极为显著，高地壳应力、高地震烈度、高地温和高地质灾害风险。

　　中尼拟建铁路和沿线经过的断裂的分布如图 8.13 所示，沿线由北向南分别经过了吉隆-定日-岗巴断裂、北喜马拉雅正断裂及主边界逆冲断裂。为了调查中尼拟建铁路沿线的形变特征，收集了 2016～2018 年覆盖该地区的欧空局 Sentinel-1A 影像，并利用干涉图 Stacking 技术获取了中尼拟建铁路沿线 2016～2018 年的形变年平均形变速率，图 8.13 显示了以铁路线为中线向两侧外扩 5km 作缓冲区分析结果。

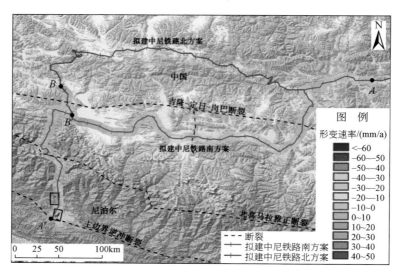

图 8.13　中尼拟建铁路沿线地区形变年平均形变速率图（2016～2018 年）

　　中尼拟建铁路分为北方案和南方案，本实验获取的地表形变区主要覆盖了南线路的 AA′段和北线路的 BB′段，其中南线路和北线路汇聚于 B′点。中尼拟建铁路的南线路大部分都位于研究区域内（图 8.13 中 AA′），且整体形变量较低，最大上升形变量不超过 50mm/a，最大沉降量达-60mm/a。形变量最大的区域多位于尼泊尔境内，如图 8.13 中黑色框选的区域所示。中尼拟建铁路的北线只有一小段位于 SAR 影像覆盖区内，整体形变较小，线路北部有上升的趋势。在整个研究区域内，拟建铁路南线路所经过地形在西藏南区域内地势变化相对较小，线路分布地区比较稳定，地质灾害较少。

　　为进一步分析中尼拟建铁路沿线形变，沿图 8.13 中的线路 AA′进行地表形变速率提取。从剖线结果图 8.14 中可以看出，拟建铁路在靠近 A 点的中国境内年平均形变速率在 10mm/a 以内，比较稳定，而在靠近 A′点的尼泊尔境内年平均形变速率变大，最大可达到 -60mm/a，与图 8.13 中反映铁路沿线缓冲区内地形变化分布情况吻合。图 8.14 中拟建铁路的南线路在中国境内的高程变化基本在 4000m 到 5000m 之间，整个铁路线在中国境内穿过的居民区主要以村落为主，且分布的较为分散。线路在尼泊尔境内的高程起伏变化较大，最高达到 6200m、最低为 800m，地势落差达 5000 多米。南线经过的三个断裂带中，最大的是横穿尼泊尔境内的北喜马拉雅正断裂（姚志勇，2017）。由于该断裂所经之处，地势落差大，加之植被和冰雪覆盖，InSAR 结果在该地区受失相干噪声影响也较大，北喜马拉雅正断裂的活动性难以从本监测结果中进行判定。

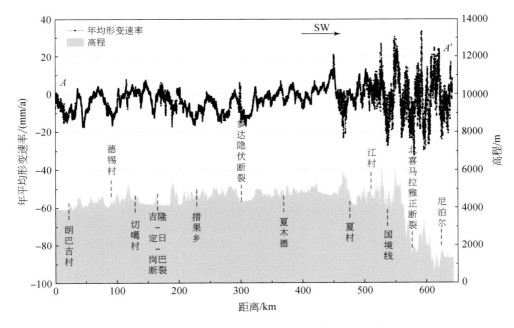

图 8.14　中尼拟建铁路南线地形及形变速率剖线

## 8.5　边境口岸大型地质灾害 InSAR 监测

### 8.5.1　边境口岸区大范围监测

针对藏南中尼边境口岸区大范围地表形变监测，主要采用了来自欧空局 Sentinel-1A 卫星的 SAR 数据开展处理，SAR 数据覆盖时间段为 2016～2018 年。地形相位通过利用美国国家航空航天局（National Aeronautics and Space Administration，NASA）发布的 30m 分辨率的 SRTM DEM 进行消除，同时为了纠正基线误差，采用 Sentinel-1A 的精密轨道数据。干涉对配准采用基于图像强度交叉相关的偏移量估计算法，克服了地形误差，大大提高了配准精度。为了抑制噪声，数据处理过程中多视比采用 30：5（距离向和方位向比为 70m ×84m），同时对干涉图进行了两次加权功率谱法滤波，使得干涉图的相干性得到改善。相位解缠采用基于 Delaunay 三角网的最小费用流算法。针对数据处理中升、降轨影像中的非线性轨道残余误差，采用二次多项式拟合法去除。最终，利用 Stacking-InSAR 技术获取了边境口岸区 2016～2018 年的地表形变的平均速率图结果，如图 8.15 所示。

图 8.15 中红色区域分别为吉隆口岸、樟木口岸和亚东口岸，蓝色区域是目标研究区域，黑色粗线是国界，红色五角星标注出的是 2015 年 $M_{\mathrm{W}}$ 7.8 级尼泊尔地震。研究区域内整体形变较小，尤其是中国境内较稳定。吉隆口岸地区较稳定，樟木口岸出现局部的沉降，疑似滑坡或者冰川的移动，需重点关注该区域。亚东口岸地区地形陡峭、雨水充足、

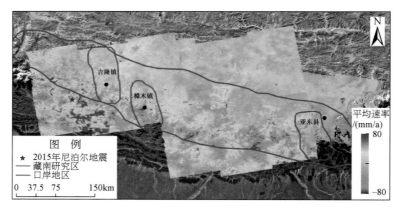

图 8.15 我国西藏边境口岸区 2016～2017 年平均速率图

地表植被茂盛，导致 SAR 影像 InSAR 干涉的相干性太差和受大气影响较为严重，部分研究区出现失相干情况。

## 8.5.2 重点口岸区地质灾害 InSAR 监测

由于藏南地区分布有三个重要的通商口岸，分别为吉隆口岸、樟木口岸和亚东口岸，所以本研究中对这三个口岸进行重点分析。

### 1. 吉隆口岸形变监测

吉隆口岸位于喜马拉雅山南坡高山河谷地区，在西藏自治区日喀则地区西南部吉隆县吉隆镇，历史上一度是西藏与尼泊尔之间最大的通商口岸之一（王健，2011；祝建等，2017；赵娟和毛阳海，2016）。吉隆镇地形较为平坦，以镇区为中心往东、往南较为开阔，最低海拔在 2600m 左右。山地地貌分布于吉隆镇周边，海拔一般不超过 4800m，山体陡峭，基岩出露，山顶季节性积雪，剥蚀作用强烈（贾翠霞，2019；旦正才旦，2020）。地表水系交错，对口岸规划建设影响较大的河流有两条，即吉隆藏布和美多当仟河，属于深切割高原型河流。美多当仟河是吉隆藏布左岸一级支流，于吉隆镇西南约 500m 汇入吉隆藏布（陈宁生等，2002；周晓阳，2014）。

研究中采用短基线集（SBAS）InSAR 技术对覆盖该地区 2016～2018 年的 Sentinel-1A 数据进行处理，获得年平均形变速率如图 8.16 所示。吉隆口岸地区受冰雪冻融影响严重，主要形变区域位于海拔较高的山脊和冰雪覆盖区。区域内最大上升年平均形变速率为 40mm/a，最大的下沉年平均形变速率为 -50mm/a。中国境内，除了高海拔地区的冰川、冰湖活动的形变量较大外，其他区域的地形变化较小，区域比较稳定没有大型的形变区域被发现。

提取吉隆口岸地区形变速率较大的特征点做时序分析如图 8.17 所示，吉隆镇北部形变点 p2 从 2016 年至 2018 年呈现逐渐上升的趋势，三年累积形变达到了 70mm，而吉隆镇卓村形变点 p1 和吉隆西部形变点 p3 则呈现下降的趋势，三年累积形变在 110mm 左右，形变趋势较为一致。

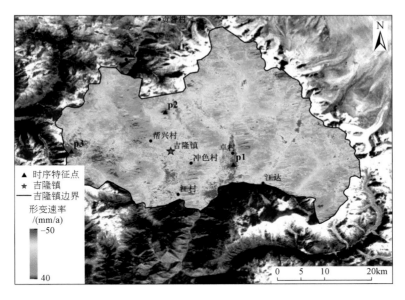

图 8.16　中尼边境吉隆口岸地区 2016～2018 年平均形变速率图

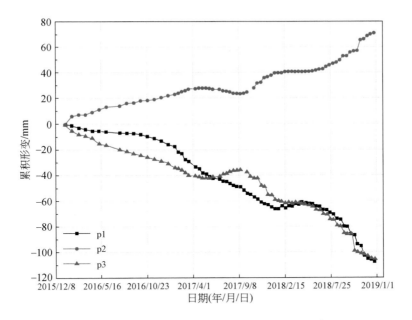

图 8.17　中尼边境吉隆口岸地区形变特征点时序图

## 2. 樟木口岸形变监测

樟木镇地处喜马拉雅山脉南部，樟木口岸是中国至尼泊尔重要的通商口岸，也是西藏目前唯一开放的通商口岸。樟木镇主城区地处喜马拉雅山脉南坡波曲下游左岸陡峻岸坡区，周围坡面沟道发育形成树枝状。由于流域地势高、陡，沟道纵坡降大，汇流急速，仅雨季沟内有地表水流动，枯期均为干沟。区内发育一条较大沟道，走向南东–北西，为常年迁流沟道，发源于喜马拉雅山脉南端的仁镇山区，流经扎西顶玛、中国海关汇入波曲（姚志勇，2017）。

　　同样采用短基线集（SBAS）InSAR 技术对覆盖该地区 2017～2018 年的 Sentinel-1A 降轨和 2015～2019 年 ALOS-2 升轨数据进行处理，获得年平均形变速率分别如图 8.18、图 8.19 所示。由于两类 SAR 数据分别以不同的入射角和入射方向对地表进行观测，导致监测得到的地表形变特征略有差异。图 8.18 为利用 Sentinel-1A 数据获取的樟木镇地区年平均形变速率。根据图中的形变特征，圈定了 9 处疑似滑坡区，分别见图 8.18 中 1#～9#。这些滑坡主要沿中尼 318 国道分布，且多以滑坡群的方式发育在 318 国道所在的山谷一侧。该区域最大的下沉年平均形变速率达到−70mm/a，发生在 3#滑坡。在樟木镇的南部迪斯岗至友谊桥段（图 8.18 中 1#滑坡位置）存在疑似滑坡群的形变特征，根据张小刚和强巴（2003）的调查资料验证得到，在疑似滑坡群的形变区域存在活动的古滑坡群。2#疑似滑坡区发生在樟木镇的扎美拉山处，据先前的野外调查资料显示此处发育有扎美拉危岩体的崩塌滑坡（易顺民和张明辉，1996；陈剑等，2016）。该处滑坡对下部的樟木镇居民的生命财产及穿过其境内的 318 国道安全造成了威胁。

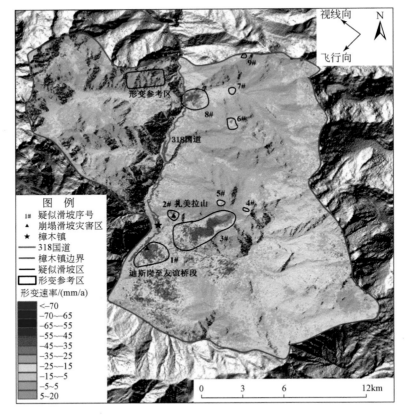

图 8.18　中尼边境樟木口岸地区 2016～2017 年 Sentinel-1A 降轨数据年平均形变速率图

　　与 Sentinel-1A 数据的结果相比，ALOS-2 数据的年平均形变速率图上探测到了更多的形变特征明显的疑似滑坡点，共圈出 13 处（图 8.19）。在 ALOS-2 结果上圈定的滑坡中，有 4 处疑似滑坡体（4#、6#、11#和12#）滑动方向朝向卫星，表现为年平均形变速率出现了上升的现象（与 SAR 卫星成像几何关系有关）。由 ALOS-2 结果与 Sentinel-1A 结果标出的疑似滑坡点存在多处对应，如图 8.19 中 3#、5#、6#、9#、10#分别与图 8.18 中的 1#、3#、2#、7#、6#滑坡疑似点相对应，又如图 8.19 中的 3#和 4#滑坡与图 8.18 中的 3#滑坡相对应，都分布在樟木镇所在的山坡，与 Sentinel-1A 结果不同的是，ALOS-2 上结果将此处的滑坡区分开来，形成 3#和 4#两个形变特征明显且辨识度很高的两个滑坡。由于两个滑坡分布在 ALOS-2 雷达视线上的不同方向，3#滑坡在视线向上年平均形变最大速率为 −60mm/a，而 4#滑坡则表现为 20mm/a（与坡向、SAR 卫星成像几何关系有关）。

图 8.19　中尼边境樟木口岸地区 2015～2019 年 ALOS-2 升轨数据年平均形变速率图

　　为了更好地分析探测滑坡在时间上的形变特征，选用相干性更好、监测时间较长的 ALOS-2 结果进行时间序列分析，并从 ALOS-2 圈定的疑似滑坡中，选取 4#和 9#疑似滑坡（图 8.19）分析其随时间变化的形变特征，结果如图 8.20 所示。4#滑坡位于樟木镇城区的东部陡峭山体上（86°0′57.28″E，27°59′39.39″N），坡体下方为樟木镇居民区和中尼 318 国道。根据该滑坡体 2015 年 6 月至 2019 年 10 月特征点的时间序列形变和整体的年平均形变速率［图 8.20（a）、（b）］，可以看到滑坡体形变速率具有一定的波动，最大年平均形变速率在雷达视线向达到 20mm/a，四年累计形变量达到将近 80mm。9#滑坡位于樟木镇波曲河左岸的山坡上（86°0′44.60″E，28°4′54.18″N），根据其滑坡体 2015 年 6 月至 2019 年 10 月的时间序列形变和年平均形变速率［图 8.20（c）、（d）］，可以看出 9#滑坡体的形变速率同样存在不均一性，最大年平形变速率在雷达视线向达到−40mm/a，四年累计形变量达到将近−170mm。

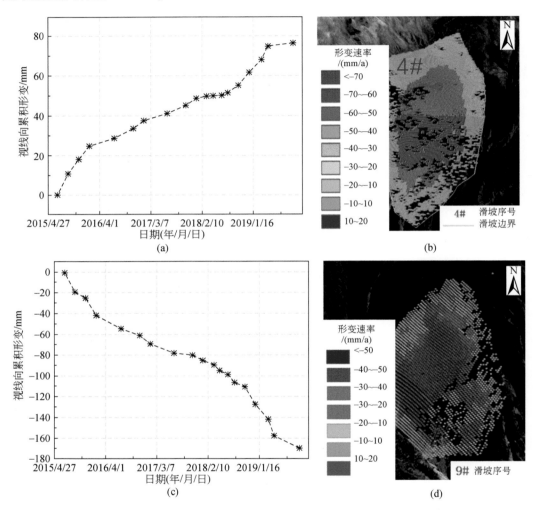

图 8.20    中尼边境樟木口岸典型滑坡体形变时间序列（ALOS-2 数据）

（a）4#滑坡时间序列形变；（b）4#滑坡年平均形变速率；（c）9#滑坡时间序列形变；（d）9#滑坡年平均形变速率

### 3. 亚东口岸形变监测

亚东口岸位于日喀则地区亚东县境内，地处喜马拉雅山脉中段南坡谷地，海拔 2800 多米，是中印边境贸易的重要通道。该区域属喜马拉雅山高山地貌，区域地形为高山峡谷地带，介于喜马拉雅山主中央断裂与托丹–尼拉断裂带之间。区域古近纪、新近纪构造活动强烈，伴随构造运动迹象，而口岸区为构造相对稳定的地区（梅乐等，2018）。

采用欧空局 Sentinel-1A 影像获取了 2016～2018 年亚东口岸大范围形变监测结果，如图 8.21 所示。由图 8.21 可知亚东地区整体形变量较小，并未发现明显的灾害隐患区，其周围明显的抬升和下沉区多位于高寒山区的冰雪覆盖区，疑似与冰雪冻融有关的形变。亚东口岸由于地形、植被及冰雪覆盖等原因，部分地区出现了失相干情况，其他的地区也受到地形和大气等误差的影响，尤其是尼泊尔境内相干性太差和受大气影响最为严重。

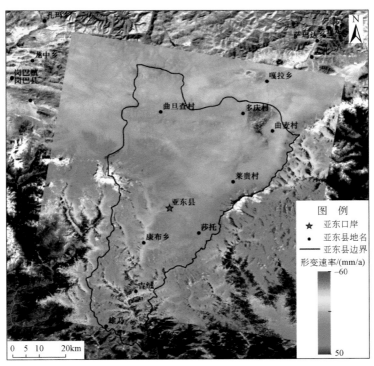

图 8.21 2016～2018 年中印边境亚东口岸地区年平均形变速率图

# 8.6 小 结

藏南地区平均海拔 4500m 以上，高山地区终年积雪，湖泊发育。区域内的深切割地貌两岸坡面陡峻、地质构造复杂、风化作用强烈，是区域内的地质灾害高发区。基于 InSAR 技术开展藏南高山地区地质灾害调查，克服了人工现场难以到达的缺点，且该技术具有大范围调查和快速更新的优势。但是该地区特殊的地形及地表覆盖特点，导致 InSAR 技术在该地区的应用受到各类限制因素的影响，如冰雪覆盖导致的 InSAR 干涉失相干，高山峡谷深切割造成的 DEM 误差及叠掩、阴影现象，植被覆盖导致的影像失相干。本章在介绍了短基线集、永久散射体、堆叠 InSAR 和偏移量跟踪技术的基础上，对比分析了各技术在藏南高山峡谷地区的适用性。结合技术特点和监测对象，介绍了 InSAR 在中尼边境口岸地质灾害、中尼拟建铁路沿线断裂地面形变及典型冰川形变特征监测的应用成果。InSAR 监测结果表明，尽管 InSAR 技术受到各种限制因素的影响，但 InSAR 技术在该地区仍有巨大的应用潜力。

# 第9章 极高山区超高位地质灾害 SAR 识别与监测

## 9.1 概 述

藏东南地区地处青藏高原东南缘，地势高陡，平均海拔超过4000m。总体上，西北部地势高，东南区域较低。进入第四纪以来，印度板块不断向欧亚板块下俯冲和挤压，使青藏高原以 9.5mm/a 的速度在向上隆升（郭长宝等，2017），同时两板块在此挤压形成南迦巴瓦东构造结，念青唐古拉山、喜马拉雅山和东边的横断山三大山系交汇于此。区域内山峰大多数在 5700~6900m，其中以 5700~6000m 山峰尤为众多。由于藏东南的极高海拔因素等形成了特有的冰川雪域地貌和强烈的寒冻风化作用。极大的高差使河流更具强大的侵蚀下切和侧蚀能力，形成谷深、坡陡、湍急的高山峡谷地貌。进入中新生代以来，藏东南地区构造活动越发强烈，挤压、隆起作用强烈，基岩节理裂隙发育，岩体破碎，地震活动频繁，温差极大且变换迅速，降雨非常充沛等，为各类不良地质的孕育、产生及发展提供了充足的条件。高位冰川泥石流、高位崩塌滑坡、溜砂坡（岩屑坡）等地质灾害在该地区具有规模宏大、爆发突然、滑程远、破坏力强的特点，常使微地貌发生巨大变化。同时，冰湖溃决和冰雪崩也频繁发生。本着以科学研究为先导原则，探索极高山区超高位地质灾害调查手段的革新，本章以 InSAR 技术为主要手段，探索了其在该地区极高山区超高位地质灾害调查与监测中的适用性。

## 9.2 超高位大量级滑坡位移 SAR 监测改进方法

### 9.2.1 SAR 偏移量技术滑坡应用概述

基于相位信息的 InSAR 技术适用于监测形变速率为毫米/年至分米/年的缓慢滑坡变形，快速变形的滑坡常常会引起干涉条纹混叠，进而引起相位失相干（廖明生等，2017；Liu *et al.*，2020）。作为相位测量的补充，基于雷达影像幅度信息的偏移量技术可探测形变速率为分米/年至米/年的大梯度变形滑坡，其测量精度可达到 SAR 影像一个像素单元的1/10 至 1/20（Hanssen，2001）。尽管 SAR 偏移量技术测量精度低于 InSAR 技术，但其不受相干性的制约、不受大气水汽的影响，可以进行低相干区滑坡形变的监测，可以获得滑坡体方位向与距离向二维形变信息，克服了相位测量对于南北向形变不敏感的固有缺陷。因此，SAR 偏移量技术在快速移动滑坡探测与监测中具有非常大的应用潜力。

常规 SAR 偏移量技术首先基于 SAR 影像幅度信息进行主从影像粗配准，利用精密轨道信息获得主从影像之间的初始偏移量。然后，基于估计的初始偏移量进行影像的精配准。选取一定大小的参考窗口与搜索窗口（如 256×256）并计算归一化互相关系数（normalized cross correlation，NCC），当归一化互相关系数达到最大时即可获得主从影像之间的精准偏移值（Scambos *et al.*，1992；Debellagilo and Kaab，2011；廖明生等，2017）。

## 9.2.2　超高位滑坡 SAR 偏移量监测影响因素分析

采用互相关计算获得的主从影像之间的偏移值由一系列成分构成，包括形变信号、轨道误差、电离层影响及地形起伏引起的偏移。为获得真实滑坡变形信号，需要从计算获得的偏移值中移除其他成分。轨道误差可采用双线性或二次多项式拟合来去除（廖明生等，2017）。长波长 SAR 数据易受到电离层不规则变化的影响，在大多数情况下可以直接忽略不计。若确实受到电离层严重影响，可采用高通滤波方式来去除电离层误差（Wegmüller *et al.*，2006；Li *et al.*，2014）。对于地势陡峭区超高位滑坡监测，对形变影响最大的是地形起伏引起的偏移误差。地形起伏从两方面影响 SAR 偏移量计算的精度：①地形起伏直接影响主从 SAR 影像配准精度，进一步影响 SAR 偏移量计算的精度（Lu *et al.*，2010）；②地形起伏引入方位向与距离向偏移误差，严重时可完全淹没形变场。国外学者 Sansosti等（2006）从 SAR 影像成像过程出发，详细推导了地形起伏引入的方位向与斜距向偏移误差理论公式，并探讨了地形起伏及轨道误差对外部 DEM 辅助的 SAR 影像几何配准影响。为了更直观及定量地理解 SAR 偏移量计算时地形起伏引入的方位向及斜距向偏移误差，基于 Sansosti等（2006）推导的理论公式，利用 ALOS/PALSAR 影像成像几何分别模拟了斜距向偏移误差与地形误差和干涉对垂直基线之间的关系及方位向偏移误差与地形误差和 SAR 影像水平轨道夹角之间的关系，如图 9.1 所示。从图 9.1 中可以看到，斜距向偏移误差与地形起伏及 SAR 影像垂直基线呈现出线性关系，方位向偏移误差与地形起伏及 SAR 影像水平轨道夹角呈现出线性关系。假设地形高差为 2000m，垂直基线为 4600m 的偏移对地形起伏引起的斜距向偏移误差可达 16.9m，0.02°的水平轨道夹角引入的方位向偏移误差可达 0.87m。因此，地形险峻区超高位滑坡 SAR 偏移量监测必须考虑地形起伏引起的偏移误差。

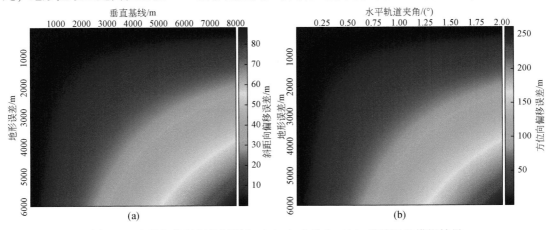

图 9.1　地形起伏引起的斜距向（a）与方位向（b）偏移误差模拟结果

传统 SAR 偏移量计算方法常常采用短空间基线、长时间基线偏移对或者短基线集偏移对来抑制地形起伏引起的偏移误差。然而在实际计算中满足短空间基线、长时间基线的偏移对数量较少，尤其是先前发射的 SAR 卫星，如 ALOS-1，无法进行交叉平台 SAR 影像之间偏移量的计算，为滑坡长时间序列形变监测带来了不利影响。此外，传统方法采用单一固定窗口进行偏移量互相关计算，在滑坡形变场边缘易产生不连续，出现马赛克效应。

## 9.2.3　改进交叉平台时序 SAR 偏移量计算方法

由 9.2.2 节可知，地形起伏会引起像元位置发生畸变从而给 SAR 影像精确配准及偏移量计算带来误差，解决地形起伏影响的根本措施是校正地形起伏引起的 SAR 影像像元位置畸变（Lu *et al.*，2010；Li *et al.*，2014）。为此，本节介绍一种改进的交叉平台 SAR 偏移量计算方法（Liu *et al.*，2020），如图 9.2 所示。该方法通过正射校正操作来改正地形起伏引起的像元位置畸变并实现主从 SAR 影像的精确配准，其不仅可以进行相同平台 SAR 影像（如 ALOS/PALSAR-1 与 ALOS/PALSAR-1 影像、ALOS/PALSAR-2 与 ALOS/PALSAR-2 影像）长空间基线偏移对之间二维偏移量的计算，还可以进行交叉平台 SAR 影像（ALOS/PALSAR-1 影像与 ALOS/PALSAR-2 影像）之间二维偏移量的计算，其流程如图 9.2 所示。

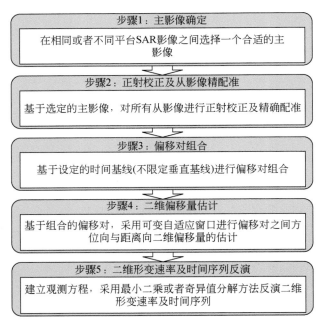

图 9.2　改进交叉平台 SAR 偏移量计算流程

具体步骤如下：

步骤 1：对于来自相同或者不同平台的 SAR 影像，根据时间基线、空间基线及多普勒中心频率变化选择一个最优的主影像；

步骤 2：基于选定的主影像，对所有的从影像进行正射校正及精确配准，有效去除地形起伏引起的像元位置畸变；

步骤3：根据监测目标形变速率的大小设定合适的时间基线阈值进行偏移对组合，对空间基线不做任何限制；

步骤4：基于组合的偏移对，采用可变自适用窗口进行偏移对之间互相关计算，获得方位向与距离向（或斜距向）二维偏移；

步骤5：所有偏移对之间偏移量计算完成后，建立形变反演观测方程，采用最小二乘或者奇异值分解方法计算获得二维形变速率及时间序列。

## 9.2.4　实验与结果

### 1. 实验区简介

实验区选取金沙江流域白格滑坡，其地理位置及滑后照片如图9.3所示。2018 年 10 月 11 日及 11 月 3 日，西藏自治区江达县与四川省白玉县交界的白格村金沙江右岸先后发生两次高位山体滑坡，阻断金沙江干流，形成堰塞坝体。两次滑坡堵江事件造成当地及下游67000 多居民被影响和紧急转移以及重大的经济损失，引起了社会的广泛关注。

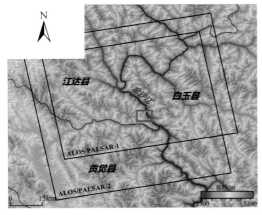

图9.3　金沙江白格滑坡地理位置及滑后现场照片

### 2. 实验数据

收集了覆盖研究区域共计 28 景升轨 ALOS/PALSAR-1 与 ALOS/PALSAR-2 数据进行了实验。其中，ALOS/PALSAR-1 数据共计15 景，覆盖时间段为 2007 年 1 月至 2011 年 3 月；ALOS/PALSAR-2 数据共计13 景，覆盖时间段为 2014 年 10 月至 2018 年 8 月。根据白格滑坡滑前形变速率的大小，ALOS/PALSAR-1 与 ALOS/PALSAR-2 影像分别设定最小时间基线为 300 天及 70 天进行偏移对的组合。由于采用改进的偏移量计算方法在 SAR 影像配准时对地形起伏引起的偏移进行了校正处理，因此空间基线长度不再是 SAR 偏移对组合的限制条件。最后从组合的偏移对中选取 83 个高质量的对进行形变速率及时间序列的反演，包括 31 个 ALOS/PALSAR-1 影像偏移对、44 个 ALOS/PALSAR-2 影像偏移对及 8 个 ALOS/

PALSAR-1 与 ALOS/PALSAR-2 影像偏移对。

3. 实验结果

图 9.4 为 ALOS/PALSAR-1 影像采用传统 SAR 偏移量方法及改进方法测量获得的 2007 年 1 月至 2011 年 3 月斜距向累积形变。该偏移对时间基线为 1518 天，空间基线为 4624m。从图 9.4（a）中可以看到，传统 SAR 偏移量计算方法获得的形变场中出现了地形起伏引起的严重系统偏差，在海拔较高的山顶及海拔较低的金沙江沿线误差最为严重。图 9.4（b）中改进 SAR 偏移量计算方法获得的形变场中地形起伏引起的系统偏差被有效去除，滑坡形变场被精确的测绘。2007 年 1 月至 2011 年 3 月白格滑坡雷达斜距向累积形变超过 12m。

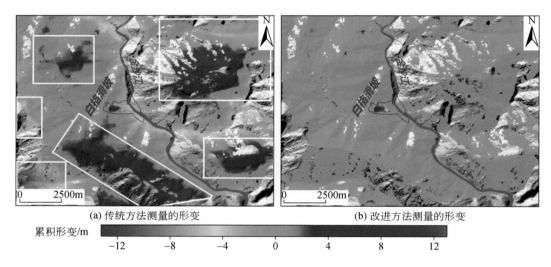

图 9.4　金沙江白格滑坡 ALOS/PALSAR-1 影像测量的斜距向累积形变（2007 年 1 月至 2011 年 3 月）

图 9.5 为采用改进 SAR 偏移量计算方法获得的白格滑坡 2014 年 10 月至 2018 年 8 月斜距向与方位向二维年平均地表形变速率。从图 9.5 中可以看到，滑坡滑前活动的边界被

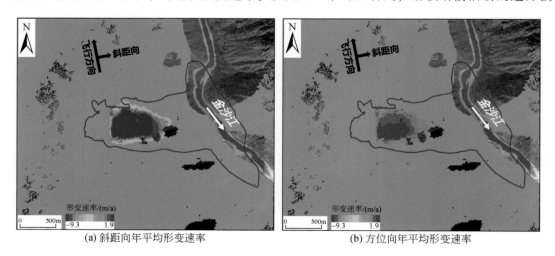

图 9.5　金沙江白格滑坡二维年平均地表形变速率（2014 年 10 月至 2018 年 8 月）

二维形变场精确的测绘，且可变自适应窗口有效避免了滑坡形变场边缘的不连续。结果表明，白格滑坡在滑前不仅存在垂直向形变，而且还存在东西向与南北向形变。2014 年 10月至 2018 年 8 月间最大年形变速率在雷达斜距向达到 –9.3m/a，在方位向达到 1.9m/a。图 9.6 所示为白格滑坡体中部滑前 2007 年 1 月至 2018 年 8 月二维时间序列形变，可以看到白格滑坡在滑前发生了剧烈的变形，斜距向累积形变达到 –60.2m，方位向累积形变达到 12.6m。

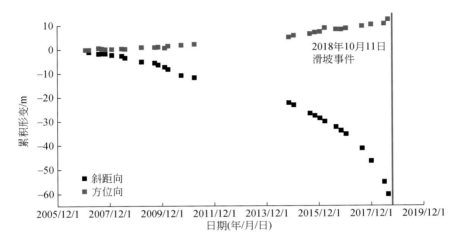

图 9.6　金沙江白格滑坡滑前二维时间序列形变（2007 年 1 月至 2018 年 8 月）

## 9.3　雅鲁藏布江大拐弯高位冰雪型地质灾害识别与监测

### 9.3.1　研究区域概述

雅鲁藏布江作为西藏南部主要的外流水系，自杰马央宗冰川至大拐弯处，其走向发生近 180°转弯后从巴昔卡流出国境。尼洋河、帕隆藏布、易贡藏布等支流及雅鲁藏布江干流构成了该区的主要水系。雅鲁藏布江大拐弯地区隶属于印度大陆与欧亚大陆碰撞最前缘的东喜马拉雅构造结地区，是冈底斯、雅鲁藏布和喜马拉雅三大地质单元交汇的地区（张沛全等，2009）。该区是现今地球上构造活动最强烈、地貌演化最迅速的地区之一（刘云华等，2018），同时也是地质灾害频繁发生的区域。滑坡、泥石流、崩塌和滚石、溜砂坡等极其活跃，不仅类型多、分布广泛、爆发频率高，而且其活动规模之大、危害程度之高、影响范围之广，为国内罕见（韩立明，2018）。

此外，本区还发育有世界上切割深度最大的雅鲁藏布江大峡谷，冰川集中、降雨丰沛，是研究构造活动、地表侵蚀过程和气候之间相互作用的天然试验场。研究发现灾害体多集中在雅鲁藏布江大拐弯顶端附近，受构造、岩性和地貌控制明显。构造上，大拐弯顶端为隆升的核心区，隆升造成了新的不稳定和不平衡，是灾害发育的主控因素；岩性方面，缝合带内的岩性相对硬脆，受构造剪切破碎，稳定性较差，容易发生崩塌滑坡；地貌上，灾害多集中在深切峡谷段，峡谷深切，容易侧蚀形成凌空面，造成重力失稳，诱发崩滑（黄文星等，2013）。

## 9.3.2　实验数据

针对雅鲁藏布江大拐弯处的地质灾害监测，实验中采用了来自欧空局 Sentinel-1A 卫星三个轨道上的 SAR 数据（图 9.7）及日本宇宙航空研究开发机构的 ALOS-1/2 数据（表 9.1）开展处理。SAR 数据覆盖时间段为 2016 ~ 2018 年，其中 Sentinel-1A 卫星 SAR 影像 72 景，对于覆盖该区域的 Sentinel-1A 数据而言，采用的是 IW 模式即为宽幅扫描中的 TOPS（terrain observation by progressive scans）扫描模式数据。该模式下的数据位于同一个轨道（path），对于幅号（frame）的不同而言是依据数据块（burst）进行划分的（吴岳，2017）。因此，在预处理阶段把覆盖同一个研究区域相同轨道的数据块提取出来，进行重新组合。经过轨道精炼、配准等预处理步骤，最终获取该区域的单视复数影像（single look complex，SLC）；ALOS-2 卫星 SAR 影像数据 9 景。由于 ALOS-2 数据覆盖范围较小，雅鲁藏布江大拐弯处是由两个轨道上的 ALOS-2 卫星的 SAR 影像共同完成覆盖，单个轨道上的 ALOS-2 影像分别为 4 景和 5 景。ALOS-1 数据因其数据覆盖周期长，时间分辨率较 ALOS-2 数据好，为此，选择 ALOS-1 数据，利用偏移量跟踪技术进行典型冰川流速监测。

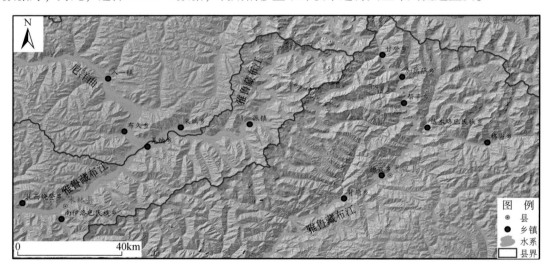

图 9.7　雅鲁藏布江下游区域 SAR 影像覆盖示意图

**表 9.1　雅鲁藏布江大拐弯区域使用 SAR 影像数据参数信息**

| 传感器名称 | Sentinel-1A | ALOS-1 | ALOS-2 |
|---|---|---|---|
| 轨道号 | 70 | 492 | 43 |
| 幅号 | 93/94/1277 | 580 | 3020 |
| 波段 | C | L | L |

续表

| 传感器名称 | Sentinel-1A | ALOS-1 | ALOS-2 |
|---|---|---|---|
| 波长/cm | 5.6 | 23.6 | 23.6 |
| 轨道方向 | 升轨 | 降轨 | 降轨 |
| 影像个数/个 | 72 | 21 | 9 |
| 日期范围 | 2016 年 1 月 9 日—<br>2018 年 12 月 24 日 | 20080 年 7 月 3 日—<br>2011 年 1 月 11 日 | 2016 年 3 月 23 日—<br>2018 年 5 月 30 日 |

## 9.3.3　雅鲁藏布江大拐弯高位冰雪型地质灾害识别与重点区域监测

### 1. 雅鲁藏布江大拐弯区域大范围冰雪型地质灾害识别

雅鲁藏布江大拐弯区域地形陡峭、雨水充足、地表植被茂盛，导致 SAR 影像的相干性在该地区普遍较差（李振洪等，2019），而长波长的 SAR 影像在一定程度上可以克服植被覆盖导致的失相干的影响，且最好选择冬季时获取的雷达干涉对（王志勇和张金芝，2013），因此，研究中采用了欧空局 C 波段的 Sentinel-1A 数据和日本 L 波段的 ALOS-2 两类数据。采用 Stacking-InSAR 技术对雅鲁藏布江大拐弯区域进行大范围灾害普查，获得了研究区域 2017 年 1 月 9 日至 2017 年 10 月 6 日年平均形变速率图［图 9.8（a）］，2017 年 10 月 18 日至 2018 年 12 月 24 日年平均形变速率图［图 9.8（b）］和 2016 年 3 月至 2018 年 5 月年平均形变速率图（图 9.9）。利用 Stacking-InSAR 技术对区域不稳定体进行分析的原因是 Stacking-InSAR 技术可以在数据量较少的情况下获取年平均速率，同时又可以有效地抑制大气效应的 DEM 误差（杨成生，2011）。图 9.9 中红色表示地表向远离卫星的方向位移，蓝色表示地表向靠近卫星的方向位移。从图中可以看出，雅鲁藏布江大拐弯区域内主要形变发生在山坡和山顶处，经与遥感影像叠加对比发现，这些形变主要是由地表冻融引起

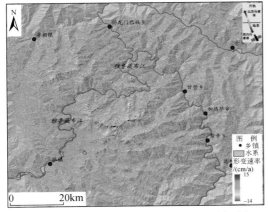
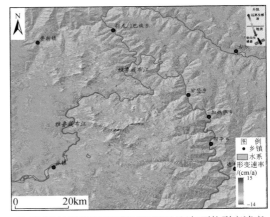

(a) 2017年1月9日至2017年10月6日年平均形变速率　　　(b) 2017年10月18日至2018年12月24日年平均形变速率

图 9.8　雅鲁藏布江大拐弯区域升轨影像（Sentinel-1A 数据）年平均形变速率图

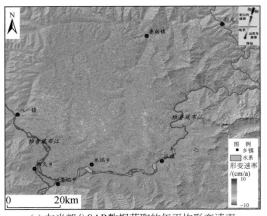
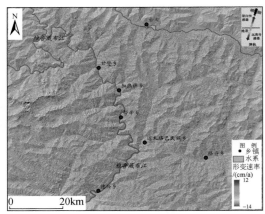

(a) 左半部分SAR数据获取的年平均形变速率　　　　(b) 右半部分SAR数据获取的年平均形变速率

图 9.9　雅鲁藏布江大拐弯区域降轨影像（ALOS-2 数据）年平均形变速率图（2016 年 3 月至 2018 年 5 月）

的形变。同时，沿雅鲁藏布江两侧也均有多处局部的形变信息。研究表明，沿雅鲁藏布江一线每年 6～8 月常有滑坡灾害发生，其中 7 月发生日数最多（马艳鲜和余忠水，2009）。

### 2. 重点区域精细化监测

雅鲁藏布江大拐湾地区属高山峡谷地貌，地形高差大。地壳隆升、河流下切引起的重力卸荷作用和大量临空面的存在，为地质灾害的发生提供了可能，气候变暖，引起的冻土消融，诱发滑坡（尚彦军等，2001）。雅鲁藏布江大拐弯入口段的泥石流活动根据成因及分布密度主要有两类：暴雨泥石流及冰川泥石流，横剖面皆为"V"型谷，坡面角均大于 30°，为灾害的形成创造了条件（张沛全等，2009）。

在采用 Stacking-InSAR 技术对区域内地表形变综合识别的基础上（Onn，2007），对每一幅差分干涉图进行了分析，并将形变结果叠加到 Google Earth 遥感影像中对形变区域进行筛选，获取了区域内主要灾害点 40 余处，详细分布如图 9.10 所示。图 9.10 中红色为疑似滑坡，黄色为冰雪、冻土引起的滑动。疑似滑坡常发生在冰碛物和堰塞湖沉积中，冰雪和冻土引起的滑动处于冰雪覆盖区域。滑坡的发生是内、外部条件共同作用的结果，内部条件主要为滑坡体的地质构造和地貌特征，外部条件是诱发潜在滑坡体发生滑坡的主要因素（尚彦军等，2001；廖明生等，2012）。

#### 1）疑似滑坡

研究中疑似滑坡识别的主要依据为整体呈现圈椅状的地貌特征，后缘可见滑坡壁，中部可见滑坡台坎、封闭洼地、湿地等，前缘可见滑坡舌挤压河道导致河流改道，坡体上植被与周边显著差异等（卓宝熙，2011；Fiorucci et al.，2011；Marcelino et al.，2009）。而对于正在孕育的潜在滑坡，其识别标志主要为斜坡后缘裂缝和前缘小规模崩塌滑坡，以及利用 SAR 影像提取疑似滑坡区域的时间序列，进行判读。

对疑似滑坡进行编目统计，滑坡命名顺序为自西向东进行命名，表 9.2 列出了所有疑似滑坡的详细信息，图 9.11～图 9.14 展示了部分疑似滑坡详细解译信息。

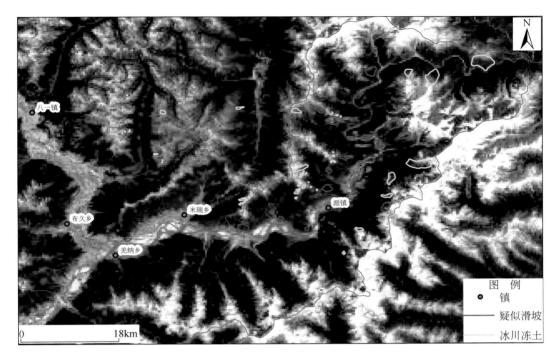

图 9.10　雅鲁藏布江大拐弯区域地表形变分布图

**表 9.2　雅鲁藏布江大拐弯区域疑似滑坡编目信息**

| 编号 | 经度（E） | 纬度（N） | 长度/m | 宽度/m |
|------|-----------|-----------|--------|--------|
| 1# | 94°24′5.53″ | 29°28′34.47″ | 105 | 93 |
| 2# | 94°24′33.42″ | 29°28′58.28″ | 257 | 496 |
| 3# | 94°25′25.71″ | 29°31′9.26″ | 279 | 609 |
| 4# | 94°25′35.69″ | 29°31′31.34″ | 309 | 438 |
| 5# | 94°25′18.94″ | 29°33′2.62″ | 644 | 1050 |
| 6# | 94°29′7.05″ | 29°32′6.42″ | 623 | 525 |
| 7# | 94°28′57.07″ | 29°29′40.51″ | 530 | 360 |
| 8# | 94°28′59.18″ | 29°28′13.59″ | 441 | 243 |
| 9# | 94°31′2.80″ | 29°27′15.59″ | 536 | 892 |
| 10# | 94°31′50.01″ | 29°28′15.24″ | 453 | 448 |
| 11# | 94°36′1.74″ | 29°30′22.47″ | 302 | 182 |
| 12# | 94°37′8.87″ | 29°30′56.23″ | 266 | 280 |
| 13# | 94°37′21.31″ | 29°31′0.16″ | 235 | 95 |
| 14# | 94°39′5.83″ | 29°28′29.66″ | 813 | 306 |
| 15# | 94°39′7.36″ | 29°25′40.68″ | 1040 | 452 |
| 16# | 94°45′14.46″ | 29°30′12.44″ | 332 | 616 |

续表

| 编号 | 经度（E） | 纬度（N） | 长度/m | 宽度/m |
|---|---|---|---|---|
| 17# | 94°46′9.00″ | 29°29′28.87″ | 774 | 739 |
| 18# | 94°45′2.11″ | 29°27′36.37″ | 178 | 295 |
| 19# | 94°45′15.21″ | 29°25′55.55″ | 148 | 117 |
| 20# | 94°48′58.70″ | 29°28′40.01″ | 460 | 449 |
| 21# | 94°48′3.86″ | 29°26′37.06″ | 1541 | 1260 |
| 22# | 94°50′58.15″ | 29°29′1.13″ | 382 | 120 |
| 23# | 94°51′10.22″ | 29°28′54.00″ | 246 | 121 |
| 24# | 94°46′36.95″ | 29°29′5.16″ | 596 | 460 |
| 25# | 94°51′20.75″ | 29°28′52.97″ | 334 | 136 |
| 26# | 94°51′32.64″ | 29°28′36.86″ | 261 | 154 |
| 27# | 94°50′27.83″ | 29°29′33.75″ | 165 | 257 |
| 28# | 94°50′25.13″ | 29°29′21.17″ | 142 | 133 |
| 29# | 94°50′12.90″ | 29°29′18.15″ | 202 | 276 |
| 30# | 94°49′40.81″ | 29°31′48.77″ | 927 | 470 |
| 31# | 94°49′22.92″ | 29°32′22.03″ | 390 | 240 |
| 32# | 94°50′46.12″ | 29°32′34.14″ | 1626 | 1278 |
| 33# | 94°51′25.16″ | 29°31′42.68″ | 825 | 708 |
| 34# | 94°53′44.90″ | 29°31′5.01″ | 204 | 356 |
| 35# | 94°56′37.31″ | 29°30′41.71″ | 1228 | 1945 |
| 36# | 94°53′10.76″ | 29°33′50.93″ | 143 | 249 |
| 37# | 94°50′56.30″ | 29°34′27.17″ | 1442 | 914 |
| 38# | 94°52′45.94″ | 29°36′35.34″ | 1291 | 648 |
| 39# | 94°53′0.44″ | 29°35′50.61″ | 545 | 891 |
| 40# | 94°54′29.03″ | 29°35′57.89″ | 419 | 323 |
| 41# | 94°54′49.94″ | 29°37′56.51″ | 743 | 1583 |
| 42# | 94°58′24.82″ | 29°38′0.59″ | 957 | 2126 |
| 43# | 94°57′23.39″ | 29°39′13.36″ | 1640 | 1692 |
| 44# | 94°51′25.59″ | 29°39′32.79″ | 1747 | 2827 |
| 45# | 94°49′56.99″ | 29°40′42.53″ | 855 | 1892 |
| 46# | 94°52′19.97″ | 29°41′26.80″ | 535 | 413 |
| 47# | 94°55′9.02″ | 29°44′35.22″ | 2071 | 1782 |
| 48# | 94°55′33.30″ | 29°46′47.65″ | 926 | 719 |
| 49# | 94°58′40.97″ | 29°46′8.68″ | 1390 | 1274 |
| 50# | 95°1′43.48″ | 29°45′3.27″ | 476 | 642 |
| 51# | 95°7′5.24″ | 29°58′39.30″ | 886 | 554 |

在滑坡的判识中，仅使用 InSAR 一种技术手段进行大区域滑坡隐患早期识别，可能会导致部分滑坡隐患被遗漏（殷跃平等，2017）。同时，基于光学遥感影像特征识别出来的滑坡也可能是已经稳定的老（古）滑坡，再次失稳风险较小。因此，在对不稳定灾害体的判识中，需将光学遥感影像的图谱信息与 InSAR 测量的形变信息相结合的方式（葛大庆，2018）。采用了 InSAR 形变时间序列图与 Google Earth 相结合的方式：首先根据解缠相位图判识出明显的形变区域，即形变区的颜色与周围存在不一致；然后再将解缠结果与 Google Earth 叠加，在 Google Earth 上观察形变区所在山体上面植被是否出现裸露的裂缝和形变区所处的地形是否具备滑坡发育的条件。一般整体不稳定位移会导致滑坡后缘拉张裂缝，为滑坡的前兆。基于此选择典型疑似滑坡的光学影像进行展示（图 9.11），同时提取时间序列特征点进行验证。结合图 9.12 对比发现 6#、9#、10#滑坡随着时间的推移，累积形变在增加，形变速率也在增加，因为采用的 ALOS-2 数据较少，为揭示该区域滑坡变形特征，需加入更多的 SAR 数据进行处理验证。

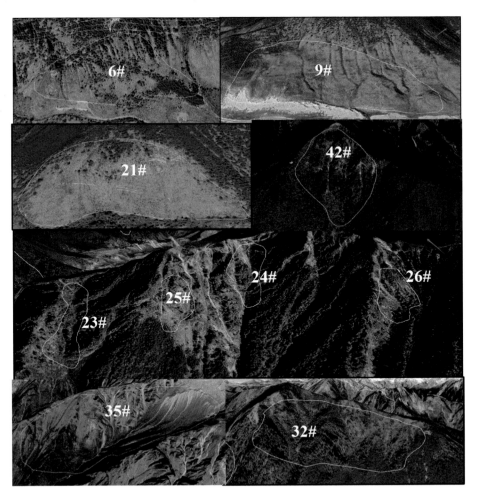

图 9.11　典型滑坡光学影像

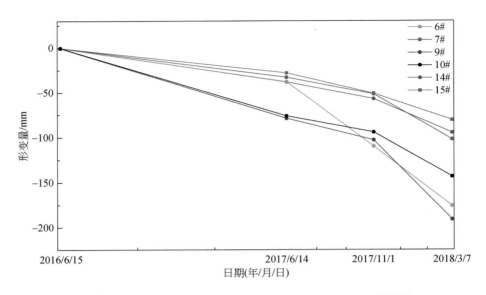

图 9.12　疑似滑坡解译信息（6#、7#、9#、10#、14#、15#滑坡体）

　　同样，对 21#～33#滑坡进行了判识，结合 Google Earth 图可以看出 23#～26#滑坡所处地理位置复杂，分析原因是这些地方位于山顶，而此山脉的上面为积雪区域，则滑坡区域出现滑动痕迹可以解释为土层下面冻土消融引起的滑动（图 9.13）。对 23#滑坡提取特征点时序形变，发现随着时间推移，累计形变量逐渐增大，且达到了 190mm。

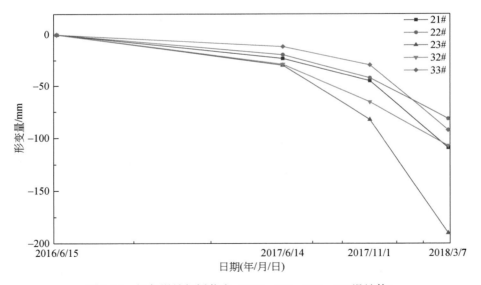

图 9.13　疑似滑坡解译信息（21#～23#、32#、33#滑坡体）

　　同样根据已有成果，结合 Google Earth 图，对 37#～39#、42#滑坡体进行判识，可以看到明显滑坡体和后缘拉张裂缝（图 9.14）。39#和和 42#滑坡属于冻融侵蚀引起的滑动，在 Google Earth 图可以看到明显的滑动痕迹。

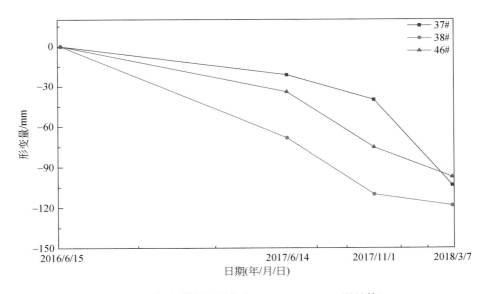

图 9.14　疑似滑坡解译信息（37#、38#、46#滑坡体）

2）冰雪、冻土引起的形变

雅鲁藏布江大拐弯区域还分布着许多因冰雪、冻土消融所引起的冻融地质灾害（图9.15）。冻融地质灾害是指由于冻融循环作用导致岩体结构、岩体物理力学性质等发生改变进而引发的地质灾害（母剑桥，2013）。因冰雪、冻土消融引发的地质灾害包括冻融型滑坡、冻融型崩塌、冻融型泥石流等（彭惠等，2019）。为此选择波长较长的 ALOS-2 数据，采用 Stacking-InSAR 技术进行探测，对探测出来的形变区域进行圈定、编目，如表9.3 所示，同时也发现圈定的形变区域与实际相比较少，图 9.16（b）只圈定了五个，但实际情况形变区域比五个更多，这在图 9.16（b）左侧中有体现。

表 9.3　雅鲁藏布江大拐弯区域冻融灾害编目信息

| 编号 | 经度（E） | 纬度（N） | 长度/m | 宽度/m |
| --- | --- | --- | --- | --- |
| 1# | 94°33′45.69″ | 29°36′9.33″ | 289 | 699 |
| 2# | 94°34′26.40″ | 29°35′18.15″ | 132 | 233 |
| 3# | 94°30′28.50″ | 29°38′20.85″ | 88 | 120 |
| 4# | 94°30′43.48″ | 29°38′28.45″ | 184 | 274 |
| 5# | 94°31′13.26″ | 29°38′33.87″ | 460 | 161 |
| 6# | 94°34′32.66″ | 29°40′26.59″ | 897 | 651 |
| 7# | 94°41′59.07″ | 29°40′50.64″ | 425 | 1353 |
| 8# | 94°52′8.90″ | 29°39′58.22″ | 365 | 120 |
| 9# | 94°43′17.73″ | 29°31′56.03″ | 330 | 705 |
| 10# | 94°43′3.15″ | 29°31′40.38″ | 500 | 173 |
| 11# | 94°42′39.40″ | 29°31′30.22″ | 729 | 216 |

续表

| 编号 | 经度（E） | 纬度（N） | 长度/m | 宽度/m |
|---|---|---|---|---|
| 12# | 94°42′14. 10″ | 29°31′26. 75″ | 497 | 696 |
| 13# | 94°42′36. 87″ | 29°31′13. 49″ | 208 | 252 |
| 14# | 94°42′20. 32″ | 29°31′3. 19″ | 553 | 279 |
| 15# | 94°42′6. 47″ | 29°30′55. 96″ | 303 | 193 |
| 16# | 94°47′57. 24″ | 29°32′51. 84″ | 225 | 300 |
| 17# | 94°47′56. 16″ | 29°32′26. 64″ | 647 | 363 |
| 18# | 94°47′46. 20″ | 29°32′8. 75″ | 788 | 428 |
| 19# | 94°48′21. 10″ | 29°34′6. 41″ | 1139 | 387 |
| 20# | 94°47′41. 19″ | 29°31′35. 15″ | 430 | 400 |
| 21# | 94°48′11. 85″ | 29°34′39. 14″ | 831 | 2233 |
| 22# | 94°48′37. 10″ | 29°34′3. 82″ | 180 | 56 |
| 23# | 94°48′43. 20″ | 29°34′10. 58″ | 287 | 50 |
| 24# | 94°49′11. 03″ | 29°32′44. 07″ | 281 | 177 |
| 25# | 94°48′57. 01″ | 29°33′11. 46″ | 224 | 112 |
| 26# | 94°49′44. 84″ | 29°32′25. 63″ | 304 | 146 |
| 27# | 94°48′26. 77″ | 29°32′42. 86″ | 585 | 647 |
| 28# | 94°48′8. 23″ | 29°33′46. 67″ | 360 | 295 |
| 29# | 94°50′41. 33″ | 29°35′54. 73″ | 283 | 300 |
| 30# | 94°51′9. 95″ | 29°35′18. 43″ | 442 | 166 |
| 31# | 94°51′27. 64″ | 29°35′22. 25″ | 693 | 240 |
| 32# | 94°51′24. 04″ | 29°35′55. 45″ | 435 | 335 |
| 33# | 94°50′37. 33″ | 29°36′13. 39″ | 110 | 398 |
| 34# | 94°51′23. 69″ | 29°36′17. 95″ | 214 | 168 |
| 35# | 94°50′51. 94″ | 29°36′0. 15″ | 294 | 135 |
| 36# | 94°34′27. 87″ | 29°35′31. 23″ | 119 | 163 |
| 37# | 94°51′45. 07″ | 29°40′6. 23″ | 441 | 160 |
| 38# | 94°51′18. 76″ | 29°40′19. 94″ | 342 | 110 |
| 39# | 94°51′6. 07″ | 29°40′13. 01″ | 151 | 80 |
| 40# | 94°47′45. 58″ | 29°40′33. 08″ | 1705 | 817 |
| 41# | 94°52′24. 24″ | 29°25′53. 84″ | 700 | 397 |
| 42# | 94°53′54. 16″ | 29°28′19. 17″ | 773 | 1378 |
| 43# | 94°56′45. 46″ | 29°31′46. 15″ | 1202 | 1594 |
| 44# | 94°57′6. 99″ | 29°33′39. 00″ | 1281 | 2301 |
| 45# | 95°0′13. 83″ | 29°35′7. 31″ | 4017 | 2436 |
| 46# | 94°53′4. 03″ | 29°51′58. 07″ | 461 | 1944 |

续表

| 编号 | 经度（E） | 纬度（N） | 长度/m | 宽度/m |
|---|---|---|---|---|
| 47# | 94°58′49.40″ | 29°44′23.33″ | 1707 | 1232 |
| 48# | 95°1′13.13″ | 29°43′51.25″ | 3438 | 2042 |
| 49# | 95°6′21.57″ | 29°45′37.46″ | 3433 | 3655 |

图 9.15　雅鲁藏布江大拐弯区域冰川冻土分布图

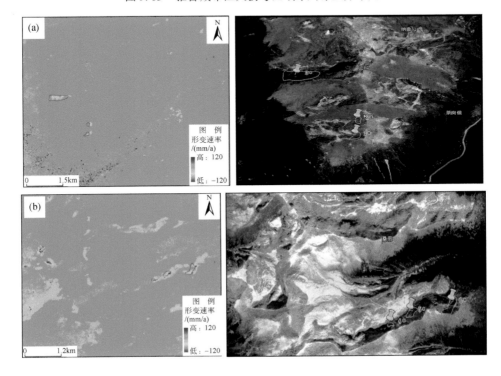

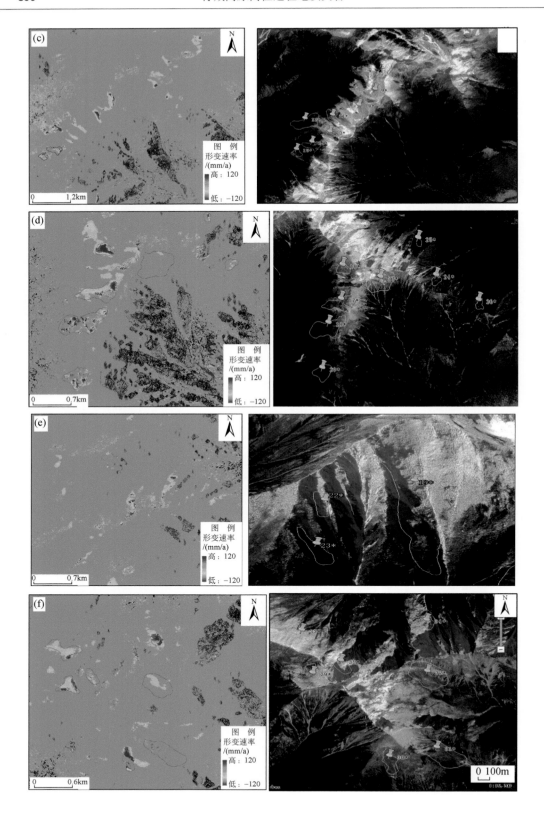

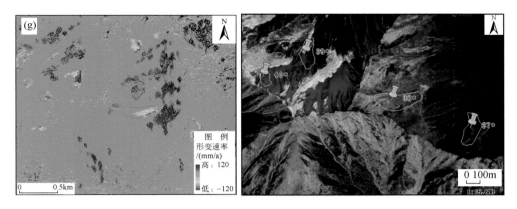

图 9.16　雅鲁藏布江大拐弯区域冰川、冻土滑动解译信息

在形变速率图中（图 9.16 左侧）可以明显看到形变边界，通过结合 Google Earth 图可以发现形变区处于积雪区域，且在图 9.16（b）、（c）中积雪消融区域在图上显示明显。同时比较 InSAR 监测出的形变边界与 Google Earth 影像中的边界，发现稍有差异，分析原因可能是：① Google Earth 图获取时间和解缠图对应时间不一致；② 积雪引起的失相干。雅鲁藏布江大拐弯环绕南迦巴瓦峰，造成大拐弯处出现冰川、冰雪消融引起的地质灾害，在地质上属于冻融侵蚀。冻融侵蚀多发生在高纬度、高海拔气候寒冷的区域，是除水蚀和风蚀之外的第三大土壤侵蚀类型，所以随着全球气候变暖，冻土、积雪消融引发一系列地质灾害，这也是雅鲁藏布江大拐弯流域滑坡、冰川等灾害信息较多的原因（黄洁慧等，2019）。

3. 色东普沟域冰川监测

色东普沟域位于西藏林芝东部，雅鲁藏布江下游峡谷地带，行政隶属于林芝市米林县派镇。色东普沟域位移雅鲁藏布江左岸，加拉白垒峰南坡下，沟域面积约 67km²。沟域上游源区地形宽阔，支沟发育，中下游主沟道狭窄。道内冰川活动形成的冰碛物丰富，冰雪融水及降水提供水流。沟域内最高处为 7294m 的加拉白垒峰，最低点为 2746m 的色东普沟沟口，高差为 4548m。沟域上游陡峭，地形内冰川发育，岩土体物理风化严重，侵蚀剥蚀作用强烈（刘传正等，2019）。

2018 年 10 月 17 日凌晨，色东普沟发生了大规模冰川泥石流灾害，堵断雅鲁藏布江干流并形成堰塞湖。10 月 29 日，因冰雪融水引发高浓度泥石流再次堵塞雅鲁藏布江，据调查这两次事件均与冰崩密切相关（童立强等，2018；黄洁慧等，2019）。针对此次灾害事件，对覆盖该地区的 Sentinel-1A 数据进行干涉图堆叠技术处理，获取了研究区域 2017 年 10 月至 2018 年 12 月的年平均形变速率图，如图 9.17 所示，图中形变量为垂直形变量。由年平均形变速率图图 9.17 可知：①从整体来看，色东普沟冰川上端和冰舌处形变速率大，形变速率表现为上段先消融，物质减少，至中段趋于稳定，至下段物质积累；②图 9.17 中 $b$ 点区域相位信息较少的原因是该区域形变量较大，引起失相干现象；③由于色东普沟冰川表面的快速位移，导致基于相位干涉测量方法的结果中存在较多的空白区，即失相干区。

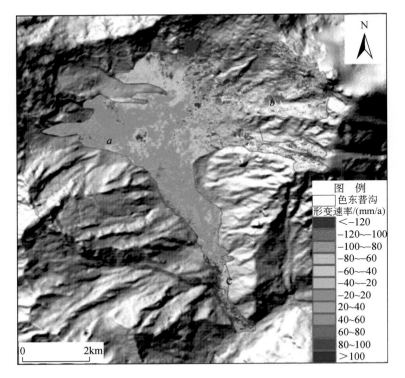

图 9.17　雅鲁藏布江下游色东普沟域年平均形变速率图

　　由于此次色东普沟滑坡是区域内典型的极高山地质灾害事件，调查了该区域的历史数据，拟对该区域的历史形变特征进行调查。考虑到长波段 SAR 影像对克服冰雪覆盖区去相干影响的优势，选取了日本 L 波段的 21 景 ALOS-1 数据进行了实验研究，数据的时间跨度为 2008 年 7 月 3 日至 2011 年 1 月 11 日。由于冰川运动引起的 SAR 影像相位信息容易形成失相干现象。研究方法采用的是基于强度跟踪的偏移量跟踪法。强度跟踪法对相干性要求较低，更适用于地表特征明显的区域，如冰川和地震形变监测等（李佳等，2013；冯光财等，2015）。强度跟踪法是基于归一化互相关准则对局部偏移量进行正确估算，即通过匹配窗口的相似度最大化来确定方位向和距离向上的相对偏移量（Scambos *et al.*，1992）。NCC 的计算准则为

$$\rho(x,y) = \frac{\sum_{x,y}[r(x,y) - u_r][s(x-u, y-u) - u_s]}{\{\sum_{x,y}[r(x,y) - u_r]^2 \sum_{x,y}[s(x-u, y-u) - u_s]^2\}^{1/2}} \tag{9.1}$$

式中，$\rho(x, y)$ 为归一化互相关系数；$(x，y)$ 为参考像元位置；$(x-u，y-u)$ 为搜索像元范围；$r$、$s$ 分别为参考像元和搜索像元的像元值；$u_r$、$u_s$ 分别为参考窗口和搜索窗口的像元平均值（Yan *et al.*，2015）。配准窗口、互相关系数和过采样因子是该方法的关键因子。通常，最后的距离向和方位向偏移量估算精度在 0.02 个像元以内（Yan *et al.*，2015）。

　　雅鲁藏布江两岸多为高山峡谷，杨逸畴（1991）认为，雅鲁藏布江大峡谷是北东和北西活动断裂构造发育的，区域隆升速度平均为 2.47mm/a，河流处于侵蚀强烈的幼年期发

育阶段。雅鲁藏布江大峡谷强烈溯源侵蚀一方面起因于构造活动控制的差异抬升，另一方面是冰川大规模活动造成的崩塌—碎屑流堵江堆积抬高河道，严重消减了向上游的溯源侵蚀距离，造成该河段短距离的急剧下切（刘传正等，2019）。1961 年以来，西藏高原年气温平均上升 0.32℃/10a，尤其表现在秋冬两季。气候变化造成普遍性的冰川退缩、湖泊面积扩张、冻土深度变浅、植被增加和强降水、冰湖溃决等极端事件增多。

　　为了分析色东普沟区域冰川的历史形变时间序列，对 21 景 ALOS-1 数据设置了时间阈值与基线阈值，一共形成了 68 景偏移量影像对。基于偏移量跟踪技术与奇异值分解方法，得到 2007～2011 年的色东普沟区域冰川的运动时间序列，图 9.18 与图 9.19 分别是选取其中四个具有代表性的南北向与东西向上的位移时间序列图。南北向上监测到色东普沟北侧的岗普冰川在 2007～2011 年的明显运动，且冰川物质迁移在空间上主要体现在岗普冰川的冰舌部分，以及东侧另一冰川在支流汇集处的向北运动。东西向上，如图 9.19 所示，在 2007 年 7 月 3 日至 2009 年 1 月 5 日岗普冰川主要在顶部支流上发生明显的东向运动，而在 2010 年 1 月 5 日该冰川冰舌部分出现向东运动的现象，在 2011 年 1 月 11 日冰舌部分的运动量达到最大。这表明，岗普冰川在 2011 年内发生巨大的运动，不仅表现在地势影响下的向北运动，同时，向东运动也非常明显。

　　为了分析该研究区域明显运动的岗普冰川和其东侧的冰川时间演变过程，提取了这两条冰川中轴线上的剖线 P1 和 P2，如图 9.18（a）和图 9.19（a）所示。P1 剖线的时间序列变化如图 9.20 所示，南北向上，2～4.5km 段形变量级最大，在 2011 年 1 月 11 日最大

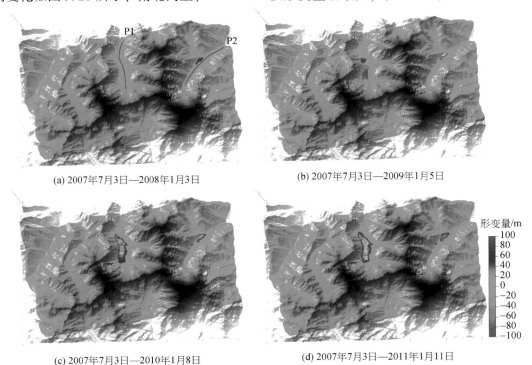

(a) 2007年7月3日—2008年1月3日　　　　　　(b) 2007年7月3日—2009年1月5日

(c) 2007年7月3日—2010年1月8日　　　　　　(d) 2007年7月3日—2011年1月11日

图 9.18　雅鲁藏布江下游岗普冰川南北向时间序列运动

形变量达 160m。在距离冰川末端 2.3km 处，冰川南北向位移为 0，说明在冰川末端起 2.3km 处开始停滞。东西向上，在距离起点 3km 处，冰川东向上的运动转变成向西运动，且最大西向上运动量达 13m，且运动距离为 1.7km，原因为该位置上东侧有 1 处支流冰

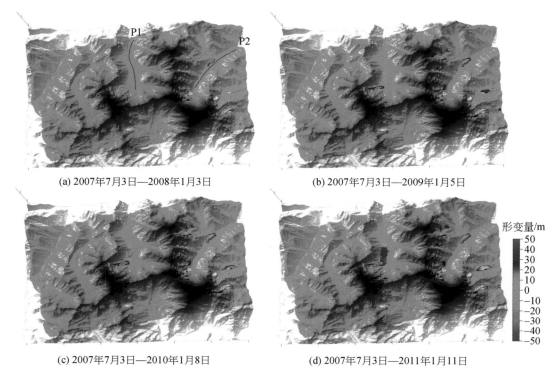

(a) 2007年7月3日—2008年1月3日　　　　　(b) 2007年7月3日—2009年1月5日

(c) 2007年7月3日—2010年1月8日　　　　　(d) 2007年7月3日—2011年1月11日

图 9.19　雅鲁藏布江下游岗普冰川东西向时间序列运动

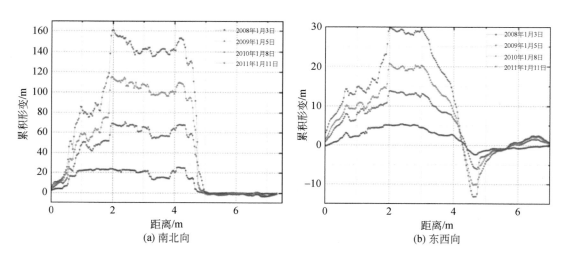

(a) 南北向　　　　　　　　　　　(b) 东西向

图 9.20　雅鲁藏布江下游岗普冰川剖线 P1 形变时间序列

川，该支流冰川汇集到主干道上，使得主干道上西向上的应力突然增加，造成东西向上的运动突然由东向上的运动转变为西向上的运动。冰川 2 号主流线上的时间序列图，如图 9.21 所示，可以看出东西向上和南北向上的运动变化大致相同，这与冰川的流动方向有关，这条冰川的流动方向呈向北偏 45°。另外，同样在距离起点 4.6km 处，达到位移值的顶峰。南北向上最大运动量达 200m，东西向上最大达到 165m，原因是该处有西侧方的冰雪蠕滑带来巨大的冰雪物质从而引起物质迁移发生变化。

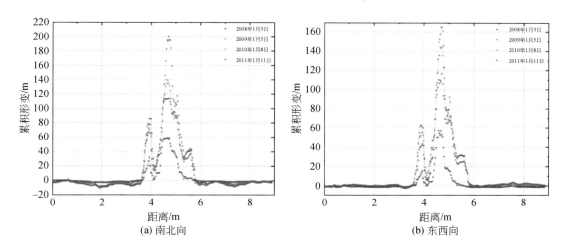

图 9.21　雅鲁藏布江下游岗普冰川剖线 P2 形变时间序列

# 9.4　嘉黎断裂区域性高位远程地质灾害识别与监测

## 9.4.1　研究区概况

嘉黎断裂是喀喇昆仑-嘉黎右旋剪切带的东南部分，它是经过多次构造活动形成的复杂断裂带，后期表现为断陷谷地带。一般学者认为嘉黎断裂是在青藏高原隆升过程中有块体挤出而形成的大型走滑带（Tapponnier and Molnar，1977；Armijo *et al.*，1989）。一种观点认为印度板块与欧亚大陆板块的碰撞汇聚力主要通过沿着大型走滑断裂的走滑运动及断裂所围限的刚性块体的横向滑移来实现。因此，变形主要集中在块体的边界断裂带上（Armijo *et al.*，1989；唐方头等，2010）。沈军等（2003）认为嘉黎断裂带第四期早期活动较强，全新世以来整体活动减弱。近年来的研究表明，该断裂是一条多期活动并在不同时期显示不同性质、有着长期发育历史的大断裂（张进江和丁林，2003）。嘉黎断裂不是整体右旋走滑断层，其在不同的构造部位运动性质和速率具有分段差异，大致以东构造为界分三段：西部构造以西为嘉黎断裂西北段，为右旋挤压运动；东构造结顶端沿易贡藏布的通麦段为中段，表现为弱右旋走滑运动；东构造结东南部分为嘉黎断裂的东南段，表现为左旋挤压运动（唐方头等，2010；宋键，2012；王德华等，2018）。

近年来围绕着青藏高原的构造变形及动力学机制，进行了大量的研究工作，但仍然存在不少问题，如主要边界的现今运动特征等。近几年发展起来的合成孔径雷达干涉测量（InSAR）技术因其具有大范围、高分辨率、高精度等优势而被广泛地应用于不同类型的地表形变监测中，本节主要采用 InSAR 技术对嘉黎断裂带区域开展形变研究。

## 9.4.2　研究区域和研究数据

本次针对嘉黎断裂的形变监测，主要采用了来自欧空局 Sentinel-1A 卫星的 SAR 数据（表9.4）开展处理。SAR 数据覆盖时间段为 2017 年 12 月 12 日至 2018 年 12 月 31 日，总计 23 景。地形相位是通过利用 NASA 发布的 30m 分辨率的 SRTM DEM 进行消除；同时采用了 Sentinel-1A 精密轨道数据进行干涉对的基线误差纠正。为了削弱失相干噪声的影响，数据处理中采用较大多视比（距离向：方位向为 30∶6）来提高干涉图的相干性。选取长时间基线、短空间基线的干涉图来提高形变信号的信噪比（Liu，2017）。此外为了进一步提高干涉图的信噪比，对干涉图进行了自适应滤波处理（Goldstein and Werner，1998），相位解缠采用基于 Delaunay 三角网的最小费用流算法（Costantini，1998）。利用 Stacking-InSAR 技术对 Sentinel-1A 卫星 SAR 影像完成了数据处理，并取得了嘉黎断裂沿线的初步结果（Sandwell and Price，1998）。

表 9.4　Sentinel-1A 升轨轨道影像数据列表

| 编号 | 日期（年-月-日） | 轨道号 | 幅号 |
| --- | --- | --- | --- |
| 1 | 2017-12-12 | 4 | 491 |
| 2 | 2018-01-05 | 4 | 491 |
| 3 | 2018-01-29 | 4 | 491 |
| 4 | 2018-02-10 | 4 | 491 |
| 5 | 2018-03-06 | 4 | 491 |
| 6 | 2018-03-18 | 4 | 491 |
| 7 | 2018-03-30 | 4 | 491 |
| 8 | 2018-05-05 | 4 | 491 |
| 9 | 2018-05-17 | 4 | 491 |
| 10 | 2018-05-29 | 4 | 491 |
| 11 | 2018-07-04 | 4 | 491 |
| 12 | 2018-07-16 | 4 | 491 |
| 13 | 2018-07-28 | 4 | 491 |
| 14 | 2018-08-09 | 4 | 491 |
| 15 | 2018-08-21 | 4 | 491 |
| 16 | 2018-09-02 | 4 | 491 |
| 17 | 2018-10-20 | 4 | 491 |
| 18 | 2018-11-01 | 4 | 491 |

| 编号 | 日期（年-月-日） | 轨道号 | 幅号 |
|---|---|---|---|
| 19 | 2018-11-13 | 4 | 491 |
| 20 | 2018-11-25 | 4 | 491 |
| 21 | 2018-12-07 | 4 | 491 |
| 22 | 2018-12-19 | 4 | 491 |
| 23 | 2018-12-31 | 4 | 491 |

## 9.4.3　数据处理及结果分析

利用 Stacking-InSAR 方法得到嘉黎断裂区域视线向的年平均形变速率，如图 9.22 所示，从图中可以看出，研究区域内整体形变较小，但在断裂的东南段存在明显的形变信息。在通麦至松饶村段南侧有明显的抬升，而在断层北侧无明显的形变信号。为了进一步研究该区域的形变区域，在形变图中沿 $A'A$ 提取了跨断层的地表形变速率剖线，结果如图 9.23 所示，可以看出在断层南侧存在每年雷达视线向约 10mm/a 的隆升，断层北侧形变较为稳定。

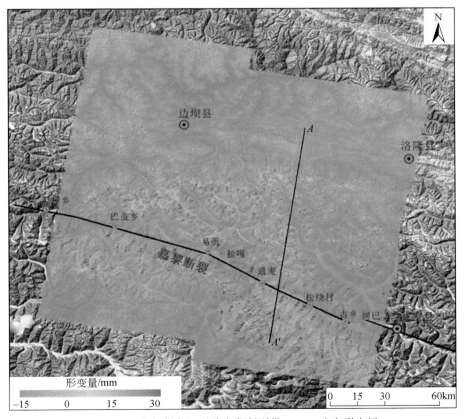

图 9.22　雅鲁藏布江下游嘉黎断裂带 InSAR 速度形变场

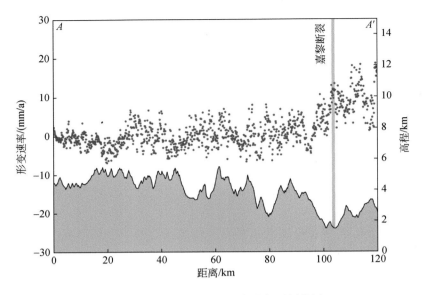

图 9.23　雅鲁藏布江下游嘉黎断层剖线图

宋键等（2013）2013 年的研究结果显示，嘉黎断裂东南段 GPS 速率为 4mm/a，这与 InSAR 监测结果有差异，分析可能是由于断层附近的米林地区于 2017 年 11 月 18 发生的 6.9 级地震及后续余震的影响所致（刘云华等，2018）。本次监测说明嘉黎断裂并不是整体右旋，在断裂的东南段存在左旋运动，这与宋键等观点一致（宋键等，2013）。

## 9.5　易贡特大山体滑坡残体精细探测与监测

### 9.5.1　易贡特大山体滑坡概述

2000 年 4 月 29 日，一个巨型山体滑坡事件发生在我国西藏自治区波密县易贡乡扎木弄沟，滑坡点位于雅鲁藏布江支流易贡藏布河左侧（坐标为 94°55′~95°00′E，30°10′~30°15′N；图 9.24；戴兴建等，2019）。约 3000 万 m³ 的滑体从海拔 5520m 的雪山向下高速滑动，铲刮扎木弄沟内沉积百年的碎屑物质形成超高速块石碎屑流，运移 8~10km 后沉积于易贡藏布湖（图 9.25），完全堵塞易贡藏布河形成长宽约 2500m，平均高度为 60m，体积约 3 亿 m³ 的堰塞湖（黄润秋等，2008；殷跃平，2000）。2000 年 6 月 10 日，堰塞坝体最终溃决，洪水造成下游 4000 余人受灾，沿线森林、公路、桥梁及通信设施等严重被毁，并诱发了 30 多处滑坡、崩塌及泥石流等次生地质灾害，直接经济损失超过 1.4 亿元（黄润秋等，2008；戴兴建等，2019）。

易贡滑坡区位于西藏东南部，该地区地势险峻、河谷纵横、切割较深，属于高山峡谷地貌（戴兴建等，2019）。易贡滑坡所处的扎木弄沟最高海拔达 5520m，最低海拔约 2190m，相对高差达到 3330m，为滑坡及崩塌等地质灾害的形成提供了有利地形条件。此

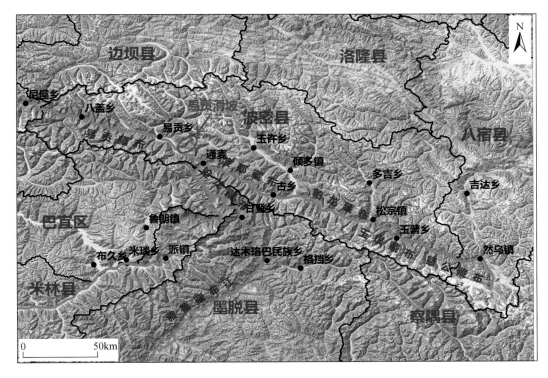

图 9.24 雅鲁藏布江下游易贡特大山体滑坡地理位置

图 9.25 雅鲁藏布江下游嘉黎易贡特大山体滑坡滑后三维影像图 （图像来源：Google Earth）

外，扎木弄沟地处扎木弄沟断裂与易贡藏布-帕隆藏布深切断裂带近于直交的复合部位，岩体破裂严重，为滑坡及崩塌等地质灾害的形成提供了有利的构造条件（黄润秋等，2008）。在地形及构造条件的共同作用下，该地区在历史上为滑坡多发区，如1900年扎木弄沟曾发生体积为数亿立方米的巨型山体滑坡，形成堰塞坝体（殷跃平，2000）。当前，在扎木弄沟沟道源头仍存在体积约2.75亿 m³ 的物源，易产生塑性变形，在全球气候变暖、冰雪消融及持续强降雨等的作用下发生崩塌的可能性较大。这些潜在的滑坡灾害体地处高位、高海拔及高寒地区，人难以到达，常规的地质灾害调查及监测手段无法实施，使得对该地区活动滑坡残体分布及时空演化特征的研究较少。因此，在该地区开展基于 InSAR 技术的活动滑坡残体精细探测与监测分析具有重要的理论与实际意义，可以为该区域滑坡灾害的防灾减灾工作提供重要的技术指导。

## 9.5.2　实验数据

研究区域地势险峻、地形起伏剧烈，易引起单一轨道 SAR 影像严重几何畸变，包括叠掩、阴影及透视收缩，造成 SAR 影像观测的盲区，在滑坡探测时易产生漏判（Wasowski and Bovenga，2014；Liu et al.，2018）。此外，研究区植被覆盖茂密且被冰雪覆盖，造成短波长 SAR 数据（如 TerraSAR-X、Sentinel-1 影像）时间去相干严重，有效监测点稀疏及 InSAR 测量相位解缠困难，同样在滑坡探测时易产生漏判与误差。为避免 SAR 影像几何畸变及时间去相干对滑坡精细化探测及监测的影响，提升滑坡探测的可靠性与准确率，本研究中收集了覆盖研究区域的升、降轨长波长 ALOS/PALSAR-2 影像进行滑坡探测及监测。其中，升轨 ALOS/PALSAR-2 影像共计 10 景，覆盖时间段为 2016 年 8 月 18 日至 2019 年 9 月 26 日，中心入射角为 31.4°；降轨 ALOS/PALSAR-2 影像共计 4 景，覆盖时间段为 2015 年 6 月 3 日至 2017 年 6 月 14 日，中心入射角为 40.6°。两个轨道 SAR 影像方位向与距离向分辨率分别为 3.2m 与 4.3m，可以保证对小型滑坡体进行探测与监测，其详细参数如表 9.5 所示。

表 9.5　SAR 数据基本参数

| 传感器 | ALOS/PALSAR-2 | ALOS/PALSAR-2 |
| --- | --- | --- |
| 轨道方向 | 升轨 | 降轨 |
| 航向角/(°) | −10.7 | −169.9 |
| 入射角/(°) | 31.4 | 40.6 |
| 波段 | L | L |
| 方位向分辨率×距离向分辨率/m | 3.2×4.3 | 3.2×4.3 |
| 影像数量/个 | 10 | 4 |
| 日期范围 | 2016 年 8 月 18 日—2019 年 9 月 26 日 | 2015 年 6 月 3 日—2017 年 6 月 14 日 |

对所采集的 SAR 影像以全组合方式生成干涉对，并对大气误差、DEM 误差及解缠误差进行了改正，最后从改正的结果中选取高质量解缠图进行形变速率及时间序列的反演。

本研究中共选取 20 对高质量的升轨 ALOS/PALSAR- 2 影像干涉对，六对降轨 ALOS/PALSAR-2 影像干涉对，其时间基线与空间基线分布如图 9.26 所示。采用覆盖研究区 30m 的 AW3D30 DSM 数据去除地形效应及辅助结果分析。

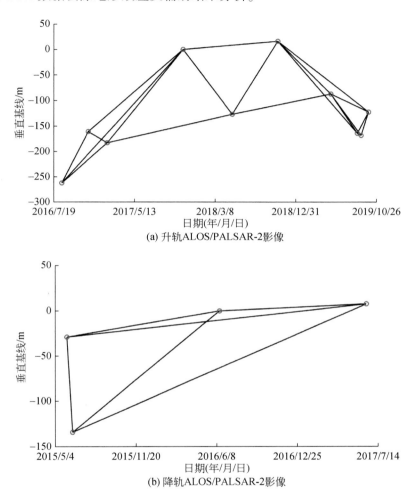

(a) 升轨ALOS/PALSAR-2影像

(b) 降轨ALOS/PALSAR-2影像

图 9.26　SAR 影像干涉对时空基线分布图

## 9.5.3　易贡滑坡区活动残体精细探测

### 1. 年平均地表形变速率图

图 9.27 为升、降轨 ALOS/PALSAR-2 影像计算获得的研究区雷达视线向年平均地表形变速率，其中，（a）为升轨影像计算获得的 2016 年 8 月至 2019 年 10 月年平均地表形变速率，（b）为降轨影像计算获得的 2015 年 6 月至 2017 年 6 月年平均地表形变速率。在图 9.27（a）中，升轨影像在易贡滑坡区右侧未获得有效的监测点，主要原因是其在该区域受到严重几何畸变（叠掩）的影响。从图 9.27（b）可以看到，降轨影像有效弥

补了升轨影像在易贡滑坡区右侧受到几何畸变影响的缺陷，获得有效的监测点，进一步证明了地形险峻区升、降轨 SAR 影像结合滑坡探测可大大减少 InSAR 观测的盲区，提高滑坡识别的成功率。升、降轨 ALOS/PALSAR-2 影像年平均地表形变速率表明易贡滑坡区整体稳定性较好，形变速率分布在-10～10mm/a。但在局部地区观测到一些小的残余变形体，最大年平均形变速率在升轨影像视线向达到-50mm/a，在降轨视线向达到-60mm/a。

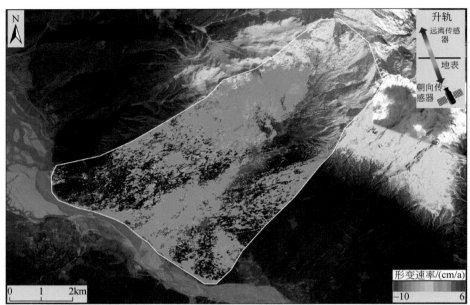

(a) 升轨影像年平均地表形变速率

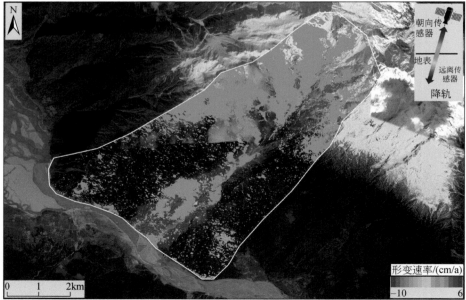

(b) 降轨影像年平均地表形变速率

图 9.27　ALOS/PALSAR-2 影像雷达视线向年平均地表形变速率

### 2. 活动滑坡残体编录图

结合升、降轨 ALOS/PALSAR-2 影像获得的年平均形变速率及时间序列，在易贡滑坡区共探测到七个大小不等的活动滑坡残体（变形体），其分布位置如图 9.28 所示，详细信息如表 9.6 所示。在这七个变形体中，2 号滑坡残体方量及年平均形变速率最大，长度约 1520m，宽度约 790m。图 9.29 为该变形体升轨 ALOS/PALSAR-2 影像年平均形变速率，由于该区积雪及冰川覆盖，因而探测到的有效监测点较为稀疏，从探测到的有效监测点中可以得到最大年平均形变速率约为−50mm/a。其中，2 号滑坡残体物源体积达 0.92 亿 m³，相对海拔高差达 3500m，具有极高的势能，发生崩落时产生碎屑流会再次堵塞易贡藏布河，易形成滑坡—堰塞湖—溃决洪水灾害链效应。因此，采用 InSAR 观测进行长时序动态监测对该滑坡体的防治及预警具有重要的实际意义。

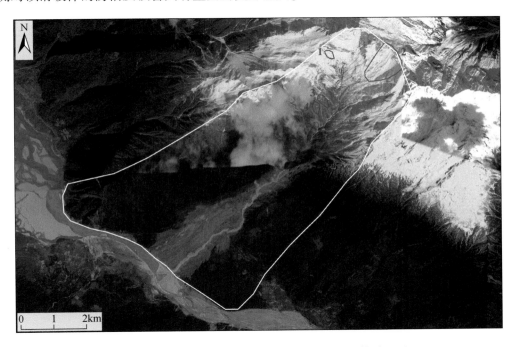

图 9.28　ALOS/PALSAR-2 影像探测活动滑坡残体编目图

1~7 为滑坡编号

**表 9.6　ALOS/PALSAR-2 影像探测活动滑坡残体统计**

| 滑坡编号 | 经度（°E） | 纬度（°N） | 长度/m | 宽度/m |
| --- | --- | --- | --- | --- |
| 1 | 94.985586 | 30.239077 | 348 | 180 |
| 2 | 95.000303 | 30.236454 | 1520 | 790 |
| 3 | 94.983999 | 30.226059 | 591 | 193 |
| 4 | 94.981987 | 30.224151 | 531 | 188 |
| 5 | 94.981983 | 30.219231 | 224 | 114 |

续表

| 滑坡编号 | 经度（°E） | 纬度（°N） | 长度/m | 宽度/m |
|---|---|---|---|---|
| 6 | 94.984947 | 30.217343 | 346 | 141 |
| 7 | 94.975994 | 30.214412 | 270 | 113 |

注：滑坡体长度与宽度基于 InSAR 得到的形变边界而确定。

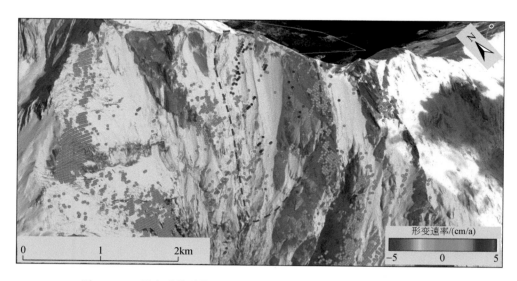

图 9.29　2 号变形体升轨 ALOS/PALSAR-2 影像年平均地表形变速率

　　采用光学遥感影像形态特征对探测的活动滑坡残体进行了验证，图 9.30 为探测到的七个变形体光学遥感影像。从图中可以看到，七个变形区滑坡形态特征非常明显，滑坡体表面可以看到局部崩塌及滑动的痕迹，进一步验证了 InSAR 探测结果的准确性及可靠性。

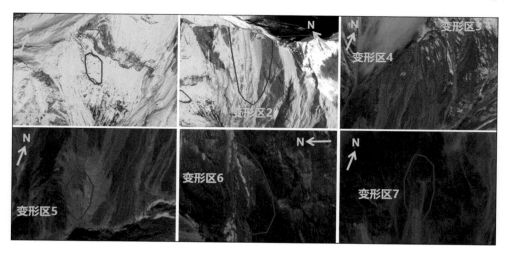

图 9.30　探测活动滑坡残体光学遥感影像图

### 9.5.4　滑坡残体时间序列形变分析

为进一步分析探测到的滑坡残体形变时空演化特征，采用升、降轨 ALOS/PALSAR-2 影像进行了时间序列形变分析。图 9.31 为 InSAR 监测点位分布图，图 9.32 为沿剖线 $AA'$ 升、降轨 ALOS/PALSAR-2 影像年平均地表形变速率。沿剖线 $AA'$ 整体稳定性较好，在局部形变速率出现波动主要原因可能是由于受到误差的影响，少量的 SAR 数据无法对结果进行进一步优化处理。两个形变较大的区域对应探测到的 3 号和 4 号滑坡残体，可以看到其形变信息被升、降轨 ALOS/PALSAR-2 影像同时观测到。

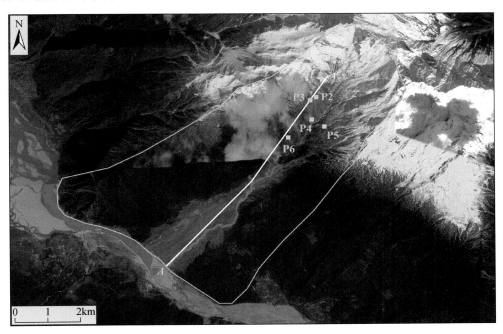

图 9.31　雅鲁藏布江下游易贡滑坡区 InSAR 监测点位分布图

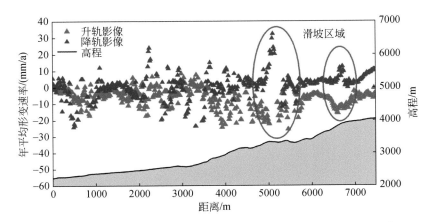

图 9.32　沿剖线 $AA'$ 升轨 ALOS/PALSAR-2 影像年平均地表形变速率

在 2~7 号滑坡残体上各选取一个监测点（P1~P6），提取了其升轨 ALOS/PALSAR-2 影像时间序列形变，如图 9.33 所示。结果表明，这几个滑坡残体在 InSAR 观测期间呈现出非线性运动的趋势，在一些滑坡残体上观测到明显的形变加速趋势。2 号滑坡残体累积形变最大，在三年时间里雷达视线向累积形变达到−166mm，且在 2019 年 8 月 15 日观测到明显的形变加速信号。3 号滑坡残体在 2018 年 10 月 25 日之前处于基本稳定状态，2018 年 10 月 25 日形变突然出现加速，其后以线性趋势持续变形，三年累积形变达到−67mm。4 号与 7 号滑坡残体在 2019 年 5 月 9 日形变出现了明显的加速，三年时间里累积形变分别达到−67mm 与−130mm。

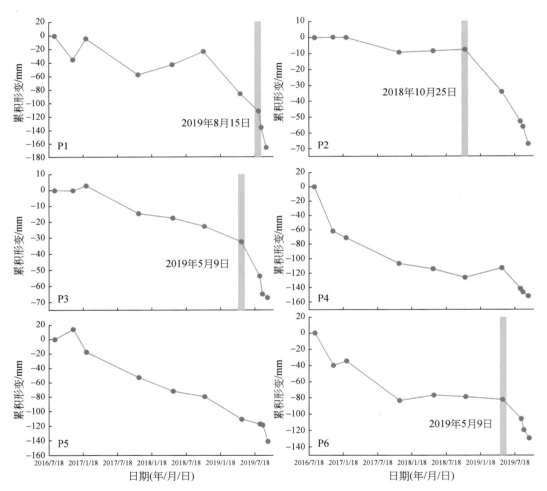

图 9.33　雅鲁藏布江下游易贡滑坡 P1~P6 监测点升轨 ALOS/PALSAR 影像时间序列形变

# 9.6　小　　结

藏东南平均海拔在 4000m 以上，具有典型的极高山、高原地貌特色。区域内地震活动带众多、气候条件复杂、地形落差巨大、人类工程活动强烈，导致藏东南地区成为我国地质灾害的重灾区之一。由于复杂的地形环境和恶劣的气象条件，现场调查工作几乎无法开展。本章针对高程大于 5000m 的永久性冰雪覆盖和常年厚层云雾遮挡等极端复杂条件的极高山区地质灾害 InSAR 调查，开展了相关技术研究和应用试验。针对高位滑坡大量级位移监测，探索了跨平台可变窗口 SAR 影像偏移量跟踪技术，解决了在离散点上获取长时间跨度位移监测的难题。针对区域内冻融变形、冰川、泥石流及构造断裂等地质灾害，探索了多种 InSAR 技术融合方法，以 Stacking-InSAR 技术削弱大气延迟的影响，实现灾害隐患点的识别，以短基线 InSAR 技术实现隐患点形变时间序列的特征提取。数据处理中，还采用了 DEM 辅助的 SAR 影像配准方法来削弱地形起伏对 SAR 影像配准精度的影响。同时，由于冰雪及植被覆盖，InSAR 相位解缠难免会出现相位不连续，因此相位解缠误差的探测与改正也被应用在数据处理中。通过以上技术研究，本章介绍了 InSAR 技术在雅鲁藏布江大峡谷、嘉黎断裂和易贡藏布超高位超远程地质灾害监测的初步应用成果，为日后在该地区进行地质灾害调查工作提供了一定参考。

# 第 10 章 高位滑坡多源大数据智能识别模型与应用

## 10.1 概　　述

高位远程滑坡因其隐蔽性强，产生的巨大冲击力和极端破坏性远超其他种类地质灾害，是当前监测和预防工作的重点。高位远程滑坡地质灾害呈现出三个特点：①点多面广，隐蔽性强；②高速远程，危害极大；③人迹罕至，难以观测。传统的滑坡监测预警方法通常采用野外调查等实地调研方法，测点布设过程复杂、工作量大、工作成本高；对位于条件恶劣的偏远地区滑坡，人员难以到达，且若滑坡处于临发阶段，人员可能存在安全性风险，监测工作难度非常大。此外，传统滑坡监测依赖地质领域专家针对单体滑坡进行识别判定，虽然准确率高，但工作效率较低，不具备全局性、时效性，难以对我国全域地质灾害隐患点做系统性排查。因此，寻找一种能在广大区域内快速可靠地确定滑坡可能发生位置，以进行长期、有效监测的自动化方法成为当前灾害监测工作的迫切需求。

当前，快速发展的人工智能技术，有力地推动着各行各业的信息化业务系统向智能化生产工具演进。智能化是信息化发展的高级阶段，它通过采集事物运行数据，对其历史规律进行数学建模，通过计算预测和监测对比，反向指导或控制事物运行。在地质灾害监测领域，依靠现代信息技术提升灾害监测时效性和准确性也已成为必然趋势。若能够研发智能化的监测系统，其具备大范围感知能力、自适应的学习功能、准确的识别与判断能力及行之有效的执行能力，将可以极大减少对专家的依赖、摆脱滑坡勘测费时费力的困境、提供精准的预警预报、为灾害隐患早期识别提供明确的分析与判断、及时预警滑坡发生可能性和滑坡范围，对降低滑坡损失、保护人民生命安全、减少人民群众的财产损失具有重大作用。

## 10.2 人工智能识别模型发展与应用

智能化应用依赖人工智能技术的发展。人工智能（artificial intelligence，AI）也被称为机器智能，是研究、开发用于模拟、延伸和扩展人的智能的理论、方法、技术及应用系统的一门技术科学。人工智能概念最早是在 1956 年 Dartmouth 学会上被提出，但在 2012 年以后，得益于数据量的上涨、运算力的提升和机器学习新算法（深度学习）的出现，人工智能才开始迅猛发展和应用。

深度学习（deep learning）是人工智能研究中的一个新领域，是用于建立、模拟人脑进行分析学习的神经网络，并模仿人脑的机制来解释数据的一种机器学习技术，它在计算机视觉（computer vision，CV）和自然语言处理（natural language processing，NLP）等领域得到广泛应用并取得显著应用效果。

　　作者等以视觉识别为例分析深度学习模仿神经网络的实现过程。人类视觉识别从瞳孔感受物体光线刺激，到激活对应的视觉神经元细胞，再到进入中枢大脑分析的工作过程，是一个多层传递、不断抽象的过程。原始信号是最底层的信息，从这一底层中抽象出某些特征，将这些特征作为新的一层，再从这一层中抽象出更加抽象的特征作为新的一层，如此多次重复迭代，直到大脑可以对物体进行归类识别。总体上来讲，人类视觉系统是从具体到抽象，多层传递的。而深度学习模拟人脑视觉中枢，也是通过构建多层人工神经网络程序结构，将原始的输入信号不断地进行特征提取，直到抽象出分类器（一种计算机判别模型）可用的特征，最后再由分类器给出图像识别的结果（卢宏涛和张秦川，2016）。

　　深度学习模型在进行图像识别之前需要先进行模型训练。这个过程主要是通过向模型训练程序输入大量的样本数据，让模型学习提取待识别目标的有效分类特征，从而形成特化的识别网络结构，并提升模型识别效果。注意到特征学习过程是深度学习模型通过读取大量训练数据来进行自学习而得到的。当前由于各行业信息化建设迅猛发展，积累了海量的图像、视频等原始样本数据，这也为基于深度学习的智能识别技术的发展和应用奠定了基础。例如，在医疗影像智能识别领域，机器视觉技术已经能够帮助医生解读 X 光片（曲晓和吴乃蓬，2020）；在智能交通领域，机器视觉技术已经可以感知识别车辆周边的道路环境，实现自动驾驶等。毫无疑问，以深度学习为代表的人工智能技术将越来越有力地推动整个社会智能化的发展。

　　我国在地质灾害早期识别与监测领域的信息化建设已经取得长足发展。在广域环境下积累了多类别的海量地质数据集，为利用以深度学习为基础的智能识别技术完成滑坡灾害识别与动态监测提供了有力的数据支撑。

# 10.3　高位滑坡智能识别特征分析

　　传统灾害识别方法是依靠专家的领域知识和实地经验进行人工判别，具有很高的判别精度。但是也存在着人工投入大、辨识效率低的问题；特别是面对海量数据时，人工方法难免捉襟见肘，不能满足覆盖大范围区域广域灾害识别的需要。

　　卫星遥感以其观测范围大、同一地区周期性重访等特点，可为低代价、高时效的环境监测提供及时、准确、一致的地球表面信息，为地表地理现象的变化检测提供技术支撑，因此广泛应用于地表信息的变化检测中。光学遥感能够呈现地理实体或现象的变化信息，具有丰富的地物特征和充分的信息含量，提供了辐射信息（亮度、强度、色调）、光谱信息（颜色、色调）、纹理信息和几何关系信息（形状、大小、位置等）。这些信息是高位滑坡判识需要考虑的特征（杨婷婷，2020）。结合深度学习在计算机视觉领域的发展，在图像识别技术上的不断提高，可以实现基于单视角的高位滑坡光学遥感数据的机器识别模型算法，辅助专家对潜在高位远程地质灾害区域连续监测，动态发现异常，从而极大地提高对大范围地域进行灾害识别监测的能力。

　　单视角的高位滑坡光学遥感数据特征提取与识别模型在对比现有各类深度学习方法的

基础上，选择识别效果最优异的模型进行实现，通过构建语义分割卷积神经网络，基于光学遥感图像对地质灾害进行判别和地形分割。

由于高位远程滑坡灾害的形成机理、演化过程及影响因素错综复杂，因此导致滑坡结构复杂，形态多变（图 10.1），仅依靠光学遥感图像单一数据源提取的光学视觉特征，不能充分解释滑坡形成原因。同时光学遥感影像可能存在角度单一、局部模糊、阴影云层遮挡等缺点，仅仅使用光学遥感影像对滑坡灾害进行识别与定位具有一定的局限性。应考虑多种因素，如地形地貌条件（坡度、高程、地貌特点）、地层岩性条件（碎屑岩类、碳酸盐岩类、松散堆积层是滑坡高发地层）、水文地质条件（地下水会软化、潜蚀岩土）等（王新胜等，2020），这些都是在滑坡灾害调查中的滑坡判识因素。

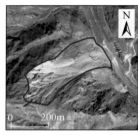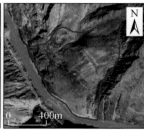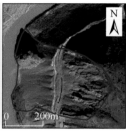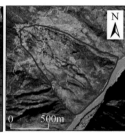

图 10.1　金沙江河谷典型滑坡遥感影像解译图

目前，野外地质测量工作和遥感解译工作积攒了大量的非结构数据（定性数据）与地质空间数据（定量数据）等地质大数据，具有多源、多类、多量、多维、多时态特点，包括滑坡构成的必要物质条件、滑坡引发的必要地形条件、滑坡诱发条件、地质断裂带分布、滑坡附近的人文地理信息、滑坡危险对象等滑坡直接判识模式和间接判识模式，构成了充分的数据资源。因此，可以实现基于多视角的高位滑坡多源数据融合模型，对地质灾害的所处环境及其各种因素进行全面的建模，提供更充分的地质灾害特征描述。

基于多视角的高位滑坡多源数据融合模型，从滑坡灾害形成的相关影响因子和判识模式出发，充分利用现有的数据资源，整合各地区、各平台知识库数据，采用光学遥感影像数据、数字高程数据、全国地貌分区数据、全国地质分区数据、全国水文分布数据、全国断裂带分布数据等多源数据，对多源异构数据构建一致性关系，实现基于多源大数据的智能融合识别算法模型，提高像素级别滑坡灾害识别精度，为滑坡灾害监测预警提供常态监测和预警预防的技术手段。

## 10.4　基于单视角的高位滑坡光学遥感数据识别模型

单视角的高位滑坡光学遥感数据特征提取与识别模型基于领域知识与人工智能方法相结合，利用单一光学遥感图像对地质灾害位置进行广域识别（图 10.2）。高位滑坡光学遥感数据特征提取与识别模型方案如下。

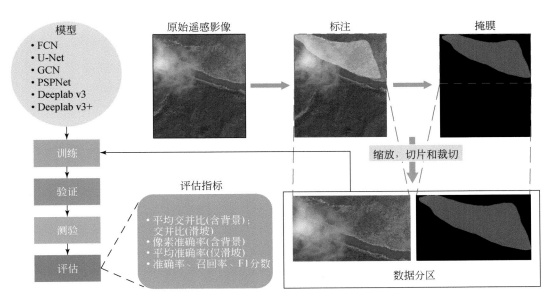

图 10.2　光学遥感数据特征提取与识别模型流程示意图

## 10.4.1　数据处理

数据处理将帮助机器学习并且认知数据中的特征，原始光学遥感数据通过数据标注得到专家标注图，为滑坡识别结果提供标准样本，通过数据增强技术能够提升数据量，提高模型泛化性。

本次研究在金沙江流域现有滑坡和其他区域滑坡数据基础上完成滑坡的识别，通过数据处理将原始数据转换为机器可识别数据，主要分为数据标注和数据增强两个过程。数据标注将得到滑坡真值，通过叠加光学遥感影像与坐标文件生成滑坡标注图，滑坡标注图与滑坡识别结果的对比用于评估滑坡预测准确度；然后使用数据增强技术增加训练样本多样性，具体为样本分割方法，随机裁剪、扩展、翻转和带插值的大小调整等几何扩增方法和随机亮度扰动、色调扰动、饱和度扰动和对比度扰动等光学扩增方法。

### 10.4.1.1　数据说明

本次研究所使用的数据包括金沙江流域的 87 处滑坡和其他区域（延安、北川、黑方台、映秀、黄茨和舟曲等地）的 40 处滑坡。金沙江位于扬子江上游，流经中国西部的青海省、四川省和云南省。在本次研究选择了位于 96°22′23″ ~ 99°27′10″E，27°48′5″ ~ 33°46′3″N 的 87 处滑坡作为主要滑坡样本，位于其他区域的 40 处滑坡作为补充样本以提高模型泛化能力。

### 10. 4. 1. 2　数据标注

计算机深度学习技术的实质，是不断增加人工智能识别一个物体时的维度，形成庞大的矩阵。这个矩阵构建的过程基于样本数据的累积，也就是数据标注和机器学习的过程。算法模型需要使用大量标注好的数据去训练机器使机器学习图像中的特征以达到智能识别的目的，数据标注就是帮助机器去学习并且认知数据中的特征。

作者等使用在地质工作人员和相关科研工作者实地调查、遥感图像解译等积累下来的滑坡数据样本，将这些样本直接转换为可以被深度神经网络处理的格式，成功利用了现有资源，也减少了数据标注所造成的人力和时间的消耗。

### 10. 4. 1. 3　数据增强

由于滑坡数据标注的过程费力且耗时（定位潜在的滑坡通常需要实地调查，成本高昂，需要大量的人力和物力），作者等收集和标记的滑坡数据的数量非常有限。与其他深层神经网络已经取得巨大成功的计算机视觉任务相比，如人脸识别和场景解析等，滑坡样本的数目相对而言十分稀少。而数据的数量和多样性对深度神经网络的成功至关重要。数据增强是一种常见的策略，它可以在没有收集或标注实际数据的情况下显著地增加数据的多样性。它允许神经网络学习与滑坡相关的内在和不变的特征。因此，在获取到一张训练样本后，作者等通过随机旋转、翻转、转置等空间变幻方式将其扩增为多个训练实例，然后利用随机噪声对颜色、光照、饱和度等进行外观上的干扰。

## 10. 4. 2　模型预训练

深度学习需要足够大的数据集支持参数的训练从而提取待检测区域的图像特征。而滑坡数据少，可使用的训练数据集较小，在特征提取过程中易造成过拟合的问题，模型只能在训练集上取得良好效果，深度网络失去作用。因此采用外部数据集对深度神经网络进行预训练，实现图像级特征提取模型，通过学习遥感图像的地质特征，包括纹理、颜色、光照等低级特征和土地、植被、水体等高级特征；为滑坡区域识别中对特定区域的识别提供合理的初始化权重，在训练数据集特征提取中能够更快更好地达到效果。

在数据量较不充分时，采用具有多样土地覆盖种类的 BigEarthNet 遥感地形数据集支持预训练模型中参数的学习和调整，在具有更多特征的公共数据集的基础上，采用 CNN 模型完成图像级特征提取模型，提取光学遥感数据特征，得到对于光照、分辨率差异等具有一定的鲁棒性的特征参数，从而丰富待检测滑坡区域的特征，减少在目标数据集上实现滑坡识别模型的过拟合风险。

## 10. 4. 3　特征提取

在图像处理中，特征提取指的是使用算法来检测和隔离数字图像的各种所需部分或形状（即特征）。特征提取通过从大量数据中构造特征组合来提取具有高表现力的新特征，这些新特征对分类、识别、分割等任务的辨识能力高，从而取得更好的效果。特征提取模型采用 CNN 架构进行下采样，提取光学遥感影像中纹理、颜色、光照、植被、水体等通用地质特征，得到对于地质特征具有一定鲁棒性的特征参数，将为图像识别模型提供依据。

### 10.4.3.1　ResNet

ResNet 网络是当前应用最广泛的特征提取网络之一（He et al.，2016）。为了解决深层网络退化的问题，它使用残差连接在不损失网络表现能力的情况下提高网络的层数。它通过使用多个有参层来学习输入输出之间的残差表示，而非像一般的 CNN 网络（Krizhevsky et al，2012）、VGG（Simonyan and Zisserman，2014）等那样使用有参层来直接尝试学习输入、输出之间的映射。实验表明使用一般意义上的有参层来直接学习残差比直接学习输入、输出间映射要容易得多（收敛速度更快），也有效得多（可通过使用更多的层来达到更高的分类精度）。

ResNet 采用残差网络结构（residual network）作为网络基本组成部分，残差网络的基本结构如图 10.3 所示，ResNet 在原始卷积层外部加入越层连接支路构成基本残差块 RB，使原始映射 $H(x)$ 被表示为 $H(x)=F(x)+x$。通过残差块结构将网络对 $H(x)$ 的学习转化为对 $F(x)$ 的学习，较 $H(x)$ 而言对 $F(x)$ 的学习更为简单。基于残差块更易学习的特征，ResNet 通过顺序累加残差块可以让网络在加深层数的同时，既能解决梯度消失的问题，又能提升模型精度，最终得到比较好的分类效果。

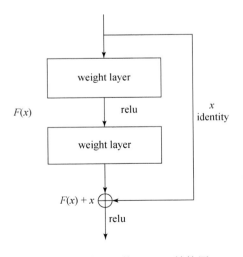

图 10.3　残差网络 ResNet 结构图

在 ResNet 的原始论文里，作者根据网络深度不同，一共定义了五种 ResNet 结构，从 18 层到 152 层（表 10.1）。

**表 10.1　残差网络 ResNet 五种结构简图**

| 层名称 | output size | 18 层 | 34 层 | 50 层 | 101 层 | 152 层 |
|---|---|---|---|---|---|---|
| Cov1 | 112×112 | 7×7,64,stride 2 | | | | |
| Conv2_x | 56×56 | 3×3,max pool,stride 2 | | | | |
| | | $\begin{bmatrix}3\times3,64\\3\times3,64\end{bmatrix}\times2$ | $\begin{bmatrix}3\times3,64\\3\times3,64\end{bmatrix}\times3$ | $\begin{bmatrix}1\times1,64\\3\times3,64\\1\times1,256\end{bmatrix}\times3$ | $\begin{bmatrix}1\times1,64\\3\times3,64\\1\times1,256\end{bmatrix}\times3$ | $\begin{bmatrix}1\times1,64\\3\times3,64\\1\times1,256\end{bmatrix}\times3$ |
| Conv3_x | 28×28 | $\begin{bmatrix}3\times3,128\\3\times3,128\end{bmatrix}\times2$ | $\begin{bmatrix}3\times3,128\\3\times3,128\end{bmatrix}\times4$ | $\begin{bmatrix}1\times1,128\\3\times3,128\\1\times1,512\end{bmatrix}\times4$ | $\begin{bmatrix}1\times1,128\\3\times3,128\\1\times1,512\end{bmatrix}\times4$ | $\begin{bmatrix}1\times1,128\\3\times3,128\\1\times1,512\end{bmatrix}\times8$ |
| Conv4_x | 14×14 | $\begin{bmatrix}3\times3,256\\3\times3,256\end{bmatrix}\times2$ | $\begin{bmatrix}3\times3,256\\3\times3,256\end{bmatrix}\times6$ | $\begin{bmatrix}1\times1,256\\3\times3,256\\1\times1,1024\end{bmatrix}\times6$ | $\begin{bmatrix}1\times1,256\\3\times3,256\\1\times1,1024\end{bmatrix}\times23$ | $\begin{bmatrix}1\times1,256\\3\times3,256\\1\times1,1024\end{bmatrix}\times36$ |
| Conv5_x | 7×7 | $\begin{bmatrix}3\times3,512\\3\times3,512\end{bmatrix}\times2$ | $\begin{bmatrix}3\times3,512\\3\times3,512\end{bmatrix}\times3$ | $\begin{bmatrix}1\times1,512\\3\times3,512\\1\times1,2048\end{bmatrix}\times3$ | $\begin{bmatrix}1\times1,512\\3\times3,512\\1\times1,2048\end{bmatrix}\times3$ | $\begin{bmatrix}1\times1,512\\3\times3,512\\1\times1,2048\end{bmatrix}\times3$ |
| | 1×1 | average pool,1000-d fc,softmax | | | | |
| FLOPs | | $1.8\times10^9$ | $3.6\times10^9$ | $3.8\times10^9$ | $7.6\times10^9$ | $11.3\times10^9$ |

ResNet34 结构如图 10.4 所示，残差块的具体表达式如下，函数 $F(x)$ 表示残差映射，$x$ 和 $y$ 分别代表残差块的输入和输出。当 $x$ 和 $F$ 维数相同时，采用式（10.1），此时越层连接既没有增加额外的参数也没有增加计算复杂度。当 $x$ 和 $F$ 维数不同时，采用式（10.2），通过越层连接执行 $1*1$ 卷积映射 $G(x)$ 以匹配维数。

$$y=F(x,\{W_j\})\mid x \qquad\qquad\qquad (10.1)$$
$$y=F(x,\{W_j\})+G(x,\{W_S\}) \qquad\qquad (10.2)$$

ResNet34 网络输入图像大小为 224×224。首先经过卷积层，卷积核为 7×7，步长为 2，输出特征图为 112×112；再经过最大池化层；其次经过四组不同残差块，各残差块组的残差块数量分别为 3、4、6 和 3，并且同组中的残差块输入、输出维度相同，分别为 64、128、256 和 512，各组输出特征图大小依次为 56×56、28×28、14×14、7×7。在本模型中，ResNet34 不需要经过最大化池化层和全连接层。ResNet 网络的任务是提供多层次的特征图。

### 10.4.3.2　Xception

Inception 系列提出的"多尺寸卷积"和"多个小卷积核代替大卷积核"等概念已经成为深度卷积网络的设计原则被广泛接收，而 Xception（extreme inception）（Chollet，2017）正是该系列神经网络结构的集大成者，其中提出的"深度可分离卷积"能够在不损失表达能力的情况下简化神经网络的计算（Chollet，2017）。它使用多个不同尺寸的卷积核，提高对不同尺度特征的适应能力。使用 1×1 的卷积核，在降维或升维的同时，提高网络的表达能力。使用多个小尺寸卷积核代替大卷积核，在加深网络、提高网络表达能力

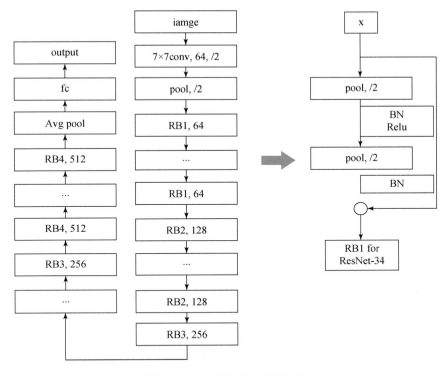

图 10.4　34 层残差网络结构图

的同时，减少参数量。利用 "瓶颈" 结构，极大地减少网络参数量，而深度可分离卷积的利用有进一步地减少了参数量。

## 10.4.4　图像识别

　　图像识别模型将在特征提取模型基础上加入上采样操作，将模型提取的特征图恢复至原输尺寸，以得到精准的滑坡识别范围。图像识别模型将试验多种最新深度学习模型，探究更好的识别效果，获得具有较高精准度的滑坡识别图像。

　　近年来，基于深度学习的语义分割模型发展已经成熟，并在 ImageNet、PASCAL VOC、COCO 等数据集上取得了良好的分割结果。作者等将在试验多种语义分割模型的基础上，结合滑坡的领域知识特征，构建并试验能够高效解决滑坡区域识别问题的新型神经网络。语义分割技术在不断进步，每年有许多新的模型出现，不同模型对于不同领域任务和数据集识别结果不尽相同。当前主流的语义分割模型主要有 U-Net（Ronneberger *et al.*，2015）、PSPNet（Zhao *et al.*，2017）、GCN（Defferrard *et al.*，2016）、DeepLabv3（Chen *et al.*，2017）、DeepLabv3+（Chen *et al.*，2018）等。

### 10.4.4.1　U-Net

　　对称全卷积 U 型网络 U-Net 是基于 FCN 进行一系列改进和延伸提出的更适合于医学

图像的分割网络（Ronneberger *et al.*，2015）。U-Net 训练速度快，分割精度高，利用数据增强技术进行数据集扩增可以在有限的训练样本情况下取得很好的分割效果。

### 10.4.4.2　PSPNet

Pyramid Scene Parsing Network（PSPNet）的核心贡献是 Global Pyramid Pooling，翻译成中文称作全局金字塔池化。它将特征图缩放到几个不同的尺寸，使得特征具有更好地全局和多尺度信息，这一点在准确率提升上上非常有用（Zhao *et al.*，2017）。

### 10.4.4.3　GCN

语义分割不仅需要图像分割，而且需要对分割目标进行分类。在分割结构中不能使用全连接层，而 GCN 就是在使用全卷积的结构上尽可能地使用大的卷积核，从而达到分类和分割平衡（Peng *et al.*，2017）。采用大内核结构的另一个原因是，尽管 ResNet 等多种深层网络具有很大的感受野，有相关研究发现网络倾向于在一个小得多的区域来获取信息，并提出了有效感受野的概念。

### 10.4.4.4　DeepLabv3

DeepLabv3 中提出带洞空间金字塔池化（atrous spatial pyramid pooling，ASPP）模块，挖掘不同尺度的卷积特征，以及编码了全局内容信息的图像层特征，提升分割效果（Chen *et al.*，2017）。使用空洞卷积可以在不引入池化层的前提下扩大感受野，然而，当采样率过大时，由于图像边缘的影响会不能捕获长距离信息，这个时候，会退化成 1×1 的卷积模块，为了克服这个问题，DeepLabv3 中使用了图片级的特征，将特征图作全局池化，并最终融合在一起进行上采样。此论文的一大改进就是去掉了 CRF 操作，直接由得到的特征图进行上采样操作恢复原分辨率。最终将输出上采样八倍与完整的 Ground Truth 比较。DeepLabv3 结构如图 10.5 所示。

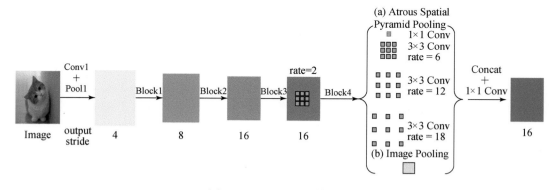

图 10.5　DeepLabv3 结构图

### 10.4.4.5　DeepLabv3+

空间金字塔模块在输入 feature 上应用多采样率扩张卷积、多接收野卷积或池化，探索多尺度上下文信息（Chen *et al*，2018）。Encoder-Decoder 结构通过逐渐恢复空间信息来捕捉清晰的目标边界。

DeepLabv3+结合了这两者的优点，具体来说，以 DeepLabv3 为 encoder 架构，在此基础上添加了简单却有效的 decoder 模块用于细化分割结果。

## 10.4.5　结果分析

### 10.4.5.1　数据集标注成果

光学遥感图像采集自 Google Earth 影像，由领域专家进行标记。采集到的原始图像空间分辨率约为 5m（19 级），并用多边形标注滑坡的形状和覆盖区域。由于深度卷积神经网络在应用于超高分辨率图像时，将面临极高的 GPU 内存要求和计算代价。裁剪（即将大比例尺的图像分割成几个小的小块来构造训练图像）通常作为一种解决办法。这里，作者等将最初的光学遥感图像裁剪为若干个更小的补丁，每个补丁包含整个滑坡或根本没有滑坡，确保领域专家能够通过训练样本确定滑坡是否发生。然后将裁剪后的切片调整为同样大小，即 420 像素×420 像素，然后由模型处理。

### 10.4.5.2　预训练结果

为构建与目标数据集相同的特征维度，采用 BigEarthNet 数据集的第 4、第 3、第 2 通道的数据分别作为 RGB 图像三通道的输入。在训练和测试时动量值为 0.9，权重衰减为 0.0002。批量（batch）大小设为 64，初始学习率设置为 0.1。每次在损失量（loss）趋于稳定时将学习率缩减为 1/10。每当迭代 2000 次即训练 62.5 个迭代（epoch）时，保存模型参数，并输出分类置信度。模型采用交叉熵损失计算损失函数，用于多分类任务。模型采用 F1-score 作为评估函数，综合了精确率和召回率，具有更好的评估稳定性（图 10.6）。

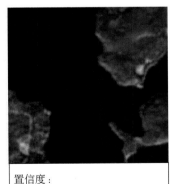

图 10.6　识别结果

### 10.4.5.3　识别结果

在训练过程中，通过大量负样本学习增强模型的有效数据量。将大量负样本作为图像识别模型的输入，识别并学习负样本中非滑坡体区域典型特征，如该地区地质特征、水体特征、植被特征等，增强特征针对性。

采用多种数据增强方法提高小样本上模型的分割能力。主要实现以下方法：随机尺寸、随机抠图、随机翻转、随机旋转、随机加噪、随机调整图像的光亮、对比度。解决由于目标数据集过少导致的目标数据集训练效果不明显，泛化性较差问题。

损失函数主要采用交叉熵损失函数，交叉熵函数通常用于神经网络的分类问题中，可以很好地计算每个类别的概率，捕捉到不同模型预测的差异。

性能评价指标一般采用图像交并比（intersection-over-union，IoU）。IoU 计算如式（10.3），直观来说就是模型所预测的目标区域与 Ground Truth 中所标注的真实区域的重叠度。给定一组图像，IoU 测量给出了在该组图像中存在的对象的预测区域和地面实况区域之间的相似性。

$$IoU = \frac{Area\ of\ Overlap}{Area\ of\ Union} \tag{10.3}$$

其他常用评价指标还包括 F1-Score 和准确率（Accuracy）。F1-Score 见式（10.4），用来衡量二分类模型精确度，可以看作是模型精确率和召回率的一种调和平均。准确率见式（10.5），对于给定的测试数据集，准确率为分类器识别正确的样本数与总测量样本数之比。

$$F1-Score = \frac{2 \times P \times R}{P+R} \tag{10.4}$$

$$Accuracy = \frac{识别正确的测试样本数}{总测试样本数} \tag{10.5}$$

模型通过滑坡灾害数据集进行了效果验证，通过表 10.2 可以看到，模型在滑坡地形的识别上其准确率超过了 60%，召回率超过了 80%。也即模型识别出来是滑坡的地形有 80% 以上确实是滑坡。这也使得作者等可以确定这样的一种工作模式，即机器视觉先进行大范围隐患地点的粗筛，选出疑似滑坡地点后专家再进行验证和确认。

表 10.2　模型结果

| 模型 | 评价指标 | | | | |
| --- | --- | --- | --- | --- | --- |
| | Accuracy | Mean IoU | Background IoU | Landslide IoU | F1-Score |
| U-Net | 0.5923 | 0.4365 | 0.6416 | 0.2315 | 0.3428 |
| PSPNet | 0.5782 | 0.4367 | 0.6321 | 0.2413 | 0.3694 |
| GCN | 0.5454 | 0.5133 | 0.5878 | 0.2424 | 0.3860 |
| DeepLabv3 | 0.6154 | 0.5635 | 0.6190 | 0.3780 | 0.4219 |
| DeepLabv3+ | 0.6308 | 0.4263 | 0.6103 | 0.2424 | 0.3685 |

测试结果可视化展示效果如图 10.7、图 10.8 所示，其中绿色区域表示专家标注滑坡

范围，下面一行图片中红色区域为模型预测滑坡范围：

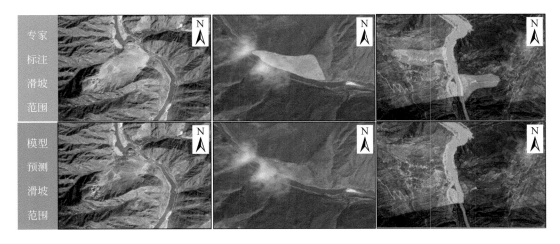

图 10.7　识别结果可视化 1

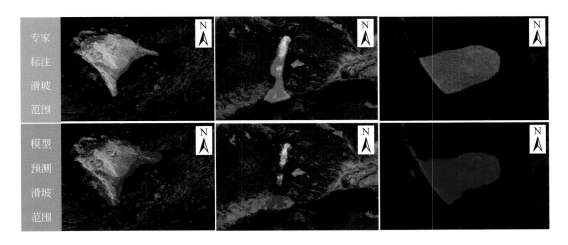

图 10.8　识别结果可视化 2

## 10.5　基于多视角的高位滑坡多源数据融合模型

构建基于光学特征、高程特征、地貌特征、河流分布特征等多源数据特征融合的针对性模型，对地质灾害位置进行精准识别，基于多视角的高位滑坡多源数据融合模型将采用如下方案设计。

### 10.5.1　数据一致性关系构建

地质环境包含的内容相当广泛，气候、水文、地质、构造活动、生物活动，都是地质环境的一部分。这些部分相互影响、相互作用，推动地质环境持续变化。在第一阶段的工作中，只是用遥感卫星图像对地质灾害进行识别，然而实际上很多不同的因素，包括地质构成、水体分布、植被分布等都可能对地质灾害产生影响。仅使用单一源的数据无法对地质灾害的所处环境极其各种因素进行全面的建模，因此需要引入多源数据。

光学遥感影像，是滑坡的最直观特征。在滑坡初步识别模型中，输入仅为光学遥感影像，但是仅凭借图像识别导致忽略了其他因素的影响。地质构造、地层岩性、气象水文、人类活动、地形地貌等都影响到滑坡区域的识别。这些数据具有不同的结构和特征。面对数据多元性——数据类型多样；数据内容"维度"多样；数据所涉及的知识范畴的"粒度"多样时，为了建立数据间、信息间、知识片段间多维度、多粒度的关联关系，实现更多层面的知识交互，从而聚敛出语义关联的紧密程度，首要任务就是针对不同的数据类型，采用一定的数据标准将其规范化。

将采用如表 10.3 所示多种来源数据集作为滑坡识别模型输入，并以一定比例将其作为图像识别的辅助因素共同判断滑坡区域。

表 10.3　数据集类别

| 数据集 | 数据内容 | 数据类型 |
| --- | --- | --- |
| 光学遥感影像 | 滑坡影像 | tif |
| 影像标注数据 | 滑坡范围标注 | shp |
| 数字高程模型（DEM） | 海拔 | tif |
| 地质分区 | 全国地质分布 | shp |
| 地貌分区 | 全国地貌分布 | shp |
| 水文分布 | 全国 1-2,3 级水系分布 | shp |
| 断裂带分布 | 全国断裂带分布 | shp |

对于多源异构数据，首要事情是建立数据一致性关系，采用数据标准化、几何纠正、投影变换、影像裁剪与位图生成四个步骤。从以下几个方面对多源数据进行处理，以得到更加准确与全面的地质灾害智能识别与监测。

（1）数据标准化。对于以描述性文字作为区域划分因子的栅格数据，将其区域划分特征进行数值化处理，设置多种度量层级，转化为以数值为区域划分因子；之后将以数值为区域划分因子的栅格数据进行属性的标准与归一化，满足以数值构成的标记图像格式要求。

（2）几何纠正。对遥感影像进行几何纠正处理，消除影像获取过程中产生的各类图像畸变，使影像上的各类地物具有准确的地理位置，并满足一定的平面精度要求。

（3）投影变换。为构建数据集需要，将点阵文件格式的栅格数据与标记图像格式的光学遥感影像转化为相同的地理经纬度坐标系，实现地理位置匹配。

（4）影像裁剪与位图生成。由于以点阵文件存储，以几何对象为展现方式，包括全国范围数据的栅格数据不能满足模型矢量数据输入和数据一一对应的要求，因此需要将栅格数据转化为位图格式，并且将其与对应的光学遥感影像实现地理位置匹配。具体操作为栅格化栅格数据，将其属性特征值刻录到与几何体相交的像素中，选取图像上感兴趣的内容，即每一幅光学遥感影像的地理范围，把图像上不需要研究的部分去除。最后形成具有属性特征的位图格式数据，将作为多源数据的特征数据输入到模型的计算中，进一步提取高位远程滑坡灾害的特征。

## 10.5.2　特征分支网络构建

数据数量、质量及算法的结构是影响深度学习实验结果的重要因素。

对于数据数量来说，深度学习需要足够大的数据集才能支持参数的训练，从而提取待检测区域的图像特征。数据数量不充分，即便是对于更多次迭代、更深的网络结构的实验而言效果往往很差，且有过拟合风险，模型训练出包含噪点在内的所有特征，导致模型在训练集的精度很高，但是应用到新数据集时，精度很低、泛化性能差。

对于数据质量（即数据的信息含量），数据之间关系复杂、信息含量大的数据需要更深的网络结构提取充分的特征；而对于较为简单的分布规律，以过深的模型结构进行计算时也会造成过拟合风险。一般而言，简单的网络结构容易造成欠拟合，在拥有充分数据量的基础上，模型未训练出数据集的特征，导致模型在训练集、测试集上的精度都很低。

作者等构造的数据样本库面临两大困难，一是数量较少，不能提供充分的特征信息，因此采用数据增强的方法扩充样本数量，增强每一个数据本身的质量；二是由于数据的类型多样，一些数据具有较复杂的结构信息，而另外一些数据由于本身信息含量少，数据简单，如果与复杂数据采取同种特征提取方式，容易在特征提取过程中造成过拟合，泛化能力较差。

为了取得更好的学习性能，一种简单有效的途径是学习多个有差异的模型并进行融合。通过 ResNet50 学习较为复杂的光学特征，通过 ResNet34 学习结构较为简单的滑坡灾害影响特征。两种特征在输入模型前具有相同的尺寸结构；采用输出尺寸相同的两个 ResNet 模型也是为了便于进行模型的融合。

深度残差网络（ResNet）相较基础 CNN 网络架构的学习层次更深、学习效率更优、收敛效果更好。ResNet 采用残差块作为网络基本组成部分，可以很大程度上解决深层网络因为层次的增加而带来的网络退化问题。基于残差块更易学习的特征，ResNet 通过顺序累加残差块成功的缓解了深层网络的退化问题，提高了网络性能。

输入特征分支网络模型的数据将划分为光学遥感影像和数字高程数据、全国地貌分区数据、全国地质分区数据、全国水文分布数据、全国断裂带分布数据两个部分，前者输入到 ResNet50 模型中，后者输入到 ResNet34 模型中。

采用 ResNet50 的 ResNeXt50（Xie *et al.*，2017）模型（图 10.9），其特点是分组卷积，即 Cardinality 结构。不同的组之间实际上是不同的子空间，通过更宽的网络来提高精度，增加了路径数量，以简单可扩展的方式利用拆分转换合并策略。这种分组的操作在降低参数的同时也正证明了其对特征表征能力的重要性，相当有网络正则化的作用，使得卷积核学到的关系更加稀疏，允许模型共同关注来自不同表示组别的信息。同时在整体的复杂度不变的情况下，其中 Network-in-Neuron 的思想，在子网络中以简单、重复的模块表征特征，大大降低了每个子网络的复杂度，那么其过拟合的风险相比于 ResNet 也将会大大降低。

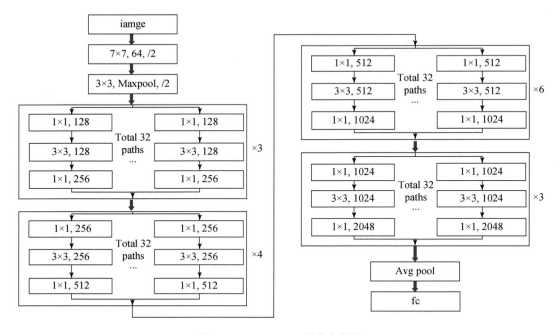

图 10.9　ResNeXt50 网络架构图

## 10.5.3　模型融合方法

模型融合是网络过拟合问题的有效解决方案（连志鹏等，2020）。在数据融合理论中，采用决策级融合方式的模型能够充分提取不同的特征信息。通过反向传播传导两个模型的参数，使得特征提取过程中采用的提取方式更加适合每一个模型中数据的特点。模型融合将分为两步进行，第一步是特征分支网络提取的不同数据特征，第二步是构建通道间的关系。

### 10.5.3.1　特征融合

将复杂数据特征提取网络得到的特征向量 $C(X_i)$ 与简单数据特征提取网络得到的特征向量 $S(X_i)$ 进行特征融合，具体为将 ResNet34 得到的特征向量进行 sigmoid 操作后与 ResNet50 得到的特征向量点乘得到该滑坡区域的整体特征表示。

$$I(X_i) = [\,C(X_i) \cdot \text{sigmoid}(S^G(X_i))\,] \tag{10.6}$$

式中，$I(X_i)$ 为滑坡样本 $X_i$ 特征融合得到的特征向量；$C(X_i)$、$S(X_i)$ 分别为滑坡样本 $X_i$ 经过复杂数据特征提取网络和简单数据特征提取网络得到的光学特征和高程特征、地貌特征、地质特征、水系特征、断裂带特征，相较于基于单支网络具有更好的特征表征能力。

### 10.5.3.2　通道关系构建

对第一步特征融合结果 $I(X_i)$ 重构通道间的关系，实现特征重标定，具体为进行通道抽取 $F_{Avg}()$、通道关系计算 $F_{Fc}()$ 和加权结合 $F_{Sig}()$ 操作。

（1）$u_c = F_{Avg}(I_c) = \dfrac{1}{h \times w} \sum\limits_{i=1}^{h} \sum\limits_{j=1}^{w} I_c(i, j)$，$F_{Avg}()$ 为全局平均池化操作，特征向量 $I$ 的维度为 $h \times w \times c$，经过通道抽取得到 $u_c$ 为 $1 \times 1 \times c$。

（2）$s = F_{Fc}(u) = \sigma_2 \{ W_2 \delta [\sigma_1(W_1 u)] \}$，$F_{Fc}()$ 由全连接层 $\sigma_1$、ReLU 激活层 $\delta$、全连接层 $\sigma_2$ 组成，其中 $W_1$、$W_2$ 分别为卷积核，经过特征关系计算得到 $s$，$s$ 为各个通道的权重。

（3）$x = I \cdot \text{sigmoid}(s)$，输出 $x$ 是由特征融合得到的 $I$ 与经过 sigmoid 计算得到的 $s$ 加权求出。

经过模型融合得到的 $x$ 具有更好地拟合通道间复杂的相关性，对于不同 channel-wise，加强有用信息并压缩无用信息。

## 10.5.4　上采样重构图像信息

上采样是让图像变成更高分辨率的技术，简单理解是将图片放大。上采样的目的是将提取的特征图恢复至输入大小，常见的上采样方法有双线性插值、转置卷积、上采样（unsampling）和上池化（unpooling）。本方法采用带洞空间金字塔池化（ASPP）（杨鑫等，2020）进行上采样（图 10.10），ASPP 通过添加一系列具有不同扩张率的带洞卷积，提供具有多尺度信息的模型。此外，为了增加全局的语境信息，ASPP 还通过全局平均池化（GAP）结合了图像级别的特征。经上采样重构图像信息，生成结合光学特征和高程特征、地貌特征、地质特征、水系特征、断裂带特征的滑坡灾害识别结果。

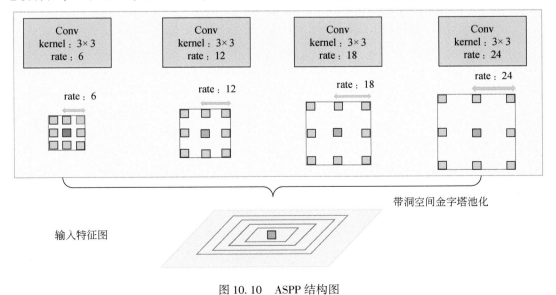

图 10.10　ASPP 结构图

## 10.5.5　结果分析

### 10.5.5.1　数据一致性构建成果

光学遥感图像和数字高程数据采集自谷歌地球，由领域专家进行标记。全国地貌分区数据、全国地质分区数据、全国水文分布数据、全国断裂带分布数据由专家知识库提供。

作者等将全国范围内的数据对准到某个具体滑坡区域（图 10.11）。生成该滑坡区域对应的光学遥感图像、数字高程图像、地貌分区图像、地质分区图像、水文分布图像、断裂带分布图像等丰富的数据库资源。

同样的，在输入模型之前需要对尺寸较大的图像采取裁剪和切片操作。

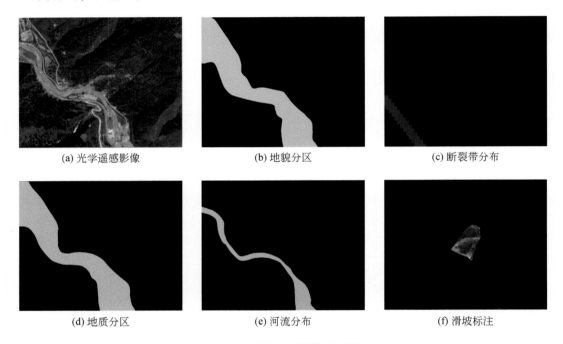

图 10.11　数据一致性构建成果图

### 10.5.5.2　模型识别效果

由于数据样本小、特征不明显等原因，通过简单方式训练神经网络模型、调整参数，得到的模型往往分类和检测效果不佳。针对模型精度不足的问题，依据任务特点，采用多种算法增强滑坡区域识别准确性。在技术上，采用图像混合和标签平滑方法提高模型泛化能力，采用数据增强方法提高小样本上模型的分割能力；采用 overlap-tile 策略减少边缘区域图像信息丢失程度；在模型训练时，采用学习策略改进方法和多尺度训练方法避免模型过拟合，增强模型健壮性。

实验结果如表 10.4 所示。

表 10.4　多视角识别结果

| 模型名称 | 评价指标 | | |
|---|---|---|---|
| | Acc | IoU | F1-Score |
| U-Net | 0.584 | 0.476 | 0.380 |
| PSPNet | 0.593 | 0.490 | 0.398 |
| DeepLab v3 | 0.612 | 0.593 | 0.579 |
| DeepLab v3+ | 0.625 | 0.598 | 0.469 |
| DeepMF-Net（our） | 0.701 | 0.605 | 0.602 |

　　测试结果可视化展示效果如图 10.12 所示，其中，左边图片表示原图，绿色区域表示专家标注滑坡范围，黄色阴影区域表示河流；中间一列图片中红色区域为光学遥感数据特征与识别模型结果；右边图片为多源大数据智能识别算法模型识别结果：

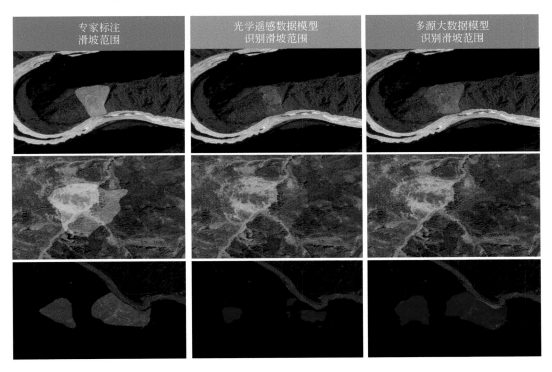

图 10.12　识别结果可视化

## 10.6　小　　结

　　针对高位远程地质灾害难以大规模监测和预警的困境，通过构建高位滑坡特征提取与识别模型，实现了利用遥感影像自动识别广泛地区中的以滑坡为代表的地质灾害，降低滑坡隐患威胁性。通过对光学遥感数据的标注和处理，建立人工标注地质灾害遥感数据的训练数据集，并以光学遥感图像数据、专家滑坡标注数据为核心构建滑坡数据库。利用计算机视觉和深度学习技术，在具有更丰富的地质特征数据集中学习到遥感图像的地质特征，包括纹理、颜色、光照等低级特征和土地、植被、水体等高级特征。以滑坡数据库中数据为核心，以滑坡领域知识为重点，采用深度卷积神经网络在预先提取的丰富地质特征基础上针对特定滑坡种类实现滑坡特征提取与识别，具有较高的准确率，实现了大规模监测和预警滑坡的目的。

由于光学遥感图像具有角度单一、局部模糊、阴影云层遮挡等缺点，仅仅使用光学遥感图像对地质灾害进行识别与定位具有一定的局限性。考虑到地质灾害的形成机理、演化过程及影响因素错综复杂，且高位远程地质灾害数据具有显著的多源、多类、多量、多维、多时态等特征。在光学遥感图像之外，使用水体分布、植被构成、土壤构造等额外的数据源有助于对高位远程地质灾害进行精准辨识和演化趋势预测。因此在更丰富数据种类、更多数据数量的基础上不断探索多种特征数据之间的关系，构建特征分支网络充分提取不同的数据特征，以模型融合的方法实现特征融合，精确滑坡识别范围，具备更高应用价值。

# 第 11 章　青藏高原地区高位地质灾害防治技术研究

## 11.1　概　　述

本章将围绕青藏高原重大工程地质安全和国土空间综合保护的需求，结合青藏高原复杂艰险山区地质灾害成灾背景，以特大高位远程滑坡组合防治技术、冰湖溃决型山洪泥石流灾害风险防控技术，以及强震山区地形急变带交通地质安全优化设计与工程技术为导向，研究重大地质灾害的失稳机理、成灾模式和现有防灾减灾技术的适配性。本章还将讨论保障中尼交通网络等重大生命线工程、水电工程、边境城镇建设、国防工程和重要基础设施建设地质安全的土木工程和地质工程相结合的防治减灾策略和技术。

## 11.2　典型高位滑坡治理工程研究

### 11.2.1　川藏公路"102"滑坡群治理工程效果分析

318 国道起自上海，经四川巴塘从西藏昌都芒康入藏，经波密、通麦、林芝到首府拉萨 [川藏公路（南线）]，然后向西南经日喀则抵聂拉木县樟木口岸与尼泊尔相接 [中尼公路（东线）]，是内地通往西藏和尼泊尔的重要交通干线，也是拉萨通往藏东南地区的唯一交通干线。本节将以 318 国道西藏波密"102"滑坡群地段和中尼公路樟木口岸滑坡群治理工程为重点，剖析青藏高原复杂滑坡治理现有技术的适配性问题。

川藏公路自 20 世纪 50 年代修建和通车运行以来，一直遭受严重的地质灾害危害，堪称全球地质灾害受灾最为严重、防治最为复杂的公路。"102"滑坡群位于川藏公路西藏波密县境内通麦 102 道班地段。在 318 国道 K4078—4081 长约 3km 的区间范围内，共有大小滑坡、崩塌 22 处。其中，直接危害公路且规模较大的滑坡有 6 处，即 1# ～ 6#滑坡。在 2000 年综合治理前，"102"滑坡群是 318 国道（川藏线）最为严重的交通瓶颈地段（图 11.1）。

滑坡区位于雅鲁藏布江支流帕隆藏布江右岸，地势陡峻。在区域上受嘉黎断裂构造带控制，下伏滑床基岩为受多期强烈挤压破碎的石炭–二叠系深变质岩，通称为通麦片麻岩，上覆厚达数十米至上百米的第四系松散堆积物，其中，下部为更新世冰积物，上部为全新世崩坡积、冲洪积物。由于地质构造强烈的抬升作用（6.2mm/a）、频繁的地震活动和长期的河流冲刷，该区山体斜坡稳定性极差。据记载，20 世纪 50 年代修筑川藏公路时，此段斜坡已存在明显变形拉裂迹象。60 年代后期，加马其美沟大滑坡活动加剧，引起泥石

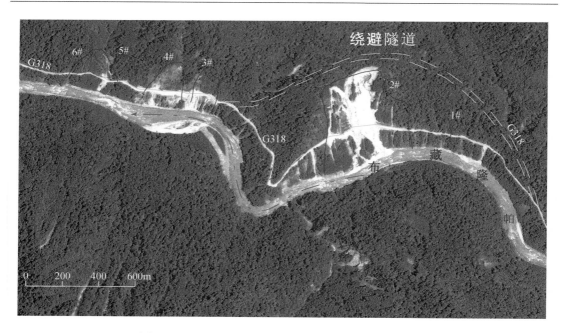

图 11.1　318 国道西藏 "102" 滑坡群平面分布示意图

流频频暴发，多次毁桥，2#滑坡处防泥走廊被毁。1986 年因强降雨，引起整个斜坡蠕滑变形。1988～1990 年，2#滑坡路段边坡发生坍塌，路基每年下沉 0.5～1.0m，严重影响通行。在此期间，滑坡体前缘多次遭洪水冲刷，岸坡后退 30～40m，形成高 20～50m 的陡坎，将滑坡坡脚起抗滑支撑作用的松散土石冲走，滑坡稳定度显著降低。

1991 年 6 月 16 日，路基急剧下沉 2m，17 日又继续下沉 1m，18 日路基边坡局部开始坍塌，至 6 月 20 日下午 2 时许，2#滑坡体失稳滑动，体积达 510 万 m³，滑坡损毁公路长达 550m，滑坡前缘直达帕隆藏布江南岸，形成滑坡堵塞坝，南岸高度为约 10m，北岸堵塞高度达 50m，堰塞坝平均高 20m，堰塞河道约 40 分钟，回水 3.0km。其他滑坡也形成和扩展，形成了长约 2.0km 的 "102" 滑坡群病害路段。目前，2#滑坡残余体积为 200 万 m³，其他滑坡均为小型滑坡（表 11.1）（张晓刚和王成华，1998）。

表 11.1　318 国道西藏波密 "102" 滑坡群基本特征（据张晓刚和王成华，1998）

| 编号 | 高程/m | 坡度/(°) | 长/m | 宽/m | 均厚/m | 体积/万 m³ |
|---|---|---|---|---|---|---|
| 1# | 2180～2276 | 37 | 110 | 67 | 12 | 8.8 |
| 2# | 2120～2525 | 32 | 550 | 380 | 25 | 510（残留 200） |
| 3# | 2111～2329 | 35 | 240 | 100 | 14 | 33.0 |
| 4# | 2125～2327 | 38 | 150 | 110 | 7 | 12.0 |
| 5# | 2135～2240 | 36 | 86 | 65 | 5 | 1.3 |
| 6# | 2125～2215 | 36 | 150 | 62 | 5 | 4.6 |

由于未实施综合治理，"102"滑坡群稳定性较差。一到汛期，滑坡表面的坡面泥石流、小崩塌、滚石频频发生，阻车断道。据不完全统计，该路段交通中断时间为1991年为179天、1992年为116天、1993年为10天、1994年为97天、1995年以后每年断道50天以上；1991年6月至2000年12月，发生翻车事故20起，死亡9人。"102"滑坡群成为318国道（川藏公路）交通最为严重的卡脖子地段。

为了提高公路的通行能力，2002年以来，对"102"滑坡群中的2#大型滑坡进行了工程治理。防治工程采用"排水+卸载+支护"等综合措施，即对滑坡残体实施截排水措施减少地表水对滑坡的冲刷侵蚀，对后缘下滑段采用刷方卸载措施增加滑坡体的稳定性，在公路和滑坡前缘以锚索挡墙、桩板墙等支挡形式填筑冲沟形成路基，同时，并通过加强养护，达到一个时期保通的目的。2#滑坡防治工程路线长度623m，横向宽度约800m，最大高差达560m，主要工程量包括：直径135mm的锚索（长25～50m）768根，共32870m；钢筋混凝土5118m³；浆砌片石16280m³；土方开挖170000m³，填方约40000m³。根据滑坡堆积厚度和坡面形态，结合公路保通要求，采用了三种锚索支挡型式（图11.2）（匡龙君等，2004）：

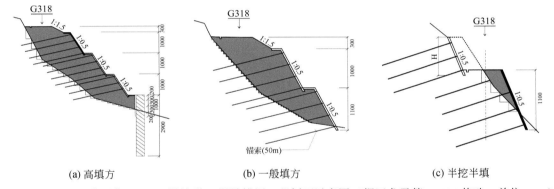

|(a) 高填方|(b) 一般填方|(c) 半挖半填|

图 11.2　318 国道西藏"102"滑坡群 2#滑坡锚固工程剖面示意图（据匡龙君等，2004 修改；单位：cm）

（1）高填方路段。承压墙主要有锚索桩板墙及锚索肋板墙，锚索桩长为29m，锚索间距为0.8m×3m，孔深为50m；锚索肋板墙高为11m，锚索间距为2.5m×3m，孔深为50m，设置三级下挡锚索肋板墙［图11.2（a）］。

（2）一般填方路段。承压墙采用锚索肋板墙，墙高为11m，锚索间距为3m×3m，孔深为40～50m，设置两级下挡锚索肋板墙［图11.2（b）］。

（3）半挖半填路段。承压墙采用锚索肋板墙，墙高为5～11m，锚索间距为3m×3m，孔深为25～40m，设置一级下挡锚索肋板墙，一级上挡锚索肋板墙［图11.2（c）］。

2#滑坡治理后，公路经历了短暂的畅通，随后六年的时间里锚索和桩板逐渐失效，滑坡变形失稳又继续加剧，导致了公路的通行能力再次下降。许多专家学者对"102"滑坡的失稳机理和防治方案进行了研究（祝介旺等，2010；尚彦军等，2001；张正波等，2013）。通过综合研究，"102"滑坡群从灾害体规模和失稳过程来看并不复杂，防治工程采用的技术也是可行的，但是，失效的主要原因是在选型设计和结构设计方面未能综合考虑滑坡所处的地质地貌、水文气候等地质环境因素所致：

（1）地质勘查程度差，对滑坡的物质组成和结构，特别是滑带的位置并未很好把握。因此，在治理工程设计时，滑坡的推力计算存在较大误差，锚索内锚固段和承压墙地基的稳定性缺乏翔实的地勘资料。

（2）河流冲刷、掏蚀，导致滑坡前缘阻滑效果降低。"102"滑坡群位于河流凹岸。河水在枯水期和洪水期的水位变化幅度很大，湍急的河水与水位的急剧波动对河床和岸坡造成强烈的侵蚀。因此，滑坡治理中，未能有效解决抗侧式和底蚀问题，因前缘变形将导致整个坡体的失稳加剧。

（3）地下排水效果不佳，缺乏有效的地下排水措施。滑坡物质主要为第四系坡崩积、冲洪积、冰硬等松散堆积物，地下含水层和隔水层差异大。滑坡区降雨和冰雪融水，导致锚索体的掏空锈蚀，加剧坡体局部变形失稳。

（4）选型设计针对性差。为了公路保通，在陡坡地段采用了 1∶0.5 的 30m 高填方方案。总体上看，这种高填方有利于对 2#滑坡前缘压脚，但是，其土压力（包括和大型重载、超载车辆带来的附加荷载）偏高，同时，由于未能控制河流冲刷、掏蚀，高填方体局部稳定性差，采用小吨位预应力锚索对松散的滑坡体进行大面积加固会带来较高风险。

（5）结构设计不适用于富水、松散的变形体。锚固结构对"102"滑坡群的整体稳定性起到了积极的作用，但由于未专门进行外锚段内封装，锚索与钢筋砼格构（肋板）连接区加装钢套管，以及局部架空滑体的注浆密实等，出现了外锚头破坏、锚索锈蚀、局部架空失效等锚固结构损坏问题，严重影响了锚固工程的耐久性，成为临时性锚固工程。

（6）应考虑特殊工况的影响。关注断裂构造带的长期强烈差异蠕动和地震活动对工程的长期影响。从区域上看，"102"滑坡群地处地质灾害最为集中的区段是嘉黎断裂、察隅断裂和东久断裂汇合部位，不仅山体破碎，而且强烈的构造挤压导致了地壳升降强烈，变形量达 6mm/a，从十年尺度长期效应看，对防治工程结构的有效性也会带来影响。

2010 年以来，随着 318 国道交通量不断增加，对"102"滑坡群也提出了全天候保通的要求。提出了五种比选方案（杨天军，2019）：上线绕避方案、过河绕行方案、原线保通整治方案、沿江架设顺河桥方案和隧道工程方案。最后采用了从滑坡后部新建隧洞工程的方案，施工的下穿隧道为单洞双向行驶车道，全长为 1731m，属傍山长隧道，按 40km/h 二级公路标准设计，内轮廓净宽为 9.00m，净高为 5.00m。2016 年，隧洞工程全线贯通，下穿隧道洞身从 2#滑坡后缘滑床以下通过，彻底避开了 2#滑坡的危害（图 11.3）。

(a) 在建中(镜头朝东)　　　　　　　　　　　　　(b) 建成通车(镜头朝西)

图 11.3　318 国道西藏"102"滑坡群 2#滑坡采用隧道绕避方案（2014 年）

## 11.2.2　中尼公路樟木口岸高位滑坡群治理工程效果分析

### 11.2.2.1　樟木口岸及地质灾害防治背景

西藏樟木口岸是我国与尼泊尔的最重要通商口岸。中尼公路通过樟木口岸与我国贯通东西的 318 国道相连，形成了"尼泊尔—樟木友谊桥—拉萨—内地"的贸易通道。"4·25"尼泊尔地震前，樟木口岸作为中尼最重要的边贸口岸，常住人口 1780 人，流动人口达 4 万多人，年贸易额已超 10 亿美元，是中尼公路的必经之地，区域优势和战略位置十分重要。然而，特殊的地质环境使该口岸长期遭受地质灾害的严重危害。近几十年来，樟木口岸日益繁忙，镇区建设用地急剧膨胀，不合理的排水和挖填等人类工程活动促使了多处滑坡变形失稳加剧，严重地制约了樟木口岸的正常发展。

从 20 世纪 90 年代开始了滑坡的治理。1993 年，地质矿产部 915 地质队对福利院滑坡实施了第一期勘查工作；2001 年 5 月，中交一院对中尼公路樟木镇—友谊桥段沿线的地质灾害进行了应急勘查和调查；2003 年 6 月，四川华地建设工程有限责任公司对樟木滑坡进行了补充勘查，并实施了烈士陵园滑坡（福利院滑坡的一部分）二期治理工程。由于未对樟木滑坡进行全面系统的勘查和治理，滑坡的危害并未消除，隐患还在进一步增大。2005 年 8 月，降雨致使福利院滑坡变形加剧，造成 19 户民房被毁。2006年 5 月，西安中交公路岩土工程有限责任公司（原中交一院）对樟木滑坡进行整体勘查评价。之后，西藏自治区国土、交通、水利等部门陆续投入上亿元资金对滑坡进行局部或应急治理，取得了一定成效；但由于投资分散，治理工作缺乏系统性，未能根治地质灾害的威胁。

2012 年，中国科学院与西藏自治区政府在拉萨开展科技合作，将西藏樟木镇地质灾害勘查评估与综合防治方案作为重点任务。由中国科学院·水利部成都山地灾害与环境研究所牵头，对规模最大、人口分布最密集、危害最严重的樟木滑坡进行重点勘查，对可能影响樟木滑坡和樟木镇安全的扎美拉山崩塌、樟木沟泥石流、电厂沟泥石流和樟藏布次仁马错冰湖等进行专题研究，同时对樟木口岸区域其他地质灾害进行调查，提交了樟木口岸滑坡综合治理工程预可行性研究报告。

2014 年 8 月，在中国科学院"西藏樟木滑坡勘查评估与综合防治方案"的基础上，国家发改委正式批准"西藏樟木口岸滑坡防治项目"，总投资 38.87 亿元人民币，原计划于 2015 年开工建设，但由于尼泊尔"4·25"地震搁置。

2015 年 4 月 25 日，尼泊尔发生 $M_S$ 8.1 级强烈地震（简称"4·25"地震），直接触发了樟木镇包括迪斯岗崩塌在内的大量次生地质灾害。"4·25"地震发生后，西藏自治区党委和自治区政府从保障人民群众人身安全的角度出发，将当地群众迅速安全转移并妥善安置于日喀则市桑珠孜区的樟木小区生活至今。

2017 年，尼泊尔方面提出恢复樟木口岸要求后，中国政府高层给予了积极回应和推动，提出中尼应在"一带一路"倡议下深化合作，重点办好四件事，包括建设中尼跨境铁路、修复两条中尼传统陆路公路、建设三个口岸，以及深化贸易投资、灾后重建、能源和旅游合作。樟木口岸地质灾害防治成为中尼公路货物通道的恢复和复关的前提条件（图11.4）。

图11.4　中尼公路樟木口岸滑坡群分布图

### 11.2.2.2　樟木口岸恢复通关地质灾害防治工程的实施

樟木口岸地质灾害治理采用了分期、分批、动态管理、分阶段的方式实施。2008年以来，为了保障货物通道功能恢复与安全运营，优先开展了对中尼公路货物通道严重威胁的10处地质灾害点（表11.2）。重点针对樟木镇福利院滑坡，以及迪斯岗至友谊桥段地质灾害治理。下面重点介绍福利院滑坡和友谊桥滑坡群（1#~4#滑坡）的防治工程情况。

表11.2　中尼公路樟木口岸主要地质灾害点及其防治措施建议

| 名称 | 基本情况 | 稳定性 | 危害对象 | 措施建议 |
|---|---|---|---|---|
| 樟木镇福利院滑坡 | 位于樟木镇西北坡地，面积约0.13km²，平均厚度为17.2m，体积为224万m³，为大型堆积层滑坡 | 堆积层滑坡，地震和降雨作用是影响该滑坡稳定的重要因素 | 主要危害樟木镇农贸市场、福利院一带及邦村居民点 | 滑坡中前部、318国道附近分别布设两排抗滑锚固工程，以抗滑桩为主，以锚固工程为辅；坡面设立排水渠；在工程防治的基础上，继续对滑坡群进行位移监测 |
| 友谊桥1#滑坡 | 目前该边坡坡脚受到一定程度掏蚀，滑坡体表层出现局部沉降，滑坡整体处于不稳定状态 | 河岸边覆盖层厚度约15m，河流的不断侵蚀坡脚，上部堆积体受牵引形成滑坡；坡度大，边坡整体呈欠稳定状态 | 直接导致道路路基坍塌，道路中断；滑坡堵塞河道，易形成堰塞湖，堰塞湖溃决影响下游哨所及居民区安全 | 对于河流冲刷坡脚，可在坡脚与河流交界处，尤其是含覆盖层的交界处建立混凝土拦挡坝；受到灾害威胁道路路基可设置预应力锚索抗滑桩保证边坡的稳定性 |

续表

| 名称 | 基本情况 | 稳定性 | 危害对象 | 措施建议 |
|---|---|---|---|---|
| 友谊桥 2# 滑坡 | 目前该滑坡坡脚已经发生浅层滑坡，坡体上公路出现局部沉降，滑坡处于欠稳定状态 | 钻孔资料显示，该段目前堆积层厚度约15m，河流仍不断侵蚀坡脚，影响边坡稳定性；另外，边坡整体处于欠稳定状态 | 直接导致道路路基坍塌，道路中断；滑坡堵塞河道，易形成堰塞湖，堰塞湖溃决影响下游哨所及居民区安全 | 对于河流冲刷坡脚，可在坡脚与河流交界处，尤其是含覆盖层的交界处建立混凝土拦坝；受到灾害威胁的道路路基可设置预应力锚索抗滑桩保证边坡的稳定性 |
| 友谊桥 3# 滑坡 | 目前该边坡坡脚受到一定程度掏蚀，滑坡体表层出现局部沉降，滑坡整体处于不稳定状态 | 河岸边覆盖层厚度约15m，河流的不断侵蚀坡脚，上部堆积体受牵引形成滑坡；坡度大，边坡整体呈欠稳定状态 | 直接导致道路路基坍塌，道路中断；滑坡堵塞河道，易形成堰塞湖，堰塞湖溃决影响下游哨所及居民区安全 | 对于河流冲刷坡脚，可在坡脚与河流交界处，尤其是含覆盖层的交界处建立混凝土拦坝；对边坡整体稳定性可采用抗滑桩，预应力锚索支护 |
| 友谊桥 4# 滑坡 | 目前该边坡坡脚受到掏蚀，滑坡体表层出现局部沉降，局部处于不稳定状态 | 河岸边覆盖层厚度约15m，河流的不断侵蚀坡脚，上部堆积体受牵引形成滑坡；坡度大，边坡整体欠稳定 | 导致道路路基坍塌；堵塞河道易形成堰塞湖溃决影响下游哨所及居民区安全，威胁边贸市场 | 对于河流冲刷坡脚，尤其是含覆盖层的交界处建立混凝土拦挡坝；对边坡整体稳定性可采用抗滑桩，预应力锚索支护 |
| B194 迪斯岗 1# 崩塌 | 由地震触发，严重破坏下方民房和道路的安全，目前崩塌物源区仍然存在大量不稳定岩体 | 地震、风化作用及道路施工扰动等，都是影响危岩体稳定性的重要影响因素 | 崩塌下来的滚石容易砸坏车辆，堵塞交通；掉落滚石容易破坏居民点及边检站点 | 对物源区发生明显位移的危岩体进行清方；相对完整的危岩体采用锚固；下部设置多级被动网；道路上采用耗能减震防护棚洞 |
| B338 K5360+800 崩塌 | 由地震触发，严重破坏下部道路通畅，同时由于滚石的冲击，造成路基崩塌，道路中断 | 地震、风化作用及道路施工扰动等，都是影响危岩体稳定性的重要影响因素 | 崩塌下来的滚石容易砸坏车辆，堵塞交通 | 对物源区已经发生明显的危岩体进行清方；对于相对完整的危岩体采用锚固；道路上方可采用耗能减震柔性防护棚洞 |
| K5374+185m 滑坡 | 位于波曲河左岸，滑坡导致约130m 的道路损毁，致使原始路基仅存30~50cm 可以通行 | 河流侵蚀坡脚；重型货车运送废渣使公路在外荷载作用下超负荷 | 路基坍塌容易造成道路中断 | 对堆积物进行清方；对已发生滑坡两侧设置桩板墙强化路基，进而恢复路面，同时采用抗滑桩、锚索加固 |
| B004 扎美拉山 崩塌 | 平均海拔比道路高约700m，崩塌滚石势能大，容易造成严重危害 | 地震以及长期的物理风化作用很有可能会诱发崩塌再次发生 | 威胁道路及车辆行人安全，坡面有少量滚石翻越到樟木镇，威胁居民及道路 | 扎美拉山下侧沟谷分级设立被动防护网；对影响道路段设立滚石防护棚洞；有明显位移的危岩体采用爆破清方 |
| N003 曲乡 边检站后 山泥石流 | 边检站后山高位存在大量松散物源 | 降雨、地震导致松散物质入沟形成泥石流 | 威胁道路通畅及边检站安全 | 沟谷设立多级梳齿坝；沟口地段靠近检查站侧设立单边防护堤 |

### 11.2.2.3 樟木镇福利院滑坡

**1. 滑坡地质**

福利院滑坡由福利院古滑坡和福利院老滑坡构成。福利院古滑坡为堆积层滑坡，最大厚度为47.9m，平均厚度约30.4m，面积为0.47km²，体积约1.43×10⁷m³。福利院老滑坡超覆于福利院古滑坡之上，滑坡体长约639m，横轴宽约278m，面积约0.13km²，规模达6.05×10⁶m³（图11.5）。福利院老滑坡浅部分布两处变形较强的次级滑坡，分别为福利院新滑坡和中心小学变形体，其中，福利院新滑坡长约639m，宽约278m，面积约0.13km²，平均厚度为17.2m，体积为224万m³；中心小学变形体面积约0.036km²，平均厚度为19.8m，体积为82万m³。从立体上来看，福利院滑坡自上而下，其空间结构大致可分为三层，即浅层滑坡、中层滑坡和深层滑坡。

图11.5 中尼公路樟木镇福利院滑坡远眺

**2. 滑坡治理**

以降低滑坡体地下水位和前缘抗滑支挡为主体，治理措施包括通透式截水墙桩结构（锚索抗滑桩+截水墙）+预应力锚索抗滑桩+排水隧洞+锚索格构+微型桩+地表排水综合治理方案（图11.6、图11.7）。

1）工程布置

在福利院新滑坡后部（6-6′剖面），设置一道地下排水隧洞和通透式截水墙桩；在滑坡体中后部设置地表截排水沟，并与市政排水系统相接形成整体；在滑坡中前部（318国

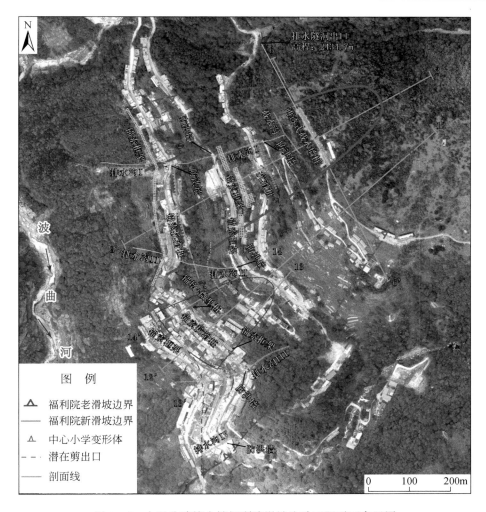

图 11.6 中尼公路樟木镇福利院滑坡防治工程平面布置图

道附近）分别布设三排锚索格构和设置一排抗滑桩；在滑坡和变形体前缘设置一排线型锁固工程和两排锚索格构工程；在中心小学变形体设置一排预应力锚索抗滑桩，以及预应力锚索独墩+微型桩及三孔锚索格构，在变形体前缘设置两排锚索格构。

2）治理设计

（1）福利院主滑坡治理工程设计。

①通透式截水墙桩位置及设计。

通透式截水墙桩位于 6-6′剖面，左侧与排水隧洞相连。它是由透水锚索桩、截水墙、排水隧洞组成。其中透水桩共计 27 根锚索排水桩，桩截面为 2.4m×3.6m，桩间距为 6m，桩间连接截水墙。

②排水隧洞位置及设计。

排水隧洞位于 6-6′剖面上，隧洞全长为 341m，其中截水墙桩内部长为 158m，截水墙桩外部开挖部分长为 183m，平均坡度为 3%。

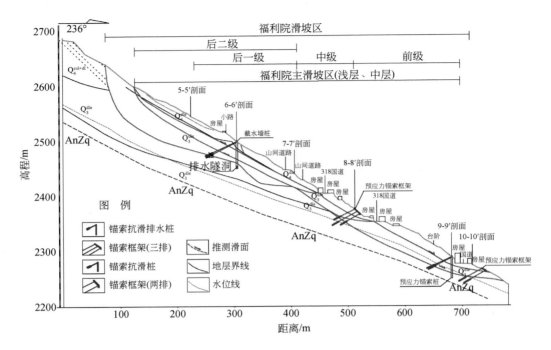

图 11.7　中尼公路樟木镇福利院滑坡防治工程剖面示意图

位于截水墙桩内部的排水隧洞又可分为墙内排水隧洞和桩内排水隧洞。墙内排水隧洞每段长为 2.6m，宽为 1.2m，桩内排水隧洞采用钢模板架模浇筑，当桩身混凝土达到要求强度后，将钢模板拆除即形成桩内排水隧洞。

开挖部分的排水隧洞其右侧与通透式截水墙桩的 1# 透水桩相连，隧洞开挖方式为人工开挖。

③三排锚索格构。

滑坡体中部设置五段三孔锚索格构，每束锚索都由九根 Φ15 钢绞线组成。

④锚索抗滑桩。

锚索桩共计 27 根，桩截面为 2m×3m，桩间距为 7m，桩顶设两排锚索，每束锚索都由九根 Φ15 钢绞线组成。

⑤两孔锚索格构。

两孔锚索格构位于公路排水沟外侧坡面，在福利院主滑坡区前缘两侧由于地下水渗出和生活用水无序排放的问题，导致目前时常会出现一些局部小型新滑坡。所以本设计方案对此也进行了更适当周到的考虑，即将两排预应力锚索格构在福利院主滑坡前缘边界处分别向北东、南西侧延伸，其北东侧延伸至福利院滑坡边界处，南东侧延伸至樟木医院。

两孔锚索格构在福利院主滑坡范围内长为 230m，其向北西方向延伸长度为 160m，南东方向延伸长度为 73m，每束锚索都由九根 Φ15 钢绞线组成，上下排锚索俯角依次为 29°、31°。

（2）中心小学变形体治理工程设计。

①锚索抗滑桩。

在位于中心小学变形体设置一排锚索抗滑桩，桩号 1#～10#桩，共 10 根。桩截面为 2m×3m，桩间距为 6m，桩顶设两排锚索，俯角分别为 26°、28°，每束锚索都由九根 Φ15 钢绞线组成。

②两孔锚索格构。

锚索格构设在公路的内侧，距公路中心线 8～10m，设置两排锚索格构在中心小学变形体范围内长为 57m，其展布方向大致沿北东-南西向。每束锚索都由九根 Φ15 钢绞线组成，上、下排锚索俯角依次为 26°、28°。

③三孔锚索格构。

三孔锚索格构在 10#桩右侧，距公路中心线 8～10m，三孔锚索格构在中心小学变形体范围内长为 47m，其展布方向大致沿北西-南东向。

④预应力锚索独墩+微型桩。

独立锚墩采用 C25 混凝土，墩截面为 1.5m×1.5m，高为 0.8m，每一个独立锚墩对应一根微型灌注桩，钻孔直径为 168mm。

（3）地表水排水工程设计。

滑坡地表排水系统与市政排水系统一部分，结合工程区地形、地貌及地表水的现状流向，地表排水沟一共布置四条。从北向南第一条排水沟起于滑体后部通透式截水墙桩 4#桩下方 20m 处，沿坡面纵向布置，于福利院滑坡下部将水排出，排水沟长为 454m。第二条排水沟起于沟道走向大致沿西向东布置，于福利院滑坡下部将水排出，排水沟长为 269m。第三条排水沟沟道走向大致沿北东南西向布置，分别穿过 318 国道，于福利院滑坡下部将水排出，排水沟长为 292m。第四条排水沟起于樟木虹桥宾馆北东侧 50m 处，穿过建筑密集区域于滑坡前部将水排出，沟道长为 125m。

### 11.2.2.4　中尼公路友谊桥 1#滑坡

#### 1. 滑坡地质

友谊桥 1#滑坡整体平面上呈"舌"形状。前缘剪出口位于波曲河河床附近，高程为 1840～1900m，后缘至斜坡中上部地形陡缓变化区域，后缘高程为 2350～2360m，滑坡前后缘最大高差约 500m，主滑方向为 312°，滑坡体纵向长约 912m，横向宽约 525m。整个滑坡体积约 2100 万 $m^3$，滑体厚度平均约 50m，属于巨型土质滑坡。中弱变形区（深层滑体）的滑动面位于基界面附近，平均坡度约 32.4°；强变形 Ⅰ1 区（中层滑体），该部分滑体的体积约 1060 万 $m^3$；强变形 Ⅰ2 区滑坡前缘滑动体积约 113 万 $m^3$。

据地形地貌特、坡体结构结合现场勘查综合分析，友谊桥 1#滑坡位于一巨型的古滑坡体上，古滑坡属于反倾岩质滑坡，平面上呈簸箕形，滑体长约 1200m，宽约 1500m，平均厚度约 40m，体积约 $7.2×10^7 m^3$，主滑方向为 300°。

#### 2. 滑坡治理

友谊桥 1#滑坡治理采用了"预应力锚索锚杆组合格构+预应力锚索抗滑桩+埋入式抗

滑桩+抗滑键+锚杆格构+地表排水系统" 的综合治理方案（图 11.8 ~ 图 11.10）。

图 11.8　中尼公路友谊桥 1#滑坡防治工程平面布置图

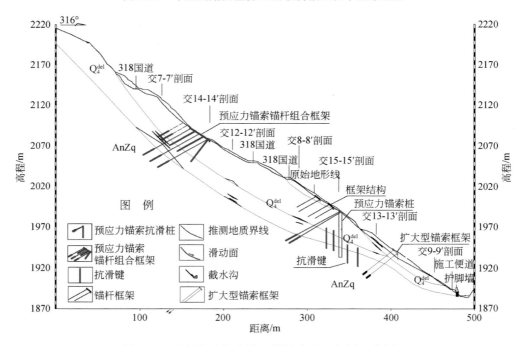

图 11.9　中尼公路友谊桥 1#滑坡防治工程剖面示意图

图 11.10　中尼公路友谊桥 1#滑坡防治工程远眺

1）工程布置

在友谊桥 1#滑坡坡体中后部设置一条横向截水沟，滑坡中部和右侧边缘各设置一条纵向排水沟，排水沟总长（包括涵洞、急流槽、截水沟）为 1497m。在滑坡体中部设置一排预应力锚索、锚杆组合格构（14-14′剖面），格构全长为 373m，格构设六孔锚索及锚杆，竖肋上从上到下锚索与锚杆间隔布置，每束锚索由九根 Φ15 钢绞线组成，锚杆规格 7Φ32mm 钢筋；在滑坡体前部设置一排预应力锚索抗滑桩+埋入式抗滑桩共计 60 根桩截面均为 2.4m×3.6m（15-15′剖面），桩间距由中间向两侧逐渐递增，分别为 6m、7m、8m。该排抗滑桩两头共计设置 10 根抗滑键。在预应力锚索抗滑桩+埋入式抗滑桩的下侧及上侧分别设置各两排抗滑键，下侧两排抗滑键间距从中间向两侧逐渐递增，分别为 6m、7m、8m，共计 112 根。另外，在上排预应力锚索、锚杆格构后缘 11-11′、10-10′剖面线之间布置两排抗滑键，共计 181 根。抗滑键钻孔直径均为 168mm。在 14-14′、15-15′剖面之间设置两排锚杆格构，318 国道下盘路下方。格构全长约 491.6m，与其下侧中盘路内侧水平距离 8.8～65.3m，与其上侧上盘路外侧水平距离 3.0～27.0m。格构设两孔锚杆，锚杆节点布置，锚杆规格 7Φ32mm 钢筋。

2）主要治理工程

（1）预应力锚索抗滑桩+埋入式抗滑桩位置及设计。

预应力锚索抗滑桩+埋入式抗滑桩位于 15-15′剖面，左侧位于 3-3′剖面施工便道处，右侧位于 1-1′剖面。共计 50 根，桩截面均为 2.4m×3.6m，桩间距由中间（2-2′剖面）向两侧逐渐递增，分别为 6m、7m、8m。在锚索桩中间不同部位设置埋入式桩，埋入式抗滑桩桩顶地面处设置四孔预应力锚索格构。埋入式桩桩型六种，共计 10 根，桩截面均为 2.4m×3.6m，与锚索桩间距由中间（2-2′剖面）向两侧逐渐递增，分别为 6m、7m、8m。

（2）预应力锚索锚杆组合格构位置及设计。

预应力锚索锚杆组合格构位于 14-14′剖面上，公路中盘路与上盘路之间。格构全长 375m，与其下侧中盘路内侧水平距离 8.8~65.3m，与其上侧上盘路外侧水平距离 41.6~71.0m。格构设六孔锚索及锚杆，竖肋上从上到下锚索与锚杆间隔布置，每束锚索都由九根 Φ15 钢绞线组成。

（3）抗滑键位置及设计。

在预应力锚索抗滑桩+埋入式抗滑桩的下侧及上侧分别设置两排抗滑键，下侧两排抗滑键间距从中间（2-2′剖面）向两侧逐渐递增，分别为 6m、7m、8m，两排共设置 112 根，上侧第一排抗滑键间距 3.5m、4m，上侧第二排抗滑键间距从中间（2-2′剖面）向两侧逐渐递增，分别为 6m、7m、8m，两排设置共 181 根抗滑键。另在 1#桩左侧布置两根抗滑键，3#桩与 4#桩之间设置四根抗滑键，59#桩与 60#桩之间设置两根抗滑键，60#桩右侧布置两根抗滑键。在预应力锚索锚杆组合格构上侧布置两排抗滑键，间距为 7.5m，54 根。抗滑键直径 168mm。

（4）锚杆格构位置及设计。

结合公路要求，采取锚杆格构防治措施，锚杆格构设置在 14-14′、15-15′剖面之间，公路下盘路下方。格构共三排，第一排两段，分别长为 111m、71m；第二排三段，分别长为 135m、51m、71m；第三排一段，长为 51m。锚杆格构中单品格构竖肋间距为 4m，横梁间距为 6m，悬臂段长为 1.5m，竖肋长为 9m，牛腿高为 2.5m，横梁长为 11m。与其下侧中盘路内侧水平距离为 8.8~65.3m，与其上侧上盘路外侧水平距离为 3.0~27.0m。格构设两孔锚杆，锚杆节点布置，锚杆规格 7Φ32mm 钢筋。

### 11.2.2.5　中尼公路友谊桥 2#滑坡

#### 1. 滑坡地质

友谊桥 2#滑坡紧邻 1#滑坡，右侧以沟槽为边界，左侧以基岩山脊为边界，后缘以基岩出露处及微地貌类型为边界，前缘以波曲河为边界，平均纵长为 820m，平均横宽为 790m，面积约 0.65km²，主滑方向为 307°，平均厚度为 35m，规模约 2910 万 m³。2#滑坡为特大型崩滑堆积层土质滑坡，滑体主要为第四系崩坡积层块石土，部分夹有碎石土、角砾土；滑坡滑带土主要为角砾土、碎石土；滑坡滑床主体为曲乡岩组（AnZq）中风化片麻岩，滑坡下部临近波曲河河谷地带滑床及滑坡左侧滑床为崩坡积块石土层。

2#滑坡可划分为垮塌区、强变形区及弱变形区。垮塌区位于滑坡前缘部位，受 2016 年"7·5"洪灾影响，垮塌区遭受波曲河洪水严重冲刷、掏蚀，滑坡前部发生大规模滑动垮塌；强变形区后缘亦可见错落坎发育，强变形区前缘318国道外侧已建锚索肋板墙部分墙体开裂变形，受损严重，318国道内侧已建挡墙多处可见剪切裂缝，变形破坏严重；弱变形区未见明显变形迹象，"4·25"地震后已建抗滑桩未见变形破坏，工程整体完好。但前沿坡脚受波曲河冲刷、掏蚀严重，局部稳定性降低。

2#滑坡受"7·5"山洪泥石流灾害影响，波曲河侧蚀斜坡前缘坡脚，滑坡前缘垮塌区变形进一步加剧，发生大规模滑塌，原建抗滑桩损毁严重，垮塌区后缘可见多处错落坎发育。强变形区已建抗滑桩亦开裂变形，后缘可见错落坎发育。若滑坡进一步变形，一旦发生大规模滑坡，将严重威胁斜坡中部318国道，对穿越318国道的中尼贸易人员及立新村出行村民造成极大威胁。计算表明，2#滑坡现今整体稳定性好，即使在暴雨和地震工况下，均为基本稳定，但其中的强变形区和前沿冲刷滑塌区，在暴雨、地震和河流冲刷下，稳定性达不到设计要求。因此，防治工程在系统排水的基础上，主要进行滑坡前缘防冲刷抗蚀加固，并结合318国道的保通，沿路边坡进行补强二排抗滑桩加固。

**2. 滑坡治理**

1）既有防治工程

友谊桥2#滑坡分别在2008年及2015年尼泊尔"4·25"地震后，沿公路外侧为保护318国道分段进行了工程治理，主要在垮塌区二道拐318国道公路外侧修建了两段抗滑桩；在强变形区前缘局部段修建了锚索肋板墙及路堑挡墙；在弱变形区五道拐处修建了一段抗滑桩，在四道拐及三道拐间段部分修建了一段抗滑桩。

（1）5.1.1 垮塌区。

2008年，垮塌区区域发生滑塌，同年在垮塌区二道拐处为保护318国道分别在公路外侧修建了两排抗滑桩，在四盘路外侧中间部位设置21根2.5m×3.5m抗滑桩，桩长为22～28m，三盘路外侧两端部位设置28根2.0m×3.0m抗滑桩，桩长为15～22m，并于滑坡前缘设置一段408m的护岸墙。

（2）5.1.2 强变形区。

2016年"4·25"尼泊尔地震后，强变形区前缘318国道K5384+180～K5384+220段发生路基沉陷，2016年于该段设置了一段锚索肋板墙，同时在该段公路内侧设置一段路堑挡墙。

（3）5.1.3 弱变形区。

2016年"4·25"尼泊尔地震后，318国道二盘路（K5382+312～K5382+428）段及三盘路段（K5383+382～K5383+972）段路基发生局部开裂、沉陷、外移。于K5382+312～K5382+428段设置了15根2.0m×3.0m、桩长35m的抗滑桩，于K5383+382～K5383+972段设置了18根2.0m×3.0m、桩长16～23m的抗滑桩。

2）既有工程评述

友谊桥2#滑坡弱变形区右侧既有工程以抗滑桩为主，均为保护318国道而修建，该段抗滑桩在经历"7·5"洪灾后，抗滑桩整体完好，未见变形迹象。而垮塌区已建两段抗滑桩在"7·5"洪灾期间损毁严重，甚至完全破坏；强变形区中部沿318国道内侧修建的一段挡墙工程，在"7·5"洪灾期间变形破坏严重。因此友谊桥2#滑坡右侧弱变形区目前处于基本稳定状态，因此垮塌区及强变形区为该滑坡防治重点。

3）补强工程设计

总体上看，目前 2#滑坡处于基本稳定–稳定状态。为了防止波曲河冲刷、掏蚀滑坡前缘导致滑坡稳定性降低，在前缘专门设置了一排锚索抗滑桩，抗滑桩截尺为 2.0m×2.8m，共计 55 根，间距为 6m，桩长约 30m。预应力锚索分两排布置，自桩顶下方 1m 处设一束锚索、2.5m 处设两束锚索。第一排锚索单根设计吨位为 1400kN，锚索入射角与水平面的倾角为 20°，锚索孔径为 150mm，锚索总长为 52.0m，锚固段长度为 8.0m，自由段长度根据实际基岩埋深可适当调整，每孔九根 Φ15.24mm 钢绞线，锚头距离桩顶 1m；第一排锚索单根设计吨位为 1100kN，锚索入射角与水平面的倾角为 22°，锚索孔径 150mm，锚索总长 50.0m，锚固段长度为 8.0m，自由段长度根据实际基岩埋深可适当调整，每孔 7 根 Φ15.24mm 钢绞线，锚头距离桩顶 2.5m。

针对前缘滑塌区的公路保通，采用了"坡脚防护工程+锚索抗滑桩+截排水沟+仰斜式排水孔+夯填裂缝"，即于波曲河滑坡坡脚设置长 376m 的桩基护脚墙，于两盘路路基下方设置 62 根锚索抗滑桩对公路进行加固，抗滑桩设置两种，Ⅰ型桩截面尺寸为 3.0m×4.0m，桩长为 44～46m，共 27 根，Ⅱ型桩截面尺寸为 2.5m×3.5m，桩长为 39～44m，共 35 根，设置于滑坡边缘两侧；同时，于滑坡后缘设置 2023m 长的截排水沟，并于垮塌区中上部原 318 国道公路附近设置一排仰斜式排水孔。

### 11.2.2.6　中尼公路友谊桥 3#滑坡

1. 滑坡地质

友谊桥 3#滑坡位于中尼边境友谊桥正上方，平面上呈长舌状，滑坡南西侧边界（左边界）位于边检站上方自然冲沟；北东侧边界（右边界）位于现有二道拐处小冲沟和山脊一线；后缘位于山体上部盘山路上部陡坎；前缘位于波曲河谷。

后缘高程为 2260m，前缘高程为 1720m，前后缘相对高差为 540m，纵向长约 880m，横向宽为 50～240m，平面面积约 0.20km²，厚度为 10～35m，滑坡方量约 400 万 m³，为大型堆积层滑坡，为第四系崩坡积和残坡积块碎石土，推测滑面为基覆界面，滑面呈上陡下缓折线形。根据形态及变形程度分为 3-Ⅰ#滑坡、3-Ⅱ滑坡及不稳定斜坡。

3#滑坡边界特征明显，整体上看，滑坡区呈主要由两侧基岩山脊围绕形成的凹地形。滑坡前中部右侧覆盖层比较厚、左侧较薄，滑坡中后部呈"凹槽"型滑坡植被茂盛，微地貌形态多变，从纵向剖面上看，地形总体上呈折线型，上部地形坡度略缓，一般约 25°～35°，下部较陡，一般约 35°～45°。中下部由于公路横向穿过，具有多级错台的形态特征，表层变形破坏迹象也较明显。从滑坡成因及滑动特征来看，该滑坡为牵引式滑坡，主要由于坡脚被曲河冲蚀，前缘形成临空引发滑坡牵引式变形破坏。

2. 滑坡治理

3#滑坡整体稳定性好，但边坡开挖和波曲冲刷、掏蚀后，出现局部的变形滑动。前期专门针对公路保通进行了局部的加固。2015 年"4·25"地震期间，未出现明显的失稳。但是，2016 年"7·5"冰湖溃决形成的山洪泥石流对滑坡前缘的掏蚀非常严重，3-Ⅰ#滑坡滑体上的第四、五盘线路约 1.3km 的道路被毁，后锚索肋板墙损坏严重，抗滑桩桩间土体大部分流失。

现今主要采用补强加固的思路进行治理。即对滑坡体进行地面截排水，前缘进行防掏蚀加固，沿公路进行治理边坡和路堤加固。

### 11.2.2.7　中尼公路友谊桥 4#滑坡

1. 滑坡地质

友谊桥 4#滑坡位于中尼边境友谊桥 318 国道一道拐。318 国道从滑坡体中部通过，交通条件总体较好。4#滑坡后缘高程为 2050m，前缘剪出口高程介于 1655～1700m，前后缘高程相差为 405m，滑体表面坡度较陡为 30°～40°，局部达 50°以上，平面形态近似呈扇形，前缘宽约 630m，后部宽约 330m，滑坡平均宽为 510m，滑坡横向长为 377m，纵向长为 579m，面积为 0.17km²，主滑方向为 300°，滑向波曲河，厚度在 14～36m，方量为 425万 m³。所在地区为深切割中高山峡谷地貌。出露地层有基岩为前寒武系聂拉木岩群曲乡岩组的深变质岩，岩性主要以片麻岩为主，表层主要为第四系滑坡堆积物。

滑坡可分为前部强变形区、中部潜在牵引区及弱变形区三个部分。在强变形区中主要变形迹象有 H1 滑塌区、H2 滑塌区、桩前土滑移下错、地表裂缝等。目前中部潜在牵引区未见明显地表变形迹象，主要根据斜坡上的微地貌形态特征、岩土体结构综合推断，考虑坡脚前缘滑塌变形严重，若进一步发展可能对更大范围后侧斜坡形成进一牵引变形，从而推测该区域范围。弱变形区目前变形迹象不明显。

2. 滑坡治理

2015 年"4·25"地震期间，前期沿公路对友谊桥 4#滑坡进行加固的抗滑桩现状基本稳定；但 2016 年"7·5"冰湖溃决山洪泥石流对滑坡前沿坡脚冲刷、掏蚀严重。根据友谊桥 4#滑坡的基本特征和变形特点，采用了抗滑桩整体补强加固；前沿采用"圆形抗滑桩板墙+浆砌块石护岸工程+既有抗滑桩横梁锚索加固工程"防止河流冲刷、掏蚀；沿公路局部采用了锚索抗滑桩加固的方案。

# 11.3　典型高位远程地质灾害链应急处置研究

## 11.3.1　西藏易贡高位远程滑坡堰塞湖应急处置

### 11.3.1.1　基本情况

2000 年 4 月 9 日 20 时 5 分，西藏自治区波密县易贡乡扎木弄沟发生巨型高位远程滑坡，滑坡从高程 5500m 的高山启动，运动距离约 10km，堆积区高程约 2800m，形成巨型堰塞湖。滑坡平面上呈不规则扇形，堆积物总量约 3 亿 m³，堰塞易贡藏布河，滑坡坝厚度约 60m。沿河道方向宽近 3.0km 的滑坡堆积体变成了阻塞易贡湖水外泄的天然土石坝体，导致日平均径流量为 $3.27 \times 10^7 m^3$ 的易贡藏布完全停止了向湖口下游的排泄，而此时恰逢冰雪融水最丰富的时期，雨季也即将来临，易贡堰塞湖内日增水量达 1 亿 m³ 以上，湖水位日平均涨幅达 0.95m，最大日涨幅竟达到 2.37m，造成上游湖区周边大面积淹没，农田、茶园、房舍、森林皆遭受灭顶之灾，数千人无家可归。推测堰塞湖蓄水将达 30 亿 m³，溃决后下游将面临巨大山洪灾难，下游 318 国道通麦大桥、雅鲁藏布大峡谷、墨脱地区两岸村庄、公路、桥梁、工厂及重要军事设施造成毁灭性灾难，同时，对印度和孟加拉造成灾害（图 11.11）。

(a) 易贡滑坡形成堰塞湖

(b) 易贡滑坡堰塞湖溃决

(c) 易贡滑坡堰塞坝和湖

(d) 滑坡堰塞坝人工引流

(e) 铺设引流渠锁口

(f) 滑坡堰塞湖溃决残留

图 11.11　西藏波密易贡滑坡堰塞湖及应急处置

根据党中央、国务院的指示，专家组迅即赶赴现场开展应急指导。研判认为：易贡巨型高位远程滑坡国内外非常罕见，堆积体已导致易贡藏布江断流，堰塞湖水位上涨非常快，加上汛期即将来临，应急处置时间非常紧迫；堰塞体以细颗粒滑坡碎屑流细颗粒土夹石为主，一旦湖水漫顶，将会致使堰塞体在短时间内溃决，溃决流量十分巨大，对下游河道和两岸造成严重冲刷和破坏；经综合评估，必须采取应急处置措施，但由于交通极为不便，处理场地极为狭窄，单一处理技术或常规处理方法无法发挥作用，处理难度极大。

基于以上研判，如水流从高达 60m 的滑坡堰塞体顶部满溢，上下游落差高达 60m，堰塞湖水体积为 30 亿 m³，溃决的洪水抵达下游 17km 的通麦大桥约 24 万 m³/s，后果非常严重，对下游的冲刷破坏毁灭性更大。因此，将应急处置工作定位为"最大限度减灾"，减灾措施应工程措施和非工程措施并举。在开展易贡滑坡堰塞湖应急处置时，必须依据以下前提条件：

（1）时间紧迫。从滑坡发生到预计堰塞湖水漫顶时间大概只有两个月，即进入了雨季施工，堆积体总体积达 3 亿 m³，要求几天内提出应急减灾方案的制定。

（2）基础资料缺乏。由于该区前期基础工作非常薄弱，地质、地形、水文、气象等基础资料非常缺乏，特别是对滑坡源区是否会有大规模的滑坡无法进行监测，难以准确把握。

（3）施工难度大。设施落后，场地狭窄、大型设备进场困难等不利因素叠加，导致制定方案时必须考虑施工方式和施工进度，与快速上涨的湖水赛跑。

（4）缺乏巨型地质灾害链的处理经验。国内外尚无处理如此巨大体积堰塞河流的经验。国内外虽然发生过巨型滑坡，但不会发生数十亿平方米堰塞湖水漫顶溃决，因此一般都不进行工程处理。

在此基础上，专家组制定了应急减灾方案：①工程措施包括运用各种大型机械设备和先进的施工方法；在滑坡堰塞体低洼处开挖明确，最大可能降低堰塞坝高度，从而尽最大可能降低堰塞湖库容和下泄流量。②非工程措施包括迅速转移滑坡堰塞体上游最高湖水位线和下游最高洪、泥水位线下的群众；对重要设施采取保护措施；通过新闻媒体即时报道滑坡应急进展及险情；做好与印度和孟加拉的沟通。

### 11. 3. 1. 2　减灾措施

#### 1. 工程措施

从 4 月 27 日开始至 5 月 2 日，一场西藏历史上前所未有的施工力量大量集结到易贡灾害现场。从 5 月 3 日开始正式施工，到 6 月 4 日人员和施工设备安全撤离现场的 33 个日日夜夜，完成土石方月 135.5 万 m³，泄流槽下挖 24.1m，实现了开渠引流减少库容，降低溃决水头的目的（图 11.12）。

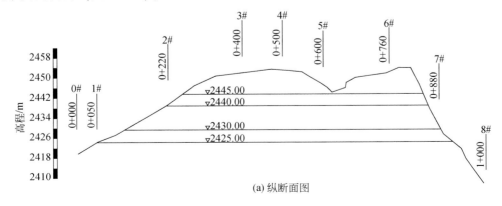

(a) 纵断面图

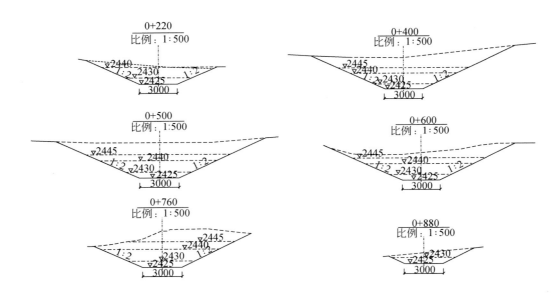

(b) 横断面图

图 11.12　西藏波密易贡滑坡应急人工引流工程剖面图（高程以 m 计，其余均以 cm 计）

6 月 8 日凌晨 4 时，泄流槽顺利过水，至 6 月 10 日午夜易贡湖水溃坝暴泄，最大洪峰流量达 12.4 万 $m^3/s$。由于及时采取了工程措施和非工程措施，有效降低了洪峰流量和水头，延长了湖水下泄时间，实现了确保群众和施工人员安全，坝灾害损失降到最低限度的目的。

通过卫星影像分析，溃坝前上游堰塞湖湖面积达 52.7$km^2$，由于泄流槽降低溃坝洪水水头 18.16m，估算减少溃坝库水水量约 10 亿 $m^3$，减少成灾水量约 1/3，同比条件分析，在通麦大桥处，实际溃坝洪水流量为 14.2 万 $m^3/s$，洪水位高于通麦大桥桥面 32m。318 国道通麦大桥被彻底冲毁。若不实施减灾工程措施，在通麦大桥处溃决洪水流量将达 24.2 万 $m^3/s$，即将洪峰流量减少了 50%，显著降低了对下游的生态地质环境灾难。

减灾工程实施中，辅助措施也是非常必要的，包括树木等漂浮物的清除、危桥施工期间的加固、撤离前对部分吊桥上木板的拆除等，以及对滑坡源区的施工安全监测。

2. 非工程措施

（1）及时转移群众。按照"就地、就近、就高、就便"的原则，将堰塞湖水淹没区 2096 人和下游林芝市墨脱县 3700 人转移到安全地带，保证了三个月的基本口粮和生活物质。

（2）灾后恢复重建。第一阶段抢通各行政村的步行道，并架设部分溜索桥；第二阶段陆续修通马行道；第三阶段，逐步恢复公路和吊桥。

## 11.3.2　西藏江达金沙江白格高位滑坡堰塞湖应急处置

### 11.3.2.1　基本情况

2018 年 10 月 10 日 22 时 5 分，西藏自治区江达县波罗乡白格村发生山体滑坡，导致金沙江断流并形成堰塞湖，造成波罗乡部分村镇和工地被淹，堰塞湖对下游形成严重威胁，后自然泄洪险情解除。11 月 3 日白格滑坡再次发生滑动，在同一地点形成堰塞湖，其规模及险情更加严重。第二次滑坡滑动体积约 160 万 m³，铲刮约 660 万 m³，滑体共计约 820 万 m³，滑体入江堆积，堵塞前期自然泄流通道，堆积体总方量约 3020 万 m³。11 月 14 日，经人工干预，堰塞湖实现泄洪。泄流槽宽度约 100m，堆积体冲走约 775 万 m³（图 11.13）。

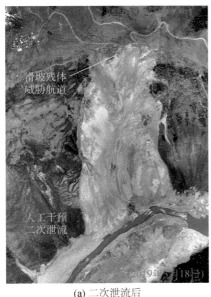

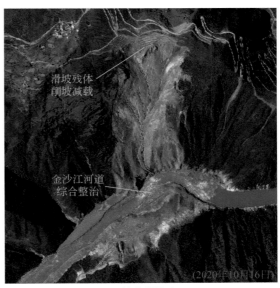

(a) 二次泄流后　　　　　　　　　　　　　(b) 综合整治后

图 11.13　白格滑坡堰塞体整治完成后的金沙江河道

由于在河道中尚存留 2200 多 m³ 滑坡体堰塞物，在斜坡滑源区残留变形拉裂明显的滑坡残体约 360 万 m³，因此，2019 年主汛期来临之前，对河道和后缘滑坡残体进行了整治。

### 11.3.2.2　滑坡堰塞体人工引流

2018 年 11 月 3 日，白格滑坡第二次堵江，堰塞体顶部高程为 2966m，形成堰塞湖库容约 7.7 亿 m³。如果不考虑工程措施进行干预，溃口洪峰流量将达到 3.7 万 ~ 4.5 万 m³/s，远超历史调查的天然最大洪水（8750m³/s，1892 年），对下游沿江两岸城镇、在建和建成的梯级电站构成巨大威胁。经过多方案比选，从流域的角度提出了及早进行堰塞体人工干预，同时，下游在建的苏哇龙水电站围堰拆除及梨园水电站应急腾库的应急处置方案，即总体处置方案为"机械挖槽导泄+下游水库预泄拦洪+人员转移避险"。

滑坡堰塞体的工程处置,在比较了爆破、水冲、人工开挖、机械开挖形成引流槽的可行性和安全性后,最终决定采用机械开挖形成引流槽的方式干预处置堰塞湖。应急处置工程方案包括(长江勘测规划设计研究有限责任公司,2018 年):

(1)引流槽布置。"11·3"堰塞体主要堆积在"10·10"堰塞体自然溢流后形成的泄流槽中,顺河向堆积长度仅273m 左右,加之堆积体结构松散破碎,且仍然是堆积体厚度相对较薄处,再次从该处溢流的可能性大。将引流槽布置在此,开挖效率更高,并可充分利用水流的势能冲刷堰塞体。

(2)引流槽结构。为了尽快导泄堰塞湖的壅水,采用机械开挖 10 ~ 12m 深、方量较少的窄深梯形断面引流槽,引导湖水下泄路径,利用水流势能所转化的巨大动能,沿程冲深拓宽引流槽,在可控的原则下逐渐扩大泄水能力下泄湖水,一方面大大降低堰塞湖水位和减少堰塞湖的水量,以避免发生突然溃坝;另一方面通过下泄湖水的冲刷,形成有一定行洪能力的稳定泄流槽,基本消除堰塞坝对上、下游的威胁。

(3)引流槽底高程。引流槽底高程根据水位上涨速度、机械下挖速度,以及安全撤离时间拟定,并根据现场条件及时调整。设计了槽底宽、边坡坡比相同、渠道最大挖深分别为10m 和12m 两个方案。槽底宽3m,边坡坡比 1∶1.3。在开挖施工过程中,根据现场设备能力及堰塞湖水位变化情况,现场确定在堰塞湖水位上升至引流槽口门之前继续下挖3m,将引流槽底高程最终确定为 2953.4m,最大开挖深度为15m。

11 月 8 日上午,左岸四川侧白玉则巴村通往堰塞体距离约 4km 的临时便道被打通,解决了大型设备无法进场实施堰塞体工程处置的难题。11 月 8 日 14 时 45 分,第一台反铲由则巴村经陆路登顶白格堰塞坝,此后集结在则巴村的大型挖掘设备陆续通过临时便道从下游抵达堰塞体。至11 月 10 日 8 时,堰塞坝上一共投入 18 台套设备,各型反铲共 13 台,装载机五台,其中 16 台套通过陆路到达堰塞坝上;同时使用漕渡门桥、改装船水运两台反铲上堰。这些大型挖掘设备的上堰,有力地保障了应急处置工作的顺利进行。堰上共配备了 52 名操作手,停人不停设备,昼夜奋战,连续施工。经过抢险人员两天半的持续奋战,11 月 11 日上午,堰塞体顶部人工引流槽已开挖贯通,引流槽顶宽为 42m,底宽为3m,最大开挖深度为 15m,总长度为 220m,开挖和翻渣累计土石方工程量为 13.5 万 m³。11 月 11 日 17 时,引流槽按要求开挖到位后,除留下少量水文、监测人员外,施工人员大部分乘冲锋舟由水路撤退至波罗乡,少部分乘挖机由陆路撤退至则巴村。

11 月 12 日 4 时,水流开始进入引流槽,同日 10 时 50 分,堰塞湖通过人工开挖引流槽开始过流,过流前堰塞湖蓄水量约 5.24 亿 m³;13 日 18 时 20 分溃堰洪水达到峰值,洪峰流量为 31000m³/s(图 11.14)。据溃堰洪水分析成果,工程处置措施有效削减洪峰流量约20000m³/s。11 月 13 ~ 15 日,溃坝洪水洪峰向下游传递并次第衰减,经河道槽蓄坦化作用后,至叶巴滩超万年一遇,奔子栏超万年一遇,至塔城衰减为千年一遇,行进至石鼓时已接近天然状态;15 日 14 时梨园水库出现最大入库流量为 7410m³/s,溃堰洪水安全入库,金沙江中游各梯级水库平安度险。至此,金沙江"11·3"白格堰塞湖洪水已通过金沙江上游江段,白格堰塞湖险情解除,无人员伤亡,堰塞湖抢险处置工作取得阶段性胜利。

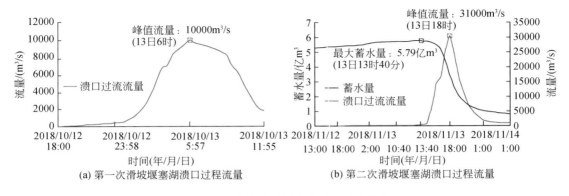

(a) 第一次滑坡堰塞湖溃口过程流量　　(b) 第二次滑坡堰塞湖溃口过程流量

图 11.14　白格滑坡堰塞体溃口过流曲线

### 11.3.2.3　滑坡堰塞河道整治工程

2019 年 11 月，经人工干预的堰塞湖泄洪成功。但泄流槽经溃决形成新的河道，将堰塞体一分为二。大部分残留的堰塞体主要堆积于左岸山体坡脚及漫滩部位。平面顺河呈条带状分布，上游略窄，中下游大致等宽。顺河长度为 742～851m，宽度为 220～330m。残留体中上游堰顶较高，下游堰顶最低，相对高差约 30m，最大堆积高度约 113m。上游迎水面平均坡比 1:1.3，下游面平均坡比 1:3.0，临江侧平均坡比 1:1.2。堆积最大厚度约 85m，堆积方量约 700 万～800 万 m³。根据现场调查，在纵向（顺江）方向整体稳定，不存在一次性溃坝的问题；从横向（滑坡方向）上看，堰塞体溃决后形成相对稳定的过流通道，左岸堰塞体残体目前处于相对稳定状态，但右岸残体将随着过流量不断加大，受水流的冲刷、掏蚀过流通道会不断拓宽，堰体逐步向左岸退却，直到堰体形成稳定边坡，自然动态平衡。因此，提出了安全度汛的要求，即采取工程措施，对残留的堰塞进行人工修坡，提升稳定性，预留足够的行洪通道，避免再次堰塞堵江。残留堰塞体的应急处置方案主要考虑以下二个因素：

（1）施工工期。

从 2019 年 4 月下旬到 2019 年 5 月底，汛期枯水期的施工时间仅剩余 40 天，如果考虑利用 6 月上、中旬，则可施工时间仅为 60 天。经测算，在现有条件下，最大月开挖强度约 145 万 m³/月，应急方案的制定应充分考虑这一现实条件。

（2）叶巴滩水电站防洪度汛安全。

叶巴滩水电站为金沙江上游水电规划推荐"一库十三级"开发方案中的第七级，枢纽建筑物由混凝土双曲拱坝、泄洪消能建筑物、引水发电建筑物三大系统组成。水电站采用坝式开发，正常蓄水位为 2889m，相应库容为 10.80 亿 m³，总装机容量为 224 万 kW。叶巴滩水电站于 2019 年 3 月实现河床截流，即将进入基坑开挖，应急处置方案也要兼顾叶巴滩水电站的汛期防洪度汛。

在进行残留堰塞体应急处置时，要充分考虑滑坡源区不同体积入江形成第三次堰塞坝的可能（表 11.3）。

表 11.3　不通滑动方量滑动堵江形成堰塞体规模预测分析成果表

| 处理方式 | 垮塌方量/万 m³ | 垭口高程/m | 库容/亿 m³ |
|---|---|---|---|
| 不清除河床残留堰体 | 50 | 2926 | 2.18 |
| | 100 | 2935 | 3.04 |
| | 200 | 2945 | 4.25 |
| | 300 | 2955 | 5.75 |

　　由表 8.3 可以看到，如不清除河床现有残留堆积体，右岸开裂破坏危险体垮塌下滑 50 万 m³，可能形成的堰塞体高程约为 2926m，略低于"10·11"堰塞高度；垮塌下滑 100 万 m³，可能形成的堰塞体高程约为 2935m，大于"10·11"堰塞高度，可能再次发生类似"10·11"规模的堰塞灾害；若垮塌下滑 300 万 m³ 可能导致的堰塞体高程约 2955m，可能再次发生类似"11·3"规模堰塞灾害；倘若危险体在汛期滑落，短时间将会急剧形成超大规模堰塞水库，对下游沿江人民生命财产形成巨大威胁。

　　因此，根据堰塞体位置、形态等参数，处置方案主要针对四川省一侧开展，主要目的是降低堰塞体整体高度，大大提高水流下泄能力，增大滑坡物质堆积空间，降低再次滑坡堵江的风险。具体方案为将堰塞体残体靠近河道侧不小于 40.0m 范围内且 2920m 高程以上的残体全部清除。开挖设计方案共设计四级马道，马道宽度为 0.2m，放坡坡比为 1∶2.0，每一级台阶高度为 20m，总开挖方量约 245.1 万 m³（图 11.15）。

图 11.15　白格滑坡堰塞体整治完成后的金沙江河道

　　在清除河道 2920.0m 高程以上临河侧残留体后，当后缘残留体发生滑动时，还会可能形成堰塞湖，但清除堰塞体可在一定程度上降低堰塞湖堰顶高程，减小堰塞湖的规模，同时溃坝形成的洪峰可由下游叶巴滩电站等进行调节，以达到应急防治洪水灾害的目的（表 11.4）。

**表 11.4　开裂危险体下滑形成堰塞坝规模预测分析成果表（清除部分残体）**

| 处理方式 | 垮塌方量/万 m³ | 垭口高程/m | 库容/亿 m³ | 溃口流量/（m³/s） |
|---|---|---|---|---|
| 清除河道 2920.0m<br>高程以上残留体 | 50 | 2920 | 1.70 | 4900 |
| | 100 | 2925 | 2.09 | 6900 |
| | 200 | 2935 | 3.04 | 13500 |
| | 300 | 2942 | 3.87 | 21000 |

#### 11.3.2.4　滑坡源区残体减载工程

白格滑坡源区仍残留 300 多万立方米残留体，监测表明，其稳定性极差，极有可能在近期发生第三次大规模滑动，从而再次形成堰塞湖灾害。经过充分论证，提出处置目标为尽量降低 K1 和 K2 残留体在 2019 年发生大规模滑动堵江的可能性，滑坡整体的稳定性则由后期综合治理来保证。主要采用削方减载的措施进行坡型改造来提升稳定性。

1. 削方区范围选择

根据勘查成果，针对后缘残留体按最后一级贯通性深大裂缝和自然休止角确定潜在滑面，并进行稳定性评价。结果表明 K1-1 和 K2-1 残留体在暴雨等不利工况下处于不稳定状态。

在 K1 残留体削方区，削方对象以产生贯通性裂缝圈闭的不稳定块体为主，对表层残积土、裂缝完全贯通块体、中部破碎基岩锲形体进行清除，放缓整体坡度，使得坡体形成天然休止角（30°左右）。

在 K2 残留体削方区，削方对象以 K2-1 牵引产生裂缝圈闭的不稳定块体和 K2-1 残留体为主，对表层滑坡堆积体、全风化至强风化破碎基岩进行清除，顺平 K2 潜在滑面使得坡体形成天然休止角（30°左右）。

2. 削方边坡设计

根据《建筑边坡工程技术规范（GB50330—2013）》坡率法，按碎石土边坡坡率允许值结合深大裂缝分布位置确定削方坡比。根据地形条件，对 K1-1 残留体 1:1.7 ~ 1:1.3 坡率进行削坡，分 1~8 级，坡高为 8m，马道宽为 5~6m；对 K2-1 残留体按 1:1.5 ~ 1:1.2 坡率进行削坡，分 8~17 级，坡高为 8m，马道宽为 4m。削方区开挖土石方较大，弃渣主要以推入已滑坡体为主：削方开挖土石可先堆于设计弃渣区，剩余开挖的土石方待河道堰塞体清淤（四川）完成后推入已滑坡体及沟槽。

3. 削方方量计算

K1 残留体削方减载主要为由前缘贯通性深大裂缝形成的 K1-1 区，K2 残留体削方减载主要为滑坡区 K2-1 和后缘牵引区，开挖面积共计 79445.64m²。根据控制法断面法，削方减载开挖土石方共计 690868.33m³，其中 K1 残留体削方为 374129.62m³，K2 残留体削方为 316738.71m³（图 11.16）。

截至目前，已按照方案完成了全部的削方工作。

图 11.16　白格滑坡后缘残留体削方后效果图

4. 弃土处置方式设计

削方区开挖土石方较大，弃渣主要以推入已滑坡体为主。设计弃渣区可堆放弃土约
4.7 万方，削方开挖土石可先堆于设计弃渣区，剩余开挖的土石方待河道堰塞体清淤（四
川）完成后推入已滑坡体及沟槽。

根据现场调查，K1-1、K2-1 前缘经常发生小规模滑塌，滑塌体多堆积于陡坎前缘，
仅少部分块碎石沿已滑凹槽滚落至 3200m 高程左右的缓坡平台，极少部分滚落至金沙江一
级岸坡（3000m 高程）。可见，削方堆积体主要停留在滑坡形成沟槽缓坡平台，整体滑入
金沙江的方量较少、可能性低，后期主要以坡面流、局部溜滑等方式进入金沙江。

## 11.4　高山深谷区滑坡防治现有技术适配性研究

青藏高原的滑坡防治工程具有特殊性，主要体现在：①降雨丰沛、强震频发、地形急
变；②高位启动、规模巨大、流域性强；③高寒、高海拔，难以避让。在一般丘陵山地采
用的地质灾害防治技术方法在该区将会带来较大的土木–地质工程风险。

### 11.4.1　滑坡前缘冲刷、掏蚀防护工程

青藏高原的地质灾害往往沿江发育，高落差导致了江水对斜坡的冲刷和掏蚀严重。因
此，沿江滑坡的治理中，保护坡脚应该成为滑坡治理工程的重要分项，由重力式或浅桩基

挡墙、格宾改为长抗滑桩基护脚方案。通过对 318 国道线 "102" 滑坡群的分析表明，该滑坡群的治理历经了数十年的时间，以 2#滑坡为主体的 "102" 滑坡群治理工程中，由于未能很好地控制由于江水的掏蚀与潜蚀作用带来的坡脚蠕变问题，导致了锚固工程的耐久性失效，最后投资数亿元以隧道方案规避了滑坡灾害。

　　中尼公路樟木口岸（318 国道线的终点）滑坡群的治理，也遇到同样的问题。自 2008 年实施治理工程以来，滑坡稳定性良好，即使 2015 年 "4·25" 尼泊尔 8.1 级地震期间，滑坡群区的地震烈度达到Ⅸ度，工程整体也完好，仅出现局部的变形拉裂，实施的防护工程起到了保护 318 国道线的作用。但是，在震后第二年，即 2016 年由于波曲河上游冰湖溃决引发 "7·5" 山洪泥石流，导致治理工程损毁严重，部分已不复存在，318 国道亦完全损毁。主要原因在于对波曲河水冲刷、掏蚀强度考虑不足，抗滑桩嵌入深度过浅，因此，已建护堤首先发生破坏，山洪紧接着对滑坡前缘进行冲刷、掏蚀，形成局部滑塌。在前缘牵引下，由于抗滑桩深度不足，抗滑桩无法提供足够的抗滑力，随即失效（图 11.17）。

(a) 滑坡前缘被冲刷淘蚀

(b) 前缘防护改进方案

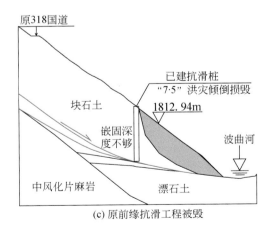

(c) 原前缘抗滑工程被毁

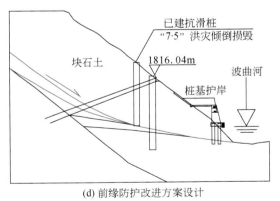

(d) 前缘防护改进方案设计

图 11.17　中尼公路友谊桥 1#滑坡前缘失稳与改进加固方案

## 11.4.2　滑坡地表和地下排水工程

西藏是我国气候条件最为复杂多变的地区，在藏东南和喜马拉雅山南坡高山峡谷地区，自下而上，由于地势迭次升高，气温逐渐下降，气候发生从热带或亚热带气候到温带、寒温带和寒带气候的垂直变化。喜马拉雅山脉作为气候大分界线，造成南侧的巨大降水量和北侧的干燥状况。在大峡谷地区年平均降水量可达 1000～3000mm，在中尼边境喜马拉雅山脉南坡地区年降雨量多达 2500～3000mm，截排地表水，减少滑坡体内地下水，应成为滑坡防治的首选工程措施之一。

在中尼公路樟木段恢复通关滑坡治理工程中，对樟木镇福利院特大滑坡强化了排水工程的方案。地表排水工程按照降雨强度 50 年一遇设计，100 年一遇校核的标准。结合滑坡区地形、地貌及地表水的现状流向，共布置四条排水沟，总长为 1262m，并与市政排水系统相连接。同时，为了减少滑坡体地下水，采用了地下廊道排水方法，其中，在滑坡体后缘采用了通透式截水墙桩，拦截滑坡后山的地下水。通透式截水墙桩避免了投入大量精力去查明地下水流场的传统思路，直接对滑坡体切断地下水补给区流场，利用大坝式拦腰截水的模式，完全阻断滑坡体内的地下水，同时引导地下水垂直渗入地下，并从底部预留的通道排出滑坡体，对接排水隧洞，使其顺畅排出滑坡区（图 11.18）。

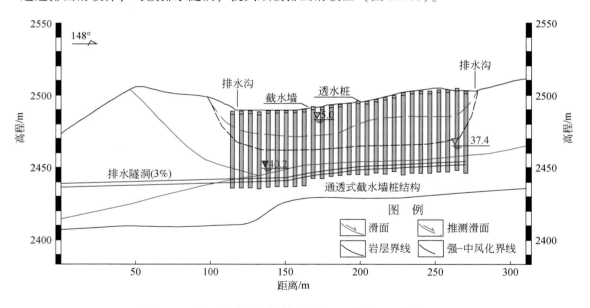

图 11.18　中尼公路樟木福利院滑坡地下排水工程横剖面图

这种工法包括三个主要工序①人工开挖形成深达 60 多米的大截面钢筋砼底部预设空心断面的过水抗滑桩；②随后在抗滑桩之间再开挖深大 60 多米的矩形墙，重新充填透水滤料；③从滑坡侧缘掘进引水廊道，利用截水墙和透水桩将滑坡体地下水引水。但是，在实际施工过程中，这种工法带来三大缺陷：①对滑坡体的扰动非常大，不利于滑坡稳定；②人工挖孔施工安全隐患非常大；③工期无形的延长。

根据近年来滑坡地下排水工程的实践，可以采用排水抗滑桩和一般抗滑桩相结合的新型式（图 11.19），也就是，在抗滑支挡的基础上，根据滑坡的渗透性等水文地质条件，选择适合的间距，布设箱型钢筋砼空心桩；然后，在滑床中施工地下排水廊道，并采用集水井与排水抗滑桩连接。这种布置型式的优点是：①比较起来，由于不用开挖桩间的截水墙，对滑坡体扰动小；②避免施工期间的安全风险；③缩短了施工工期。

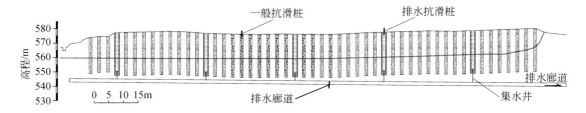

图 11.19　新型滑坡地下排水工程布置图

对于一般滑坡防治工程来说，由于排水效果难以进行准确的评估，因此，往往不参与设计的计算，仅作为一种预留安全裕度的方法。但是目前排水工程的投入越来越大，在工程治理中占比逐渐增加，应加强地下水动态监测，形成专门的排水工程设计方法。

## 11.4.3　滑坡超长桩锚抗滑工程

抗滑桩是在丘陵山区滑坡防治工程中广泛采用的成熟技术。但是，在西藏高山峡谷地区，由于地形坡度偏陡，滑坡体积大，叠加强震、暴雨等工况，导致抗滑桩横截面过大，并形成长达 60m 以上的超长抗滑桩；同时，为了避免桩的悬臂段超长带来的抗弯问题，常采用锚索抗滑桩等组合结构形式，锚索长度达到 60m，甚至 70m 之上。这样，带来了三个方面的问题：①从机理上看，超长桩、超长锚、超陡滑体的共同作用机理极其复杂，特别是在滑带沿滑动方向上锚索和桩的距离大于 50m，锚索易于形成孤立受剪的杆件，率先失效，桩锚系统的可靠性和耐久性差；②从设计上看，由于滑带较陡，为滑坡的下滑力偏大，抗滑力偏小而不宜布设抗滑桩的地段，同时，抗滑桩地基水平抗力明显低于常规地段，需加长，而且锚索由于倾角加大，导致提供的预应力效率显著降低；③从现场施工上看，难度大、工期长、风险高，特别是采用人工挖孔抗滑桩方案时，对人员的施工安全带来很大隐患。因此，采用锚索抗滑桩+埋置式抗滑键组合技术，不仅可以降低滑坡的下滑推力，而且还可以降低锚索段的位移量，减少滑带的过大下滑位移对锚索的剪切作用，并增加抗滑桩嵌固段的地基水平抗力，有利于提高抗滑桩和锚索的组合抗滑效果。

中尼公路友谊桥 1#滑坡体积达 $7.2 \times 10^7 m^3$，地形坡度达 26°～45°，采用了锚索抗滑桩+抗滑键的组合设计方案（图 11.20）。其中，抗滑桩桩长达 60m，锚索长度达 75m，抗滑桩截面为 2.4m×3.6m，共 50 根，桩底位于深层滑面以下 6～13m 处；抗滑键（埋入式抗滑桩）截面为 2.4m×3.6m，共 10 根，桩底位于深层滑面以下 6～13m 处。

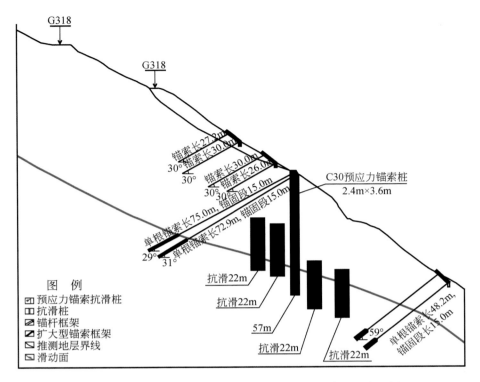

图 11.20　峡谷山区滑坡锚索抗滑桩+抗滑键组合工程布置图

高位滑坡的工程治理是高陡山区面临的难题。最近针对四川茂县岷江右岸高位远程滑坡的特征，提出了采用埋入式小口径组合桩群+多排锚索肋梁的抗滑设计方案。与大截面超长锚拉桩、预应力格构锚索等方案比较而言，这种方案对于处在滑动状态的高位滑坡来说，具有对滑坡的开挖扰动较小、机械化施工程度较高、可实行快速应急加固的优点（图11.21）。

(a) 埋置式小口径组合桩群应急加固区全貌　　　(b) 小口径组合桩施工现场

图 11.21　峡谷山区高位中小口径组合桩群工程布置图

## 11.4.4　高位崩塌滚石工程治理

"4·25"尼泊尔地震导致喜马拉雅山南坡形成大量震裂松动山体，高差达数百米甚至上千米，构成了高位崩塌的灾害隐患点。预应力锚固和柔性防护网组合的主动防护技术难以实施，通常采用被动柔性防护网、侧压棚硐、桩板墙等技术进行治理。中尼公路樟木镇附近的扎美拉山高位崩塌隐患点体积达 50 万 m³，高差约 1000m，对 318 国道—中尼公路、海关停车场、大楼、查验场和樟木加油站构成严重威胁。设计采用了被动防护+分段治理的综合治理措施，针对不同的灾害体和不同的危害对象采取分段防护分段治理，即桩板拦石挡墙+被动防护网+障桩+危石支顶+格宾铅石笼。但是，目前在高位崩塌防治工程中，由于崩塌失稳模式误判、崩塌体积误估和减压环结构的设计与安装等问题，被动防护网易于被毁坏，导致整个防治工程失效。

根据"5·12"汶川强震区的教训，由于山体的地震动放大效应，被动柔性防护网往往被高位滑坡崩塌形成的碎屑流摧毁。因此可以采用新型开口式被动防护帘对高速运动的灾害体进行多级消能和引导，同时，在灾害体运动路径中，设置多级自适应的钢筋砼障桩群，减缓大冲击力碎屑流体的风险。

## 11.4.5　冰湖溃决风险评估和减灾

目前，冰湖溃决灾害研究中，下列工作尚处于起步阶段：冰湖溃决导致跨境流域性山洪泥石流灾害系统的风险评估研究；冰崩直接灾害、冰湖溃决灾害和堵溃灾害的动力学过程和形成演化机理研究；围绕境内重要城镇和流向境外江河的冰崩直接灾害、冰湖溃决灾害和堵溃灾害的"空–天–地"一体化监测预警体系研究等。当前迫切需要加强应用多期高分辨率遥感和 InSAR 影像，查明藏南山原湖盆谷区的冰湖分布和动态变化趋势，支撑服务城镇、国防道路灾害风险防控，并及时为下游国家提供冰湖溃决型山洪泥石流预警信息。

对藏南山原湖盆谷地区冰湖型山洪泥石流的减灾技术研究相当滞后。该项技术涉及监测预警和工程减灾两个层次。首先，应建立基于高分辨率遥感卫星和干涉雷达卫星技术的冰湖溃决灾害风险动态监测评估系统；其次，针对公路、城镇和下游境外的地质安全，采用新型桩梁组合拦挡技术和利用支沟进行逆向回流消能等方式，减少泥石流的固体物源量、减缓洪峰流量和降低堵溃效应。

# 11.5　青藏高原高位远程地质灾害链减灾战略研究

青藏高原复杂的地质地貌条件和活跃的内外动力耦合作用，使得城镇发展、进藏铁路、高等级公路、水电能源基地和国防安全存在突出的地质安全问题。本书结合西藏复杂艰险山区地质灾害成灾背景，开展风险源识别评估、备灾工程措施、非工程风险管控等综合防控对策战略研究，提出针对性的典型灾害链综合防范措施建议。

## 11.5.1　高位远程地质灾害风险源动态识别和评估

　　青藏高原高位远程地质灾害风险源区空间分布受活动构造控制，具有空间上成带成丛性和时间上复发性的特征。由于在规模巨大，可以探索到地质事件遗迹和现代地质作用痕迹。易贡巨型滑坡发育于易贡藏布江左岸支流扎木弄沟，历史上，1902 年，曾发生过类似的滑坡堰塞湖灾害，估计体积达到 6 亿 $m^3$，并在江右岸残留下滑坡堰塞坝残体。该区的高位远程地质灾害受嘉黎断裂带控制，紧邻易贡滑坡东为历史上形成的顺向古滑坡，体积约 10 亿 $m^3$。中国科学院·水利部成都山地灾害与环境研究所和长江委勘察设计院近期提交的"西藏自治区易贡湖综合治理与保护工程扎木弄沟滑坡泥石流专题研究报告"推测认为，在易贡滑坡的源区尚存 BT01 和 BT02 的崩滑隐患，体积分别为 0.94 亿 $m^3$ 和 0.92 亿 $m^3$，因扎木弄沟 F3 断层直穿 BT02 崩滑体，所以 BT02 崩滑体更危险。

　　专门采用了升、降轨 ALOS/PALSAR-2 数据对西藏易贡地区潜在滑坡运动进行了探测，在滑坡探测基础上对易贡滑坡进行了长时间序列形变监测，获取了易贡滑坡 2016 年 8 月 18 日至 2019 年 9 月 26 日间形变的时间演化结果，主要结论如图 11.22 所示。

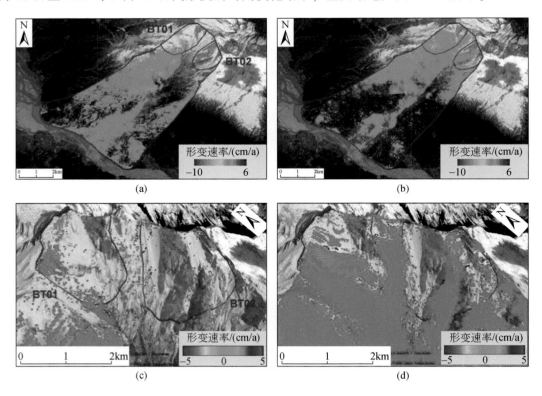

图 11.22　西藏易贡滑坡形变速率 InSAR 观测结果

（a）升轨 ALOS/PALSAR-2 数据地表形变速率；（b）降轨 ALOS/PALSAR-2 数据地表形变速率；（c）BT01 区与 BT02 区升轨 ALOS/PALSAR-2 地表形变速率；（d）BT01 区与 BT02 区降轨 ALOS/PALSAR-2 地表形变速率

（1）通过升、降轨 SAR 数据相结合的方式有效避免了单一 SAR 数据源受几何畸变引起的滑坡漏判，提高了滑坡探测的可靠性，在研究区域共探测到 10 个大小不等活动滑坡。

（2）对易贡滑坡采用相位测量进行了长时序形变监测，相位测量形变结果表明易贡滑坡整体上稳定，在局部区域探测到七个大小不等变形体，这些变形体在 InSAR 监测期间存在持续的变形，部分变形体形变加速过程被捕获到，如 2 号、3 号及 6 号变形体。

（3）偏移量监测结果表明，易贡地区未发现大梯度变形的滑坡。BTO1 区与 BTO2 区也未发现存在大梯度变形的区域。对于科学判断和评估该区的高位远程地质灾害风险提供了一种先进快速的手段。因此，应建立"空–天–地"一体化的动态监测和快速评估系统。

## 11.5.2　高位远程地质灾害链备灾工程建设

### 11.5.2.1　高位远程地质灾害应急抢险备灾道路建设

西藏地区不仅是我国的水塔，而且，也是高位远程地质灾害链风险源头，地质灾害具有跨县、省、跨国等特点。而这些地质灾害风险源区往往道路崎岖，或者没有行车道路，大型重型设备进场时间长，甚至不能到达现场。因此，建议对于已经查明的特大灾害风险源区，提前建设用于机械设备能迅速到达现场的应急工程处置备灾道路。

2000 年 4 月 9 日发生的西藏易贡滑坡位于 318 国道西北约 20km，道路为县级机耕道，可以运送大型机械设备。但是，由于位置相对偏僻，4 月 27 日开始，318 国道拉萨至波密通麦，一场西藏历史上力度、强度、速度都前所未有的施工力量迅速赶赴现场。5 月 10 日，到位挖、装、运主要设备 70 多台（套），其中，推土机 38 台。到 6 月 4 日 700 多名抢险施工人员和设备安全撤离时，开挖滑坡堰塞体方量达 135.5 万 m³，有效降低了堰塞坝高度 24.1m，减少拦存湖水约 20 亿 m³，使溃坝流量由 24 万 m³/s 降至 12.4m³/s，极大减轻了下游地区的灾害损失。限于 20 年前西藏地区当时的工程施工能力，确实是创造了奇迹。根据图分析，在现在道路条件许可的前提下，大型施工设备完全可以提前 10 天以上到达现场，在 5 月 20 日结束人工干预，此时库容约 16 亿 m³，决口最大流量约 4000m³/s（图 11.23）。

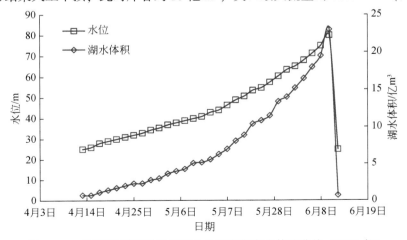

图 11.23　西藏易贡滑坡堰塞湖水位和存拦湖水体积曲线（2000 年）

2018 年 11 月 3 日，第二次滑坡发生后，形成的堰塞湖水位迅速上涨，推测库容达 8 亿 m³，将对下游梯级电站和村镇造成非常巨大的危害。由于没有现存的道路，机械设备无法进入现场。因此，四天后（11 月 7 日），调用了四台挖掘机、三台装载机从距离灾害最近的约 4km 白玉县则巴村（通巴塘至白玉省道）采取边行进、边开路的方法赶往现场。11 月 8 日，15 台机械设备，其中 11 台挖掘机（西藏 1 台）、四台装载机，施工人员 34 人投入抢险疏通作业，开掘滑坡堰体 3200m³。根据曲线分析，如果预先存在通往滑坡堰塞体机耕道，机械设备就可以提前数天进场进行人工干预，堰塞湖水位还可降低 10m 以上，堰塞湖下泄的洪水损失将会大大减轻（图 11.24）。

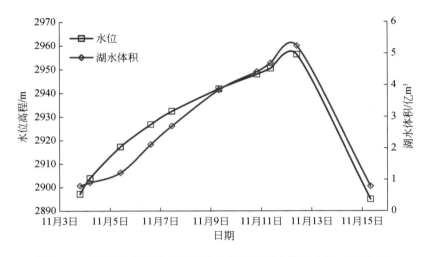

图 11.24　西藏白格滑坡堰塞湖水位和存拦湖水体积曲线（2018 年）

### 11.5.2.2　高位远程地质灾害链导流减灾工程建设

根据数十年在西藏地区和全国来应对特大型地质灾害链的经验体会，应该充分利用灾害区的地质环境条件，并提前实施导流明渠、导流隧洞等备灾工程。一旦灾害发生，可以极大地减轻灾害损失。

2000 年 4 月 9 日，西藏易贡滑坡堵江后，专家组随即开展了现场调查和应急处置方案研究。现场调查发现，易贡滑坡形成碎屑流超覆在古堰塞坝上沿易贡藏布江右岸存在一个明显的顺江地形凹槽（图 11.25）。当时由于堰塞湖水位每天上涨 0.2 ~ 0.5m，大型设备无法及时进场施工，只好放弃右岸导流明渠方案，而不得不直接在施工环境非常危险的堰塞体上进行人工引流。

导流隧洞的备灾方案已有成功实例。汶川地震前，四川省北川县白什乡老街后山出现滑坡险情，长为 350m，宽为 400m，均厚 20 余米，总体积约 300 万 m³。由于滑坡体高悬于离河谷底部高差达 500 ~ 700m 的陡坡上，如果整体或局部下滑，巨大的滑坡能量将会对坡下白什乡老街 695 人的生命财产安全造成严重威胁，同时，还将堵断其下的白水河，对上游三个村共计 1400 人的生命财产带来严重的影响。为了防止滑坡形成堆石坝，堵塞河道，立即在滑坡体对岸山体中组织实施了应急避险泄水隧洞工程，总长为 678m，于 2007

年 3 月 14 日开工，6 月 18 日正式贯通。2007 年 7 月 28 日，滑坡体出现大规模滑塌，堆积体堵断白水河，形成堰塞湖，河水从泄水洞中顺畅地排出，未对当地人民的生活造成直接的影响。

(b) 地形凹槽

(a) 易贡滑坡堰塞湖残体

(c) 调查导流方案

图 11.25　西藏易贡滑坡灾害链导流明渠备灾方案

在喜马拉雅山南坡，由于地壳强烈抬升和沟谷深切，地势陡峻。聂拉木县城至樟木友谊桥两地相距 42km，相对高差为 2120m，中尼公路沿波曲河盘路下行。波曲河横剖面两岸谷坡陡峭，坡度为 40°～60°，局部达 80°，纵剖面多急流险滩，谷底乱石林立，跌水频现，水流湍急。即使能近期能实现货运通关，但其运输能力远不能满足中尼贸易飞速增长的需求，地质灾害风险仍非常高。因此，应该考虑采用螺旋隧道进行货运分流的方案。从长远看，还可进一步利用波曲河两岸山体实施双螺旋隧道的可行性。

### 11.5.2.3　高位远程地质灾害链非工程规划与管理

据统计，西藏地区流域性的高位远程地质灾害链发生频率非常高，大约 2～5 年就发生一次。对上下游的生命财产、重大工程建设、国防安全构成重大危害。

2018 年西藏金沙江白格滑坡形成流域性灾害链，对下游的四川、云南带来巨大损失。从西藏发育的国际界河也因滑坡和冰湖溃决形成特大流域性地质灾害对印度、尼泊尔等造成了严重威胁和灾害。因此，建议尽快建立二类联动机制：①省际协调联动机制：包括西藏、四川和云南等省（自治区）和相关部门单位；②国际联动机制：建立中尼、中印高位远程地质灾害评估和预警机制，共同开展灾害链的评估、预警和避灾等非工程措施的规划和风险管控。

# 11.6　小　　结

本章首先以 318 国道中地质灾害重中之重的西藏波密"102"滑坡群地段和中尼公路樟木口岸滑坡群治理工程为重点，剖析西藏地区复杂滑坡治理现有技术的适配性问题。分析表明，"102"滑坡群防治工程失效的主要原因包括：地质勘查程度差；河流冲刷、掏蚀，导致滑坡前缘阻滑效果降低；缺乏有效的地下排水措施；选型设计针对性差；未考虑特殊工况的影响。中尼公路樟木口岸开展了 10 处地质灾害工程防治。其中，樟木镇福利院滑坡的治理采用了通透式截水墙桩结构（锚索抗滑桩+截水墙）+预应力锚索抗滑桩+排水隧洞+锚索格构+微型桩+地表排水综合治理方案；友谊桥 1#～4#滑坡群治理采用了预应力锚索锚杆组合格构+预应力锚索抗滑桩+埋入式抗滑键+地表排水+桩基挡墙等综合治理方案。对现有技术适配性研究表明，西藏地区的滑坡防治工程应优先考虑如下的设计：①前缘冲刷、掏蚀防护工程；②滑坡地表和地下排水工程。③超长锚桩+抗滑键组合工程。此外，对于高位崩塌滚石工程治理，可以采用新型开口式被动防护帘对高速运动的灾害体进行多级消能和引导，同时，在灾害体运动路径中，设置多级自适应的钢筋砼障桩群，减缓大冲击力碎屑流体的风险。

　　本章还研究了西藏易贡滑坡和白格滑坡引发的巨大地质灾害链的减灾战略问题。西藏地区复杂的地质地貌条件和活跃的内外动力耦合作用，使得城镇发展、进藏铁路、高等级公路、水电能源基地和国防安全存在突出的地质安全问题。本书结合西藏复杂艰险山区地质灾害成灾背景，提出了重大地质灾害链综合防范措施建议：①应建立"空-天-地"一体化的动态监测和快速评估系统，开展高位远程地质灾害风险源动态识别和评估；②对已经确认并存在高位远程地质灾害链威胁的滑坡，及早开展应急抢险备灾道路建设和导流减灾工程建设等备灾工程建设；③实施高位远程地质灾害链非工程规划与管理。

# 参 考 文 献

卜祥航,唐川,屈永平,等. 2016. 烧房沟滑坡型泥石流工程治理及效果分析. 工程地质学报,24(2):220-227.

柴贺军,刘汉超. 1983. 中国滑坡堵江的类型及其特点. 成都理工大学学报(自科版),(3):411-416.

柴贺军,刘汉超,张倬元. 2000. 中国堵江滑坡发育分布特征. 山地学报,18(S):51-54.

陈菲,王塞,高云建,等. 2020. 白格滑坡裂缝区演变过程及其发展趋势分析. 工程科学与技术,52(5):71-78.

陈剑,王全才,李波. 2016. 西藏樟木滑坡特征及成因研究. 自然灾害学报,25(2):103-109.

陈剑平,李会中. 2016. 金沙江上游快速隆升河段复杂结构岩体灾变特征与机理. 吉林大学学报(地球科学版),46(4):1153-1167.

陈宁生,崔鹏,陈瑞,等. 2002. 中尼公路泥石流的分布规律与基本特征. 中国地质灾害与防治学报,13(1):46-50.

陈宁生,田树峰,张勇,等. 2021. 泥石流灾害的物源控制与高性能减灾. 地学前缘,1-11[2021-02-05]. https://doi.org/10.13745/j.esf.sf.2020.6.39.

陈仁容,周尚哲,邓应彬. 2012. 末次冰期冰碛垄系列的形态特征及其形成探讨——以帕隆藏布江谷地为例. 冰川冻土,34(4):836-847.

陈自生. 1991. 浅论拱溃型顺层岩质滑坡. 山地学报,9(4):231-235.

程成,白玲,丁林,等. 2017. 利用接收函数方法研究喜马拉雅东构造结地区地壳结构. 地球物理学报,60(8):2969-2979.

程谦恭,张倬元,黄润秋. 2007. 高速远程崩滑动力学的研究现状及发展趋势. 山地学报,25(1):72-84.

崔鹏,贾洋,苏凤环,等. 2017. 青藏高原自然灾害发育现状与未来关注的科学问题. 中国科学院院刊,32(9):985-992.

崔鹏,马东涛,陈宁生,等. 2003. 冰湖溃决泥石流的形成、演化与减灾对策. 第四纪研究,23(6):621-628.

戴兴建,殷跃平,邢爱国. 2019. 易贡滑坡—碎屑流—堰塞坝溃坝链生灾害全过程模拟与动态特征分析. 中国地质灾害与防治学报,30(5):1-8.

旦正才旦. 2020. 西藏边境县域贫困群体结构性特征及其经济生活状况调查——基于日喀则市吉隆县百户问卷调查数据分析. 中国藏学,(1):136-144.

邓建辉,高云建,余志球,等. 2019. 堰塞金沙江上游的白格滑坡形成机制与过程分析. 工程科学与技术,51(1):9-16.

丁林,钟大赉. 2013. 印度与欧亚板块碰撞以来东喜马拉雅构造结的演化. 地质科学,48(2):317-333.

董汉文,许志琴,李源,等. 2014. 东喜马拉雅构造结墨脱剪切带特征及其区域构造意义. 岩石学报,30(8):2229-2240.

段立曾,明庆忠,张虎才,等. 2013. 金沙江堵江堰塞事件及其地貌环境效应研究进展. 地球科学前沿,3(1):8-17.

冯光财,许兵,单新建,等. 2015. 基于Landsat8光学影像的巴基斯坦Awaran $M_W$ 7.7地震形变监测及参数反演研究. 地球物理学报,58(5):1634-1644.

高波,张佳佳,王军朝,等. 2014. 西藏天摩沟泥石流形成机制与成灾特征. 水文地质工程地质,46(5):

144-153.

高杨,李滨,高浩源,等. 2020. 高位远程滑坡冲击铲刮效应研究进展及问题. 地质力学学报,26(4): 510-519.

葛大庆. 2013. 区域性地面沉降InSAR监测关键技术研究. 北京:中国地质大学(北京).

葛大庆. 2018. 地质灾害早期识别与监测预警中的综合遥感应用. 城市与减灾,(6):53-60.

葛大庆,戴可人,郭兆成,李振洪. 2019. 重大地质灾害隐患早期识别中综合遥感应用的思考与建议. 武汉大学学报(信息科学版),44(7):949-956.

郭长宝,吴瑞安,蒋良文,等. 2021. 川藏铁路雅安—林芝段典型地质灾害与工程地质问题. 现代地质, 35(1):1-17.

韩立明. 2018. 雅鲁藏布江卧龙至直白河段地质灾害发育特征及危险性评价. 成都:成都理工大学.

胡桂胜,陈宁生,邓明枫,等. 2011. 甘肃舟曲三眼峪沟泥石流粗大颗粒冲击力特征分析. 地球与环境, 39(4):478-484.

黄洁慧,谢谟文,王立伟. 2019. 基于差分干涉合成孔径雷达技术的米林滑坡形变监测. 科学技术与工程, 19(25):7-12.

黄润秋,裴向军,崔圣华. 2016. 大光包滑坡滑带岩体碎裂特征及其形成机制研究. 岩石力学与工程学报, 35(1):1-15.

黄润秋,许强等. 2008. 中国典型灾难性滑坡. 北京:科学出版社.

黄文星,王国灿,王岸,等. 2013. 雅鲁藏布江大拐弯地区河流形态特征及其意义. 地质通报,32(1): 130-140.

黄艺丹,姚令侃,谭礼,等. 2020. 喜马拉雅造山带工程效应及中尼铁路工程地质分区. 工程地质学报, 28(2):421-430.

贾翠霞. 2019. 西藏边境口岸县经济发展潜力研究——以吉隆县为例. 现代商贸工业,40(19):34-35.

康文君,徐锡伟,于贵华,等. 2016. 南迦巴瓦峰第四纪隆升期次划分的热年代学证据. 地球物理学报, 59(5):1753-1761.

匡龙君,张中厚,杨正春. 2004. 预应力锚索在川藏公路102滑坡防治工程中的应用. 公路,(4):134-139.

兰恒星,仇义星,伍宇明. 2019. 岩体结构效应与长远程滑坡动力学. 工程地质学报,27(1):108-122.

李保昆,刁桂苓,徐锡伟,等. 2015. 1950年西藏察隅$M$8.6强震序列震源参数复核. 地球物理学报, 58(11):4254-4265.

李滨,高杨,万佳威,等. 2020. 雅鲁藏布江大峡谷地区特大地质灾害链发育现状及对策. 水电与抽水蓄能, 6(2):11-14,35.

李德华,徐向宁,郝红兵. 2012. 四川汶川县映秀镇红椿沟"8·14"特大泥石流形成条件与运动特征分析. 中国地质灾害与防治学报,23(3):32-38.

李佳,李志伟,汪长城,等. 2013. SAR偏移量跟踪技术估计天山南依内里切克冰川运动. 地球物理学报, 56(4):1226-1236.

李坪. 1993. 鲜水河-小江断裂带. 北京:地震出版社.

李文鑫,王兆印,王旭昭,等. 2014. 汶川地震引发的次生山地灾害链及人工断链效果——以小岗剑泥石流沟为例. 山地学报,32(3):336-344.

李渝生,黄超,蒋良文,等. 2016. 川藏铁路金沙江结合带地壳构造动力学效应. 铁道工程学报,33(11):1-5,11.

李振洪,宋闯,余琛,等. 2019. 卫星雷达遥感在滑坡灾害探测和监测中的应用:挑战与对策. 武汉大学学报(信息科学版),44(7):967-979.

连志鹏,徐勇,付圣,等. 2020. 采用多模型融合方法评价滑坡灾害易发性:以湖北省五峰县为例. 地质科技通报,39(3):178-186.

廖明生,唐婧,王腾,等.2012.高分辨率 SAR 数据在三峡库区滑坡监测中的应用.中国科学:地球科学, 42(2):217-229.

廖明生,张路,史绪国,等.2017.滑坡变形雷达遥感监测方法与实践.北京:科学出版社.

刘传正,吕杰堂,童立强,等.2019.雅鲁藏布江色东普沟崩滑–碎屑流堵江灾害初步研究.中国地质, 46(2):219-234.

刘春玲,童立强,祁生文,等.2016.喜马拉雅山地区冰川湖溃决灾害隐患遥感调查及影响因素分析.国土 资源遥感,28(3):110-115.

刘广煜,徐文杰,佟彬,等.2019.基于块体离散元的高速远程滑坡灾害动力学研究.岩石力学与工程学报, 38(8):1557-1566.

刘国祥.2006.利用雷达干涉技术监测区域地表形变.北京:测绘出版社.

刘建康,程尊兰.2015.西藏古乡沟泥石流与气象条件的关系.科学技术与工程,15(9):45-49,55.

刘建康,张佳佳,高波,等.2019.我国西藏地区冰湖溃决山洪地质灾害综述.冰川冻土,41(6):1335-1347.

刘静,纪晨,张金玉,等.2015.2015 年 4 月 25 日尼泊尔 $M_w$ 7.8 级地震的孕震构造背景和特征.科学通报, 60(27):68-83.

刘云华,单新建,张迎峰,等.2018.基于地震波及 InSAR 数据的 2017 年 11 月 18 日西藏米林 $M_s$ 6.9 地震发 震构造.地震地质,40(6):1254-1275.

刘铮,李滨,贺凯,等.2020.地震作用下西藏易贡滑坡动力响应特征分析.地质力学学报,26(4):471-480.

柳金峰,程尊兰,陈晓清.2012.帕隆藏布流域然乌—培龙段冰湖溃决危险性评估.山地学报,30(3): 369-377.

卢宏涛,张秦川.2016.深度卷积神经网络在计算机视觉中的应用研究综述.数据采集与处理,31(1): 1-17.

鲁安新,邓晓峰,赵尚学,等.2006.2005 年西藏波密古乡沟泥石流暴发成因分析.冰川冻土,(6):956-960.

吕儒仁.1999.西藏泥石流与环境.成都:成都科技大学出版社.

马艳鲜,余忠水.2009.西藏泥石流、滑坡时空分布特征及其与降水条件的分析.高原山地气象研究, 29(1):55-58.

马宗晋,张家声,汪一鹏.1998.青藏高原三维变形运动学的时段划分和新构造分区.地质学报,(3): 211-227.

梅乐,陈丽霞,曾斌,等.2018.西藏边境亚东口岸崩塌灾害危险性评估.工程地质学报,26(增):85-91.

母剑桥.2013.循环冻融条件下岩体损伤劣化特性及其致灾效应研究.成都:成都理工大学.

潘保田,高红山,李炳元,等.2004.青藏高原层状地貌与高原隆升.第四纪研究,(1):50-57,133.

潘桂棠,李兴振,王立全,等.2002.青藏高原及邻区大地构造单元初步划分.地质通报,(11):701-707.

潘桂棠,任飞,尹福光,等.2020.洋板块地质与川藏铁路工程地质关键区带.地球科学,45(7):2293-2304.

潘桂棠,肖庆辉,陆松年,等.2009.中国大地构造单元划分.中国地质,36(1):1-28.

彭惠,穆柯,董元宏.2019.川藏交通走廊冻融侵蚀风险评价与区划研究.公路,64(10):157-161.

彭建兵,崔鹏,庄建琦.2020.川藏铁路对工程地质提出的挑战.岩石力学与工程学报,39(12):2377-2389.

彭建兵,马润勇,卢全中,等.2004.青藏高原隆升的地质灾害效应.地球科学进展,19(3):457-466.

曲晓,吴乃蓬.2020.计算机视觉在医疗领域的应用效果观察.中国卫生产业,17(13):168-170.

尚彦军,杨志法,廖秋林,等.2001.雅鲁藏布江大拐弯北段地质灾害分布规律及防治对策.中国地质灾害 与防治学报,12(4):30-40.

邵翠茹,尤惠川,曹忠权,等.2008.雅鲁藏布大峡谷地区构造和地震活动特征.震灾防御技术,3(4): 398-412.

沈军,汪一鹏,任金卫,等. 2003. 青藏高原东南部第四纪右旋剪切运动. 新疆地质,21(1):120-125.

宋键. 2012. 喜马拉雅东构造结周边地区主要断裂现今运动特征与数值模拟研究. 国际地震动态,54(9): 1536-1548.

宋键,唐方头,邓志辉,等. 2011. 喜马拉雅东构造结周边地区主要断裂现今运动特征与数值模拟研究. 地球物理学报,54(6):1536-1548.

宋键,唐方头,邓志辉,等. 2013. 青藏高原嘉黎断裂晚第四纪运动特征. 北京大学学报(自然科学版), 49(6):973-980.

苏鹏程,韦方强,谢涛. 2012. 云南贡山 8·18 特大泥石流成因及其对矿产资源开发的危害. 资源科学, 34(7):1248-1256.

孙立蒨. 1983. 三江弧形构造带地质构造特征及其形成. 青藏高原地质文集,4:63-74.

孙萍,汪发武,殷跃平,等. 2010. 汶川地震高速远程滑坡机制实验研究. 地震地质,32(1):98-106.

唐方头,宋键,曹忠权,等. 2010. 最新 GPS 数据揭示的东构造结周边主要断裂带的运动特征. 地球物理学报,53(9):2119-2128.

铁永波,白永健,宋志. 2015. 川西高原的岩土体的冻融破坏类型及其灾害效应. 水土保持通报,35(2): 241-245.

童立强,涂杰楠,裴丽鑫,等. 2018. 雅鲁藏布江加拉白垒峰色东普流域频繁发生碎屑流事件初步探讨. 工程地质学报,26(6):1552-1561.

汪啸风,Metcalfe I,简平,等. 1999. 金沙江缝合带构造地层划分及时代厘定. 中国科学(D 辑),29(4): 289-297.

王保弟,刘函,王立全,等. 2020. 青藏高原狮泉河-拉果错-永珠-嘉黎蛇绿混杂岩带时空结构与构造演化. 地球科学,45(8):2764-2784.

王德华,张景发,杨佳佳. 2018. 遥感技术在西藏当雄地区活动断裂调查中的应用. 大地测量与地球动力学,38(5):51-56.

王健. 2011. 吉隆盆地地质环境质量研究. 成都:成都理工大学.

王立朝,温铭生,冯振,等. 2019. 中国西藏金沙江白格滑坡灾害研究. 中国地质灾害与防治学报,30(1): 1-9.

王仁超,孔纪名,崔云,等. 2019. 尼泊尔 $M_S$ 8.1 地震西藏重灾区震害特征分析及灾后重建对策. 四川地震,(1):32~39.

王欣,刘时银,丁永建. 2016. 中国喜马拉雅山冰碛湖溃决灾害评价方法与应用研究. 北京:科学出版社.

王欣,刘时银,姚晓军,等. 2010. 我国喜马拉雅山区冰湖遥感调查与编目. 地理学报,65(1):29-36.

王新胜,滕德贵,谢伟,等. 2020. 山地城市滑坡灾害空间分布特征及影响因素分析. 重庆大学学报,43(8): 87-96.

王志勇,张金芝. 2013. 基于 InSAR 技术的滑坡灾害监测. 大地测量与地球动力学,33(3):87-91.

卫海霞. 2006. 阿尼玛卿雪山冰崩自然灾害气象成因分析. 果洛科技,1:1-7.

文宝萍,曾启强,闫天玺,等. 2020. 青藏高原东南部大型岩质高速远程崩滑启动地质力学模式初探. 工程科学与技术,52(5):38-49.

吴积善,程尊兰,耿学勇. 2005. 西藏东南部泥石流堵塞坝的形成机理. 山地学报,23(4):4399-4405.

吴岳. 2017. TOPS 模式 Sentinel-1 数据地面沉降监测研究. 北京:中国矿业大学.

吴中海,刘杰. 2015. 喜马拉雅带构造进入新活动期. 中国国土资源报,2015-11-17(5).

武汉大学水利水电学院水力学流体力学教研室. 2006. 水力计算手册. 北京:中国水利水电出版社.

西藏科委,国家地震局. 1988. 西藏察隅当雄大地震. 拉萨:西藏人民出版社.

西藏自治区科学技术委员会. 1989. 西藏察隅当雄大地震资料图片集. 成都:成都地图出版社.

谢静,王慈德. 2018. 2012 年 8 月 18 日宝兴县冷木沟特大泥石流成因和特征分析. 陕西水利,(z1):61-63.

谢自楚,刘潮海. 2010. 冰川学导论. 上海:上海科学普及出版社.

邢爱国,徐娜娜,宋新远. 2010. 易贡滑坡堰塞湖溃坝洪水分析. 工程地质学报,18(1):78-83.

邢爱国,殷跃平,齐超,等. 2012. 高速远程滑坡气垫效应的风洞模拟试验研究. 上海交通大学学报, 46(10):1642-1646.

邢学敏. 2011. CRInSAR 与 PSInSAR 联合监测矿区时序地表形变研究. 长沙:中南大学.

徐道明. 1987. 西藏波曲河冰湖溃决泥石流的形成与沉积特征. 冰川冻土,9(1):23-34.

徐慧娟. 2016. 怒江流域高山峡谷区泥石流活动规律及成灾驱动力研究. 昆明:云南大学.

徐峻龄. 1994. 中国的高速滑坡及其基本类型. 中国地质灾害与防治学报,5(S1):24-29.

许强,郑光,李为乐,等. 2018. 2018 年 10 月和 11 月金沙江白格两次滑坡-堰塞堵江事件分析研究. 工程地质学报,26(6):1534-1551.

许志琴,蔡志慧,张泽明,等. 2008. 喜马拉雅东构造结——南迦巴瓦构造及组构运动学. 岩石学报,24(7):1463-1476.

许志琴,王勤,李忠海,等. 2016. 印度-亚洲碰撞:从挤压到走滑的构造转换. 地质学报,90(1):1-23.

晏鄂川,郑万模,唐辉明,等. 2001. 滑坡堵江坝溃决洪水及其演进的理论分析. 水文地质工程地质,(6):15-17.

杨成生. 2011. 差分干涉雷达测量技术中水汽延迟改正方法研究. 西安:长安大学.

杨天军. 2019. 川藏公路 102 道班滑坡整治保通工程实践与效果分析. 中外公路,39(2):1-4.

杨婷婷. 2020. 基于遥感综合分析的灾害地质研究. 北京:中国地质大学(北京).

杨鑫,于重重,王鑫,等. 2020. 融合 ASPP- Attention 和上下文的复杂场景语义分割. 计算机仿真,37(9):204-208,230.

杨逸畴. 1991. 南迦巴瓦峰地区地貌的形成及其对自然环境的影响. 地理科学. 11(2):165-171.

姚檀栋,刘时银,蒲健辰,等. 2004. 高亚洲冰川的近期退缩及其对西北水资源的影响. 中国科学:地球科学,34(6):535-543.

姚晓军. 2014. 中国喜马拉雅山冰湖变化及突发洪水灾害研究——以给曲流域为例. 北京:中国科学院大学.

姚志勇. 2017. 中尼铁路夏木德至加德满都段主要工程地质问题及地质比选. 铁道标准设计,61(9):21-25.

姚治君,段瑞,董晓辉,等. 2010. 青藏高原冰湖研究进展及趋势. 地理科学进展,29(1):10-14.

易顺民,唐辉明. 1996. 西藏樟木滑坡群的分形特征及其意义. 长春地质学院学报,26(4):392-397.

殷跃平. 2000. 西藏波密易贡高速巨型滑坡特征及减灾研究. 水文地质工程地质,27(4):8-11.

殷跃平. 2017. 链状地质灾害的特征与防范应对. 中国地质灾害与防治学报,28(3):3.

殷跃平,王文沛. 2020. 高位远程滑坡动力侵蚀犁切计算模型研究. 岩石力学与工程学报,39(8):1513-1521.

殷跃平,李滨,张田田,等. 2021. 印度查莫利"2·7"冰岩山崩堵江溃决洪水灾害链研究. 中国地质灾害与防治学报,32(3):1-8.

殷跃平,王文沛,张楠,等. 2017. 强震区高位滑坡远程灾害特征研究——以四川茂县新磨滑坡为例. 中国地质,44(5):827-841.

尹安. 2006. 喜马拉雅造山带新生代构造演化:沿走向变化的构造几何形态、剥露历史和前陆沉积的约束. 地学前缘,13(5):416-515.

游勇,陈兴长,柳金峰. 2011. 四川绵竹清平乡文家沟"8·13"特大泥石流灾害. 灾害学,26(4):68-72.

余忠水,德庆卓嘎,马艳鲜,等. 2009. 西藏波密天摩沟"9·4"特大泥石流形成的气象条件. 山地学报,

27(1):82-87.

曾庆利,杨志法,张西娟,等. 2007. 帕隆藏布江特大型泥石流的成灾模式及防治对策——以扎木镇—古乡段为例. 中国地质灾害与防治学报,18(2):27-33.

张进江,丁林. 2003. 青藏高原东西向伸展及其地质意义. 地质科学,38(2):179-189.

张路,廖明生,董杰,等. 2018. 基于时间序列 InSAR 分析的西部山区滑坡灾害隐患早期识别——以四川丹巴为例. 武汉大学学报(信息科学版),43(12):2039-2049.

张明,胡瑞林,殷跃平,等. 2010a. 滑坡型泥石流转化机制环剪试验研究. 岩石力学与工程学报,29(4):822-832.

张明,殷跃平,吴树仁,等. 2010b. 高速远程滑坡–碎屑流运动机理研究发展现状与展望. 工程地质学报,18(6):805-817.

张沛全,高明星,雷永良,等. 2009. 西藏雅鲁藏布江大拐弯地区量化地貌特征及其成因. 地球科学(中国地质大学学报),34(4):595-603.

张勤,黄观文,杨成生. 2017. 地质灾害监测预警中的精密空间对地观测技术. 测绘学报,46(10):1300-1307.

张小刚,强巴. 2003. 中尼公路友谊桥滑坡的发育特征分析. 山地学报,21(S1):139-142,160.

张晓刚,王成华. 1998. 川藏公路"102"滑坡群的基本特征. 山地研究,16(2):151-155.

张新华,薛睿瑛,王明,等. 2020. 金沙江白格滑坡堰塞坝溃决洪水灾害调查与致灾浅析. 工程科学与技术,52(5):89-100.

张永双,成余粮,姚鑫,等. 2013. 四川汶川地震—滑坡—泥石流灾害链形成演化过程. 地质通报,32(12):1900-1910.

张永双,郭长宝,姚鑫,等. 2016. 青藏高原东缘活动断裂地质灾害效应研究. 地球学报,37(3):277-286.

张正波,何子文. 1999. 川藏公路 102 滑坡形成机理及发展趋势. 西南公路,(3):29-33.

张正波,何思明,田金昌,等. 2013. 西藏公路滑坡防治中锚固结构的耐久性及修复技术. 地质通报,32(12):2038-2043.

赵娟,毛阳海. 2016. 一带一路背景下西藏吉隆口岸面临的新机遇. 西藏发展论坛,(4):58-61.

郑来林,金振民,潘桂棠,等. 2004. 东喜马拉雅南迦巴瓦地区区域地质特征及构造演化. 地质学报,78(6):744-751,882.

周清勇,傅琼华. 2015. Breach 模型与 River2D 模型在土石坝溃决中的精合分析. 吉林水利,(1):15-18

周晓阳. 2014. 促进西藏吉隆县跨越式发展的对策探索. 新西部(理论版),(21):11,16.

卓宝熙. 2011. 工程地质遥感判释与应用. 北京:中国铁道出版社.

朱赛楠,殷跃平,王猛,等. 2021. 金沙江结合带高位远程滑坡失稳机理及减灾对策研究以金沙江色拉滑坡为例. 岩土工程学报,4(43):688-697.

祝建,吴臻林,雷曙辉. 2017. 西藏吉隆口岸 G216 国道 K81 特大型滑坡形成过程和机理分析. 工程勘察,45(7):20-24.

祝介旺,苏天明,张路青,等. 2010. 川藏公路 102 滑坡失稳因素与治理方案研究. 水文地质工程地质,37(3):43-47.

Allen S K,Zhang G,Wang W,et al. 2019. Potentially dangerous glacial lakes across the Tibetan Plateau revealed using a large-scale automated assessment approach. Science Bulletin,64(7):435-445.

Armijo R,Tapponnier P,Han T. 1989. Late Cenozoic right-lateral strike-slip faulting in southern Tibet. Journal of Geophysical Research,94(B3):2787-2838.

Beladam O,Balz T,Mohamadi B,et al. 2019. Using PS-InSAR with Sentinel-1 images for deformation monitoring in northeast Algeria. Geosciences,9(7):315.

Berardino P,Fornaro G,Lanari R,et al. 2002. A new algorithm for surface deformation monitoring based on small. baseline differential SAR interferograms. Geoscience and Remote Sensing,IEEE Transactions on,40(11): 2375-2383.

Bolch T,Kulkarni A,Kääb A,et al. 2012. The state and fate of Himalayan glaciers. Science,336(6079): 310-314.

Bovenga F,Wasowski J,Nitti D O,et al. 2012. Using COSMO/SkyMed X-band and ENVISAT C-band SAR interferometry for landslides analysis. Remote Sensing of Environment,119:272-285.

Burg J P,Nievergelt P,Oberli F,et al. 1998. The Namche Barwa syntaxis:evidence for exhumation related to compressional crustal folding. Journal of Asian Earth Sciences,16(2-3):239-252.

Catane S G,Cabria H B,Jr C P T,et al. 2007. Catastrophic rockslide-debris avalanche at St. Bernard,Southern Leyte,Philippines. Landslides,4(1):85-90.

Chen C,Zhang L,Xiao T,et al. 2020. Barrier lake bursting and flood routing in the Yarlung Tsangpo Grand Canyon in October 2018. Journal of Hydrology,583:124603.

Chen L C,Papandreou G,Schroff F,et al. 2017. Rethinking atrous convolution for semantic image segmentation. Arxiv Preprint,1706:05587.

Chen L C,Zhu Y,Papandreou G,et al. 2018. Encoder-decoder with atrous separable convolution for semantic image segmentation. Proceedings of the European Conference on Computer Vision(ECCV),801-818.

Chollet F. 2017. Xception:deep learning with depthwise separable convolutions. Proceedings of the IEEE Conference on Computer Vision and Pattern Recognition,1251-1258.

Costantini M. 1998. A novel phase unwrapping method based on network programming. IEEE Transactions on Geoscience & Remote Sensing,36(3):813.

Costantini M,Falco S,Malvarosa F,et al. 2008. A new method for identification and analysis of persistent scatterers in series of SAR images. Boston:Proceedings of IGARSS.

Costantini M,Falco S,Malvarosa F,et al. 2014. Persistent scatterer pair interferometry:approach and application to COSMO-SkyMed SAR data. IEEE Journal of Selected Topics in Applied Earth Observations and Remote Sensing,7(7):2869-2879.

Dai K,Peng J,Zhang Q,et al. 2020. Entering the era of earth observation-based landslide warning systems:a novel and exciting framework. IEEE Geoscience and Remote Sensing Magazine,8(1):136-153.

Debellagilo M,Kaab A,2011. Sub-pixel precision image matching for measuring surface displacements on mass movements using normalized cross-correlation. Remote Sensing of Environment,115:130-142.

Defferrard M,Bresson X,Vandergheynst P. 2016. Convolutional neural networks on graphs with fast localized spectral filtering. Advances in Neural Information Processing Systems,3844-3852.

Ding L,Maksatbek S,Cai F L,et al. 2017. Processes of initial collision and suturing between India and Asia. Science China Earth Sciences,60(4):635-651.

Ding L,Zhong D,Yin A,et al. 2001. Cenozoic structural and metamorphic evolution of the eastern Himalayan syntaxis(Namche Barwa). Earth and Planetary Science Letters,192(3):423-438.

Fan X,Xu Q,Alonso-Rodriguez A,et al. 2019. Successive landsliding and damming of the Jinsha River in eastern Tibet,China:prime investigation,early warning,and emergency response. Landslides,16(5):1003-1020.

Ferretti A,Novali F,Burgmann R,Hilley G,et al. 2004. InSAR permanent scatterer analysis reveals ups and downs in the San Francisco Bay Area. Eos,85(34):317-324.

Ferretti A,Prati C,Rocca F. 1999. Non-uniform motion monitoring using the permanent scattererstechnique. Proc 2nd Int Workshop ERS SAR Interferometry,FRINGE,Liège,Belgium,1-6.

Ferretti A, Prati C, Rocca F. 2000. Nonlinear subsidence rate estimation using permanent scatterers in differential SAR interferometry. Geoscience and Remote Sensing, IEEE transactions on, 38(5):2202-2212.

Ferretti A, Prati C, Rocca F. 2001. Permanent scatterers in SAR interferometry. Geoscience and Remote Sensing, IEEE Transactions on, 39(1):8-20.

Fiorucci F, Cardinali M, Carla R, et al. 2011. Seasonal landslide mapping and estimation of landslide mobilization rates using aerial and satellite images. Geomorphology, 129(1-2):59-70.

Gabriel A K, Goldstein R M, Zebker H A. 1989. Mapping small elevation changes over large areas: differential radar interferometry. Journal of Geophysical Research Solid Earth, 94(B7):9183-9191.

Goldstein R M, Werner C L. 1998. Radar interferogram filtering for geophysical applications. Geophysical Research Letters, 25(21):4035-4038.

Hanssen R F. 2001. Radar Interferometry: Data Interpretation and Error Analysis. Dordrecht: Kluwer Academic Publishers.

Harten A, Osher O. 1987. Uniformly high-order accurate nonoscillatory schemes. SIAM Journal on Numerical Analysis, 24(2):279-309.

He K, Zhang X, Ren S, et al. 2016. Deep residual learning for image recognition. Proceedings of the IEEE Conference on Computer Vision and Pattern Recognition, 770-778.

Heim A. 1882. Der Bergsturz von Elm. Zeitschrift der Deutsche Geologische Gesellschaft, 34:74-115.

Hooper A, Zebker H, Segall P, Kampes B. 2004. A new method for measuring deformation on volcanoes and other natural terrains using InSAR persistent scatterers. Geophysical Research Letters, 31(23):L23611.

Hsü K J. 1975. Catastrophic debris streams (sturzstroms) generated by rockfalls. Geological Society of America Bulletin, 86(1):129-140.

Hungr O. 1995. A model for the runout analysis of rapid flow slides, debris flows, and avalanches. Canadian Geotechnical Journal, 32(4):610-623.

Hungr O. 2006. Rock avalanche occurrence, process and modelling. In: Evans S G, Mugnozza G S, Strom A, Hermanns R L(eds). Landslides from Massive Rock Slope Failure. Dordrecht: Springer: 243-266.

Hungr O, Mcdougall S. 2009. Two numerical models for landslide dynamic analysis. Computers & Geosciences, 35(5):978-992.

Intrieri E, Raspini F, Fumagalli A, et al. 2018. The Maoxian landslide as seen from space: detecting precursors of failure with Sentinel-1 data. Landslides, 15(1):123-133.

Iverson R M, Ouyang C. 2015. Entrainment of bed material by Earth-surface mass flows: review and reformulation of depth-integrated theory. Reviews of Geophysics, 53(1):27-58.

Kampes B. 2006. Radar Interferometry: Persistent Scatterer Technique. Dordrecht: Springer.

Krizhevsky A, Sutskever I, Hinton G E. 2012. Imagenet classification with deep convolutional neural networks. Advances in Neural Information Processing Systems, 1097-1105.

Lanari R, Lundgren P, Manzo M, et al. Satellite radar interferometry time series analysis of surface deformation for Los Angeles, California. Geophysical Research Letters, 2004, 31(23):345-357.

Li J, Li Z W, Ding X L, et al. 2014. Investigating mountain glacier motion with the method of SAR intensity-tracking: removal of topographic effects and analysis of the dynamic patterns. Earth Science Reviews, 138: 179-195.

Li J, Li Z W, Wu L X, et al. 2018. Deriving a time series of 3D glacier motion to investigate interactions of a large mountain glacial system with its glacial lake: use of Synthetic Aperture Radar Pixel Offset-Small Baseline Subset technique. Journal of Hydrology, 559:596-608.

Liu C. 2017. Research on time series InSAR technology for structural deformation monitoring. Xi'an：Chang'an University：93

Liu X J,Zhao C,Zhang Q,et al. 2018. Multi-temporal loess landslide inventory mapping with C-,X- and L-Band SAR datasets—a case study of Heifangtai Loess landslides,China. Remote Sensing,10(11)：1756.

Liu X J, Zhao C, Zhang Q, et al. 2020. Deformation of the Baige landslide,Tibet,China,revealed through the integration of cross-platform ALOS/PALSAR-1 and ALOS/PALSAR-2 SAR observations. Geophysical Research Letters,47(3)：1-8.

Lu Z,Dzurisin D,Biggs J,et al. 2010. Ground surface deformation patterns,magma supply,and magma storage at Okmok volcano,Alaska,from InSAR analysis：1. intereruption deformation,1997－2008. Journal of Geophysical Research,115(B5)：B00B02.

Marcelino E V,Formaggio A R,Maeda E E. 2009. Landslide inventory using image fusion techniques in Brazil. International Journal of Applied Earth Observation & Geoinformation,11(3)：181-191.

Massonnet D,Rossi M,Carmona C,et al. 1993. The displacement field of the Landers earthquake mapped by radar interferometry. Nature,364(6433)：138-142.

Molnar P,England P,Martinod J. 1993. Mantle dynamics,uplift of the Tibetan Plateau,and the Indian monsoon. Reviews of Geophysics,31(4)：357-396.

Nie Y,Liu Q,Wang J,Zhang Y,et al. 2018. An inventory of historical glacial lake outburst floods in the Himalayas based on remote sensing observations and geomorphological analysis. Geomorphology,308：91-106.

Nie Y,Yang C,Zhang Y L,et al. 2017. Glacier Changes on the Qiangtang Plateau between 1976 and 2015：a case study in the Xainza Xiegang Mountains. Journal of Resources and Ecology,8(1)：97-104.

Onn F. 2007. Modeling water vapor using GPS with applccation to mitigating InSAR atmospheric distortions. Palo Alto：Stanford University.

Ouyang C J,He S M,Xu Q,et al. 2013. A MAC cormack-TVD finite difference method to simulate the mass flow in mountainous terrain with variable computational domain. Computers&Geosciences,52(10)：1-10.

Ouyang C J, He S M, Xu Q. 2015. MacCormack-TVD finite difference solution for dam break hydraulics over erodible sediment beds. Journal of Hydraulic Engineering,141(5)：06014026.

Peng C,Zhang X,Gang Y,Luo G,Jian S. 2017. Large kernel matters—improve semantic segmentation by global convolutional network. 2017 IEEE Conference on Computer Vision and Pattern Recognition (CVPR). IEEE.

Reddy B S,Chatterji B N. 1996. An FFT-based technique for translation,rotation,and scale-invariant image registration. IEEE Trans Image Process,5(8)：1266-1271.

Ronneberger O,Fischer P,Brox T. 2015. U-net：convolutional networks for biomedical image segmentation. International Conference on Medical Image Computing and Computer-assisted Intervention. Cham：Springer：234-241.

Sandwell D T,Price E J. 1997. Sums and differences of interferograms：imaging the troposphere. Eos Trans AGU,Fall Meet Suppl,78(46)：F144.

Sandwell D T, Price E J. 1998. Phase gradient approach to stacking interferograms. Journal of Geophysical Research Solid Earth,103(B12)：30183-30204.

Sansosti E,Berardino P,Manunta M,et al. 2006. Geometrical SAR image registration. IEEE Transactions on Geoscience and Remote Sensing,44(10)：2861-2870.

Sassa K. 1985. The mechanism of debris flows. Proceedings of the 11th International Conference on Soil Mechanics and Foundation Engineering,San Francisco. International Society of Soil Mechanics and Foundation Engineering,1：1173-1176.

Sassa K. 1988. Geotechnical model for the motion of landslides (Special lecture). Proceedings,5th International symposium on Landslides,1:37-56.

Sassa K,He B,Dang K,et al. 2014. Plenary:progress in landslide dynamics. In:Sassa K,Canuti P,Yin Y P (eds). Landslide Science for a Safer Geoenvironment. Switzerland:Springer International Publishing:37-67.

Scambos T A,Dutkiewicz M J,Wilson J C,et al. 1992. Application of image cross-correlation to the measurement of glacier velocity using satellite image data. Remote Sensing of Environment,42(3):177-186.

Scheidegger A. 1973. On the prediction of the reach and velocity of catastrophic landslides. Rock Mechanics and Rock Engineering,5(4):231-236.

Schulz W H. 2007. Landslide susceptibility revealed by LIDAR imagery and historical records, Seattle, Washington. Engineering Geology,89(1-2):67-87.

Seward D,Burg J P. 2008. Growth of the Namche Barwa Syntaxis and associated evolution of the Tsangpo Gorge: constraints from structural and thermochronological data. Tectonophysics,451(1-4):282-289.

Simonyan K, Zisserman A. 2014. Very deep convolutional networks for large-scale image recognition. Arxiv Preprint,1409:1556.

Strozzi T,Luckman A,Murray T,et al. 2002. Glacier motion estimation using SAR offset-tracking procedures. IEEE Transactions on Geoscience and Remote Sensing,40(11):2384-2391.

Su P,Liu J,Li Y,et al. 2020. Changes in glacial lakes in the Poiqu River Basin in the central Himalayas. Hydrol Earth Syst Sci Discuss,https://doi. org/10. 5194/hess-2020-20.

Tapponnier P,Molnar P. 1977. Active faulting and tectonics in China. Journal of Geophysical Research,82(20): 2905-2930.

Tazio S,Jan K,Holger F,et al. 2018. Satellite SAR interferometry for the improved assessment of the state of activity of landslides:a case study from the Cordilleras of Peru. Remote Sensing of Environment,217:111-125.

Usai S. 2001. A new approach for long term monitoring of deformations by differential SAR interferometry. Delft: Delft University of Technology.

Wang R,Yao Z,Liu Z,et al. 2015. Snow cover variability and snowmelt in a high-altitude ungauged catchment. Hydrological Processes,29(17):3665-3676.

Wang W,Yin Y,Zhu S,et al. 2020. Investigation and numerical modeling of the overloading-induced catastrophic rockslide avalanche in Baige, Tibet, China. Bulletin of Engineering Geology and the Environment, 79(4): 1765-1779.

Wasowski J, Bovenga F. 2014. Investigating landslides and unstable slopes with satellite multi-temporal interferometry:current issues and future perspectives. Engineering Geology,174:103-138.

Wegmüller U,Werner C,Strozzi T,et al. 2002. Automated and precise image registration procedures. Analysis of Multi-temporal Remote Sensing Images-The First International Workshop on Multitemp 2001.

Wegmüller U,Werner C,Strozzi T,et al. 2006. Ionospheric electron concentration effects on SAR and InSAR. Geoscience and Remote Sensing Symposium,IGARSS 2006,IEEE International Conference on.

Werner C,Wegmüller U,Strozzi T,et al. 2005. Precision estimation of local offsets between pairs of SAR SLCs and detected SAR images. International Geoscience & Remote Sensing Symposium,Seoul.

Williams S, Bock Y, Pang P. 1998. Integrated satellite interferometry:tropospheric noise, GPS estimates and implications for interferometric synthetic aperture radar products. Geophys Res,103(B11):27051-27067.

Wright T J,Parsons B,England P C,et al. 2004. InSAR Observations of low slip rates on the major faults of Western Tibet. Agu Fall Meeting,AGU Fall Meeting Abstracts.

Xie S,Girshick R,Dollár P,et al. 2017. Aggregated residual transformations for deep neural networks. Proceedings of the IEEE Conference on Computer Vision and Pattern Recognition,1492-1500.

Xu Q,Shang Y,Asch T V,et al. 2012. Observations from the large, rapid Yigong rock slide-debris avalanche, southeast Tibet. Revue Canadienne De Géotechnique,49(5):589-606.

Xu Z Q,Dilek Y,Yang J S,et al. 2015. Crustal structure of the Indus-Tsangpo suture zone and its ophiolites in southern Tibet. Gondwana Research,27(2):507-524.

Yan S,Liu G,Wang Y,et al. 2015. Glacier surface motion pattern in the Eastern part of West Kunlun Shan estimation using pixel-tracking with PALSAR imagery. Environmental earth sciences,74(3):1871-1881.

Yin Y,Xing A. 2012. Aerodynamic modeling of the Yigong gigantic rock slide-debris avalanche, Tibet, China. Bulletin of Engineering Geology and the Environment,71(1):149-160.

Yin Y,Cheng Y,Liang J,et al. 2016. Heavy-rainfall-induced catastrophic rockslide-debris flow at Sanxicun, Dujiangyan,after the Wenchuan $M_s$ 8.0 earthquake. Landslides,13(1):9-23.

Yin Y,Li B,Wang W. 2015. Dynamic analysis of the stabilized Wangjiayan landslide in the Wenchuan $M_s$ 8.0 earthquake and aftershocks. Landslides,12(3):537-547.

Yin Y,Zheng W,Liu Y,et al. 2010. Erratum to:Integration of GPS with InSAR to monitoring of the Jiaju landslide in Sichuan,China. Landslide,7(3):1.

Zebker H A,Rosen P A,Hensley S. 1997. Atmospheric effects in interferometric synthetic aperture radar surface deformation and topographic maps. Journal of Geophysical Research Solid Earth,102(B4):7547-7563.

Zhang J J,Ji J Q,Zhong H Q,et al. 2002. Structural and chronological evidence for the India-Eurasia collision of the Early Paleocene in the Eastern Himalayan Syntaxis,Namjagbarwa. Acta Geologica Sinica:English Edition, 76(4):446-454.

Zhang S,Yin Y,HuX,et al. 2020a. Dynamics and emplacement mechanisms of the successive Baige landslides on the Upper Reaches of the Jinsha River,China. Engineering Geology,278:105819.

Zhang S,Yin Y,Hu X,et al. 2020b. Initiation mechanism of the Baige landslide on the upper reaches of the Jinsha River,China. Landslides,17(12):2865-2877.

Zhao H,Shi J,Qi X,et al. 2017. Pyramid scene parsing network. Proceedings of the IEEE Conference on Computer Vision and Pattern Recognition,2881-2890.

Zhuang Y,Yin Y,Xing A,et al. 2020. Combined numerical investigation of the Yigong rock slide-debris avalanche and subsequent dam-break flood propagation in Tibet,China. Landslides,17(9):2217-2229.

# 后　记

　　2021 辛丑牛年来得晚一些，我排减了很多繁杂事务，准备在 2 月 11 日除夕之前封笔，将书稿交付科学出版社，就可以过一个轻松愉快的春节了。2 月 7 日，位于喜马拉雅山南麓的印度查莫利地区突发冰岩混合型山崩堵溃山洪灾害，这是一起极其特殊的高位远程复合型地质灾害，导致下游在建的两座水电站被毁，200 多人遇难，全球震惊！我立即召集本书的作者们重新检视和完善本书的理论和技术，也深感加快青藏高原高位远程地质灾害防灾减灾研究刻不容缓，这就是本书目的所在。

　　20 多年来，我和同事们奋战在青藏高原开展高位远程地质灾害研究的工作等场景历历在目。2000 年 4 月，我参加了国务院专家组赴西藏波密指导易贡滑坡的应急处置。易贡滑坡和触发的碎屑流—堰塞坝链动过程，以及溃决后对下游造成的流域性生态地质灾难，超出了教科书的范例，深深震撼了我。自此，开始了我的青藏高原高位远程地质灾害研究历程，时至今日，仍然坚持对易贡滑坡回溯性研究，总能从中不断吸取新的灵感。2004 年 1 月，青海阿尼玛卿山发生冰崩碎屑流堵溃山洪灾害，我又受命赶赴现场开展应急处置，提出了要关注青藏高原气候地质灾害的问题。

　　2008 年，"5·12"地震抗震救灾期间和随后长达十多年的"重建—毁坏—再重建"过程中，持续开展了高位远程地质灾害触发机理、链动过程和防灾减灾技术的系统研究。特别是 2010 年 8 月 8 日，甘肃舟曲遭受了特大高位泥石流的袭击，1700 多人遇难，随后，我被甘肃省聘为地质灾害防治顾问，指导了舟曲县城恢复重建特大高位泥石流灾害的防治；同年 8 月 13 日，四川绵竹清平乡遭受了文家沟特大高位泥石流灾害，无论从物源规模，还是从链动特征复杂性上，都是罕见的。在恢复重建中，我被四川省聘为专家组长，十多次亲赴防治工程现场，与四川同仁一起，攻克了文家沟特大高位泥石流治理难题。逐渐形成了从存拦物源"储量"到降低流状灾害体"动量"的高位远程地质灾害减灾防灾思路，构思了采用障桩群等降低高位地质灾害的运动速度，提高拦挡工程抗冲击的韧性，并采用大库容"高坝"吸纳超限物源的动态综合治理模式。

　　2017 年 6 月 24 日，四川茂县新磨村被高位远程滑坡摧毁。如何发现隐患成为高位远程地质灾害防灾减灾的首要前提，高分光学遥感和 InSAR 技术在高山、极高山区高位地质灾害早期识别显现了应用前景，在 2018 年金沙江白格滑坡应急监测和金沙江上游特大堵江滑坡早期识别中取得了非常好的效果，这些技术正成为青藏高原高位远程地质地质调查和预警的必备技术，成为本书重点研究内容。

　　近年来，作者主持了川藏铁路、雅鲁藏布江下游水电开发等多项重大工程地质安全风险评价，主持了澜沧江德钦县城重大高位地质灾害风险研究，指导了中尼公路聂拉木县城和樟木口岸高位地质灾害防治，愈加感到青藏高原地质灾害极其复杂，对全球地质灾害防灾减灾科学技术提出了世纪挑战。保障川藏铁路和雅鲁藏布江下游水电开发等青藏高原的重大工程建设运行，以及边疆城镇和国防工程的地质安全，是我们义不容辞的重任。希望本书的出版对青藏高原地质灾害防灾减灾起到抛砖引玉的作用。

2021 年 9 月